Mobile Commerce

Springer
Berlin
Heidelberg
New York
Hongkong
London
Mailand
Paris
Tokio

Jörg Link

Herausgeber

Mobile Commerce

Gewinnpotenziale
einer stillen Revolution

Unter Mitarbeit von
Thorsten Grandjot

Mit 50 Abbildungen und 13 Tabellen

Professor Dr. Jörg Link
Universität Kassel
Fachbereich 7, Fachgebiet Controlling und Organisation
Diagonale 12
34109 Kassel
http://www.wirtschaft.uni-kassel.de/link/
link@wirtschaft.uni-kassel.de

ISBN 3-540-00024-0 Springer-Verlag Berlin Heidelberg New York

Bibliografische Information Der Deutschen Bibliothek
Die Deutsche Bibliothek verzeichnet diese Publikation in der Deutschen Nationalbibliografie; detaillierte bibliografische Daten sind im Internet über <http://dnb.ddb.de> abrufbar.

Dieses Werk ist urheberrechtlich geschützt. Die dadurch begründeten Rechte, insbesondere die der Übersetzung, des Nachdrucks, des Vortrags, der Entnahme von Abbildungen und Tabellen, der Funksendung, der Mikroverfilmung oder der Vervielfältigung auf anderen Wegen und der Speicherung in Datenverarbeitungsanlagen, bleiben, auch bei nur auszugsweiser Verwertung, vorbehalten. Eine Vervielfältigung dieses Werkes oder von Teilen dieses Werkes ist auch im Einzelfall nur in den Grenzen der gesetzlichen Bestimmungen des Urheberrechtsgesetzes der Bundesrepublik Deutschland vom 9. September 1965 in der jeweils geltenden Fassung zulässig. Sie ist grundsätzlich vergütungspflichtig. Zuwiderhandlungen unterliegen den Strafbestimmungen des Urheberrechtsgesetzes.

Springer-Verlag Berlin Heidelberg New York
ein Unternehmen der BertelsmannSpringer Science+Business Media GmbH

http://www.springer.de

© Springer-Verlag Berlin Heidelberg 2003
Printed in Germany

Die Wiedergabe von Gebrauchsnamen, Handelsnamen, Warenbezeichnungen usw. in diesem Werk berechtigt auch ohne besondere Kennzeichnung nicht zu der Annahme, dass solche Namen im Sinne der Warenzeichen- und Markenschutz-Gesetzgebung als frei zu betrachten wären und daher von jedermann benutzt werden dürften.

Umschlaggestaltung: Erich Kirchner, Heidelberg

SPIN 10828947   42/3130-5 4 3 2 1 0 – Gedruckt auf säurefreiem Papier

Vorwort

Mobile Commerce gehört zu den viel diskutierten Themen, bei denen eine große **Unsicherheit** bezüglich der zukünftigen Entwicklung festzustellen ist. Dieses Buch soll helfen, die Unsicherheit zu reduzieren und eine möglichst effiziente kommerzielle Nutzung des M-Commerce zu ermöglichen. Dazu werden die Bestimmungsfaktoren der zukünftigen Entwicklung und einer erfolgreichen kommerziellen Nutzung analysiert sowie zentrale Aspekte des Einsatzes mobiler Endgeräte dargestellt.

Es wird deutlich, dass M-Commerce kein „Modethema", sondern der Beginn einer langfristigen Entwicklung hin zum „Electronic Aided Acting" ist, und damit elektronische Unterstützung sowohl bei geschäftlichen Kommunikations- und Transaktionsprozessen als auch in privaten Alltagssituationen und Notlagen beinhaltet. Ebenso deutlich wird, dass sich auch im M-Commerce kommerzielle Erfolge nur von jenen Unternehmen erzielen lassen, welche bestimmte **Regeln** des strategischen Marketing und Marketing-Controlling befolgen. Dazu gehört vor allem eine konsequente Kundensicht, d.h. der Nutzen mobiler Endgeräte muss aus Sicht des Anwenders dieser Endgeräte erkennbar und im Verhältnis zu den Kosten attraktiv sein.

Der Einsatz mobiler Endgeräte kann auf längere Sicht revolutionäre Ausmaße annehmen, indem das tägliche Leben von morgens bis abends von den elektronischen Helfern begleitet und erleichtert wird. Dennoch wird dieser Diffusionsprozess – wie viele Vorläuferbeispiele zeigen – eher still bzw. „schleichend" als in spektakulären Entwicklungssprüngen verlaufen. Wir sprechen daher von einer „**stillen Revolution**"; diese stille Revolution knüpft ganz einfach an eine Vielzahl von Bedürfnislagen des geschäftlichen und privaten Alltags an, in denen das Leben durch elektronische Hilfen leichter, effizienter, erfüllter oder kostengünstiger wird. Von daher werden die von uns als Electronic Mobile Assistants bezeichneten kleinen elektronischen Helfer im Alltag so selbstverständlich und unentbehrlich werden wie der PC, das Telefax, das „konventionelle" Handy usw..

Sieht man das ganze Spektrum der im Buch aufgezeigten Anwendungsmöglichkeiten im privaten wie im geschäftlichen Sektor, so kann längerfristig von erheblichen **Gewinnpotenzialen** des M-Commerce ausgegangen werden. Dies wird in verschiedenen Kapiteln des Buches aus unterschiedlichen Blickwinkeln verdeutlicht.

Das Buch wendet sich an alle, die mit der Entwicklung oder dem Einsatz von Systemen des M-Commerce befasst sind; dies schließt Lehrende und Lernende des Hochschulbereiches ebenso ein wie interessierte Praktiker.

Mein herzlicher **Dank** für die Beteiligung an diesem Sammelwerk gilt zunächst allen Autoren. Ein ganz spezieller Dank gilt Herrn Dipl.-Oec. Thorsten Grandjot, der nicht nur als Autor an diesem Werk beteiligt ist, sondern auch redaktionelle und koordinierende Arbeiten in einem hohen Umfang übernommen hat. Aber auch meine anderen Wissenschaftlichen Mitarbeiter, Frau Dipl.-Oec. Monika Kriewald und Herr Dipl.-Oec. Sebastian Schmidt, haben als Autoren wie auch bei redaktionellen Aufgaben wertvolle Beiträge geliefert. Dank für die Mitwirkung an der Vorbereitung und Durchsicht des Manuskriptes gilt darüber hinaus Herrn Markus Feiler, Frau Katja Galka, Frau Julia Kares, Frau Anika Magenheim und Frau Diana Rhein. Auch Frau Brigitte Nolde-Vogt ist zu danken in Zusammenhang mit Schreib- und Korrekturarbeiten. Dem Springer-Verlag und insbesondere Herrn Dr. Müller möchte ich meinen Dank für die effiziente Zusammenarbeit aussprechen.

Kassel, im Januar 2003   Jörg Link

Inhaltsübersicht

M-Commerce: Die stille Revolution hin zum Electronic Aided Acting 1
Jörg Link, Universität Kassel

Die Klärung der Wirtschaftlichkeit von M-Commerce-Projekten 41
Jörg Link, Universität Kassel

Die wettbewerbsstrategischen Stoßrichtungen des Mobile Commerce 65
Christoph Wamser, Fachhochschule Bonn-Rhein-Sieg

M-Commerce in Zahlen 95
Thorsten Grandjot/Monika Kriewald, Universität Kassel

Value Scope Management – Beherrschung der Wertschöpfungskette im M-Commerce am Beispiel „i-mode" 125
Detlef Schoder/Christian Vollmann, Wissenschaftliche Hochschule für Unternehmensführung (WHU) Koblenz

Chancen und Grenzen der elektronischen Kommunikation 145
Torsten Schwarz, Absolit Consulting

Mobile Computer Aided Selling-Systeme 163
Parsis Dastani, Dastani AG

Portale im mobilen Internet: Die Vermarktung digitaler Leistungsangebote über Online-Portale 181
Sebastian Schmidt, Universität Kassel

Personalisierung im M-Commerce 215
Daniela Tiedtke, T-Mobile GmbH

Die Suche nach geeigneten Zahlungsverfahren für den M-Commerce 247
Klaus Fochler, Enterprise Consulting GmbH

Die Autoren 271

Abkürzungsverzeichnis 275

Schlagwortverzeichnis 279

M-Commerce: Die stille Revolution hin zum Electronic Aided Acting

Jörg Link

1 Geschäftsfeld und Geschäftsmodelle des M-Commerce –
  ein Überblick 2
  1.1 E-Business und E-Commerce 2
  1.2 M-Business und M-Commerce 5
  1.3 Geschäftsmodelle des M-Commerce 6
2 Die Rolle des M-Commerce im Customer Relationship
  Management 10
  2.1 Grundzüge des Customer Relationship Management 10
  2.2 Das Multi-Channel-Konzept 11
  2.3 Wettbewerbsvorteile durch M-Commerce 13
3 Electronic Aided Acting: Die Diffusion des M-Commerce
  in das Alltagsleben 17
  3.1 Die Nutzung mobiler Endgeräte im c2c-Bereich 17
  3.2 Die Nutzung mobiler Endgeräte im b2c- und b2b-Bereich 19
    3.2.1 Mobile Systeme des Computer Aided Selling (CAS) 19
    3.2.2 Mobile Systeme des Computer Handled Selling (CHS) 23
  3.3 Die Nutzung mobiler Endgeräte im b2e-Bereich 28
4 Die zukünftige Entwicklung des M-Commerce 30
  4.1 IT-Entwicklungsprognosen im Wechselbad von
      Euphorie und Schwarzmalerei 30
  4.2 Seriöse Entwicklungsmodelle im E- und M-Business 32
5 Literaturverzeichnis 35

1 Geschäftsfeld und Geschäftsmodelle des M-Commerce - ein Überblick

1.1 E-Business und E-Commerce

Wo beginnt und wo endet das Geschäftsfeld des M-Commerce? Die nachfolgenden Ausführungen werden verdeutlichen, dass diese Frage alles andere als trivial ist und dass vielmehr hinsichtlich des Phänomens und Begriffes des M-Commerce ein besonderer Klärungsbedarf besteht. In der wissenschaftlichen Auseinandersetzung mit einer Materie ist es bekanntlich geboten, sich zunächst um eine saubere Abgrenzung des Untersuchungsgegenstandes zu bemühen. Dies gilt erst recht bei einer Materie wie dem M-Commerce, die durch zahlreiche, recht unterschiedliche Begriffsabgrenzungen gekennzeichnet ist. Ein angemessenes Ringen um Begriffsklärung ist in solchen Fällen nicht Ausdruck einer sprachakrobatischen Überhöhung der eigenen Ausführungen, sondern spiegelt das Bemühen um Exaktheit und Verständlichkeit der eigenen Ausführungen wider. Dabei weiß jeder Eingeweihte, dass Begriffsfindung nicht primär eine Frage von falsch oder richtig, sondern mehr eine Frage von zweckmäßig oder unzweckmäßig sowie von konsistent oder inkonsistent ist.

Es erscheint zweckmäßig, zunächst die Oberbegriffe des M-Commerce zu betrachten. **E-Business** kann charakterisiert werden durch den Einsatz von IuK-Technologien in Planungs-, Abwicklungs- und Interaktionsprozessen von Unternehmen (ähnlich *Weiber* 2000, S. 11 f.). Es wird damit eine relativ umfassende und anspruchsvolle Abgrenzung vorgenommen, wie sie bereits seinerzeit mit dem Begriff **Computer Integrated Business (CIB)** intendiert war (siehe im einzelnen *Link/Hildebrand* 1993, S. 174 ff.). Eine große Nähe besteht auch zu dem Begriff **Customer Relationship Management (CRM)**, der in den letzten Jahren in Wissenschaft und Praxis immer stärker in den Blickpunkt gerückt ist und - als Ziel des integrativen IuK-Systemeinsatzes - die Herstellung und Aufrechterhaltung erfolgreicher Beziehungen zum einzelnen Kunden betont (vgl. *Link* 2001). In der Tat muss die Fähigkeit zu einem professionellen Management der Beziehungen zu Tausenden oder Millionen von Einzelkunden als ein konstitutives Merkmal moderner E-Business-Systeme angesehen werden.

Nun lässt sich E-Business unter dem besonderen Blickwinkel unseres Themas danach unterscheiden, ob es über stationäre elektronische Endgeräte oder über mobile Endgeräte (z.B. Handys) betrieben wird (vgl. analog *Link* 2001, S. 24). Da Sinnbild des stationären E-Business der PC auf dem Schreibtisch ist, bietet sich hierfür die

Bezeichnung Desktop E-Business an, während wir bei mobilen Endgeräten vom Mobile E-Business oder – verkürzt – vom M-Business sprechen wollen.

In Abb. 1 wird deutlich, dass **E-Commerce** als Untermenge des E-Business angesehen wird. Der Begriff Electronic Commerce bezeichnete traditionell lediglich den elektronischen Datenaustausch (EDI) in der business-to-business-Kommunikation (vgl. *Fraunhofer/Emnid* 1997, S. 16). Diese Thematik stößt seit langem in der betrieblichen Praxis auf Interesse und wird in Wissenschaft und Praxis vor allem als wichtige Grundlage des Managements vernetzter Geschäftsbeziehungen diskutiert (vgl. *Breuer* 1995, S. 204 ff.; *Gersch* 1998). In neueren Interpretationen wurden in den Begriff „Electronic Commerce" auch die Geschäftsbeziehungen zu Konsumenten mit einbezogen (vgl. *Fochler* et al., 1998, S.18 f.). Der Begriff wird dann z. B. als „elektronisch realisierte Anbahnung, Aushandlung und Abwicklung von Geschäftsprozessen zwischen Wirtschaftssubjekten" (*Schoder/Strauß* 1998, S. 55; ähnlich *Clement/Peters/Preiß* 1998, S. 50; *Gerpott* 2002, S. 49) verstanden.

Nun existieren ja seit längerem das Phänomen und der Begriff der **Kundenorientierten Informationssysteme (KIS)** (vgl. *Link/Hildebrand* 1994; *Link/Schleuning* 1999, S. 76 ff.). Es handelt sich dabei um folgende drei Systeme:

- Unter **Database Marketing** soll ein Marketing auf der Basis kundenindividueller, in einer Datenbank gespeicherter Informationen verstanden werden.

- **Computer Aided Selling** ist die informationstechnologische Unterstützung von Planungs- und Abwicklungsaufgaben im Rahmen von Verkaufsprozessen.

- **Online Marketing** schließlich ist ein interaktives Marketing über elektronische Netzwerke.

Gemeinsam ist den drei Systemen, dass sie der **Interaktion mit dem Einzelkunden** dienen, wodurch dessen Wünsche rascher, individueller und kostengünstiger erfasst und bearbeitet werden können. Ohne hier in unnötige Einzelheiten gehen zu wollen, können die Unterschiede zwischen den Konzeptionen vor allem in folgenden Punkten gesehen werden: Database Marketing unterstützt die gesamte **Marketingplanung** von der Produktpolitik über die Werbung bis hin zur Vertriebspolitik, wobei aber ein besonderer Leistungsschwerpunkt im Bereich der Direktwerbung liegt. Computer Aided Selling unterstützt die **Verkaufstätigkeit** von der pre sales- über die sales- bis hin zur after sales-Phase. Online Marketing dient der Direktwerbung über elektronische Netzwerke, kann aber darüber hinaus auch die Verkaufstätigkeit **automatisieren.** Während der Kunde beim Computer Aided Selling noch den Verkäufer als Mittler und Helfer in der Kommunikation mit dem Informationssystem hat, steht er (genauer: sitzt er) im Online Marketing dem System allein gegenüber (vollautomatisierte bzw. vollelektronische Variante im Sinne des „Computer Handled Selling" – siehe im Einzelnen *Link* 1996, S. 177 f.).

Es wird offensichtlich, dass bei der oben zitierten Definition des E-Commerce als „elektronisch realisierte Anbahnung, Aushandlung und Abwicklung von Geschäftsprozessen zwischen Wirtschaftssubjekten" verschiedene Ausprägungen unterschieden werden können. Eigentlich gemeint ist i.d.R. bei den Verwendern des Begriffes E-Commerce die „vollelektronische" Ausprägung, die wir oben als Online Marketing bezeichnet und in Abb. 1 als „E-Commerce i.e.S" gekennzeichnet haben. Nimmt man auch die „elektronisch gestützten" Varianten des Database Marketing und Computer Aided Selling hinzu, so kommt man in Abb. 1 zum Begriff des „E-Commerce i.w.S.". Dies wird vor allem dann für die Praxis des M-Commerce relevant, wenn man jene mobilen Endgeräte (Handys und Palmtops mit Internet-Zugang) betrachtet, mit deren Hilfe ein **Außendienstmitarbeiter Funktionen des Computer Aided Selling oder des Database Marketing** praktizieren kann.

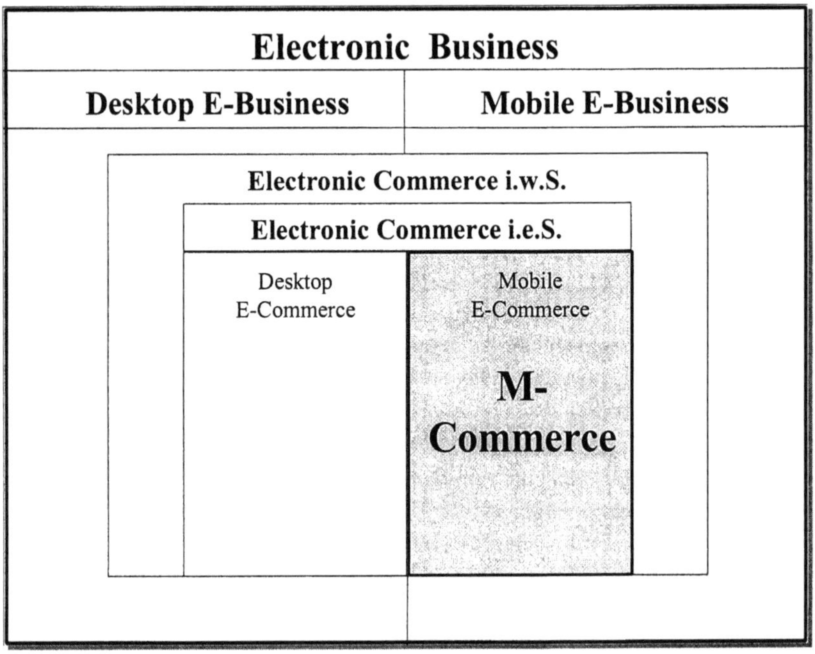

Electronic Business	
Desktop E-Business	Mobile E-Business
Electronic Commerce i.w.S.	
Electronic Commerce i.e.S.	
Desktop E-Commerce	Mobile E-Commerce **M-Commerce**

Abb. 1: Geschäftsfelder im E-Business

Fasst man alle Kommunikationskanäle, die ein Unternehmen dem Kunden zur Interaktion anbietet, unter dem Begriff Front Office zusammen, so lässt sich folgende Abgrenzung zwischen E-Business und E-Commerce formulieren: E-Commerce umfasst die Kundenorientierten Informationssysteme des Front Office-Bereiches, während

E-Business auch die Informationssysteme des Back Office-Bereiches beinhaltet (siehe im Einzelnen *Link* 2001, S. 4 f., 14 ff.).

1.2 M-Business und M-Commerce

Die vorstehenden Überlegungen zur Definition und Abgrenzung von E-Business und E-Commerce lassen sich analog auf die Definition und Abgrenzung von M-Business und M-Commerce übertragen. Unter M-Business wäre damit zunächst der Einsatz mobiler Endgeräte in Planungs-, Abwicklungs- und Interaktionsprozessen von Unternehmen zu verstehen. Entsprechend wäre M-Commerce in erster Annäherung der Einsatz mobiler Endgeräte bei der Anbahnung, Aushandlung und Abwicklung von Geschäftsprozessen zwischen Wirtschaftssubjekten. Auch hier läge der Unterschied also im Wesentlichen in der Beschränkung des M-Commerce auf den **Front Office-Bereich**, wodurch M-Commerce zum Unterbegriff des M-Business wird – siehe Abb. 1.

Nun unterscheiden sich wichtige Definitionen oftmals auch dadurch, dass Teilaspekte bei der Begriffsbildung unterschiedlich ausführlich behandelt werden, womit wir wieder bei der eingangs angesprochenen Frage der Zweckmäßigkeitsbeurteilung von Definitionen landen. Dies zeigt sich, wenn man z.B. folgende Definition des M-Business betrachtet: „M-Business umfasst die Gesamtheit der über ortsflexible, datenbasierte und interaktive Informations- und Kommunikationstechnologien (z.B. Mobiltelefone, PDAs) abgewickelten Geschäftsprozesse" (*Reichwald/Meier/Fremuth* 2002, S. 8). Sieht man in der Verständlichkeit und Einprägsamkeit und damit Kürze von Definitionen einen Eigenwert, so wird man immer nach Möglichkeiten der Komprimierung suchen. Und da muss man *Reichwald et al.* konzidieren, dass ihnen in Gestalt des Begriffes „Geschäftsprozesse" in erfrischender Weise eine Komprimierung der „Planungs-, Abwicklungs- und Interaktionsprozesse von Unternehmen" (aus der Definition im vorstehenden Absatz) gelungen ist. Umgekehrt muss man aber auch fragen, ob nicht „mobile Endgeräte" für den ersten Teil der Definition von *Reichwald et al.* ebenfalls ausreichend wäre. Man könnte nämlich dann zu der Definition von M-Business als **Einsatz mobiler Endgeräte in Geschäftsprozessen** kommen (dies ist z.B. auch der harte Kern der Definition von *Scheer et al.* 2001, S. 30).

Analog lässt sich M-Commerce verkürzen. Die „Anbahnung, Aushandlung und Abwicklung von Geschäftsprozessen zwischen Wirtschaftssubjekten" lässt sich in dem Begriff „Vermarktungsprozesse" komprimieren; M-Commerce ist dann der **Einsatz mobiler Endgeräte in Vermarktungsprozessen**.

Weiterführende Erkenntnisse und neue Fragen ergeben sich, wenn man bestimmte, ökonomisch besonders relevante Merkmale der soeben in den Mittelpunkt gerückten

Geschäftsprozesse bzw. Vermarktungsprozesse einmal näher analysiert. So lassen sich die Geschäftsprozesse insbesondere nach folgenden Merkmalen differenzieren:

- Nach den beteiligten **Akteuren** und ihren Beziehungen zueinander lassen sich c2c (consumer to consumer), b2c (business to consumer), b2e (business to employee – vgl. *Zobel* 2001, S. 153, 158) sowie b2b (business to business) unterscheiden.

- Nach dem vermittelten **Nutzen** lassen sich Kommunikation (synchron, asynchron), Information (Suchhilfen, Wissen) und Leistungsangebote (Sachleistungen, Dienstleistungen, Notfallhilfe) voneinander unterscheiden (vgl. z.T. *Durlacher Research* 2001; *Wirtz* 2001, S. 286).

Kombiniert man diese beiden Gruppen von Merkmalsausprägungen miteinander, so erhält man **mögliche Nutzenangebote spezifischer Anbietergruppen für spezifische Kundengruppen**. Die sich daran anschließende zentrale Frage lautet, ob diese Kombinationen ökonomisch sinnvoll sind, und vor allem, ob sie „sich rechnen". Diese Frage wird im nachfolgenden Abschnitt zunächst weiter vertieft und in Kapitel 2 dieses Buches dann im Einzelnen untersucht.

1.3 Geschäftsmodelle des M-Commerce

Auch der Begriff „Geschäftsmodell" zeichnet sich dadurch aus, dass er zwar zunehmend oft verwandt, selten aber hinreichend klar definiert wird. Rein vom Wort her handelt es sich zunächst einfach um ein „Abbild" – eben ein „Modell" – der Geschäftstätigkeit eines Unternehmens. Nun kommt es bekanntlich bei jedem Modell darauf an, die besonders relevanten Eigenschaften auch besonders gut abzubilden. Und es kann im Bereich der Betriebswirtschaftslehre kein Zweifel daran bestehen, dass die wichtigste Eigenschaft eines Geschäftsmodells die Frage ist, ob es **profitabel** ist, d.h. Erfolg und Existenz eines Unternehmens fördert oder nicht.

Diese Frage wiederum hängt zentral von der Überzeugungskraft und Glaubwürdigkeit der **Nutzenangebote** – genauer: des Preis-/Nutzenverhältnisses – der einzelnen Geschäftsmodelle ab; auch an dieser Stelle ist die Dominanz des Marketinggedankens anzuerkennen. Bei der Prüfung von Geschäftsmodellen stehen also die zwei klassischen Fragen des Marketing-Controlling im Mittelpunkt (vgl. *Meffert* 1998, S. 1035 ff.; *Link/Gerth/Voßbeck* 2000, S. 13 ff.):

- Weist das Geschäftsmodell ein Preis-/Nutzenverhältnis auf, das „**vom Markt her**" (d.h. vom Kunden und der Konkurrenz her) überzeugt?

- Weist das Geschäftsmodell ein Erlös-/Kostenverhältnis auf, das „**vom Ergebnis her**" (Gewinn, Rentabilität, Shareholder Value) überzeugt?

Geschäftsmodelle, die beide Fragen besonders überzeugend beantworten, werden landläufig als „**Killerapplikationen**" bezeichnet, und nichts kennzeichnet die derzeitige Diskussion über M-Commerce mehr als die immer wieder artikulierte Ratlosigkeit hinsichtlich der zukünftigen „Killerapplikationen".

Es ist von daher geboten, sich intensiv mit der Palette der möglichen Geschäftsmodelle und der Berechnung ihrer Wirtschaftlichkeit zu beschäftigen. Nun hat sich insbesondere *Wirtz* (2000, S. 81 ff.) eingehend und verdienstvoll mit den Geschäftsmodellen im E-Business befasst. Er verdeutlicht, dass die Abbildungsfunktion der Geschäftsmodelle im Prinzip alle Funktionsbereiche eines Unternehmens abdecken kann; dies ist im Grundsatz zweifellos auch notwendig, um das unternehmensweite „Funktionieren" des Modells sicherzustellen bzw. mögliche Schwachpunkte – und damit „Stolpersteine" – in einzelnen Unternehmensbereichen aufzudecken. Auch *Wirtz* verdeutlicht aber die besondere Bedeutung der beiden oben herausgestellten Aspekte durch sein „Leistungsangebotsmodell" und „Kapitalmodell" bzw. „Erlösmodell" (vgl. *Wirtz* 2000, S. 87 ff., 179 ff.; siehe auch *Clement* 2002). Bei *Slywotzky et al.* (1996, S. 4) findet sich zu diesen Kernaspekten eines Geschäftsmodells die treffende Formulierung: „It is the entire system for delivering utility to customers and earning profit from that activity".

Vor dem Hintergrund der vorstehenden Ausführungen ist *zu Knyphausen-Aufseß* (2002, Sp. 1874) zuzustimmen, wenn er eine große Nähe des Begriffes „Geschäftsmodell" zum Begriff der „Strategie" sieht. Auch diese Erkenntnis hat dann ganz praktische Konsequenzen, weil man nämlich erkennt, dass das **gesamte Instrumentarium** des strategischen Controlling, insbesondere **des strategischen Marketing-Controlling** bei der Entwicklung von Geschäftsmodellen zum Einsatz gebracht werden kann bzw. werden muss (siehe hierzu im Einzelnen *Link/Gerth/Voßbeck* 2000, S. 23 ff., 66 ff.). Zahlreiche Fehlschläge in der New Economy der letzten Jahre haben ja gerade ihre Ursache darin, dass diese methodische Professionalität bei der Entwicklung von Geschäftsmodellen nicht gegeben war.

In Abb. 2 werden nun konkrete **Geschäftsmodelltypen** dergestalt gebildet, dass die am Ende des Abschnittes 1.2 herausgestellten Merkmale miteinander kombiniert werden; dies entspricht dem Geschäftsmodelltyp „Leistungsangebotsmodell" von *Wirtz* (2000, S. 84). Konkrete Geschäftsmodelle einzelner Anbieter bewegen sich entweder innerhalb einzelner Felder aus Abb. 2, oder aber sie kombinieren Handlungsalternativen aus mehreren Feldern miteinander.

	Kommunikation		Information		Leistungsangebote		
	synchron	asynchron	Suchhilfen	Wissen	Notfallhilfe	Dienst-leistungen	Sach-leistungen
c2c **consumer to consumer**	Telefon Bildtelefon chats	SMS MMS E-Mail	chat-rooms friends near by	Foren			Tausch-börsen
b2c **business to consumer**	Telefon Bildtelefon	SMS MMS E-Mail	Suchmaschi-nen Navigations-systeme	Datenbanken Verlagserzeug-nisse Foren Telelearning Verkehrs-informationen	Unfall/Überfall Pannendienst Telemetrie • Personen • Fahrzeuge • Wohnun-gen	Telebanking Telebooking TV/Radio Video/Music on demand Games Payment	Teleshopping
b2e **business to employee**	Telefon Bildtelefon Identifikati-onssysteme/ Zugangs-systeme	SMS MMS E-Mail	Firmen-bezogene Suchmaschi-nen	Firmenbe-zogenes Wissen • Data Warehouse • Foren • Telelearning	Firmenin-terne Notfall-services	Firmenspezifi-sche Bestell-systeme Firmeninterne Services (Logistik u.a.)	Firmen-spezifische Bestellsysteme
b2b **business to business**	Telefon Bildtelefon	SMS MMS E-Mail	Suchmaschi-nen Navigations-systeme	Datenbanken Verlagserzeug-nisse Foren Telelearning Verkehrs-informationen	Unfall/Überfall Pannendienst Telemetrie • Personen • Fahrzeuge • Gebäude	Telebanking Telebooking Payment	Teleshopping

Abb. 2: Geschäftsmodelltypen des E-Business

Es wird nicht an dieser Stelle, sondern erst in Kapitel 2 zu untersuchen sein, wie die Profitabilität konkreter Geschäftsmodelle überprüft werden kann. Hier sollen noch drei Punkte angesprochen werden, die in engem Zusammenhang mit dem Verständnis bzw. der Interpretation von Abb. 2 stehen:

- Zunächst zu einer Detailfrage, die in der Literatur zum M-Commerce immer wieder auftaucht und insofern klärungsbedürftig ist: Gehört die mobile **Sprachkommunikation** in den Bereich M-Commerce/M-Business oder nicht? *Gerpott* (2002, S. 50 ff.) verneint diese Frage mit dem Hinweis auf die bereits lange Existenz von Sprach-TK-Diensten. In der Tat fällt es nicht leicht, so etwas Altehrwürdiges wie Sprachtelefonie mit dem anspruchsvollen Label „M-Commerce" zu versehen. Auf der anderen Seite ist SMS – als geschriebene, nicht gesprochene Wortfolge – im Grunde ähnlich anspruchslos bzw. trivial wie Telefonie, und auch die Grenzen zum Chatten oder zur Bildtelefonie sind fließend. Insofern haben sich nicht nur die bei *Gerpott* angeführten Autoren, sondern z.B. auch *Picot/Neuburger* (2002, S. 57) und der Verfasser (siehe Abb. 2) entschlossen, hier keine künstliche Grenzziehung vorzunehmen. Auch diese begriffliche Festlegung bleibt – das sei noch einmal ausdrücklich konzidiert – letztlich eine recht subjektive Zweckmäßigkeitsabwägung.

- Als Zweites ist darauf hinzuweisen, dass in Abb. 2 nur die Zeilen 2 und 4 (b2c und b2b) der Definition des M-Commerce als „Einsatz mobiler Endgeräte in Vermarktungsprozessen" voll entsprechen. Nur hier trifft die in der Betriebswirtschaftslehre üblicherweise gewählte **Perspektive** zu, die als zentralen Akteur im Markt „das Unternehmen" sieht – im vorliegenden Fall eben ein Unternehmen, welches für seine Vermarktungsziele (i.S.v. Marketingzielen) mobile Endgeräte einsetzt. In Zeile 1 sind Konsumenten bzw. Haushalte die Akteure, die bei ihrer Nutzung mobiler Endgeräte keinerlei „Vermarktungsprozesse" im Sinn haben. Begründet werden kann die – in der Literatur ja auch durchaus verbreitete – Einbeziehung des c2c-Bereiches in den Begriff M-Commerce dadurch, dass z.B. aus der Sicht von Netzbetreibern bei der c2c-Kommunikation sehr wohl immer eine Vermarktung der eigenen Übertragungsdienste stattfindet.

- Schließlich und endlich gehört die Zeile 3 (b2e) keinesfalls zum E-Commerce, da ja von einem „Vermarktungsprozess" gegenüber den eigenen Mitarbeitern nicht gesprochen werden kann (siehe allerdings bei Nutzung nichtproprietärer Netze die vorstehende Argumentation zum c2c-Bereich). Jedoch passt Zeile 3 in jedem Falle in die gewählte Definition des **M-Business**: Einsatz mobiler Endgeräte in Geschäftsprozessen.

2 Die Rolle des M-Commerce im Customer Relationship Management

2.1 Grundzüge des Customer Relationship Management

Customer Relationship Management (CRM) beschäftigt sich mit dem Management von Kundenbeziehungen; Ziel ist die Herstellung, Aufrechterhaltung und Nutzung erfolgreicher Beziehungen zum einzelnen Kunden (vgl. hierzu und im Folgenden *Link* 2001). Dieses **Kundenbindungsziel** ist ein „klassisches" Ziel des Direktmarketing, wie es insbesondere in den Bereichen des Dienstleistungs- und des Investitionsgütermarketing immer schon verfolgt worden ist (vgl. *Link/Schleuning* 1999, S. 47 ff., 74 ff., 110 ff.). In Anlehnung an *Peter* lassen sich mit dem Begriff der Kundenbindung die Beziehungen zwischen einem Anbieter und einem Kunden dahingehend charakterisieren, wieweit in der Vergangenheit oder Zukunft zwischen ihnen eine **vom Marktdurchschnitt abweichende** Zahl von Transaktionen realisiert wird (*Peter* 1997).

Abb. 3 verdeutlicht, welche **Ebenen** im Zusammenhang mit einer CRM-Kundenbindungsstrategie unterschieden werden müssen; diese Differenzierung erscheint besonders wichtig in Anbetracht mancher Unschärfen und Unklarheiten in der aktuellen Diskussion um das CRM. Ebene 1 bezeichnet lediglich das oben bereits genannte CRM-Ziel. Auf Ebene 2 ist dann seitens eines jeden Anbieters herauszufinden und zu definieren, über welche strategischen **Wettbewerbsvorteile** (Individualisierung, Schnelligkeit usw.) diese Kundenbindung erfolgen soll. Auf Ebene 3 schließlich sind die Informationssysteme zu finden und aufzubauen, die diese Wettbewerbsvorteile realisieren bzw. unterstützen können. Werden nicht alle drei Ebenen sauber nacheinander von den dafür zuständigen Instanzen abgearbeitet, sind Enttäuschungen und Misserfolge vorprogrammiert.

Der Begriff der Kundenorientierten Informationssysteme (KIS) umfasst das Database Marketing (DBM), das Computer Aided Selling (CAS) und das Online Marketing (OM). Die besondere Rolle der KIS im CRM liegt darin, dass sie eine möglichst **interaktive** Beziehung zum Kunden ermöglichen bzw. unterstützen, indem der Informationsaustausch mit dem Kunden **beschleunigt** und **rationalisiert** wird (z.B. über die Außendienst-Notebooks im Rahmen des CAS oder die Internet-Zugänge im Rahmen des OM) oder indem dieser Dialog mit dem Kunden **individualisiert** wird (z.B. über die Kundendatenbanken im Rahmen des DBM). Zusammen mit den konventionellen Kommunikationskanälen bilden die KIS den sog. Front Office-Bereich, d.h. die Summe aller touchpoints, mit denen das Unternehmen den Kunden einen Dialog anbietet.

Alle Kommunikationskanäle bzw. touchpoints müssen nun aus den im nachfolgenden Abschnitt unter dem Stichwort „Multikanal-Ansatz" genannten Gründen miteinander vollständig integriert sein. Dies bedingt u.a., dass CAS-Systeme und Internet quasi als **Datensammler** permanent die einheitliche Kundendatenbank speisen, von der aus dann auch wieder die jeweils aktuellsten Daten an die Schnittstelle zum Kunden zurückgespielt werden.

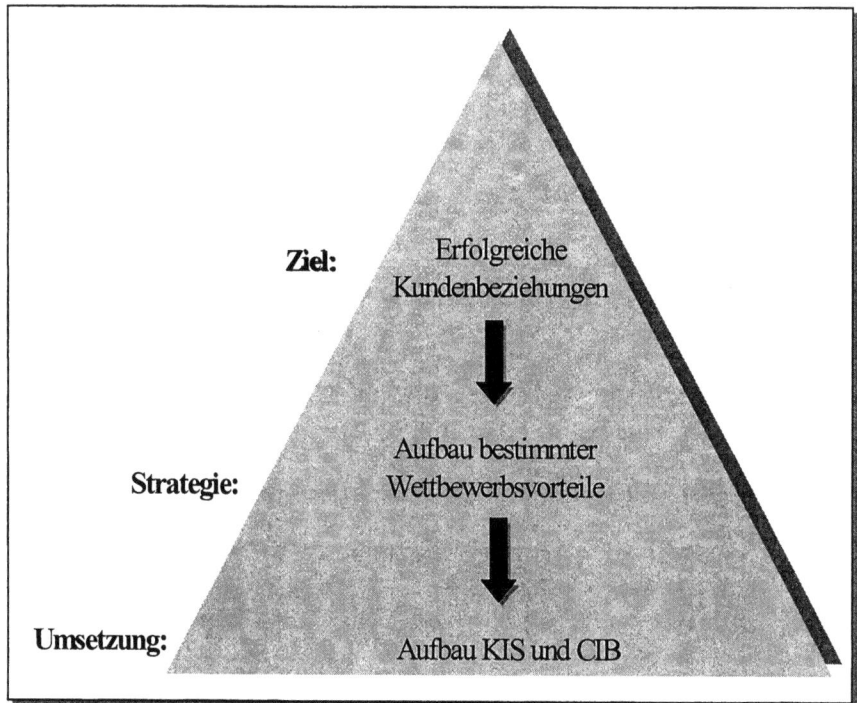

Abb. 3: Das 3-Ebenen-Modell des CRM
Quelle: *Link* 2001, S. 4

Außerdem ist aus Gründen der Schnelligkeit, der Datensicherheit, der Kostensenkung und der gesamtunternehmungsbezogenen Optimierungsmöglichkeiten auch eine vollständige Integration zwischen dem **Front Office-Bereich** und allen Prozessen des **Back Office-Bereiches** anzustreben (Computer Integrated Business - CIB; siehe hierzu *Link/Hildebrand* 1993, S. 173 ff.). Die gesamte Auftragsabwicklung muss aus all diesen Gründen in höchstmöglichem Umfang als integrierte Datenverarbeitung ablaufen.

2.2 Das Multi-Channel-Konzept

Im Front Office-Bereich, d.h. an der Schnittstelle zum Kunden, soll im CRM der sog. Multi-Channel-Ansatz realisiert werden. Er soll es dem Kunden ermöglichen, sich mit dem Unternehmen in Verbindung zu setzen, wann immer und über welchen Kommunikationskanal er dies gerade möchte. Es müssen vom Unternehmen daher zunächst alle touchpoints bedacht und eingerichtet werden, die aus Sicht der Zielgruppe relevant sein könnten (siehe Abb. 4).

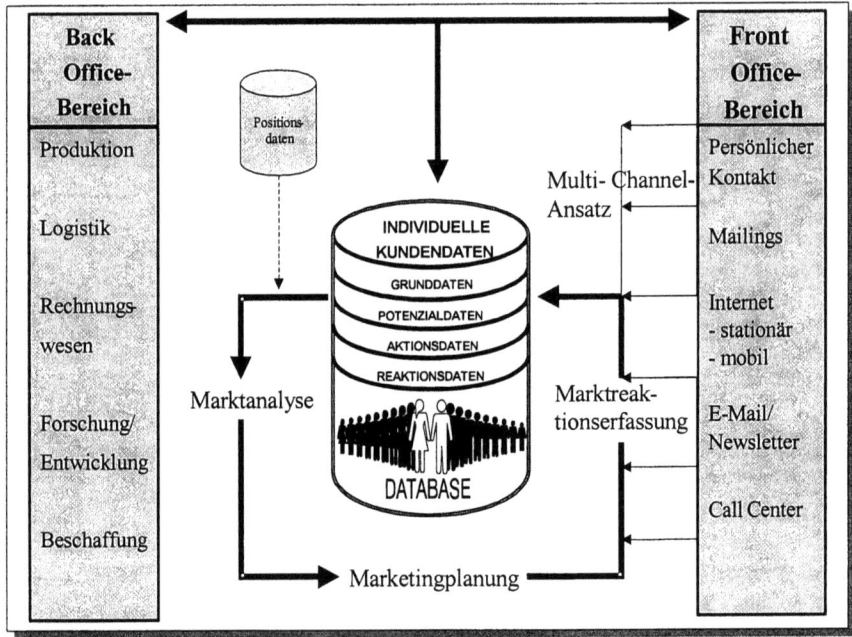

Abb. 4: Das Integrationsmodell des Customer Relationship Management
Quelle: *Link* 2001, S. 15

Sodann muss dafür Sorge getragen werden, dass der Dialog mit dem Kunden genau dort **aufgenommen** und **weitergeführt** werden kann, wo er beim letzten Mal geendet hat. Dies bedingt, dass alle Gesprächsinhalte jeweils während und nach dem Kontakt auf der Kundendatenbank abgespeichert werden und somit dem nächsten Mitarbeiter, den der Kunde erreicht, quasi auf Knopfdruck zur Verfügung stehen. Es kann damit vor allem die Frustration des Kunden vermieden werden, bei seinen Kontaktversuchen immer wieder entweder keinen Gesprächspartner zu finden oder aber einen, der nicht informiert ist.

Voraussetzung hierfür ist einmal das Vorhandensein einer Kundendatenbank als zentrale **Integrationsplattform** für die Gesamtheit der Kundenorientierten Informationssysteme und der übrigen touchpoints (Front Office-Bereich); wichtig ist aber auch die Integration zwischen Front- und Back Office-Bereich, damit eine rasche und fehlerlose Datenübermittlung stattfinden kann, die dem Kunden eine hohe **Auskunftsbereitschaft** des Unternehmens sowohl während des Verkaufsgespräches als auch während der Auftragsabwicklung bietet und überdies **Schnelligkeit** und **Kostengünstigkeit** der Abwicklungsprozesse sicherstellt.

In Abb. 4 wird erkennbar, dass der Regelkreis des Database Marketing im Zentrum steht; auf bestimmte Inhalte wird noch einmal im Zusammenhang mit dem Mobile Commerce eingegangen werden. Die Kundendatenbank sorgt im Übrigen auch dafür, dass Konzepte wie **Databased Online Marketing** realisiert werden können, bei denen der einzelne Kunde eine auf ihn zugeschnittene personalisierte Website angeboten bekommt (siehe hierzu *Link/Tiedtke* 2001).

Es sei an dieser Stelle darauf hingewiesen, dass die Integration zwischen Front- und Back Office-Bereich sowie innerhalb des Back Office-Bereiches auf lange Sicht außerordentliche Möglichkeiten einer ökonomischen **Optimierung** der Unternehmung und damit **Gewinnsteigerung** in sich birgt. Dies ist bereits frühzeitig und ausführlich unter Berücksichtigung zahlreicher Unternehmensbereiche aufgezeigt worden (siehe im Einzelnen *Link/Hildebrand* 1993, S.173 ff.).

2.3 Wettbewerbsvorteile durch M-Commerce

Mobile Commerce repräsentiert im Rahmen des CRM nur einen von mehreren touchpoints des Multi-Channel-Konzeptes, bietet aber besondere Möglichkeiten zum Aufbau von Wettbewerbsvorteilen. Diese sollen im Folgenden näher dargestellt und erläutert werden - siehe Abb. 5. Die dadurch sichtbare Vorgehensweise, nicht-monetäre Steuerungsgrößen als Transmissionsriemen zur Umsetzung von übergeordneten Zielsetzungen/Visionen zu identifizieren und zu nutzen, entspricht im Grundsatz sowohl der **Balanced Scorecard-Methode** als auch dem 3-Ebenen-Ansatz des **Customer Relationship Management** entsprechend der Ebene 2 in Abb. 3 (siehe auch *Link/Gerth/Voßbeck* 2000, S. 37 ff.; *Link/Tiedtke* 2001, S. 13 f.).

Es zeigt sich damit, an welchen Punkten jeweils beim Aufbau von Wettbewerbsvorteilen im M-Commerce anzusetzen ist. Für möglichst viele dieser Punkte sind **überlegene** Lösungen zu finden, so dass der Kunde vom M-Commerce des eigenen Unternehmens mehr als vom Auftritt des Konkurrenzanbieters beeindruckt ist. Zu diesen Punkten soll (und kann) an dieser Stelle nur so viel ausgeführt werden:

Die **Teilnehmeridentifikation** ist über die Rufnummer im Prinzip unproblematisch. Unter dem Aspekt des Permission Marketing (siehe *Link/Tiedtke* 2001, S. 14) muss aber akzeptiert werden, wenn Teilnehmer ihre Rufnummer nicht eintragen lassen, bei eigenen Anrufen unterdrücken (analog ISDN) oder ihr Einverständnis für anbieterseitige Kommunikations- und Speicherungsaktivitäten verweigern. Auf diesem Feld können Anbieter dadurch Wettbewerbsvorteile aufbauen, dass sie **Nutzenbündel** für eine Anbieteridentifikation entwerfen und glaubhaft machen - z.B. **Personalisierung** von Produktangeboten, Dialogangeboten oder auch Konditionsangeboten (Bonus-Programme). Dies entspricht im Übrigen einem starken Trend im Internet in Gestalt des **Databased Online Marketing** (siehe *Link/Tiedtke* 2001, S. 7 ff. sowie *Tiedtke* 2001).

Die **Standortidentifikation** spielt bei vielen Anwendungen eine Schlüsselrolle. Es existieren mehrere alternative Lokalisierungstechnologien (siehe *Zobel* 2001, S. 268 ff.). Wettbewerbsvorteil in diesem Punkt bedeutet, die größere Genauigkeit und/oder den größten geografischen Anwendungsraum für sein Verfahren anbieten zu können.

Hinsichtlich **Bedienungsfreundlichkeit** können - im Vergleich zum stationären E-Commerce - große Fortschritte erwartet werden. Die sprichwörtliche Hausfrau sieht sich nicht mehr einem typischen Computer mit allen für sie bisher so abschreckenden Attributen gegenüber, sondern wird gewissermaßen bei dem ihr u.U. bereits **vertrauten** Handy-Design und Handy-Prozedere „abgeholt". Längerfristig werden bedienungsbezogene Sprachein- und Sprachausgabe ihr Übriges tun, um - technologische Hemmschwellen abzubauen. Für bestimmte Anwendungen können **ausrollbare** (und daher leicht mitzuführende) Komponenten - z.B. große **Bildschirmdisplays** und **Keyboards** - angeschlossen werden. Erste Prototypen derartiger ausrollbarer, folienähnlicher Displays konnte man bereits vor vielen Jahren in Japan sehen; Hauptzweck war die elektronische Zeitung, die auf Knopfdruck in einer vom Leser nach seinen Interessen festgelegten inhaltlichen und formalen Struktur minutenaktuell abgerufen werden konnte. Aber auch TV-Programme, Videofilme, Videokonferenzen usw. können auf diese Weise eindrucksvoller erlebt werden.

Zur **biometrischen Identitätsprüfung** existiert ebenfalls eine Reihe von Alternativmethoden (siehe im Einzelnen *Fochler* 2000, S. 297 f.). Wenn bspw. die Identität eines M-Commerce-Teilnehmers bereits vollkommen zweifelsfrei durch Fingerabdruck festgestellt werden kann, erübrigen sich viele andere **umständliche** Identifizierungsprozeduren bei der Handynutzung, der Zahlungsüberweisung, der Empfangsberechtigung usw. Es handelt sich dabei aber nicht allein um einen Convenience-Aspekt; auch die heute oft noch im Internet bestehende **Vertrauensbarriere** wird dadurch weiter gesenkt.

In Abhängigkeit von den durch die einzelnen Anbieter genutzten **Netztechnologien** und **Netzdichten** ergeben sich u.U. unterschiedliche Wettbewerbspositionen in den einzelnen Märkten bzw. Branchen. Wer - im positiven Extremfall - in seinem Markt die leistungsfähigsten mobilen Breitbandnetze mit maximaler Netzdichte weltweit nutzen und eine gegenseitige Immer-Erreichbarkeit der Marktpartner auch bei häufigem Ortswechsel oder längeren Reisezeiten (mobile Omnipräsenz) sicherstellen kann, ist in einer ganz anderen Position als ein Anbieter, dem die finanziellen Mittel fehlen, seinen Kunden eine solche Infrastruktur anbieten zu können.

Unter den in Abb. 5 aufgeführten Wettbewerbsvorteilen nimmt die **Universalität** einen besonderen Rang ein. Nach unserer Einschätzung werden Anbieter, die hier innovativ und effizient arbeiten, daraus erhebliche ökonomische Erfolge ziehen. Es geht nämlich um nichts weniger als die Idee, aus dem ursprünglichen Mobiltelefon einen wahren, selbstverständlich bluetoothfähigen Personal Digital Assistant (PDA - vgl. z.B. *Reischl/Sundt* 1999, S. 15; *Steimer/Maier/Spinner* 2001, S. 12, 85, 155) für alle Lebenslagen zu machen. Wir selbst würden den Begriff **Electronic Mobile Assistant (EMA)** bevorzugen; die Bezeichnung „Personal Digital Assistant" liegt sehr nahe beim PC und bringt das mobile Element bzw. die Affinität zum M-Commerce nicht zum Ausdruck.

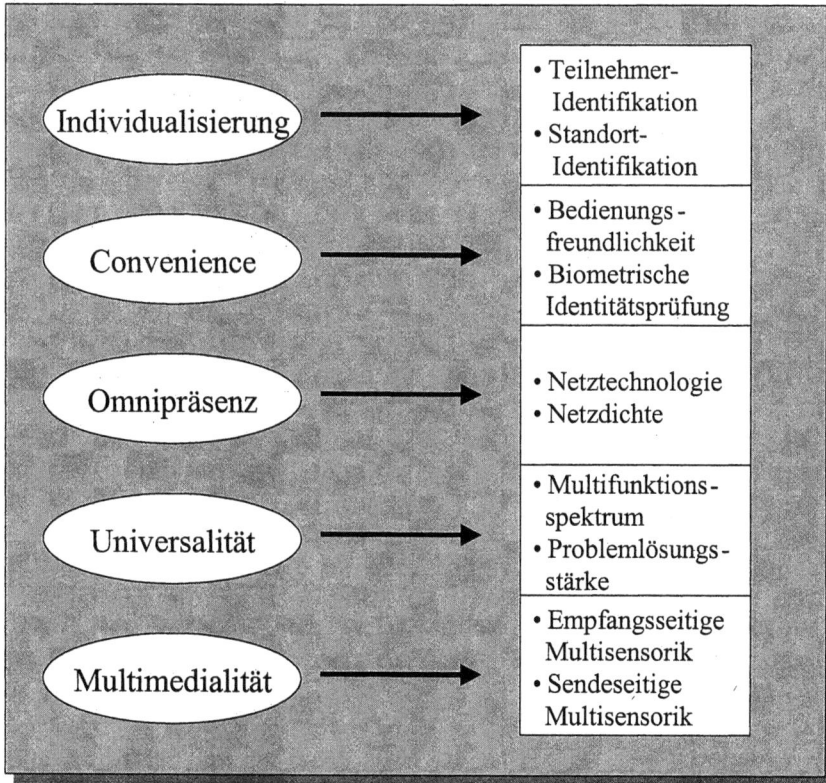

Abb. 5: Ausgewählte Subkriterien für den M-Commerce

Wie nun kann eine solche Universalität realisiert werden, und warum kann dies dann zum zentralen Erfolgsfaktor sowohl für diese neue Gerätegattung des M-Commerce als auch für einzelne Mobilfunkbetreiber, Mobilgerätehersteller und M-Commerce-Anbieter werden?

Die Antwort auf die zweite Frage liegt in den latenten Träumen, unterschwelligen Wunschvorstellungen und praktischen Anforderungen der potenziellen Nutzer einerseits und den technologischen Möglichkeiten der Mikroelektronik andererseits. Es ist nun einmal so, dass - wie nicht umsonst bereits frühzeitig in vielen Action- und Sciene-Fiction-Filmen dargestellt - die Vorstellung eines jederzeit verfügbaren **Alleskönner-Gerätes** faszinierend ist: der elektronische Helfer in jeder Lebenslage. Schon diese „Idealvorstellung" zielt also in Richtung eines Super-Handys mit **Multifunktionsspektrum**. Es ist aber außerdem so, dass eine Vielzahl von Monofunktionsgeräten auch einige zusätzliche Probleme mit sich bringen würde - von der Frage des Mitführens (Raumbedarf, Gewicht des „mobilen Geräteparks") bis hin zur Frage des Handlings (Auffinden im „mobilen Gerätepark", unterschiedliches Prozedere).

Vor allem aber muss konstatiert werden, dass der immer weiter fortschreitende Prozess der **Miniaturisierung** bei gleichzeitiger **Leistungssteigerung** bereits gezeigt hat, welche neuen Kombinationsmöglichkeiten in den Bereich der Realisierbarkeit kommen. Handys mit Internet-Zugang, Taschenrechner und/oder Organizer, mit Bildtelefon, Fotokamera und/oder Videokamera sind bereits auf dem Markt.

Allerdings muss bzw. kann die Devise nicht lauten, alles nur Denkbare miteinander zu kombinieren. Vielmehr heißt die Devise, dass zusammenkommt, was zusammenpasst. Maßstab muss - wie immer im Marketing - die jeweilige **Zielgruppe** sein. Es ist daher von M-Commerce-Anbietern in den einzelnen Branchen zu erforschen, welche spezifischen Kombinationsmöglichkeiten in den Augen der Zielgruppe Sinn machen. Schon diese Sinnhaftigkeit entscheidet mit über das Entstehen von Wettbewerbsvorteilen oder auch Wettbewerbsnachteilen. Daneben ist es aber zweifellos auch die Leistungsfähigkeit bzw. **Problemlösungsstärke** in den einzelnen Anwendungsbereichen, die den Erfolg des M-Commerce-Konzeptes eines Anbieters mitentscheidet.

Wir wagen daher die Vorhersage, dass die Mobilfunkbetreiber, Mobilgerätehersteller und M-Commerce-Anbieter, die ihren Kunden Universalität in Gestalt überlegener, zielgruppenorientierter Multifunktionsspektren und Problemlösungsstärken bereitstellen damit wesentlich höhere Erfolgsbeiträge aus dem M-Commerce ziehen werden.

Abschließend sei daher nur noch kurz und beispielhaft erläutert, an welche Möglichkeiten überlegener Lösungen im Bereich der **Multimedialität** bzw. Multisensorik (vgl. *Link* 2000, S. 6) gedacht ist. Der Kunde kann sich **empfangsseitig** nicht nur der von den Handys her bekannten Lautsprecher und Displays bedienen. Oben wurden zusätzlich auch bereits die ausrollbaren, folienähnlichen Bildschirme sowie die bedienungsbezogene Sprachausgabe erwähnt. Darüber hinaus werden längerfristig neue Lösungen im Bereich der Displaybrillen, Duftorgeln usw. für eine Bereicherung der Multisensorik sorgen. **Sendeseitig** sind es neben den bewährten Tastaturen und Mauslösungen die ebenfalls bereits erwähnten ausrollbaren Keyboards sowie die bedienungsbezogene Spracheingabe, die überlegene Multimedialität realisieren können. Zusätzlich sind für den gesamten Bereich der personen-, fahrzeug- und wohnungsbezogenen Telemetrie Sensoren jeder Art mit einzubeziehen, die vollautomatisch oder personengesteuert Daten aufnehmen und weitergeben.

Erst aus der **Summe** dieser - und anderer - Ansatzpunkte für die Schaffung wahrhaft überlegener M-Commerce-Lösungen ergibt sich dann die **Wettbewerbsposition** eines konkreten Anbieters in seiner Branche, die wiederum entscheidend die **Rentabilität** seines M-Commerce-Projektes beeinflusst. Wie in Kapitel 2 dieses Buches noch verdeutlicht werden wird, ist eine Erfolgsplanung von M-Commerce-Projekten daher immer nur via Umweg über derartige Erfolgsfaktoren seriös realisierbar.

3 Electronic Aided Acting: Die Diffusion des M-Commerce in das Alltagsleben

3.1 Die Nutzung mobiler Endgeräte im c2c-Bereich

Wenn ein Bereich des M-Commerce bereits in der Vergangenheit das Phänomen einer „stillen Revolution" hat ahnen lassen, so ist es der c2c-Bereich aus Abb. 2. Waren es im Jahr 1992 noch knapp **1 Mill.** Mobilfunkteilnehmer in Deutschland, so wurden in 2001 bereits über **56 Mill.** Teilnehmer – entsprechend 69 % der Bevölkerung – erreicht; und wurden 1996 lediglich **41 Mill.** SMS versandt, so waren es in 2001 bereits etwa **23 Mrd.** SMS (vgl. z.T. *RegTP 2002*).

Im Folgenden sollen unter dem Begriff c2c vor allem die Kommunikations- (und Tausch-) prozesse betrachtet werden, die unmittelbar zwischen Konsumenten ablaufen; weitgehend ausgeschlossen bleiben also zunächst die Kommunikations- und Transaktionsprozesse auf der Konsumentenebene, in denen kommerzielle Anbieter eine **prägende** Rolle spielen (dass hier natürlich die Grenzen fließend sind, zeigt insbesondere das Beispiel der Tauschbörsen).

Es zeigt sich, dass die große Mehrheit der Fachleute wie der Laien die Entwicklung der Mobiltelefonie und des Short-Messaging weit unterschätzt hatten. Die Selbstverständlichkeit, mit der sich insbesondere junge Leute das Handy für beide Zwecke zunutze machten, hat überrascht. Keiner hat so recht vorhergesehen, dass Handys binnen kurzer Zeit ein „Muss" für junge Leute darstellen würden; der Nicht-Besitz eines Handy beschwor die Gefahr herauf, sich aus den **peergroups** wegen Nicht-Erreichbarkeit im angesagten Medium auf Dauer auszuschließen.

Ähnlich wie in Deutschland hat sich diese Entwicklung in **Japan** vollzogen. Auch Japan weist (Mitte 2002) im Mobilfunk mit 61 % Penetrationsrate der Bevölkerung (71 Mill. Mobilfunkkunden) sehr positive Werte auf; im Bereich Internet-Handys (Zugriff auf Web-basierte Inhalte) liegt die Zahl der i-mode-Kunden nach drei Jahren bereits bei 33 Mill. (vgl. *Schoder/Vollmann*-Beitrag in diesem Buch). Und in Japan nutzt etwa die Hälfte der Mobilfunkkunden Dienste aus dem Bereich Information/Unterhaltung (vgl. *Franke/Kietzmann/Kölling* 2001, S. 262). Als Gründe für die Vorreiterrolle Japans werden u.a. genannt:

- die große Zahl von **Pendlern**, die relativ lang unterwegs sind und auf diese Weise die Zeit besser nutzen (vgl. *Hübner* 2002, S. 44);
- der große **Gruppendruck**, dem japanische Jugendliche ausgesetzt sind (vgl. *Zobel* 2001, S.70), sowie
- im Falle des i-mode-Erfolges das geschickte **Value Scope Management** des Anbieters NTT DoCoMo (siehe hierzu im Einzelnen den Beitrag von *Schoder/Vollmann* in diesem Buch).

Schon der Bezug auf die Rolle von peer groups bei Jugendlichen lässt erkennen, dass die Diffusion neuer IuK-Technologien wie dem M-Commerce nicht allein in der Sphäre der hard facts beschrieben und erklärt werden kann. Unter rein rationalen Kosten-/Nutzenaspekten ist z.B. der Siegeszug der SMS überhaupt nicht zu erklären bzw. zu verstehen, da das Schreiben einer SMS unter Convenience-Aspekten ein Anachronismus sondergleichen ist; es erinnert in seiner Umständlichkeit an die Codierung in Maschinensprachen zu Anfang des EDV-Zeitalters. Insofern hatten alle Experten guten Grund zu der Annahme, dass ein solch holpriges Kommunikationsverfahren zum Scheitern verurteilt sein würde. Erst die Einbeziehung psychologischer und soziologischer Aspekte kann eine Erklärung liefern. Fest steht, dass das Handy als Kommunikationsplattform – auch und gerade zur **Kontaktanbahnung und -pflege** – eine Faszination auf Jugendliche ausübt.

Auch die rasche Diffusion des Chattens im Internet lässt sich ja nur erklären, wenn man die eigentümliche Mischung aus Abenteuer im Cyberspace, gruppendynamischen Netzeffekten sowie der Wechselmöglichkeit zwischen Anonymität und persönlichem Outing mit einbezieht. Auch hier spielen Kontaktanbahnung und -pflege eine wichtige Rolle (vgl. im Folgenden *Hannemann/Koller* 2002, S. 161 ff.): Auf die Frage „Welche Wege halten Sie für gut geeignet, um neue Kontakte zu anderen Menschen zu knüpfen?" nannten 61 % private Partys, 52 % den Arbeitsplatz und immerhin **an dritter Stelle 31 % das Internet** (vor Discos/Kneipen/Gaststätten, Single-Partys, Kontaktanzeigen, Partnervermittlungen); dabei liegt nach Umfrageergebnissen ein besonderes Faszinosum (gleichzeitig auch ein Abenteueraspekt) in dem Umstand begründet, dass man im Cyberspace unvermittelt Gesprächspartner aus ganz anderen Teilen der Welt treffen kann. Allein in Deutschland hat bspw. AOL 2,5 Mill. Chat-Nutzer mit über 2000 Chat-Räumen.

Ähnlich wie das Chatten bieten auch Foren interessante Möglichkeiten des Informationsaustausches i.S.v. Wissens- und Meinungsaustausch. Eine besondere – und von der Industrie kritisch verfolgte – Dynamik haben bekanntlich auch die **Tauschbörsen** aufzuweisen; neben den Tauschbörsen für Musikstücke wird eine zunehmende Aktivität z.B. auch im Bereich der Videofilme erwartet. Auch hier wird deutlich, dass Netzstrukturen wie das Internet eine Eigendynamik entwickeln können, die von den Initiatoren u.U. weder vorhergesehen noch vielleicht sogar gewünscht werden konnte.

Schließlich und endlich war und ist auch der Siegeszug der **E-Mail** ein Beleg für so nicht vorhergesehene bzw. auch kaum vorhersehbare „kulturelle Wandlungsprozesse". Viele haben sich am Anfang nicht vorstellen können, dass die ästhetisch so viel attraktiveren und sprachlich/stilistisch/grammatikalisch so viel höherstehenderen konventionellen Briefe durch die „Unkultur" der lieblos, oft in Kleinschreibung und buchstäblich ohne Punkt und Komma „dahingehackten" E-Mails zunehmend verdrängt werden würden.

Eine neue Dimension und Faszination der Kommunikation über Handys kann sich einstellen, wenn zusätzlich zu SMS auch **MMS** (Multimedia Messaging Service) zunehmend verfügbar wird. Seit einiger Zeit sind Handys verfügbar, die –

z.B. durch aufsteckbare Zusatzmodule – Standfotos oder ganze Filmsequenzen aufnehmen und direkt an andere verschicken können. Es gehört nicht viel Phantasie dazu sich vorzustellen, wie attraktiv solche MMS-Möglichkeiten für Jugendliche sind, die schon von SMS begeistert waren.

Dass mit integrierten Filmkameras auch der Übergang zur **Bildtelefonie** gefördert wird, versteht sich von selbst.

In der Summe all dieser Überlegungen und Erfahrungen lässt sich unschwer vorhersagen, dass Handys in der Zukunft noch mehr als bisher zu einem selbstverständlichen Element des beruflichen und privaten Alltags und insbesondere auch des Freizeitbereiches werden dürften, wobei als Vorreiter erneut in erster Linie jugendliche Käuferschichten anzusehen sind. Auch das ist eben schon eine Art „**stiller Revolution**", dass überall im Alltag – ob auf Straßen, öffentlichen Plätzen, in Zügen oder Restaurants – ein immer größerer Teil der Menschen mit einem Handy „bewaffnet" oder sogar gerade aktiv beschäftigt ist. Dieses Bild der „stillen Revolution" verstärkt sich aber noch ganz erheblich – und zwar in Richtung „Electronic Aided Acting" –, wenn man im Folgenden die **kommerziellen Nutzungsangebote** mit einbezieht, die sich für den b2c-Bereich abzeichnen.

3.2 Die Nutzung mobiler Endgeräte im b2c- und b2b-Bereich

3.2.1 Mobile Systeme des Computer Aided Selling (CAS)

Natürlich wird sich auch die Kommunikation zwischen Anbietern und Kunden – ob nun privaten oder gewerblichen Kunden – all der Möglichkeiten bedienen, die vorstehend für die Kommunikation zwischen Konsumenten dargestellt worden sind:

- In der Richtung „**Anbieter zu Kunde**" werden – soweit rechtlich zulässig und wirtschaftlich zweckmäßig – **Werbebotschaften, Serviceinformationen** oder konkrete **Angebotsinformationen** über mobiles Telefon, Bildtelefon, SMS, MMS und E-Mail übermittelt; gerade MMS erweitern hier das Handlungsspektrum erheblich. So kann z.B. privaten oder gewerblichen Kunden ad hoc eine Filmsequenz übermittelt werden, die den Umgang mit einem neuen Produkt oder einem bestimmten Anwendungsproblem erläutert.

- In der Richtung „**Kunde zu Anbieter**" sind es **Anfragen, Bestellungen, Reklamationen, Lost-Order-Daten** und sonstige **Marktforschungsinformationen**, die per Mobiltelefon, Bildtelefon, SMS, MMS oder E-Mail übermittelt werden.

Viele solcher Kommunikationsprozesse können bekanntlich bereits mit „konventionellen" Handys abgewickelt werden. Dies repräsentiert – siehe die Stufe 3 in

	Electronic Aided Acting EAA		
	Information/ Kommunikation **IKS** (Informations-/ Kommunikationssystem)	elektronisch gestützter Verkauf **CAS** (Computer Aided Selling)	rein elektronischer Verkauf **CHS** (Computer Handled Selling)
Stand-alone-Betrieb	Stand alone 1 IKS z.B. Informationssäulen	Stand alone 4 CAS z.B. Notebook des Außendienstmitarbeiters	Stand alone 7 CHS z.B. Verkaufsautomaten
Stationäres vernetztes Gerät	vernetztes 2 IKS z.B. stationäres Telefon	vernetztes 5 CAS z.B. Verkaufsterminal in Werksniederlassung	vernetztes 8 CHS z.B. Desktop mit Ordering Website
vernetzte mobile Endgeräte	mobiles 3 IKS z.B. Handy mit SMS	mobiles 6 CAS z.B. Palmtops mit Netzwerkanbindung	mobiles 9 CHS z.B. Handys mit Ordering Website

Abb. 6: Systeme des Electronic Aided Acting

Abb. 6 - noch ein relativ niedriges Niveau eines Electronic Aided Acting, nämlich die Nutzung einfacher **mobiler IKS**.

Demgegenüber verkörpert Stufe 6 in Abb. 6 erheblich höhere und professionellere Anstrengungen eines Electronic Aided Acting. Unter **mobilem CAS** versteht man, wie bereits den Ausführungen des Abschnittes 1.1 entnommen werden konnte, eine elektronische Verkaufsunterstützung für den Außendienstmitarbeiter in der pre sales-, sales- und after sales-Phase durch mobile Endgeräte. Marketingmäßig ist diese elektronische Verkaufsunterstützung grundsätzlich dann in Betracht zu ziehen, wenn Zielgruppe, Produktkomplexität und/oder Produktwert einen **persönlichen Verkauf** angeraten sein lassen. Da der persönliche Verkauf ein besonders kostspieliges Instrument darstellt, muss seine Effizienz auf jede denkbare Weise gesteigert werden, wozu die elektronische Unterstützung wertvolle Beiträge liefern kann. Ein Höchstmaß an elektronischer Unterstützung und ein Minimum an Personalkosten ist natürlich gegeben, wenn ein „vollelektronischer" Verkauf, z.B. über das Internet, stattfindet („Computer Handled Selling (CHS)" – Feld 9 in Abb. 6). Darauf wird später noch einzugehen sein. Da es aber immer Zielgruppen und Produkte geben wird, die eine personelle Beteiligung erforderlich machen, also bestenfalls einen „halbautomatischen" Verkauf zulassen, werden CAS-Systeme auch im Zeitalter des Internet ihren Platz behalten. Viele Unternehmen werden für unterschiedliche Zielgruppen und Produkte **parallel** sowohl CAS- als auch CHS-Systeme einsetzen.

Im Übrigen verdeutlicht Abb. 6, dass speziell die mobilen IKS-, CAS- und CHS-Systeme nur den derzeitigen Endpunkt einer langen technologischen **Entwicklung** innerhalb des Marketing, des Controlling und der Informatik darstellen (zu dieser Vorgeschichte siehe z.B. *Link/Schleuning* 1999, S. 78 f.). **Electronic Aided Acting im Vertrieb** hat eben in Wirklichkeit schon vor vielen Jahrzehnten begonnen, als die ersten EDV-Terminals im Vertriebsinnendienst, die ersten Datenerfassungsgeräte im Außendienst oder die ersten Buchungscomputer im Verkehrs- und Touristikbereich auftauchten. Auch diese Entwicklung war eher „schleichend" denn dass sie als „revolutionär" empfunden wurde. Ebenso werden sich die mobilen Systeme im untersten Drittel von Abb. 6 ihren Platz schrittweise – über einen längeren Zeitraum hinweg – erobern, ohne dass dies als wirklich „revolutionär" empfunden werden würde.

Mobile CAS-Systeme bedürfen einer Hardware-/Softwareausstattung, die alle Phasen und Teilschritte eines Verkaufsprozesses durch eine geeignete System-Infrastruktur unterstützt:

- Zentrale Elemente sind dabei die **Produkt-** und die **Kundendatenbank**, wobei es für mobile Systeme grundsätzlich zwei Möglichkeiten gibt: Entweder können diese beiden Datenbanken physisch im mobilen System vorhanden sein (Notebooks mit drahtloser Netzwerkanbindung), oder aber sie werden im Zentralrechner des Unternehmens über eine möglichst breitbandige Verbindung vom mobilen System aus angesprochen.

- Unverzichtbar sind zunächst elektronische Tools für die etwa ein bis zwei Dutzend **Funktionalitäten** der pre sales-, sales- und after sales-Phase – von der Ziel-, Termin- und Tourenplanung über die Produktpräsentation, -konfiguration und -kalkulation bis hin zur Responseerfassung und -übermittlung (siehe im Einzelnen *Link/Hildebrand* 1993, S. 107 ff.).

- Unverzichtbar speziell für Produktdemonstrationen und -konfigurationen sind aber auch **multimediale Beeindruckungsmöglichkeiten** des Kunden, d.h. vergleichsweise große Displays und „mächtige" Ein-/Ausgabetechniken (siehe hierzu Abschnitt 2.3). Anderenfalls ist es kaum vorstellbar, dass Kunde und Außendienstmitarbeiter gemeinsam z.B. über die auf dem Bildschirm dargestellten Konfigurationsalternativen diskutieren können (und wollen).

- Auf die **sonstigen** Hardware-, Software-, Kommunikations- und Schnittstellenkomponenten von CAS-Systemen kann an dieser Stelle nicht näher eingegangen, sondern nur verwiesen werden (siehe im Einzelnen *Link/Hildebrand* 1993, S. 97 ff.; dort wird auch die Prozess-Struktur – der CAS-Regelkreis – näher dargestellt).

Ein mobiles CAS-System auf der Basis eines Notebooks o.ä. wird neben den spezialisierten CAS-Funktionalitäten i.d.R. auch eine Reihe allgemeiner Office-

Funktionalitäten umfassen, die aus dem mobilen CAS-System ein **mobiles Office** machen. Hierzu können je nach individuellem Bedarf bzw. Aufgabenstellung des Außendienstmitarbeiters Textverarbeitung, Tabellenkalkulation, Datenbankprogramme, Druckausgabe, Scanner, Workflow-Module, Internet-, Intranet- und Extranet-Zugänge und natürlich auch Sprachkommunikation gehören. Der enorme Fortschritt im IT-Bereich stellt dem Reisenden auf kleinstem Raum – auch in seinem Pkw oder Hotelzimmer – eine mobile Office- und Rechnerkapazität zur Verfügung, die noch vor einem Jahrzehnt unvorstellbar war.

Die Leistungsfähigkeit mobiler CAS-Systeme lässt sich nicht nur an der Zahl und Mächtigkeit der realisierten CAS- und Office-Funktionalitäten, sondern vor allem auch an Art und Zahl der unterstützten **Interaktionen** innerhalb eines Verkaufsgespräches messen. Art und Zahl der elektronisch unterstützten Interaktionen bestimmen in besonderem Umfang die vom Kunden erlebte „Kompetenz", „Flexibilität" und „Auskunftsbereitschaft" des Außendienstmitarbeiters; bei einer entsprechenden „Mächtigkeit" seines CAS-Systems bleibt der Reisende bzw. Vertreter dem Kunden keine Auskunft schuldig – weder über technische Realisationsmöglichkeiten noch über Liefertermine noch über mögliche Preiszugeständnisse im Rahmen des Yield-Management (zur Interaktions-Mächtigkeit siehe im Einzelnen *Link/Tiedtke* 2001, S. 4 f.; *Link/Hildebrand* 1993, S. 77 ff.).

Mittels derartiger mobiler CAS-Systeme ist es dann für Außendienstmitarbeiter möglich, Beiträge in Richtung der **grundsätzlichen CAS-Optimierungsaufgabe** zu leisten (vgl. im Folgenden *Link/Hildebrand* 1993, S. 173 ff.): CAS-Systeme weisen notwendigerweise eine Fülle von Schnittstellen zu anderen betrieblichen Teilkomplexen auf. Dies hängt in erster Linie damit zusammen, dass im Verkaufsgespräch eine Abstimmung erfolgen muss zwischen den spezifischen Anforderungen eines Kunden und dem differenzierten Leistungsprofil eines Unternehmens in seinen einzelnen Unternehmensbereichen. So wie der Kunde versucht, im Verhandlungsprozess für sich ein Kosten-/Nutzenoptimum zu realisieren, muss dies auch das Unternehmen anstreben (vgl. *Mertens/Steppan* 1988, S. 24). Für Letzteres besteht dabei nicht nur das Problem, den Anforderungen des Kunden bei gleichzeitiger Berücksichtigung der Leistungsfähigkeit der Wettbewerber gerecht werden zu müssen, sondern im Verkaufsgespräch quasi auch eine vorweggenommene (Teil-)Optimierung betrieblicher Aufgabenkomplexe zu leisten: Produktspezifikationen, Preise, Kosten und Lieferzeiten sind so zu regulieren, dass ein **Optimum in Bezug auf das Zielsystem der Unternehmung** realisiert wird. Dies würde an sich einen außerordentlich hohen Integrationsgrad zwischen allen „C-Techniken" des Absatz- und des Produktionsbereiches (siehe im Einzelnen *Link/Hildebrand* 1993, S. 174 ff.) bedingen. Der Ansatz des CRM steht in erheblichem Umfang für das Bemühen, sich auf der Basis des technologischen Standes der Jahrtausendwende diesem hohen Integrationsgrad weiter anzunähern.

Es wird somit deutlich, dass die Bedeutung mobiler CAS-Systeme weit über den „Verkauf" hinausgeht. Durch die CRM-typische Integration zwischen Back Office- und Front Office-Bereich bestehen mehr denn je die vorstehend dargestellten Chancen einer umfassenderen Optimierung im Sinne einer bereichsübergreifenden Gewinnmaximierung.

3.2.2 Mobile Systeme des Computer Handled Selling (CHS)

Ein **mobiles CHS** – siehe Stufe 9 in Abb. 6 – liegt vor, wenn überhaupt kein Außendienstmitarbeiter am Verkaufsprozess beteiligt ist, sondern z.B. der Kunde einfach über ein Handy direkt auf eine Ordering-Website (siehe hierzu *Link/Tiedtke* 2001, S. 7) zugreift. Eine wichtige Voraussetzung ist, wie bereits angedeutet, dass der Kunde zu einer Zielgruppe gehört, die dieses Kaufprozedere akzeptiert oder sogar präferiert. Man muss daher darüber nachdenken, wann und warum ein Kunde einen Bedarf nach bestimmten Informationen bzw. Dienstleistungen oder Sachleistungen verspüren könnte, den er dann auch spontan mittels eines mobilen Endgerätes befriedigen will. Dabei ist (wie auch schon beim CAS – s.o.) nach dem grundsätzlichen Kundentypus zu unterscheiden in den b2c- und den b2b-Bereich – siehe Abb. 7.

	b2c	b2b
mobiles CAS	mobiles Privat - kunden - CAS z.B. Versicherungs-vertreter mit Palmtop und Netzanbindung	mobiles Unter - nehmenskunden - CAS z.B. Außendienstmitarbeiter eines Zulieferers mit Palmtop und Netzanbindung
mobiles CHS	mobiles Privat - kunden - CHS z.B. Orderingsite von DELL, AMAZON usw. auf Handy mit Internetzugang	mobiles Unter - nehmenskunden - CHS z.B. Orderingsite von Zulieferbetrieben auf Handy mit Internetzugang

Abb. 7: Denkbare Ausprägungen mobiler Kundenorientierter Transaktionssysteme

Bedarfsanalysen und **Verhaltensanalysen** der unterschiedlichen Zielgruppen sowohl innerhalb des b2c- als auch des b2b-Bereiches sind für jeden Anbieter mobiler Endgeräte oder Dienste unverzichtbar; an die Stelle der verzweifelten Suche nach alles erschlagenden „Killerapplikationen" muss vielmehr die sorgfältige, akribische Analyse von Bedarfssituationen unterschiedlicher Zielgruppen treten (siehe hierzu auch *Bliemel/Fassott* 2002). Und hier lässt bereits Abb. 2 eine Fülle von Möglichkeiten ahnen, die im Einzelnen nicht alle an dieser Stelle dargestellt werden können bzw. sollen. Lediglich einige exemplarische Beispiele mögen genügen; dabei soll zwischen **vier unterschiedlichen Ausgangssituationen** differenziert werden:

- der „Leerzeiten-Situation",

- der „Such-Situation",

- der „Not-Situation" sowie

- der „quasi-stationären Situation".

Zunächst zur **„Leerzeiten-Situation"**: Wer immer als privat oder beruflich **Reisender** unterwegs ist – vom Touristen über den Pendler bis zum Vertreter – , sieht sich dem Problem gegenüber, geduldig den Verlauf und das Ende des „Transportvorganges" abwarten zu müssen und dabei sein persönliches **Potenzial** u.U. nicht befriedigend nutzen zu können. In Anlehnung an die Betriebswirtschaftslehre wollen wir für nicht genutzte bzw. nicht nutzbare Zeiten den Begriff der „Leerzeiten" – als Gegensatz zu den „Nutzzeiten" – einführen. Den Leerzeiten entsprechen im Übrigen bestimmte Leerkosten, die eine nicht unbeträchtliche Höhe erreichen können. Dies liegt besonders auf der Hand bei **Geschäftsreisenden**, die an sich während der Dauer der Reise bestimmte Aufgaben wahrnehmen und dabei bestimmte Erträge erwirtschaften könnten. Der – durch die „Transportzeit" – erzwungene Verzicht auf derartige Erträge stellt Opportunitätskosten dar; ein Beispiel wären nicht eingeholte, d.h. entgangene Kundenaufträge bzw. die dabei entgangenen Gewinne.

Bei einem **Privatreisenden** liegen die Opportunitätskosten eher im immateriellen Bereich, nämlich dem entgangenen Genuss durch sinnvolle bzw. erfüllende Aktivitäten im Freizeitbereich, zwischenmenschlichen Bereich oder häuslichen Aufgabenbereich.

Sowohl dem Geschäftsreisenden als auch dem Privatreisenden bieten sich mittels der mobilen Endgeräte zahlreiche neue Möglichkeiten, die an sich „**unproduktive Transportzeit**" produktiv zu nutzen. Hierzu stehen ihm, sofern er mit einem mobilen CHS-System (incl. sonstiger Handy-Funktionalitäten) ausgerüstet ist, verschiedene Felder der Nutzung offen:

- **Kommunikation**. Die älteste Möglichkeit des Vermeidens von Leerzeiten und -kosten auf Reisen war seit jeher das persönliche Gespräch, entweder mit Mitreisenden oder – seit Verfügbarkeit der Handys – durch Erledigung anstehender Telefonanrufe. Soweit letzteres in den c2c-Bereich fällt, gehört es zum vorhergehenden Abschnitt. Abb. 2 lässt aber erkennen, dass auch die b2c- und b2b-Kommunikation – ob nun per voice, SMS, MMS oder E-Mail – durchaus geeignet ist, ärgerliche Leerzeiten und -kosten zu vermeiden. Sowohl Mitarbeiter von Unternehmen als auch Kunden können die Reisezeit nutzen, sich über mögliche Angebote, Aufträge, Reklamationen usw. auszutauschen. Dies geschieht ja bekanntlich auch in zunehmendem Maße. Welche spezifischen Probleme dabei im Rahmen der Nutzung bestimmter Verkehrsmittel (Bahn, Pkw, Flugzeug) auftreten können, soll an dieser Stelle nicht erörtert werden.

Information/Unterhaltung: Diesem Zweck dienten während einer Reise früher ausschließlich Bücher, Zeitungen und Zeitschriften. Durch mobile Endgeräte mit Internet-Zugang wird das Spektrum durch die in Abb. 2 angesprochenen elektronischen Möglichkeiten der Information und Unterhaltung auf Dauer beträchtlich erweitert. Heute schon ist es möglich, über mobile Endgeräte Wissen aus Suchmaschinen und Datenbanken abzufragen. Ebenso kann im Bereich der Unterhaltung ein Download von Musikstücken oder Computerspielen erfolgen. Neben dem heute schon verfügbaren Internet-Radio wird es längerfristig auch Internet-TV über mobile Endgeräte geben (siehe als Vorläufer hierzu bereits *Spehr* 2002). Mittel- und langfristig wird es ebenfalls möglich sein, über entsprechende Zusatzeinrichtungen (eBooks, Folien-Bildschirme usw.) auch Bücher, Zeitungen und Zeitschriften on demand per Download zu beziehen. Alles in allem zeichnet sich für den Reisenden eine Fülle von interessanten Optionen im Bereich Information/Unterhaltung ab, wobei bei der Sound- und Sprachausgabe in Massenverkehrsmitteln selbstverständlich auf Kopfhörer statt auf Lautsprecher zurückgegriffen werden muss. Aber das ist seit Existenz des Walkman ohnehin kein neues Phänomen.

- **Sonstige Transaktionen**: Natürlich ist es auch möglich, alle sonstigen Arten von Transaktionen, die über das Internet getätigt werden können, während einer Reise mit einem entsprechenden mobilen Endgerät zu tätigen. Hierzu zählen Finanzgeschäfte (z.B. Überweisungen, Kauf von Wertpapieren in Abhängigkeit von der aktuellsten Kursentwicklung) ebenso wie Telebooking (Kauf von Bahn- oder Flugtickets, Buchen von Hotelzimmern oder Mietwagen) oder auch Teleshopping aller Art (vom Buchversandhandel wie Amazon über Spezialanbieter bis zu den allgemeinen Versandhändlern). Unter den Aspekten der Lokalisierung, Erreichbarkeit, Ubiquität und Personalisierung sehen *Silberer/Wohlfahrt* (2001, S. 163 f.) sogar klare Vorteile des Mobile Banking gegenüber dem klassischen Electronic Banking.

Nun zur „**Such-Situation**" als dem zweiten Grundtyp möglicher Ausgangssituationen für den Einsatz mobiler Endgeräte. Allgemein gesagt handelt es sich um einen Informations- oder Servicebedarf, der relativ **kurzfristig** und **situationsabhängig** auftritt und zu einem entsprechenden Suchverhalten des Betroffenen führt. Konkretisiert wird es sich meistens um Autofahrer oder andere Reisende handeln, die in einer fremden Umgebung z.B. auf folgende elektronische Unterstützung hoffen:

- Wegbeschreibungen und Preis-/Leistungs-/Auslastungsinformationen von Restaurants, Hotels, Kinos, Tankstellen, Parkhäusern

- Wegbeschreibungen zu Behörden, Banken, EC-Automaten, Krankenhäusern, Hochschulen
- Lokale Verkehrsverbindungen (U- und S-Bahnen, Straßenbahnen, Busse, Fernverkehr)
- Lokale Verkehrsinformationen wie Umleitungen, Staus, Straßenzustandsberichte
- Lokale Wettervorhersage

Bei all diesen Informations- und Servicebedürfnissen nimmt die Funktionalität einer automatisierten geografischen Positionsbestimmung natürlich eine Schlüsselrolle ein, wobei bekanntlich unterschiedliche **Lokalisierungstechnologien** zur Verfügung stehen (siehe *Zobel* 2001, S. 268 ff.). Wie auf Dauer das Verhältnis zwischen mobilen Endgeräten und den bisherigen GPS-Systemen sein wird – ob es bspw. entsprechende Navigationssysteme als preiswerte Zusatzmodule zu mobilen Endgeräten geben wird – muss im Augenblick offen bleiben. Fest steht, dass immer mehr Anbieter bereits **ortsbezogene Dienste** der vorgenannten Art anbieten (siehe z.B. den Überblick bei *Rügheimer* 2002).

Der dritte Grundtyp, die „**Not-Situation**", ist durch folgende Merkmale gekennzeichnet: Es handelt sich um einen **unfreiwilligen** und **unvorhersehbaren** Bedarf an Informationen und Serviceleistungen. Dieser Bedarf wird entweder durch ein **push button-System** vom Kunden persönlich artikuliert, oder aber durch die Auswertung von Messdaten **vollautomatisch** an eine entsprechende Zentrale gemeldet. Letzteres ist natürlich nur möglich, wenn über Sensoren und geeignete Auswertverfahren Notsituationen zutreffend erfasst werden können. In manchen der folgenden Fälle sind beide Alternativen vorstellbar und zum Teil auch bereits durch konventionelle Technologien umgesetzt, so dass mit den neuen mobilen Endgeräten eine Verbesserung in Richtung Leistungssteigerung oder Kostensenkung angestrebt werden kann:

- Ärztlicher Notfall
- Überfall
- Einbruch
- Notsituation im Gebirge
- Pkw-Unfall
- Pkw-Panne
- Pkw-Diebstahl

Auch hier hat die Zukunft längst begonnen. So gibt es bereits mehrere handybasierte Endgeräte, mit deren Hilfe ein **Alarm** in einer Notrufzentrale ausgelöst und automatisch der **Standort** des Handy-Besitzers übermittelt wird. An vielen Stellen in Deutschland wird an handybasierten Systemen gearbeitet, die **Messwerte des Körpers** (z.B. EKG, Blutdruck, Augeninnendruck, Atemgeräusche, Glukosewerte,

Wundheilung) erfassen und an ärztliche Institutionen übermitteln (siehe im Einzelnen *Schönert* 2002). Und mehrere Pkw-Hersteller bieten bereits Systeme an, die einen automatischen **Notruf** nach einem Unfall, einen **Pannenruf** oder auch die **Ortung** bzw. **ferngesteuerte Stilllegung** von gestohlenen Fahrzeugen beinhalten (vgl. *Frühauf/Oberbauer* 2002).

Beim vierten Grundtyp, der „**quasi stationären Situation**", befindet sich der Kunde im Regelfall entweder in seiner Wohnung (Privatkunde) oder in seinem Betrieb (gewerblicher Kunde). Verspürt er in dieser Situation einen Bedarf, z.B. im Bereich Telebanking, Telebooking oder Teleshopping, so stehen ihm zwei **Alternativen des Internet-Zuganges** zur Verfügung: Der mobile und der stationäre Zugang. Abb. 8 stellt die wesentlichen Merkmale beider Zugangsalternativen einander gegenüber.

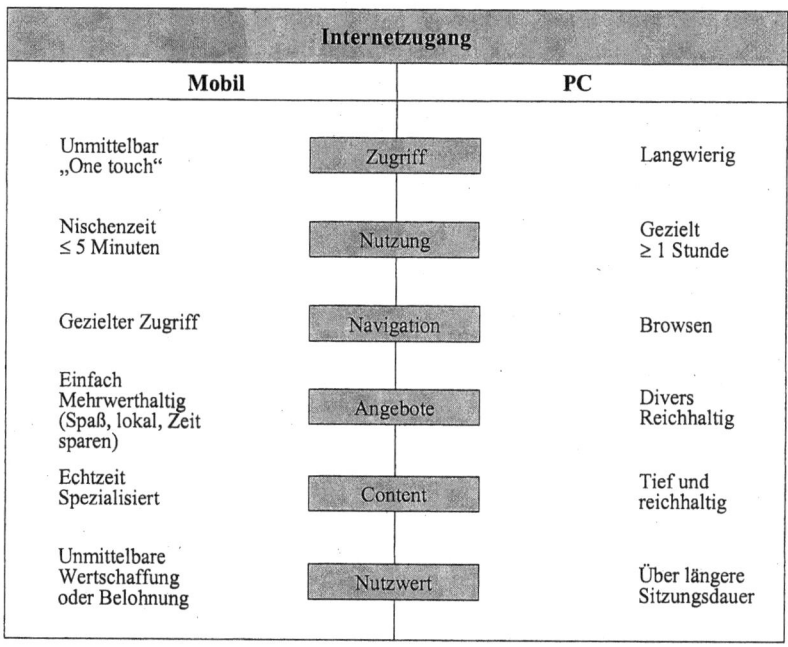

Abb. 8: Unterschiede zwischen mobiler und Festnetz-Internet-Nutzung
Quelle: *Zobel* 2001, S. 116

Es zeigt sich, dass einige Merkmale eher für die Benutzung des mobilen Endgerätes, andere eher für die Benutzung des PC sprechen. Letztlich hängt die Entscheidung – wie so oft – auch hier von bestimmten **Kontextvariablen** wie Personenmerkmalen, Produktmerkmalen und Situationsmerkmalen ab. Dabei müssen die beiden betrachteten Alternativen ihrerseits oft auch in Konkurrenz zu den anderen Kommunikationsmöglichkeiten im Multi-Channel-Konzept gesehen werden.

Zieht man ein vorläufiges **Resümee** aus der Fülle der Optionen, die mobile Endgeräte für die vier unterschiedenen Ausgangssituationen bereitstellen, so ist es nahezu undenkbar, dass die „**stille Revolution**" des Electronic Aided Acting durch irgendetwas aufgehalten werden kann. Diese stille Revolution knüpft ganz einfach an eine Vielzahl von Bedürfnislagen des Alltags an, in der das Leben durch elektronische Hilfen leichter oder erfüllter oder kostengünstiger wird. Vorstellbar im Sinne echter Diffusionshindernisse wären höchstens Ereignisse wie neue Forschungsergebnisse bezüglich schädlicher Wirkungen von Funkwellen o.ä. Ansonsten werden die von uns als **Electronic Mobile Assistants** bezeichneten kleinen elektronischen Helfer im Alltag so selbstverständlich und unentbehrlich werden wie der PC, das Telefax, das „konventionelle" Handy usw.

3.3 Die Nutzung mobiler Endgeräte im b2e-Bereich

Grundgedanke des Einsatzes mobiler Endgeräte im b2e-Bereich ist die jederzeitige Ermöglichung von Kommunikation **zwischen dem einzelnen Mitarbeiter und beliebigen anderen personellen, informationellen oder maschinellen Potenzialen der Unternehmung** (Menschen, Computern, Maschinen, Fahrzeugen). Dabei ist es gleichgültig, ob sich der Mitarbeiter physisch innerhalb oder außerhalb des Unternehmens aufhält. Insofern rechnet der Außendienstmitarbeiter gleichzeitig zum b2c bzw. b2b sowie zum b2e-Bereich – siehe Abb. 9, in der viele vorstehend angesprochenen Beziehungen und Zusammenhänge noch einmal zusammenfassend dargestellt werden.

Schon beim Außendienstmitarbeiter hatten wir festgestellt, dass eine wichtige Option darin besteht, vor, während oder nach einem Kundengespräch per Funk auf das **Data Warehouse** zuzugreifen. Diese Option sollten aber **alle Mitarbeiter** eines Unternehmens haben, denen Informationen aus dem Data Warehouse eine bessere Entscheidungsfundierung ermöglichen. Damit dies im Rahmen eines „**Intranet**"-Konzeptes möglich ist, muss ein Web-fähiges Data Warehouse vorhanden sein (siehe im Einzelnen *Dörfler* 2001).

Derartige Konzepte können Mitarbeitern aus allen Unternehmensbereichen nicht nur den Zugriff auf das gesamte Wissen des Unternehmens (im Rahmen des Wissensmanagements) ermöglichen, sondern vor allem auch den Zugriff auf die **elektronischen Bestellsysteme** des Unternehmens (mobile E-Procurement). Dadurch können u.U. erhebliche Kosten im Verwaltungs- und Einkaufsbereich eingespart werden; so wird über die Lufthansa berichtet, dass bei bestimmten Arten von Waren und Diensten „die Transaktionskosten pro Bestellung von durchschnittlich 112 Euro auf heute 1,84 Euro" (*o.V.* 2001a, S. 19) verringert worden seien. *Scheer et al.* (2002, S. 103 f.) sprechen in diesem Zusammenhang auch von einem „Mobile Supply Chain Management", d.h. der Möglichkeit der weiteren Verbesserung und Integration der Geschäftsprozesse entlang der Supply Chain.

Darüber hinaus können Mitarbeiter – wie bereits in Abb. 2 erkennbar – über mobile Endgeräte auch auf **firmeninterne Services** zurückgreifen; hierzu rechnen z.B. Bereiche wie Instandhaltung, Transport, Lagerhaltung. Dass dies z.B. von besonderem Interesse für alle Servicemitarbeiter im Außendienst ist, liegt auf der Hand. Speziell im Bereich des Flottenmanagements ergeben sich interessante Möglichkeiten der Kosten- und Ertragsoptimierung, wenn die Firmenfahrzeuge über mobile Endgeräte mit Lokalisierungsfunktionen verfügen: „Über angeschlossene Sensoren können weitere Daten (z.B. Auslastung des Fahrzeugs) übertragen werden. Freie Kapazitäten können bspw. an andere Interessenten online versteigert werden, fehlende Kapazitäten können auf Logistik-Marktplätzen eingekauft werden" (*Scheer et al.* 2002, S. 104).

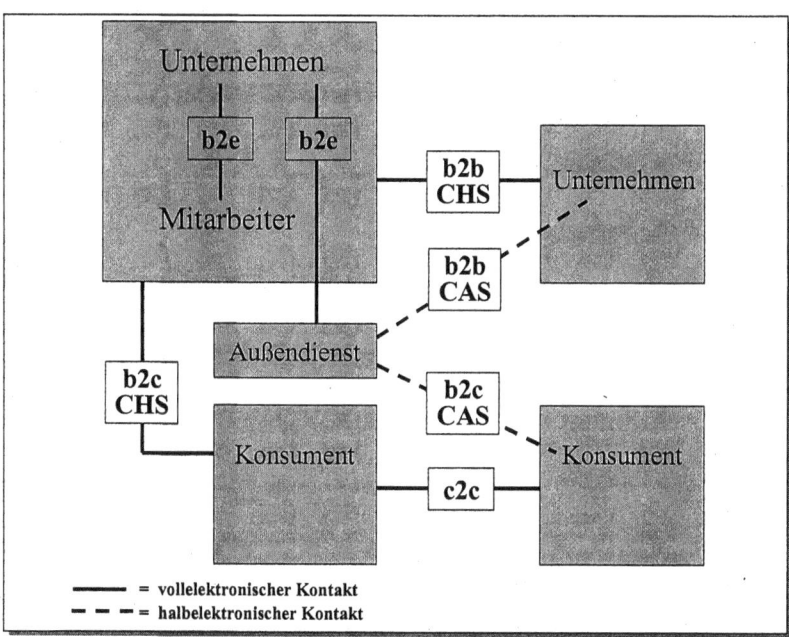

Abb. 9: Grundtypen des Electronic Aided Acting

Einen speziellen Anwendungsbereich mobiler Endgeräte stellen auch Identifikations- und Zugangssysteme sowie firmeninterne Notfallservices dar.

Sind mobile Endgeräte mit den in Abschnitt 3.2.1 dargestellten Office-Funktionalitäten ausgestattet, so kann last not least eine wichtige Option darin gesehen werden, dass Mitarbeiter auch unterwegs ihre Aufgaben in ähnlicher Form wahrnehmen können wie im Büro; auf der Basis eines derartigen **mobile Office** können sie z.B. auch Firmenmails von unterwegs abrufen. Nicht nur Außendienstmitarbeiter, sondern auch Unternehmensberater oder andere Führungskräfte, die viel reisen, können also von unterwegs aus einen bestimmten Mindeststandard an Büroarbeit aufrecht erhalten.

4 Die zukünftige Entwicklung des M-Commerce

4.1 IT-Entwicklungsprognosen im Wechselbad von Euphorie und Schwarzmalerei

Wenn man die Wirtschaftspresse der letzten zwei Jahre analysiert, so haben der E-Commerce im Allgemeinen und der M-Commerce im Besonderen ihre Zukunft eigentlich schon hinter sich. Der **E-Commerce** deshalb,

- weil mit ihm angeblich keine Gewinne gemacht worden seien bzw. werden könnten,
- dies u.a. auf der Weigerung der Kunden beruhe, für die Internet-Dienste zu zahlen,
- zahlreiche Unternehmen der New Economy auch deshalb nicht überlebt hätten bzw. überleben könnten,
- der Verfall der Börsenkurse daher nur ein Spiegelbild dieses Niederganges sei und
- eigentlich alles nur auf einer maßlosen Überschätzung einer neuen IuK-Technologie beruhe.

Der **M-Commerce** sei ebenfalls quasi zum Scheitern verurteilt, weil

- schon von Anfang an zu viele UMTS-Netzbetreiber im deutschen Markt gegeneinander angetreten wären,
- nicht zuletzt auch deshalb viel zu hohe UMTS-Lizenzgebühren gezahlt worden seien,
- dem aber keine entsprechend erlösträchtigen Geschäftsmodelle („Killerapplikationen") gegenüberstünden,
- daher sowohl bei den Netzbetreibern als auch sonstigen Anbietern Rat- und Mutlosigkeit herrsche und
- eigentlich ebenfalls alles wieder nur auf einer maßlosen Überschätzung einer neuen IuK-Technologie beruhe.

Zweifellos sind einige dieser Punkte nicht ohne Weiteres von der Hand zu weisen. Es lohnt aber nicht, auf alle Punkte im Einzelnen einzugehen, weil es letztlich vor allem auf eines ankommt: Die **Gesamtaussage** – die Richtungsangabe eines **Niederganges** –, die in der Summe der Punkte suggeriert werden soll, ist nicht wirklich belegt. In Wirklichkeit spiegeln diese Punkte überwiegend nur die in weiten Teilen der Wirtschaft und Öffentlichkeit empfundene, quasi „gefühlte" Lage wider. Die objektive, „gemessene" Lage soll an dieser Stelle ebenfalls nur durch wenige Punkte skizziert werden:

- Es existiert – wie die vorangegangenen Ausführungen dargelegt haben – ein außerordentlich großes und vielfältiges **Potenzial** für den Einsatz mobiler Endgeräte im c2c-, b2c-, b2b- und b2e-Bereich.

- Der am Frühesten erschlossene Anwendungsbereich mobiler Endgeräte (c2c) weist ein **immenses Wachstum** – gemessen an der Zahl der Handynutzer und SMS – auf (s.o.).

- Weltweit arbeiten z.Zt. etwa 3.500 Unternehmen mit 80.000 Beschäftigten an der Entwicklung mobiler Dienste (vgl. *o.V.* 2001b).

- Der Anteil der Erwachsenen, die das Internet **nutzen**, ist in den letzten drei Jahren von 16 % auf 52 % gestiegen (vgl. *SevenOne/forsa* 2002).

- In den USA haben die Nutzer in 2001 rund 50 Mrd. Dollar im Internet ausgegeben – etwa 20 % mehr als in 2000 (vgl. *Schmidt* 2002)

- Die großen Namen im Internet – Dell, Ebay, Yahoo, AOL, Cisco, Amazon – und immer mehr kleinere Anbieter machen **Gewinn**, wobei z.B. das immense Ausmaß des Dell-Gewinnes im Online-Vertrieb indirekt daraus geschätzt werden kann, dass der Dell-Umsatz allein im Internet bei etwa 15 Mrd. Euro liegen dürfte (zur Dell-Strategie siehe *Dörffeldt/Glasner/Schwarz* 2001; zu kleineren Anbietern siehe *Albers/Panten/Schäfers* 2002).

Wie kommt es dann zu der oben skizzierten **Schwarzmalerei**? Verkürzt gesagt ist dies nur die Reaktion auf die vorangegangene Phase einer ebenfalls weit übertriebenen **Euphorie**.

Von Beginn an (also etwa seit den 50er Jahren) ist die Auseinandersetzung mit neuen informationstechnologischen Systemkonzeptionen durch **Unsicherheiten** und **Übertreibungen** in beide Richtungen gekennzeichnet – ob dies nun die EDV ganz allgemein oder die Management-Informationssysteme (MIS) im Besonderen, ob dies der PC oder die Künstliche Intelligenz war. Eine nüchterne, abgewogene Einschätzung setzte sich meist sehr spät und am ehesten noch bei jenen durch, die über ausreichende Kenntnisse und Erfahrungen verfügten. Bei allen anderen wurde – je nach Prädisposition – die Wissenslücke durch eine mehr **optimistisch** oder mehr **pessimistisch** gefärbte **Mythologisierung** geschlossen (siehe im Einzelnen *Kellner/Link* 1979, S. 39 f.; *Link* 1982, S. 268).

Dies führte einerseits zu einer **Polarisierung** zwischen Befürwortern und Gegnern der jeweils neuen Technologie, andererseits aber zusätzlich auch zu den bekannten stimmungsmäßigen **Wellenerscheinungen**, d.h. einem Wechsel zwischen Euphorie und Ernüchterung in der breiten Masse der Betroffenen bzw. Öffentlichkeit. Dies war bzw. ist zu beobachten z.B. bei der Einführung des Fernsehens, der Organverpflanzung, des Euro (als „Zahlungstechnologie"), der Gentechnologie usw. Dies galt und gilt aber eben auch speziell für alle Informationssysteme bzw. Informationstools wie MIS, Executive Information Systems (EIS), PC, Künstliche Intelligenz, Data Mining, Internet oder eben auch CRM.

Mertens (1995, S.35 ff.) nennt weitere Gründe für **modische Übertreibungen**: Die Neigung zu einem „Schlagwort pro Saison", kommerzielle Interessen im Veranstaltungs- und Publikationsmarkt, Aufspringen von Anbietern auf kurze Marktzyklen oder auch das Aufspringen von Förderprogrammen auf Modethemen. Zitiert wird auch eine Aussage, wonach zur gebührenden Hervorhebung einer neuen Welle oft die vorhergehende in eine Abschwungphase gebracht wird. Anhand einiger Beispiele von Modewellen wird verdeutlicht, dass von einer tiefgründigen und seriösen Durchdringung der Phänomene selten die Rede sein kann und dass die unvermeidliche Folge von Übertreibungen die Enttäuschungen sind.

Besonders deutlich wurden solche Schwachpunkte und Mechanismen wieder am Beispiel des **Internet** – als Grundbestandteil zukünftiger CRM-Systeme (internetbasiertes CRM) – und der mit ihm mittelbar verbundenen **Börsenschwankungen**. Zuerst nahmen Öffentlichkeit und Geschäftswelt für viele Jahre kaum Notiz vom Internet, während Fachleute schon längst über die revolutionären Langfristperspektiven sprachen und schrieben. Zu einem bestimmten Zeitpunkt **explodierten** dann plötzlich die Erwartungen an die neuen Technologien genauso wie die Börsenwerte, was die Fachleute nur ebenso wundern und beunruhigen konnte wie der Vorzustand. Kurze Zeit später **stürzten** dann die Erwartungen wie auch die Börsenkurse ins Bodenlose.

Das Gefährliche ist, dass sich die Unsicherheiten und Unausgewogenheiten auf der Ebene von Volkswirtschaft und Gesellschaft zur gleichen Zeit auch auf der **Unternehmensebene** abspielten und abspielen. Internet- und CRM-Projekte wurden und werden in den einzelnen Unternehmen

- entweder systematisch unterschätzt oder
- systematisch überschätzt,
- demzufolge entweder zu spät und zu zögerlich begonnen oder aber
- viel zu aufwendig betrieben und dann
- unvermittelt und unbegründet abgebrochen.

Dies alles könnte und müsste man nur dann akzeptieren, wenn es **keine Möglichkeiten** gäbe, derartige Unsicherheiten und Unausgewogenheiten in der Auseinandersetzung mit neuen Technologien im Allgemeinen und neuen Informationssystemen im Besonderen zu vermeiden oder **zumindest zu reduzieren**. Das aber trifft so nicht zu, wie in Abschnitt 4.2 anhand eines Entwicklungsmodells und einiger Prognosetechniken verdeutlicht werden soll.

4.2 Seriöse Entwicklungsmodelle im E- und M-Business

Im Folgenden geht es um die Frage, wie man zu fundierteren Vorhersagen der zukünftigen Entwicklung elektronischer Netzwerke, wie sie als E-Commerce und M-Commerce Grundbestandteile eines „**internetbasierten CRM**" sein werden, kommen kann. Hierzu ist eine Auseinandersetzung mit den grundlegenden Einflussfaktoren auf die bisherige und zukünftige Entwicklung notwendig (siehe Abb. 10).

Zunächst besteht ein **Grundzusammenhang** zwischen der Zahl der Kunden und der Zahl der Anbieter im Netz (vgl. ähnlich *Hensmann/Meffert/Wagner* 1996, S. 27). Die Zahl der Kunden determiniert in hohem Maße den **Nutzen**, den ein Anbieter aus seiner Präsenz im Netz erwarten kann; folglich wird seine Entscheidung hinsichtlich seiner eigenen Netzpräsenz wesentlich von der Zahl der über das Netz erreichbaren Kunden abhängen. Umgekehrt determiniert die Zahl der im Netz agierenden Anbieter in hohem Maße den Nutzen, den ein Kunde für sich im Netz erwarten kann. Seine Entscheidung für oder gegen eine Nutzung dieses neuen Mediums wird also von der Anbieterzahl erheblich beeinflusst.

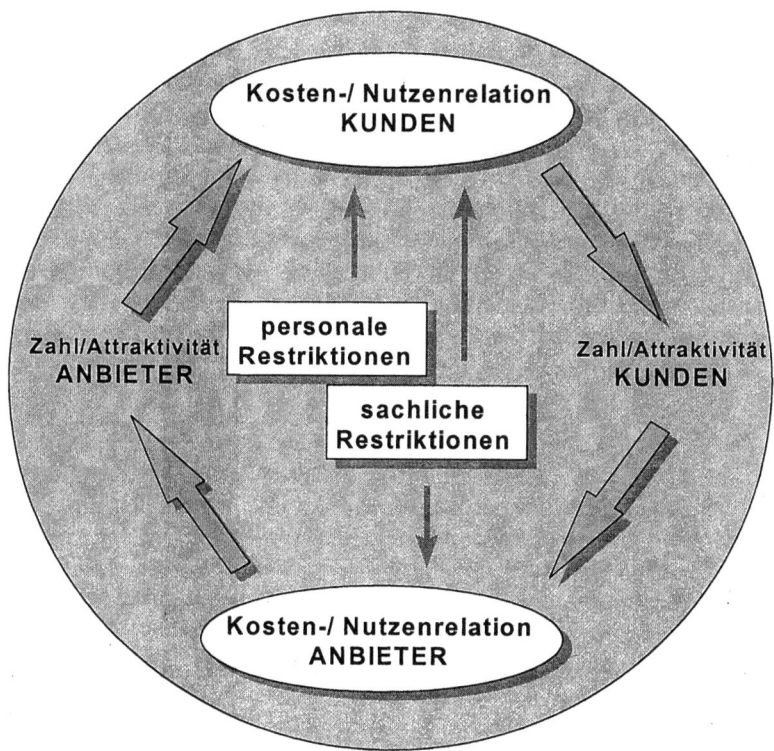

Abb. 10: Bestimmungsfaktoren elektronischer Netzwerke

Neben der reinen Zahl der Anbieter spielt auch die **Attraktivität** der Marktpartner eine Rolle. Es ist für die Kunden nicht gleichgültig, welche Unternehmen sich mit welchen Angeboten im Netz befinden; sowohl die Attraktivität des Leistungsangebotes als insbesondere auch die Attraktivität des Medienauftrittes spielen dabei eine Rolle. Wenn eines Tages bei vielen Anbietern von einem wirklich beeindruckenden, wahrhaft **multimedialen** Auftritt gesprochen werden kann, wird auch dies eine hohe Zugwirkung auf die Kunden haben. Ebenso ist es für die Anbieter von Bedeutung, ob attraktive Zielgruppen im Netz erreichbar sind, und ob diese das Netz intensiv zur Information und Bedarfsdeckung nutzen. Dies gilt für den consumer- wie für den business-to-business-Bereich.

Aufgrund des wechselseitigen Zusammenhanges zwischen der Kunden- und der Anbieterseite lässt das Grundmodell eine Zukunftsentwicklung im Bereich der elektronischen Netzwerke erwarten, die nicht stetig, sondern eher nach dem Prinzip der „**kritischen Masse**" verlaufen wird. Bei bestimmten Konstellationen werden sich die Zahlen der Kunden und der Anbieter gegenseitig „aufschaukeln", so dass es zeitweise von beiden Seiten zu einer Art „Run" auf das Netz kommen wird.

Erst recht ist ein solcher „sprunghafter", zeitweise akzelerierter Verlauf zu erwarten, wenn man die Rolle der in Abb. 10 ebenfalls berücksichtigten Restriktionen beleuchtet. Diese **Restriktionen**, wie sie an anderer Stelle behandelt werden (siehe *Link* 2000), üben momentan eine Art „Bremsfunktion" sowohl auf der Kunden- wie auf der Anbieterseite aus. Fallen diese Bremswirkungen in der Zukunft sukzessiv weg, so wird dies nach aller bisherigen Erfahrung nicht in stetiger, sondern unstetiger Weise geschehen; oft spricht man in diesem Zusammenhang von „**Durchbrüchen**", die erzielt worden sind. Musterbeispiele dieser Art aus der Vergangenheit sind auf dem Gebiet des Fernsehens die Einführung des Farbfernsehens oder der Satellitenschüsseln, auf dem Gebiet der EDV die Einführung von Windows oder auch der ersten Browser. Typischerweise werden Ausmaß und Zeitpunkt derartiger Durchbrüche auch von Zahl und Gewicht der beteiligten Interessengruppen mitbeeinflusst, die einen Nutzen aus solchen Durchbrüchen ziehen können. Insofern besteht also zwischen den Teilnehmergruppen und den Restriktionen ebenfalls ein im Prinzip wechselseitiger Einfluss.

Ein besonders wichtiges Beispiel für zu erwartende Durchbrüche im Bereich der elektronischen Netzwerke ist der **M-Commerce**. Die im Vergleich zum (stationären) E-Commerce immense Steigerung der **Benutzerfreundlichkeit**, der **Bandbreite** und der **Anwendungsmöglichkeiten** wird auf Dauer einen beträchtlichen Entwicklungssprung des internetbasierten CRM bewirken. In Verbindung mit den im Handybereich anzunehmenden enormen **Nutzerzahlen** und den daraus wiederum resultierenden **Anbieterzahlen** wird der „Aufschaukelungsprozess", von dem oben gesprochen worden ist, Phasen einer rasanten Entwicklung aufweisen. In diesen Zusammenhang ist folgendes Zitat zu stellen: „Das mobile Internet ist die Kombination der beiden am stärksten wachsenden Netze – dem Internet mit 400 Millionen Festanschlussteilnehmern und dem Mobilfunknetz mit 1 Milliarde Teilnehmern im Jahre 2003" (*Leister* 2001, S. 506).

An dieser Stelle ist es wichtig, sich kurz mit weiteren Anforderungen an derartige Entwicklungsprognosen auseinander zu setzen, wie sie hier im Zusammenhang mit elektronischen Netzwerken angedacht werden. Führt eine erste Analyse des Untersuchungsgegenstandes zu dem Ergebnis, dass es sich um eine im Prinzip unstetige, eher sprunghafte Entwicklung handeln wird, so sind alle **Extrapolationsversuche** von vornherein zum Scheitern verurteilt (vgl. auch *Albers* 1998, S. 7

ff.). Auch im Zusammenhang mit dem Internet gibt es immer wieder Versuche, die bisherige Entwicklung – z.b. der Zahl der Teilnehmer oder der Umsätze – extrapolativ fortzuschreiben. An die Stelle univariater Prognoseverfahren müssen bei solchen Gegebenheiten multivariate Verfahren treten, die neue Erkenntnisse im Prinzip über eine Analyse der kausalen Wirkungszusammenhänge gewinnen. Zu diesen Verfahren gehört z.B. die **Szenariotechnik**, in die ihrerseits wiederum auch rein quantitative multivariate Verfahren oder rein qualitative Verfahren wie die Delphi-Methode (Expertenbefragung) mit einbezogen werden können.

Es ist allerdings grundsätzlich die Frage zu stellen, wieweit die Unternehmen sich überhaupt von „genauen" Ereignis-Zeitpunkten im Rahmen der zukünftigen Entwicklung elektronischer Netzwerke abhängig machen sollten. Das Tempo der bisherigen und zukünftigen Entwicklung auf diesem Gebiet scheint grundsätzlich immer noch Anpassungsmaßnahmen im Rahmen einer Basisstrategie zuzulassen, wenn die Rahmenfaktoren eine etwas andere Entwicklung nehmen als vorausgesehen. Entscheidend ist nur, dass eine solche durchdachte **Basisstrategie** im Bereich des internetbasierten CRM existiert und dass sich die Unternehmen deshalb so oder so veranlasst fühlen müssen, sich auf die Chancen und Risiken dieser Entwicklung rechtzeitig und professionell **vorzubereiten** (vgl. *Alpar* 1996, S. 119 ff.; *Kreikebaum* 1997, S. 262). Wer dies tut, kann dadurch **Wettbewerbsvorteile** in seinem Leistungs- und/oder Dialogangebot erringen; wer dies versäumt, läuft Gefahr, zunehmend unter **Wettbewerbsnachteilen** zu leiden. Das größte Risiko läge zweifellos darin, die mögliche Bedeutung der bevorstehenden Umwälzungen und Herausforderungen zu unterschätzen.

5 Literaturverzeichnis

Albers, S. (1998): Besonderheiten des Marketing für interaktive Medien, in: Albers, S./Clement, M./Peters, K. (Hrsg.): Marketing mit Interaktiven Medien, Frankfurt a. Main 1998, S. 7-48.

Albers, S./Panten, G./Schäfer, B. (2002): Die Gewinner des E-Commerce, in: FAZ Nr. 62 vom 14.03.2002, S. 25.

Alpar, P. (1996): Kommerzielle Nutzung des Internet, Berlin, Heidelberg 1996.

Bliemel, F./Fassott, G. (2002): Kundenfokus im Mobile Commerce: Anforderungen der Kunden und Anforderungen an die Kunden, in: Silberer, G./Wohlfahrt, J./Wilhelm, T. (Hrsg.): Mobile Commerce: Grundlagen, Geschäftsmodelle, Erfolgsfaktoren, Wiesbaden 2002, S. 3-23.

Breuer, T. (1995): Wettbewerbsvorteile durch kundenorientierte Informationssysteme in einem mittelständischen Produktionsbetrieb, in: Link, J./Hildebrand, V. (Hrsg.): EDV-gestütztes Marketing im Mittelstand, München 1995, S. 197-216.

Clement, M./Peters, K./Preiß, F.J. (1998): Electronic Commerce, in: Albers, S./Clement, M./Peters, K. (Hrsg.): Marketing mit Interaktiven Medien, Frankfurt/Main 1998, S. 49-64.

Clement, R. (2002): Geschäftsmodelle im Mobile Commerce, in: Silberer, G./Wohlfahrt, J./Wilhelm, T. (Hrsg.): Mobile Commerce: Grundlagen, Geschäftsmodelle, Erfolgsfaktoren, Wiesbaden 2002, S. 25-43.

Dörffeldt, T./Glasner, M./Schwarz, T. (2001): Online-Umsetzung des direkten Geschäftsmodells von Dell, in: Link, J./Tiedtke, D. (Hrsg.): Erfolgreiche Praxisbeispiele im Online Marketing, 2. Aufl., Berlin et al. 2001, S. 27-41.

Dörfler, R. (2001): Datamobil mit Wireless Devices, in: Computerwoche, 34/2001, S. 42 f.

Fochler, K. (2000): Sicherheitstechnologische Entwicklungen im Online Marketing, in: Link, J. (Hrsg.): Wettbewerbsvorteile durch Online Marketing, 2. Aufl., Berlin et al. 2000, S. 279-314.

Fochler, K./Perc, P./Ungermann, J. (1998): Electronic Business mit Lotus Domino, Bonn 1998.

Franke, M./Kietzmann, M./Kölling, M. (2001): Mutiges Manöver, in: Focus, 41/2001, S. 262-264.

Fraunhofer-Institut/Emnid-Institut (Hrsg.) (1997): media vision trend 97, Stuttgart/Bielefeld 1997.

Frühauf, K./Oberbauer, R. (2002): Web in the car – Mobile Commerce als Herausforderung für Automobilhersteller, in: Silberer, G./Wohlfahrt, J./Wilhelm, T. (Hrsg.): Mobile Commerce: Grundlagen, Geschäftsmodelle, Erfolgsfaktoren, Wiesbaden 2002, S. 381-397.

Gerpott, T.J. (2002): Wettbewerbsstrategische Positionierung von Mobilfunknetzbetreibern im Mobile Business, in: Silberer, G./Wohlfahrt, J./Wilhelm, T. (Hrsg.): Mobile Commerce: Grundlagen, Geschäftsmodelle, Erfolgsfaktoren, Wiesbaden 2002, S. 43-65.

Gersch, M. (1998): Das Management vernetzter Geschäftsbeziehungen, in: Hippner, H./Meyer, M./Wilde, K.D. (Hrsg.): Computer Based Marketing, Braunschweig/Wiesbaden 1998, S. 25-34.

Hannemann, U./Koller, C. (2002): Er sucht/Sie sucht, in: Focus, 17/2002, S. 161-174.

Hensmann, J./Meffert, H./Wagner, P.-O. (1996): Marketing mit multimedialen Kommunikationstechnologien – Einsatzfelder und Entwicklungsperspektiven, in: Meffert, H./Wagner, H./Backhaus, K., Arbeitspapier Nr. 101, Münster 1996.

Hübner, R. (2002): Wie wird M-Commerce profitabel?, in: Direkt Marketing, 2/2002, S. 44-47.

Jung, A. (2002): Neustart im Netz, in: Der Spiegel, 44/2002, S. 92-94.

Kellner, J./Link, J. (1979): Perspektiven für die Informationswirtschaft der Unternehmung, in: Harvard Manager, 1/1979, S. 39-45.

Kreikebaum, H. (1997): Strategische Unternehmensplanung, 6. Aufl., Stuttgart 1997.

Leister, R.D. (2001): Wie „cool" ist e-business?, in: ZfB, 71/2001, S. 495-508.

Link, J. (1982): Die methodologischen, informationswirtschaftlichen und führungspolitischen Aspekte des Controlling, in: ZfB, 3/1982, S. 261-280.

Link, J. (1996): Führungssysteme, München 1996.

Link, J. (2000): Zur zukünftigen Entwicklung des Online Marketing, in: Link, J. (Hrsg.): Wettbewerbsvorteile durch Online Marketing, 2. Aufl., Berlin et al. 2000, S. 1-34.

Link, J. (2001): Grundlagen und Perspektiven des Customer Relationship Management, in: Link, J. (Hrsg.): Customer Relationship Management: Erfolgreiche Kundenbeziehungen durch integrierte Informationssysteme, Berlin et al. 2001, S. 1-34.

Link, J./Gerth, N./Voßbeck, E. (2000): Marketing-Controlling, München 2000.

Link, J./Hildebrand, V. (1993): Database Marketing und Computer Aided Selling, München 1993.

Link, J./Hildebrand, V. (1994): Verbreitung und Einsatz des Database Marketing und CAS, München 1994.

Link, J./Schleuning, C. (1999): Das neue interaktive Direktmarketing, Ettlingen 1999.

Link, J./Tiedtke, D. (2001): Von der Corporate Site zum Databased Online Marketing – Grundlagen und Entwicklungsperspektiven, in: Link, J./Tiedtke, D. (Hrsg.): Erfolgreiche Praxisbeispiele im Online Marketing, 2. Aufl., Berlin et al. 2001, S. 1-25.

Meffert, H. (1998): Marketing: Grundlagen marktorientierter Unternehmensführung: Konzepte – Instrumente – Praxisbeispiele, 8. Aufl., Wiesbaden 1998.

Mertens, P. (1995): Wirtschaftsinformatik – Von den Moden zum Trend, in: König, W. (Hrsg.): Wirtschaftsinformatik 95, Berlin, Heidelberg 1995, S. 25-64.

Mertens, P./Steppan, G. (1988): Die Ausdehnung des CIM-Gedankens in den Vertrieb, in: CIM Management, 4/1988, S. 24-28.

o.V. (2001a): Kerosin aus dem Word Wide Web, in: netmanager, 4/2001, S. 18 f.

o.V. (2001b): Mehr als 3500 Unternehmen entwickeln mobile Dienste, in: FAZ Nr.174, vom 30.7.2001, S.22.

Peter, S. (1997): Kundenbindung als Marketingziel, Wiesbaden 1997.

Picot, A./Neuburger, R. (2002): Mobile Business – Erfolgsfaktoren und Voraussetzungen, in: Reichwald, R. (Hrsg.): Mobile Kommunikation: Wertschöpfung, Technologien, neue Dienste, Wiesbaden 2002, S. 55-69.

Reichwald, R./Meier, R./Fremuth, N. (2002): Die mobile Ökonomie – Definitionen und Spezifika, in: Reichwald, R. (Hrsg.): Mobile Kommunikation: Wertschöpfung, Technologien, neue Dienste, Wiesbaden 2002, S. 3-16.

Reischl, G./Sundt, H. (1999): Die mobile Revolution, Wien/Frankfurt a.M. 1999.

Rügheimer, H. (2002): Sag mir wo Du stehst, in: Stern, 18/2002, S. 111 f.

Scheer, A.W./Feld, T./Göbl, M./Hoffmann, M. (2001): Mobile Business und die Auswirkung auf Geschäftsmodelle in Unternehmen – das mobile Unternehmen, in: Nicolai, A.T./Petersmann, T. (Hrsg.): Strategien im M-Commerce: Grundlagen – Management – Geschäftsmodelle, Stuttgart 2001, S. 25-43.

Scheer, A.W./Feld, T./Göbl, M./Hoffmann, M. (2002): Das mobile Unternehmen, in: Silberer, G./Wohlfahrt, J./Wilhelm, T. (Hrsg.): Mobile Commerce: Grundlagen, Geschäftsmodelle, Erfolgsfaktoren, Wiesbaden 2002, S. 91-110.

Schmidt, H. (2002): Internet 2.0, FAZ Nr. 138 vom 18.06.2002, S. 13.

Schoder, D/Strauß, R.E. (1998): Electronic Commerce, in: Hippner, H./Meyer, M./Wilde, K.D. (Hrsg.): Computer Based Marketing, Braunschweig/Wiesbaden 1998, S. 55-64.

Schönert, U. (2002): Assistenzarzt Dr. Handy, in: Stern, 18/2002, S. 114-118.

Silberer, G./Wohlfahrt, J. (2001): Akzeptanz und Wirkungen des Mobile Banking, in Nicolai, A.T./Petersmann, T. (Hrsg.): Strategien im M-Commerce: Grundlagen – Management – Geschäftsmodelle, Stuttgart 2001, S. 161-176.

Slywotzky, A. (1996): Value Migration: How to Think Several Moves Ahead of Competition, Boston (Mass.) 1996.

Steimer, F.L./Maier, I./Spinner, M. (2001): mCommerce, München 2001.

Spehr, M. (2002): Viel Verbessertes unter der Haube, in: FAZ Nr. 156 vom 09.07.2002, Technik-Teil 2, o.S..

Tiedtke, D. (2001): Databased Online Marketing: Personalisierte Marketing-Kommunikation als Instrument des Customer Relationship Managements – Konzept und Auswirkung auf den Unternehmenserfolg, Dissertation, Kassel 2001.

Weiber, R. (2000): Herausforderung Electronic Business: Mit dem Informations-Dreisprung zu Wettbewerbsvorteilen auf den Märkten der Zukunft, in: Weiber, R. (Hrsg.): Handbuch Electronic Business, Wiesbaden 2000, S. 1-35.

Wirtz, B.W. (2000): Electronic Business, Wiesbaden 2000.

Wirtz, B.W. (2001): Electronic Business, 2. Aufl., Wiesbaden 2001.

Zobel, J. (2001): Mobile Business und M-Commerce, München Wien 2001.

zu Knyphausen-Aufseß, D. (2002): Strategien, in: Küpper, H.U./Wagenhofer, A. (Hrsg.): Handwörterbuch Unternehmensrechnung und Controlling, 4. Aufl., Stuttgart 2002, Sp. 1868-1879.

Quellen aus dem Internet

[**Durlacher Research 2001**], Hompage der Durlacher Research, online unter: http://www.durlacher.com/downloads/umtsreport.pdf; Abfrage: 29.10.2002.

[**RegTP 2002**], Homepage der Regulierungsbehörde für Telekommunikation und Post, online unter: http://www.regtp.de/aktuelles/start/fs_03.html; Abfrage: 29.10.2002.

[**SevenOne/forsa 2002**] unter: http://www.71i.de/index; Abfragedatum 22.01.2003

Die Klärung der Wirtschaftlichkeit von M-Commerce-Projekten

Jörg Link

1 Grundprobleme der Wirtschaftlichkeitsberechnung im E-Business 42
   1.1 Das Quantifizierungsproblem auf der Einzahlungsseite 42
   1.2 Das Prognoseproblem auf der Einzahlungsseite 47
      1.2.1 Probleme der indirekten Erlösgenerierung 47
      1.2.2 Probleme der direkten Erlösgenerierung 50
   1.3 Das Professionalitätsproblem im Start-Up-Bereich 52

2 Zusatzprobleme der Wirtschaftlichkeitsberechung im M-Business 56
   2.1 Die Mehrstufigkeit der Prognoserechnung 56
   2.2 Die UMTS-Lizenzgebühren als „sunk costs" 57

3 Relative versus absolute Vorteilhaftigkeit von M-Commerce-Projekten 59

4 Literaturverzeichnis 62

1 Grundprobleme der Wirtschaftlichkeitsberechnung im E-Business

1.1 Das Quantifizierungsproblem auf der Einzahlungsseite

Wirtschaftlichkeitsberechnungen im E-Business sind Gegenstand öffentlicher Diskussionen geworden, spätestens seit viele Kapitaleigner das **Wechselbad** von Euphorie und Schwarzmalerei durchmachen mussten, wie es im vorangegangenen Beitrag dieses Buches beschrieben worden ist. Speziell für das M-Business in Deutschland kamen als Diskussionspunkte dann noch die hohen **UMTS-Lizenzgebühren** und auch z.B. der teure Erwerb von **Voicestream** hinzu. Die latente Frage war – und ist – wieweit die mit diesen Punkten bezeichnete Kette unangenehmer Überraschungen vermeidbar war oder nicht. Bekanntlich mussten mittlerweile sowohl die Deutsche Telekom als auch andere europäische Gesellschaften bestimmte Fehleinschätzungen durch hohe Abschreibungen ex post korrigieren.

An sich erscheinen Wirtschaftlichkeitsberechnungen für Projekte zunächst als eine simple Angelegenheit: Man nehme die Ein-/Auszahlungsüberschüsse der zukünftigen Perioden, zinse sie angemessen ab und ermittle den Saldo. Ist er ausgeglichen (also Null), „rechnet sich" das Projekt mit dem angesetzten Zinsfuß; ist er positiv (größer Null), so übersteigt die Verzinsung den Kalkulationszinsfuß.

Es soll an dieser Stelle nicht auf die zahlreichen Klippen eingegangen werden, die mit einer richtigen Interpretation und Handhabung der soeben skizzierten Kapitalwertmethode verbunden sind (siehe z.B. *Link/Gerth/Voßbeck* 2000, S. 134 ff. und die dort angegebene Literatur). Es sollen im Folgenden vielmehr hauptsächlich jene Punkte herausgegriffen werden, die für Projekte im E-Business im Allgemeinen und den M-Commerce im Besonderen kennzeichnend sind.

Dabei muss gleich zu Anfang ein wesentlicher Unterschied zwischen Investitionen in „Produkte" und Investitionen in „Channels" (als Teil des Multi-Channel-Konzeptes – siehe vorangegangenen Beitrag in diesem Buch) Erwähnung finden:

- Produkte erzielen über ihren Preis auf dem Markt einen direkten, klar zurechenbaren Gegenwert; sofern also im Folgenden die Entwicklung innovativer, am Markt absetzbarer **Produkte** (z.B. Handys) durch Akteure des M-Business betrachtet wird, liegt der vergleichsweise einfachste Fall einer Zurechenbarkeit von Einzahlungen vor („Produkt-Modell").

- Sofern Kunden am Markt die **entgeltliche** Nutzung von Informations- und Kommunikationssystemen (z.B. Mobilfunknetze) angeboten wird, stellt dies gewissermaßen das Produkt dar und kann insoweit ebenfalls direkte Einzahlungs-Gegenwerte erzielen (z.B. Nutzungsgebühren); auch hier kann insoweit dem Produkt-Modell gefolgt werden.

- Die **einfache** Zurechenbarkeit von Einzahlungen entfällt, sofern Kunden in der Kommunikation mit einem Unternehmen bestimmte Kanäle (Channels im Sinne von IuK-Systemen wie dem Internet) **unentgeltlich** nutzen können (und auch z.B. keine Werbeeinnahmen von Dritten erzielt werden); aber auch in solchen Fällen können bestimmte Nutzungsvorteile dieser IuK-Systeme bzw. -Kanäle (Schnelligkeit, Convenience, Individualisierung usw.) zu höheren Zahlungsbereitschaften und damit Einzahlungsströmen bei den Produkten der Unternehmung führen („Channel-Modell").

Vor allem dieser letztgenannte Fall (Channel-Modell) repräsentiert am ehesten die besonderen Schwierigkeiten der Wirtschaftlichkeitsrechnung im E-Business. Ansonsten weist letztere durchaus zahlreiche Entsprechungen mit sonstigen Wirtschaftlichkeitsrechnungen der Betriebswirtschaftslehre auf.

In den vorangegangenen Ausführungen deutete sich bereits an, dass die **Einzahlungsseite** grundsätzlich wesentlich größere Probleme aufwirft als die Auszahlungsseite. Schon frühzeitig wurde in der Literatur darauf hingewiesen, dass das Hauptproblem der Bewertung von Führungssystemen im Allgemeinen und Informationssystemen im Besonderen in der Bewertung des Nutzens liegt; die Kostenkomponenten lassen sich meistens relativ gut abschätzen (siehe z.B. *Grochla/Thom* 1980, Sp. 1494 ff.; *Scheer* 1978, S. 311; *Anselstetter* 1986, S. 2; *Nagel* 1990; *Schumann* 1992). Diese Schwierigkeiten einer Nutzenabschätzung und der „Übersetzung" des Nutzens in monetäre Gegenwerte (Einzahlungsströme) ergeben sich in besonderer Form, wie bereits erwähnt, beim Channel-Modell.

Natürlich muss auch hinsichtlich der Auszahlungsseite unbedingt sichergestellt sein, dass die Zahlungsvorgänge bezüglich

- sämtlicher Projektphasen (über den gesamten Projekt-Lebenszyklus hinweg) sowie
- aller Arten von Ressourcen (von der Hardware bis zum Personal)

lückenlos im Entscheidungsmodell **abgebildet** werden (siehe im Einzelnen *Link/Hildebrand* 1993, S. 181 ff.). So besteht im E-Commerce generell das Risiko, zwar z.B. die Auszahlungen für die Implementierung von E-Mail-Systemen sowie Erstellung und Aussendung von E-Mails zutreffend anzusetzen, aber das Volumen der in der Folge **eingehenden** E-Mails (Antworten, Anfragen, Reklamationen usw.) und den Umfang der für ihre **Bearbeitung** notwendigen Auszahlungen stark zu unterschätzen.

Dennoch sind die Quantifizierungs- und Prognoseprobleme der Auszahlungsseite mit denen der Einzahlungsseite nicht zu vergleichen. **Akteur** bei den Auszahlungen ist man selbst; Auszahlungen tätigt man oder man unterlässt sie, während Einzahlungen in der Hand **anderer Akteure** (insbesondere der Kunden) liegen. Die Auszahlungen sind daher – immer im Vergleich zu den Einzahlungen – von ihrer Natur her weniger ein Prognoseproblem (Prognose als „passive" Analyse fremder Einflüsse bzw. Rahmenbedingungen), als vielmehr ein Entscheidungsproblem (Entscheidung im Sinne eigener Zukunftsgestaltung). Selbst bei den UMTS-Lizenzen gilt dies; auch hier lag das wahre Quantifizierungs- und Prognoseproblem auf der **Gegenseite**, nämlich den zu erwartenden Einzahlungsströmen im UMTS-Bereich.

Diese zu erwartenden Einzahlungsströme müssen – und mussten auch bei UMTS – den **Rahmen** bilden, innerhalb dessen sich die Auszahlungen zu bewegen haben. An dieser grundsätzlichen Forderung geht kein Weg vorbei, auch wenn mit der Quantifizierung und Prognose der Einzahlungen große Probleme verbunden sind, wie sie nachfolgend dargestellt werden.

Welches sind nun die Determinanten zukünftiger Einzahlungsströme? Nachfolgend sollen – ohne Anspruch auf Vollständigkeit – einige exemplarische, „klassische" Punkte genannt werden:

- Eine zentrale Determinante von Einzahlungsströmen in einer Wettbewerbswirtschaft ist der **Nutzen**, den die Kunden bei einem bestimmten Angebot sehen; die Höhe dieses Nutzens beeinflusst die Zahl der Kunden und ihre Nutzungsintensität.

- Eine weitere Einflussgröße auf die eigenen Einzahlungsströme sind konkurrierende Nutzenangebote anderer Anbieter; hier besteht **Konkurrenz** nicht nur innerhalb der gleichen Technologie, sondern über unterschiedliche Technologien und sogar Branchen hinweg (siehe z.B. Freizeit- und Unterhaltungsangebote).

- In engem Zusammenhang mit dem vorgenannten Punkt steht der Preis, den die Kunden zu zahlen bereit sind; diese **Zahlungsbereitschaft** hängt vom Preis-/Nutzenverhältnis konkurrierender Angebote, aber natürlich auch von individuellen Merkmalen (z.B. Kaufkraft der Zielgruppen) und allgemeinen Rahmenbedingungen (z.B. Konjunktursituation) ab.

- Wenn es sich um innovative IT-Angebote handelt, so werden die nachgefragten Mengen, gezahlten Preise und damit die erzielbaren Einzahlungsströme auch von anderen Kriterien (Kompatibilität, Komplexität, Erprobbarkeit usw.) beeinflusst (zur Relevanz derartiger **Rogers-Kriterien** siehe *Krafft/Litfin* 2002).

- Schließlich müssen auch die Möglichkeiten der **längerfristigen Kundenbindung** abgeschätzt werden, die im E-Commerce einerseits von einer Fülle „positiver" Gestaltungsmöglichkeiten (siehe im Einzelnen *Link/Schleuning* 1999, S. 134 ff.), andererseits auch durch wechselkostenbedingtes Lock-In (vgl. *Wirtz/Lihotzky* 2001) gekennzeichnet sein können.

Schon aus diesen wenigen Punkten ergibt sich eine gewaltige **Marktforschungsaufgabe**[1]. Derartige Punkte müssen also für die in Frage stehenden IT-Projekte, z.B. M-Commerce-Projekte, konkretisiert und präzisiert werden.

Wie konkretisiert und präzisiert man z.B. die zentrale Frage von Art und Höhe des erwarteten Nutzens? Aus wissenschaftlicher Sicht kann ein **erster Einstieg** über die grundsätzliche Analyse heutiger Kontextfaktoren und daraus ableitbarer Nutzenkategorien erfolgen, wie er in Abb. 1 grob skizziert wird. Diese Überlegungen haben eine besondere – aber nicht alleinige – Relevanz für das oben skizzierte **Channel-Modell** und damit das zukünftige Spektrum von Unternehmen, die für ihre Vermarktungsprozesse den Einsatz mobiler Endgeräte – neben anderen Kommunikationskanälen – im Rahmen eines Multi-Channel-Konzeptes prüfen wollen und dafür eine Wirtschaftlichkeitsberechnung benötigen.

Die Erläuterungen zu Abb. 1 sind an anderer Stelle erfolgt (vgl. *Link* 1996, S. 39 ff.; *Link* 2001, S. 24 ff.). An dieser Stelle soll es daher genügen, am **Beispiel** der Nutzenkategorie „Schnelligkeit" aus Abb. 1 das zugrunde liegende Prinzip zu verdeutlichen. Dieses Beispiel wurde nicht ohne Bedacht gewählt. Eine Erhebung zu „Neuen Geschäftsmodellen im E-Business" ergab, dass fast ein Drittel der Befragten den überlegenen Nutzen ihres E-Business-Geschäftsmodells im Bereich „Geschwindigkeit" sahen (vgl. *Ahlert/Backhaus/Meffert* 2001). Unter anderem die folgenden Fragen sind durch Marktforschung und andere Analysen zu klären:

- In welchen Sektoren des vorgesehenen IT-Anwendungsbereiches (Märkte, Branchen, Volkswirtschaften) hat „Schnelligkeit" welche **Bedeutung**?

- Aus welchen sonstigen **Gründen** – außer den in Abb. 1 dargestellten Gründen „Variabilität" und „Konkurrenzintensität" – ist dies so bzw. wird sich dies **verstärken**?

- Welche unterschiedlichen **Ausprägungen** von „Schnelligkeit" sind aus Nutzersicht von Bedeutung (z.B. aus Unternehmenssicht: Schnelligkeit der Früherkennung, der Produktentwicklung, der Angebotserstellung, der Auftragsabwicklung, der Auslieferung usw.)?

- Welche **Beiträge** kann die im Blickpunkt stehende, hier zu bewertende IT-Technologie zu diesen Unterkategorien von Schnelligkeit leisten?

- Was sind wie viele Anwender hierfür bereit zu **zahlen**?

- Welche Chance hat das eigene Unternehmen, diesen Nutzen dauerhaft in **überlegener** Weise anzubieten (Frage des Vorhandenseins eines eigenen **Wettbewerbsvorteils**)?

---

[1] Unter „Marktforschung" seien im Folgenden alle Verfahren der Situations- und Zukunftsanalyse in Bezug auf Umsysteme subsumiert, während „Unternehmungsanalysen" auch eine starke interne Ausrichtung haben – siehe den Überblick bei *Link/Gerth/Voßbeck* 2000, S. 21, 26, 31 sowie die Checklist bei *Link* 1996, S. 115 ff.

Wie es hinsichtlich der Einschätzung der Nutzenüberlegenheit und der daraus resultierenden Zahlungsbereitschaft selbst in großen Konzernen zu erheblichen Fehleinschätzungen und erheblichen Folgewirkungen kommen kann, zeigt aktuell das Beispiel der Kirch-Gruppe. Die ursprüngliche Einschätzung der Verantwortlichen, wie die potenziellen Kunden das Preis-/Nutzenverhältnis von Premiere sehen und welches Nachfrageverhalten und welche Umsätze sich daraus ergeben würden, entsprach ganz offensichtlich nicht der späteren Realität.

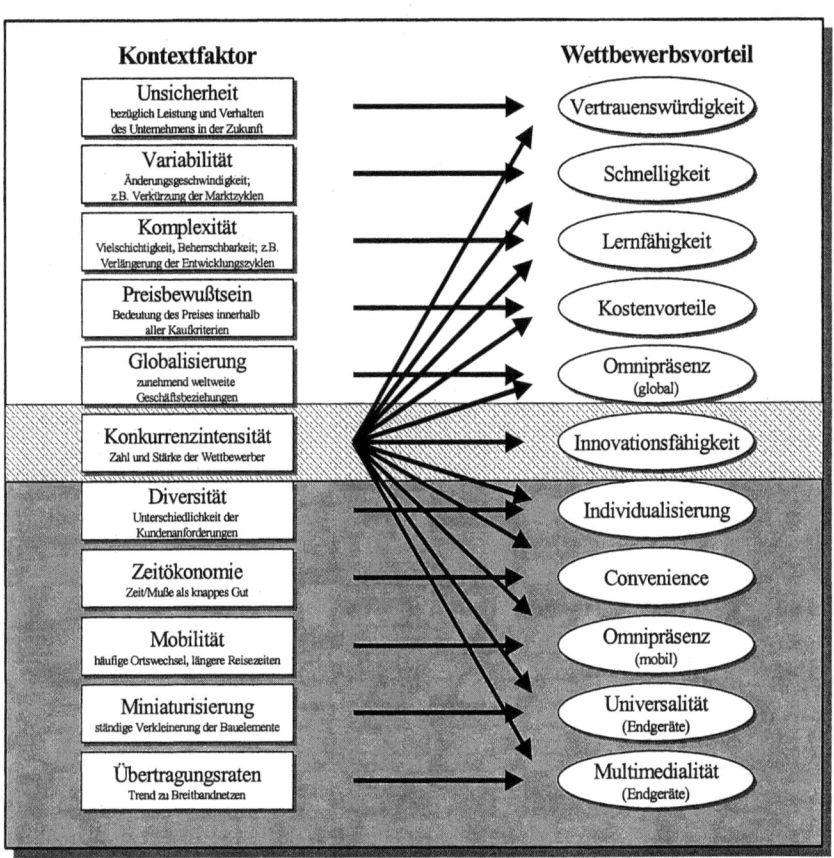

Abb. 1: Nutzenkategorien im M-Commerce
Quelle: *Link* 2001, S. 6

Dass die **Einzahlungsseite** quasi den „Engpasssektor" jeder Wirtschaftlichkeitsplanung darstellt und daher am Anfang jeder Planungsrechnung stehen muss, ist ja in hervorragender Weise vom **Target Costing** aufgegriffen worden; auch die detaillierte **Nutzenanalyse** hat in dieser Methode ihre gebührende Berücksichtigung gefunden (siehe *Link/Gerth/Voßbeck* 2000, S. 176 ff.).

Allerdings wird in der Literatur zum Target Costing üblicherweise auf Kosten und Erlöse abgestellt. Wie eine Wirtschaftlichkeitsberechnung von IT-Projekten den Übergang von Nutzeneinschätzungen auf **Einzahlungsüberschüsse** finden kann, wird noch im Einzelnen verdeutlicht werden.

1.2 Das Prognoseproblem auf der Einzahlungsseite

1.2.1 Probleme der indirekten Erlösgenerierung

In Anbetracht einer unbefriedigenden Gewinnsituation bei vielen Unternehmen der New Economy hat seit einigen Jahren eine immer intensivere Diskussion darüber eingesetzt, wie die Erlösseite der Geschäftsmodelle zufriedenstellender gestaltet werden könnte. Grundsätzlich bieten sich die in Abb. 2 dargestellten Lösungsalternativen bzw. **Erlösmodelle** an, die typischerweise in bestimmten Kombinationen eingesetzt werden (vgl. *Wirtz* 2000, S. 86).

	Direkte Erlösgenerierung	Indirekte Erlösgenerierung
transaktions- abhängig	• Transaktionserlöse i.e.S. • Verbindungsgebühren • Nutzungsgebühren	• Provisionen
transaktions- unabhängig	• Einrichtungsgebühren • Grundgebühren	• Bannerwerbung • Data-Mining-Erlöse • Sponsorship

Abb. 2: Erlösmodellsystematik
Quelle: *Wirtz* 2000, S. 86

Als zentrales Problem wurde und wird immer wieder angesprochen, dass zu viele Dienste bzw. Leistungen im Internet **unentgeltlich** an die Nutzer abgegeben werden, d.h. die direkte Erlösgenerierung tendenziell als unterentwickelt angesehen werden muss. Stattdessen findet in diesen Fällen oft eine Finanzierung über dritte Unternehmen (indirekte Erlösgenerierung) statt, dies kann auf folgende Weise geschehen (vgl. *Wirtz* 2000, S. 85 ff.):

- **Provisionen** (Umsatzbeteiligung an durch Links vermittelte Transaktionen; seitens Amazon soll die Provision z.B. bis zu 15 % betragen – vgl. *Clement* 2002, S. 36)
- **Bannerwerbung** (Einräumung von Werbemöglichkeiten Dritter auf der eigenen Website)
- **Data-Mining-Erlöse** (Verkauf von Nutzerprofilen an Dritte)
- **Sponsorship** (exklusive Vermietung von Werberaum an Dritte)

Wie bereits erwähnt, herrscht allgemein der Eindruck vor, dass in der Vergangenheit im stationären E-Commerce die indirekte gegenüber der direkten Erlösgenerierung zu stark an Boden gewonnen hat. Sicher hat dabei eine Rolle gespielt, dass man durch die Unentgeltlichkeit der Internet-Nutzung etwas für die **Verbreitung** dieses neuen Mediums tun wollte. Insofern wäre dies dann als Spielart der Penetrationsstrategie zu werten (siehe in diesem Zusammenhang *Clement* 2002, S. 27 f.). Auch wird oftmals die **Unsicherheit** eine Rolle gespielt haben, welche Preise man den neuen Kunden im neuen Medium denn „zumuten" könnte. Schließlich und endlich war eine Vorentscheidung gegen die direkte Erlösgenerierung oft schon dann gefallen, wenn ein wichtiger **Konkurrent** sich gegen derartige Preisentgelte entschieden und damit die Preise im wahrsten Sinne des Wortes „verdorben" hatte. Diese Negativ-Entscheidung in bestimmten Leistungsbereichen wiederum trug dann dazu bei, das gesamte Klima im stationären E-Commerce immer mehr in Richtung Unentgeltlichkeit zu prägen.

Dessen ungeachtet werden **günstige Anwendungsmöglichkeiten** für indirekte Erlösmodelle besonders in den Bereichen Content (Sammlung und Selektion von Inhalten) und Context (Klassifikation und Systematisierung von Informationen) gesehen (vgl. *Wirtz* 2000, S. 95). Dem Kunden ist – allerdings oft unbewusst – der Ersatz direkter Entgelte durch Werbefinanzierung auch aus seiner Erfahrung mit dem Privatfernsehen bestens vertraut. Er hat gelernt, dort und auch bei Zeitungen/Zeitschriften (Mischmodell direkt und indirekt) Werbung „auszublenden", was aber z.B. bei den kleinen Displays des M-Commerce nicht mehr so einfach möglich ist (s.u.).

Worin liegen nun die Probleme dieses indirekten Erlösmodells? Sofern an sich ein monetärer Gegenwert erzielbar wäre, ergibt sich als unmittelbares Problem natürlich erst einmal der **Einnahmeverzicht** an sich. Dieser erscheint gerade für den M-Commerce weder notwendig noch realistisch. „Anders als beim Electronic Commerce sind die Kunden der Mobilfunkbetreiber ... gewohnt, für die Nutzung der unterschiedlichen Features ihrer Funktelefone laufend zu zahlen" (*Albers/Schäfers* 2002, S. 230). Und wie hoch in Wirklichkeit nämlich im M-Commerce bereits die Abhängigkeit von der direkten Erlösgenerierung ist, ergibt sich aus folgender Angabe: Chris Gent, CEO von Vodafone, geht davon aus, dass auch im Jahr 2004 die Netzbetreiber zwischen 75 und 80 % ihres Umsatzes mit reinen Telefondiensten erzielen (*o.V.* 2001, S. 208; vgl. auch *Albers/Schäfers* 2002, S. 230).

Ein ganz zentrales Problem sehen wir aber auch darin, dass beim Kunden durch die unentgeltliche Inanspruchnahme von Diensten bzw. Leistungen der Eindruck erzeugt oder zumindest gefördert wird, die in Anspruch genommenen Dienste bzw. Leistungen hätten **keinen besonderen Wert** („Was nichts kostet, ist auch nichts wert"). Dies wiederum kann zu weiteren Folgeeffekten führen. Zum einen kann das **Image** des abgebenden Unternehmens durch diese vermeintliche Nicht-Wertigkeit leiden. Zum Zweiten kann ein sorgloser bzw. verschwenderischer **Umgang** mit der „wertlosen" Leistung erfolgen. Zum Dritten kann dadurch wiederum die jederzeitige **Verfügbarkeit** dieser Leistung auch für solche Fälle in Frage gestellt werden, wo der Leistung aus Sicht des Empfängers ein besonderer Wert zukommt. Und schließlich wird es i.d.R. sehr schwer werden, mittel- und langfristig doch noch auf ein angemesseneres direktes Erlösmodell **überzuwechseln**.

Im Übrigen können durch zu viele Links und Werbebanner auch **Ablenkungseffekte** und **Umlenkungseffekte** beim Traffic auf der eigenen Website entstehen. Speziell im M-Commerce muss darüber hinaus beachtet werden, dass die **kleinen Displays** mobiler Endgeräte Bannerwerbung nur in begrenztem Umfang zulassen und die Nutzer durch nicht zielgruppenspezifische Massenwerbung besonders rasch **verprellt** sein dürften (vgl. *Clement* 2002, S. 36 f.).

Spezielle **Prognoseprobleme** auf der Einzahlungsseite von Wirtschaftlichkeitsrechnungen ergeben sich bei indirekten Erlösmodellen in zweierlei Hinsicht:

- Zunächst besteht – wie im Folgenden für das direkte Erlösmodell näher ausgeführt – auch beim indirekten Erlösmodell die **Unsicherheit**, wie sich die eigenen Preisforderungen (bei Provisionen, Bannerwerbung usw.) unter Berücksichtigung sich immer wieder ändernder Wettbewerbsbedingungen in den diesbezüglichen Umsätzen auswirken werden. In den seltensten Fällen werden entsprechend umfassende und fundierte Erhebungen bzw. „harte" Daten über die zukünftige Preiselastizität der Nachfrage nach Links, Werbebannern usw. unter wechselnden Marktbedingungen vorliegen.

- Hinzu kommt, dass prinzipiell eine Abhängigkeit von Zahlungen **Dritter** besteht, die ihrerseits ebenfalls wiederum von ihren Kunden, Konkurrenten und Rahmenbedingungen abhängig sind. Es wird also nicht die Abhängigkeit von Kunden gegen die Abhängigkeit von anderen Unternehmen eingetauscht, sondern die letztgenannte Abhängigkeit tritt hinzu. Die Erfahrung zeigt, dass bei rückläufigen Kundenumsätzen oft auch ein prozyklisches Etatverhalten greift, so dass die involvierten „dritten Unternehmen" bei Problemen in ihren Märkten ihre Etats zurückfahren. Da das eigene Unternehmen diese „fremden" Kundenprobleme aber nicht mitbekommt und auch nicht beeinflussen kann, sind Überraschungseffekte im Zweifelsfall größer.

- Das größte Problem für eine Wirtschaftlichkeitsrechnung stellt aber der gewaltige **Prognosehorizont** dar: Die Einzahlungsströme sind für die gesamte Lebensdauer des IT-Projektes abzuschätzen (siehe ausführlich am Ende des nächsten Abschnittes).

1.2.2 Probleme der direkten Erlösgenerierung

Es wurde bereits angesprochen, dass M-Commerce vergleichsweise günstige Voraussetzungen für direkte Erlösmodelle aufweist. Nicht nur die schon erwähnte **Gewöhnung** des Mobilfunk-Kunden an direkte Entgelte, sondern auch die einfachere **Abrechnungsmöglichkeit** über die Netzanbieter sowie die besseren **Personalisierungsmöglichkeiten** der Konditionen spielen dabei eine Rolle (vgl. *Albers/Schäfers* 2002, S. 231 f., sowie die Beiträge von *Fochler* und *Tiedtke* in diesem Buch).

Insofern bietet M-Commerce grundsätzlich die Chance, beim Übergang auf die mobilen Endgeräte die im E-Commerce nicht genutzten Chancen einer direkten Erlösgenerierung „wieder wett zu machen". Welche der in Abb. 2 aufgeführten Varianten sich dabei auf Dauer durchsetzen werden, hängt von mehreren Umständen ab; zunächst seien die **transaktionsabhängigen** Erlöse aus Abb. 2 angesprochen:

- **Verbindungsgebühren** entstehen für die Dauer des Zugangs zu einem Netzwerk; schon vom Festnetz-Telefonieren her ist den Kunden diese Abrechnungsform seit langem wohl vertraut. Allerdings hat es sich für viele Nutzer bereits im stationären E-Commerce als Ärgernis herausgestellt, dass sich bei geringen Netz-Bandbreiten z.B. der Download größerer Datenmengen als sehr zeitaufwendig und damit teuer gestaltet.

- Hier liegt dann ein Vorteil reiner **Nutzungsgebühren**: Wenn nach der effektiv übertragenen Datenmenge abgerechnet wird, spielt die Breitbandigkeit des Netzwerkes keine Rolle; es liegt dann auch im Bereich des Möglichen oder sogar des Folgerichtigen, wenn der Netzbetreiber dem Kunden eine Dauerverbindung („always on") freistellt. In dieser Konstruktion wird z.B. gelegentlich ein Pluspunkt von i-Mode gesehen (vgl. *Clement* 2002, S. 40; siehe aber *Albers/Schäfers* 2002, S. 236).

- Eine Sonderform der transaktionsabhängigen Erlöse stellen die **Transaktionserlöse i.e.S.** dar. Sie stellen das Entgelt für klar definierte Services bzw. Dienstleistungen (z.B. Zahl Suchergebnisse) dar (vgl. *Wirtz* 2000, S. 86).

Alternativ zu – aber auch in Kombination mit – den transaktionsabhängigen können die **transaktionsunabhängigen** Erlösmodelle zum Einsatz kommen:

- **Einrichtungsgebühren** fallen z.B. an, wenn vor der Nutzung stationärer oder mobiler Endgeräte oder auch bestimmter Dienstleistungen Entgelte geleistet werden müssen, die der Implementierung geeigneter Hardware-/ Software-Systeme dienen. Hierin können – je nach Höhe dieser Implementierungskosten – z.B. Ansatzpunkte für die bereits erwähnten Wechselkosten und das Entstehen von Lock-in-Phänomenen gesehen werden.

- Die Erhebung von **Grundgebühren** knüpft an die Bereitstellung einer Nutzungsmöglichkeit stationärer oder mobiler Endgeräte, elektronischer Netzwerke oder sonstiger Einrichtungen an. Dieses Erlösmodell ist dem Kunden aus der Vergangenheit an sich bestens vertraut (siehe TV- und Rundfunkgebühren im Bereich des öffentlichen Rundfunks). Auch im E-Commerce haben sich nutzungsunabhängige Grundgebühren in Gestalt der sog. Flatrates bereits als Erlösmodell etabliert; für den Bereich des M-Commerce scheint es erste Anzeichen für eine gute Akzeptanz derartiger Modelle zu geben (vgl. *Clement* 2002, S. 34).

Für die Preispolitik der Anbieter von Dienst- und Sachleistungen im M-Commerce ergeben sich ganz neue Perspektiven im Rahmen variabler Preisbildungsmodelle wie der **Auktionen** oder des **Yield-Management**; bei letzterem geht es bekanntlich um die gewinnmaximale Vermarktung nicht lagerfähiger Leistungsangebote (Übernachtungs-, Transport-, Schulungs-, Veranstaltungsangebote, Frischeprodukte) durch (horizontale) Preisdifferenzierung (siehe im Einzelnen *Link/Hildebrand* 1993, S. 77 ff.; *Link/Gerth/Voßbeck* 2000, S. 271 ff.). Im Konzept derartiger variabler Preisbildungsmodelle liegt ein großer Nutzeffekt darin, dass Anbieter und Kunden in der letzten möglichen Verhandlungsphase (kurz vor der möglichen Nutzung bzw. dem Verfall des Leistungsangebotes) noch miteinander kommunizieren können; damit die Nutzung seitens des Kunden auch tatsächlich physisch noch möglich ist, muss diese Kommunikation vom Kunden **während des Prozesses einer ausreichenden geographischen Annäherung** an den Leistungsort (Hotel, Flughafen, Seminar- bzw. Veranstaltungsort, Großmarkt) geführt werden können. Dies ermöglichen mobile Endgeräte in hervorragender Weise. „So können Restkontingente von Tickets bei bereits ausverkauften Veranstaltungen (z.B. Konzerten) direkt vor Ort unmittelbar vor Beginn der Veranstaltungen versteigert werden" (*Albers/Schäfers* 2002, S. 240). Ebenso könnten Restkontingente von Hotelbetten oder Plätzen in Flugzeugen kurz vor Buchungsschluss noch über mobile Endgeräte abgesetzt werden:

- **Kaufinteressenten** könnten auf den Websites entsprechender Intermediäre die Preise angeben, die sie zu zahlen bereit sind, worauf sich Anbieter melden könnten bzw. gesucht werden müssten (vgl. ähnlich *Albers/Schäfers* 2000, S. 240 f.).

- Umgekehrt könnten auch **Anbieter** auf entsprechenden anderen Websites ihre „allerletzten" Verkaufsangebote und -preise platzieren, worauf sich Kunden melden könnten bzw. gesucht werden müssten.

- Schließlich sind auch **Kombinationen** der vorstehenden Vorgehensweise möglich, indem so etwas wie automatisierte Abgleiche zwischen gemeldeten Kauf- und Verkaufsangeboten vorgenommen werden.

Spezielle **Prognoseprobleme** auf der Einzahlungsseite von Wirtschaftlichkeitsrechnungen ergeben sich bei den direkten Erlösmodellen wie folgt:

- Zunächst besteht eine prinzipielle **Unsicherheit**, wie sich die eigenen Preisforderungen (bei den oben aufgeführten direkten Gebühren) in den Umsätzen auswirken werden. In den seltensten Fällen werden fundierte Erhebungen bzw. „harte" Daten über die zukünftige Preiselastizität der Nachfrage nach Verbindungsminuten, Datenmengen, Implementierungspaketen und Pauschalverträgen im M-Commerce vorliegen. Die Erfahrung zeigt, dass die dafür notwendigen Preis-/Absatzfunktionen von den Unternehmen entweder von Anfang an nicht erhoben oder aber – siehe nachfolgenden Punkt – nicht hinreichend oft aktualisiert werden.

- Bekanntlich gelten Preis-/Absatzfunktionen immer nur unter den **Wettbewerbsbedingungen**, für die sie erhoben worden sind (ceteris paribus-Klausel). Ändern sich wichtige Parameter, die (typischerweise) in der Gleichung nicht enthalten sind, wie das Verhalten der verschiedenen Konkurrenten, die Einstellung der verschiedenen Kundensegmente, volkswirtschaftliche Rahmendaten usw., so verschiebt sich die Kurve in zunächst nicht zuverlässig einzuschätzender Weise. Eine Neu-Erhebung ist dann unumgänglich.

- Aber selbst die Wirkungen **eigener** flankierender Marketing-Maßnahmen sind geeignet, das Ausgangsbild der Nachfragesituation zu verfälschen und neue Unsicherheit zu erzeugen. Qualitative Veränderungen beim eigenen Leistungsangebot, bei der Werbung, in der Distribution usw. führen – sofern diese Parameter nicht in einer multivariaten Marktreaktionsfunktion abgebildet werden – ebenfalls zur Verschiebung der Absatzkurve und bedingen daher eine Neuerhebung.

- Auch müssen im direkten Erlösmodell die **Wirkungen** abgeschätzt werden, die die bisher oft **unentgeltliche** Abgabe von Leistungen im E-Commerce auf den M-Commerce hat. In vielen Content-Sektoren ist „zu berücksichtigen, dass die Nutzer in der Regel nicht bereit sein werden, für Inhalte (z.B. Filme, Videos) zu zahlen, die sie im Festnetz-Internet kostenlos bekommen können, nur weil sie jetzt auch mobil verfügbar sind" (*Clement* 2002, S. 34).

- Vor allem aber müssen in einer Wirtschaftlichkeitsrechnung für IT-Projekte die vorgenannten Punkte für den **Zeitraum der gesamten Projektdauer** prognostiziert werden. Wenn es in der betrieblichen Praxis schon schwierig genug ist, das nächste Planjahr zuverlässig abzubilden, so wächst diese Schwierigkeit überproportional mit der Zahl der betrachteten Perioden (Jahre). Insbesondere die Abschätzung der in solch langen Zeiträumen zu erwartenden Einflüsse seitens der Konkurrenten, der Kunden und der volkswirtschaftlichen Rahmendaten wirft gewaltige Prognoseprobleme auf.

1.3 Das Professionalitätsproblem im Start-Up-Bereich

Es ist deutlich geworden, dass die Einzahlungsströme entscheidend durch das jeweilige Erlösmodell geprägt werden, und dass bereits damit auch immer eine spezifische Prognoseproblematik verbunden ist.

Diese Prognoseproblematik weitet sich noch erheblich aus, wenn man Professionalität und Zusammenspiel der verschiedenen Gruppen von Akteuren, speziell der Neugründungen („Start-Up's") innerhalb des E-Business in die Betrachtungen

Die Klärung der Wirtschaftlichkeit von M-Commerce-Projekten 53

mit einbezieht. Abb. 3 gibt einen Überblick über die verschiedenen Stufen der Wertschöpfungskette des M-Business und die jeweiligen Akteure.

	Infrastruktur-anbieter	Endgeräte-hersteller und Handel	Software und Service-provider	Inhalte- und Serviceanbieter	Mobile Portale	Mobile Payment
Leistungen	•Entwicklung und Herstellen der Netzinfrastruktur •Einrichtung und Betrieb von Mobilfunknetzen •Bereitstellen des Zugangs zum mobilen Internet	•Weiterentwicklung und Herstellung von Endgeräten für das mobile Internet •Entwickeln von Zusatzkomponenten •Vertrieb von Endgeräten und Mobiltelefonverträgen	•Software- und Plattformentwicklung für Anwendungen des mobilen Internets •Betrieb von Anwendungen für Dritte	•Entwicklung, Aggregation und Selektion von M-Commerce-spezifischen Inhalten •Service- und Transaktionsangebote für Endkunden	•Bündelung, Filterung und Gruppierung von Inhalte- und Serviceangeboten (Allgemeine und spezialisierte Portale)	•Organisation und Abwicklung von Zahlungen für Transaktionen im mobilen Internet
Anbieter	•Cisco, Nokia •Deutsche Telekom, Vodafone, Virgin Mobile •CMC, Materna	•Ericsson, Nokia, Palm, Siemens •Lucent Technologies •Media Markt, Saturn, debitel	•Akomo,dynetic solutions, Openwave Systems •Deutsche Telekom, WAP Communications, @road	•AvantGo, Bloomberg, Financial Times, MyAlert, Onvista, Sport.de •12snap, BMW, Cellway, eHotel, Ford, iobox, Space2go, Otto	•T-Motion, Vizzavi, Jamba!, Wap3.de, Compuserve, EuropeWap, Yahoo! •Financial.de, Sportal	•Paybox, Brokat, More Magic, Trintech, Earthport

Abb. 3: Industrielle Wertschöpfungskette des Mobile Business
Quelle: *Nicolai/Petersmann* 2001, S. 20

Jeder dieser Akteure muss im Prinzip seine eigene Wirtschaftlichkeitsrechnung erstmalig aufstellen, bevor er überhaupt zum Akteur wird. Eine Unternehmensgründung oder auch der Eintritt in einen neuen Markt ist im Prinzip undenkbar, ohne dass eine Wirtschaftlichkeitsrechnung die Sinnhaftigkeit dieses Vorhabens mit ausreichender Sicherheit erwiesen hat. Diese Wirtschaftlichkeitsrechnung ist im Falle einer strategischen Entscheidung – wie der über eine Unternehmensgründung oder den Eintritt in einen neuen Markt – Teil einer **strategischen Planungsrechnung**, wie sie in der rechten Spalte von Abb. 4 angesprochen wird. Neben der eigentlichen Wirtschaftlichkeitsrechnung im Sinne einer Investitionsrechnung gehören hierzu auch Verfahren wie die Gap-Analyse, Erfahrungskurven-Analyse, Nutzwertanalyse, Shareholder Value-Analyse, Customer Lifetime Value-Analyse, Prozesskostenrechnung, Target Costing usw. (siehe im Einzelnen *Link/Gerth/Voßbeck* 2000).

Alle diese strategischen Planungsrechnungen haben ihre spezielle Zwecksetzung; es ist daher zunächst zu überprüfen, wieweit und in welcher Form ihr Einsatz in einer bestimmten Entscheidungssituation angebracht bzw. geboten erscheint.

Von zentraler Bedeutung ist aber vor allem, dass diese (weitgehend „formalzielorientierten") strategischen Planungsrechnungen immer auf die vorherige Klärung bestimmter („sachzielorientierter") Tatbestände angewiesen sind (zu formal- versus sachzielorientierter Planung siehe *Link* 1996, S. 105). Insofern ist die strategische Planungsrechnung (rechte Spalte in Abb. 4) mit der eigentlichen strategischen Planung (große Mittelspalte in Abb. 4) untrennbar verwoben; Inhalt und Qualität der strategischen Planung **bestimmen Qualität und Aussagefähigkeit der strategischen Planungsrechnung**.

Dies sei am Beispiel der Investitionsrechnung ausschnittweise verdeutlicht:

- Wenn in der **Problemstellungsphase** (s. Abb. 4) die Wettbewerbs- und Unternehmenssituation nicht über mindestens ein Dutzend einschlägiger Marktforschungs- und sonstiger Fragen (siehe *Link* 1996, S. 116) hinreichend geklärt worden ist, sind von vornherein alle Angaben über Ein- und Auszahlungsströme auf Sand gebaut.

- Wenn es in der **Suchphase** nicht gelingt, über die Einbeziehung entsprechender Konzepte (siehe *Link* 1996, S. 116) möglichst neuartige bzw. überlegene Lösungen für die in Abb. 4 erwähnten Erfolgspotenziale und Erfolgspositionen zu finden, schmälert dies unweigerlich die Preisspielräume der Unternehmung und damit die Einzahlungsseite der Investitionsrechnung.

- Wenn in der **Bewertungsphase** in bestimmten Fällen nicht auch bspw. Erfahrungskurvenanalysen, Risikoanalysen oder Prozesskostenrechnungen zum Einsatz kommen, kann auch die Auszahlungsseite der Investitionsrechnung falsch beurteilt werden.

Professionelle strategische Planung bedingt darüber hinaus den Einsatz zahlreicher weiterer Methoden des strategischen Marketing-Controlling, auf die hier nicht näher eingegangen, sondern nur verwiesen werden kann (siehe im Einzelnen *Link/Gerth/Voßbeck* 2000). Für den spezifischen Fall des M-Business ist eine ganze Reihe notwendiger Analysen und Überlegungen bereits im ersten Beitrag dieses Buches sichtbar geworden (siehe auch *Kollmann* 2002).

Dass in vielen der vorstehend genannten Punkte in der betrieblichen Praxis massiv gesündigt wird und worden ist, haben nicht zuletzt auch die zahlreichen Firmenzusammenbrüche am Neuen Markt offenbart. Zusätzlich zu den bereits angeführten **grundsätzlichen** Fehlermöglichkeiten bei Unternehmensgründungen und Markteintritts-Entscheidungen gibt bzw. gab es dabei auch Schwachpunkte, die **E-Business-spezifisch** waren bzw. sind:

- In der zeitweise herrschenden „**Goldgräberstimmung**" am Neuen Markt schien vielen ein genaues „Nachrechnen" mehr oder weniger entbehrlich; ein ungebremster Fortschritts- und Erfolgsglaube ersetzte die Erfolgskontrolle.

- Angesichts der revolutionären Szenarien, der scheinbar völlig neuen Spielregeln und der Langfristigkeit und Komplexität der Entwicklung im Internet-Bereich erschien es vielen auch schwer möglich, die neuen Erfolgsstrukturen in exakten Wirtschaftlichkeitsmodellen **abzubilden**.

- Es schien oftmals auch ausreichend, über Kenntnisse im informationstechnologischen Bereich im Allgemeinen und ausreichende Phantasien im Internet-Bereich im Speziellen zu verfügen; **betriebswirtschaftliche** Kenntnisse erschienen vielen zumindest nicht unentbehrlich.

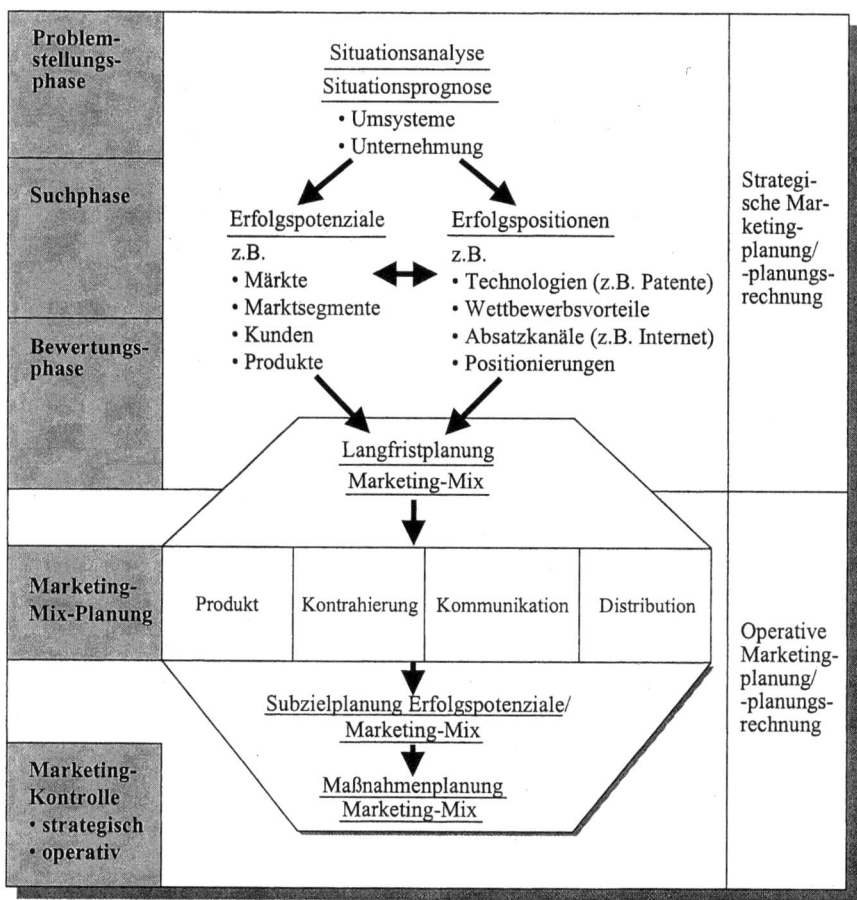

Abb. 4: Der Prozess der Marketingplanung und -kontrolle
Quelle: *Link/Gerth/Voßbeck* 2000, S. 26

2 Zusatzprobleme der Wirtschaftlichkeitsberechnung im M-Business

2.1 Die Mehrstufigkeit der Prognoserechnung

Nicht genug damit, dass die Wirtschaftlichkeitsrechnung im E-Business die oben erwähnten Probleme der Quantifizierung, Prognose und Professionalität aufweist. Alle in Abb. 3 aufgeführten Akteure in der Wertschöpfungskette des Mobile Business haben darüber hinaus das Problem, dass ihre eigenen Einzahlungsströme von den Ein- und Auszahlungsströmen **Dritter abhängig** sind. Dabei sollen im Folgenden unter „dritten" bzw. „weiteren" Akteuren solche Anbieter verstanden werden, die nicht in Konkurrenz zum jeweilig betrachteten Unternehmen stehen, sondern eine andere Stufe oder Nische in der Wertschöpfungskette besetzen. Folgende Beispiele mögen diese Abhängigkeit verdeutlichen:

- Jeder der in Abb. 3 aufgeführten Akteure ist darauf angewiesen, dass **andere Akteure**, wie z.B. die Infrastrukturanbieter, gegenüber den **Nutzern** mobiler Endgeräte ihr Marketing, insbesondere ihre Preise (und damit Einzahlungsströme) auf eine Art und Weise gestalten, wie es für diese auskömmlich bzw. attraktiv ist; je weniger dies zutrifft und je weniger Nutzung in der Folge überhaupt stattfindet, desto mehr sind dadurch auch die eigenen Einzahlungen betroffen.

- Soweit direkte Lieferungen von Akteur 1 an Akteur 2 stattfinden, hängt der Umsatz (Einzahlungsstrom) von Akteur 1 auch von der **wirtschaftlichen Lage** (Einzahlungs- und Auszahlungsstrom) bei **Akteur 2** ab.

- Die wirtschaftliche Lage von Akteur 2 wiederum hängt von dessen Wettbewerbssituation, d.h. insbesondere den (mindestens) **5 Wettbewerbskräften** einer Branchenstrukturanalyse ab (Stärkenverhältnisse gegenüber aktuellen und potenziellen Konkurrenten/Produkten, Kunden und Lieferanten – siehe *Link/Gerth/Voßbeck* 2000, S. 112 ff.).

In allen diesen Fällen weitet sich auch das Prognoseproblem entsprechend aus. Im ersten obigen Fall wäre eine Prognose des Marketing, insbesondere des Preisverhaltens vieler anderer Akteure notwendig. Schon dies setzt an sich die Auseinandersetzung mit den jeweils (mindestens) 5 Wettbewerbskräften der betreffenden Branchen voraus. Erst recht gilt dies – wie ausgeführt – bei direkter Belieferung. Die Stärkenverhältnisse des belieferten Unternehmens zu seinen Konkurrenten, Kunden und Lieferanten sowie die Gefahren des Auftretens neuer Konkurrenten und Ersatzprodukte bestimmen die zukünftige Strategie und Nachfrage dieses Unternehmens, müssten also einigermaßen zutreffend prognostiziert werden. Schon für das belieferte Unternehmen selbst ist eine solche Prognose schwierig genug; für einen „**Branchenfremden**" potenzieren sich die Schwierigkeiten.

Die Klärung der Wirtschaftlichkeit von M-Commerce-Projekten 57

Immer wieder muss darauf hingewiesen werden, dass bei alledem als **Prognosehorizont** einer Investitionsrechnung Zeiträume von 10 Jahren und mehr veranschlagt werden müssen. Natürlich sind hierbei bestimmte spezielle Gegebenheiten des E-Business zu berücksichtigen, von denen nachfolgend nur einige exemplarisch angesprochen werden sollen:

- Einerseits muss eine frühe technologische **Veralterung** der projektierten Lösungen in Rechnung gezogen werden, was tendenziell für kürzere Kapitalbindungsdauern spricht.

- Andererseits fallen z.B. bei Aufbau und Organisation von **Datenbeständen** (Data Warehouse) erhebliche Anfangsinvestitionen an, die durchaus mehrere technologische Generationen überdauern können (bzw. müssen); dies spricht für tendenziell längere Kapitalbindungsdauern.

- Zum Dritten stellen auch die laufenden Aufwendungen für Aktualisierung, Pflege und Ausbau der Datenbestände weitere **Folge-Investitionen** dar; der Wert gerade von historischen Zeitreihen-Analysen macht auch den Wert einer möglichst langfristigen Betrachtungsweise derartiger Projekte deutlich.

- Schließlich und endlich zwingt auch der hohe **Integrationsgrad**, wie er gerade mit CRM-Projekten intendiert ist (siehe den vorangegangenen Beitrag in diesem Buch), zu einer sehr langfristigen Vorausschau.

Nimmt man nun alle angeführten Quantifizierungs- und Prognoseprobleme aus den vorangegangenen Abschnitten zusammen, so könnte sich in der Konsequenz die Gefahr einer **Resignation** hinsichtlich der Möglichkeit fundierter Wirtschaftlichkeitsrechnungen ergeben. Andererseits sind – wie eingangs erwähnt – besonders beim „Produkt-Modell" zahlreiche Entsprechungen zu Wirtschaftlichkeitsrechnungen in anderen Bereichen der Betriebswirtschaftslehre festzustellen.

2.2 Die UMTS-Lizenzgebühren als „sunk costs"

Seit langer Zeit beschäftigt sich die Öffentlichkeit immer wieder mit den UMTS-Lizenzgebühren, die als unangemessen hoch und für die beteiligten Unternehmen existenzbedrohend angesehen werden. Es ist die Rede von ca. 8 Mrd. Euro Lizenzkosten je erwerbendem Unternehmen bzw. Konsortium, zu dem jeweils noch einmal ca. 5 Mrd. Euro Investitionskosten für den Aufbau einer geeigneten Netzinfrastruktur kämen, was sich dann in der Summe je Unternehmen auf ca. 13 Mrd. Euro belaufen würde (vgl. *Schweizer et al.* 2002, S. 90). Vor diesem Hintergrund sollen nun folgende Aussagen analysiert werden:

- **Aussage 1**: „Aus Unternehmenssicht ist der Erwerb einer UMTS-Lizenz zunächst nichts anderes als ein Investitionsobjekt, dessen Vorteilhaftigkeit sich durch die Diskontierung der zukünftigen Cash Flows bestimmen lässt" (*Schweizer et al.* 2002, S. 90).

- **Aussage 2**: „Aber eines ist schon sicher: Die hohen Lizenzkosten müssen wir in die Kalkulation einbeziehen" (*v. Kuczkowski* in: *Franke/Kietzmann* 2002, S. 214).

- **Aussage 3**: „Einzelne Studien kommen zu dem Ergebnis, dass angesichts der enormen Lizenz- und Netzaufbaukosten für UMTS-Dienste Monatspauschalen bis zu 150 € erhoben werden müssen, um einen Rückfluss der Mittel zu gewährleisten" (*Clement* 2002, S. 33).

Aussage 1 ist zweifellos richtig und wird von den Verfassern noch dahingehend erweitert, dass auch die oben erwähnten Kosten für den Aufbau der Netzinfrastruktur in das Kalkül mit einbezogen werden müssen, was in der Summe im Urteil der Börsen zu sinkenden Unternehmenswerten und Aktienkursen schon während der Versteigerung der UMTS-Lizenzen führte (vgl. *Schweizer et al.* 2002, S. 93 f.).

Man sollte diese Aussage noch dahingehend erweitern bzw. präzisieren, dass bei professioneller Vorgehensweise zum Zeitpunkt des Lizenzerwerbs **sämtliche** zukünftigen Auszahlungen und Einzahlungen in das Investitionskalkül hätten einbezogen werden müssen. Ob bzw. wie dies geschehen ist und wie die oben dargestellten Schwierigkeiten bei der Quantifizierung und Prognose der Einzahlungsseite angegangen worden sind, bleibt eine interessante Frage. Gerade Aussage 3 wirft ja die Frage auf, mit welchen Unterstellungen damals auf der Einzahlungsseite gearbeitet worden sein mag.

Die Aussagen 2 und 3 hängen eng zusammen und besagen im Kern, dass die Preise für UMTS-Dienste die hohen Lizenzkosten wieder hereinholen müssen. Dies klingt zunächst logisch, muss aber hinterfragt bzw. relativiert werden. Hierzu ist zunächst ein kurzer Exkurs über bestimmte Grundprinzipien der Wirtschaftlichkeitsrechnung sinnvoll. Danach müssen Wirtschaftlichkeitsrechnungen den allgemeinen Prinzipien der Entscheidungsrelevanz bzw. der Veränderungsrechnung entsprechen (vgl. *Link/Gerth/Voßbeck* 2000, S. 210).

Entscheidungsrelevant bei der Entscheidung über eine Alternative in einer gegebenen bestimmten Entscheidungssituation sind die Wertgrößen, die zusätzlich resultieren, wenn die geplante Alternative durchgeführt würde, bzw. die wegfielen oder gar nicht entstünden, wenn die Alternative nicht durchgeführt würde (vgl. *Hummel* 1992, S. 79; vgl. auch *Horngren/Foster/Datar* 1997, S. 385). Entscheidungsrelevant können nur solche Größen sein, die **zukünftig** entstehen, denn Entscheidungen können sich nur auf zukünftige Größen auswirken, nicht auf vergangene. Außerdem muss die zukünftige Größe noch **beeinflussbar** bzw. von den Aktionsparametern und damit der Entscheidung abhängig sein. Ist die Wertgröße irreversibel vordisponiert, kann sie grundsätzlich nicht entscheidungsrelevant sein. Außerdem muss die Wertgröße ausschließlich durch die Durchführung der Alternative hervorgerufen und damit **einzelzurechenbar** sein.

Einen besonderen Fall nicht entscheidungsrelevanter Informationen stellen „**sunk costs**" dar. Sie sind definiert als Kosten, „die durch Entscheidungen in der Vergangenheit festgelegt wurden und durch künftige Entscheidungen nicht mehr zu verändern sind" (*o.V.* 1994, S. 601; vgl. auch *Homburg* 2002, Sp. 1055). Hierzu rechnen insbesondere die Istkosten vergangener Perioden (vgl. *o.V.* 1997, S. 648).

Nach dieser Definition sind die **UMTS-Lizenzgebühren** insoweit sunk costs, als sie durch künftige Entscheidungen nicht mehr zu verändern sind; wenn die Lizenzen noch verkauft werden könnten, wären nur ihre vom Verkaufserlös nicht gedeckten Kostenanteile sunk costs. Ähnliches gilt für die Ausgaben für Voicestream. Im Folgenden wird einmal davon ausgegangen, dass die gesamten UMTS-Lizenzkosten eines betrachteten Netzbetreibers sunk costs seien.

Nun zurück zu den Aussagen 2 und 3: Aus der Sicht einer Veränderungsrechnung besteht die Aufgabe einer erfolgsorientierten Unternehmensführung zum Gegenwartszeitpunkt allein darin, Entscheidungen in Richtung auf einen **möglichst positiven Kapitalwert** zu fällen. Sunk costs bleiben dabei außen vor, d.h. die Lizenzkosten werden – von heute aus gesehen – nicht mehr in die Investitionsrechnung mit einbezogen, wohl aber sämtliche noch disponible Netzaufbaukosten und andere noch beeinflussbare Ein-/Auszahlungsvorgänge. Mindestforderung ist ein Kapitalwert von null.

Maßstab für den „richtigen" Preis wäre analog ebenfalls nicht die unbedingte bzw. volle „nachträgliche Deckung" der Lizenzkosten, sondern – unter Einbeziehung der Preis-/Absatzfunktion bzw. der Marktreaktionsfunktion – die Erzielung eines größtmöglichen zukünftigen Gewinnes. Ein zu hoher Preis, der sich – wie in Aussage 3 angedeutet – an der vermeintlichen Preisuntergrenze **aller bereits angefallenen Istkosten** orientiert, könnte leicht zu einer minimalen Nachfrage und damit einem Verlust führen.

Natürlich kann ein Kapitalwert größer null so **interpretiert** werden, dass damit auch eine nachträgliche, zumindest partielle Deckung der gezahlten Lizenzkosten eintritt. Entscheidend für die Strategie ist aber – wie oben dargelegt – nicht der Blick in die Vergangenheit, sondern in die Zukunft.

In diesem Sinne – aus der Sicht der Gegenwart und aus der Sicht der Lizenzkosten als sunk costs – kann durchaus von hohen **zukünftigen Gewinnpotenzialen des M-Commerce** gesprochen werden. Die enorme Vielfalt und Bandbreite der in Kapitel 1 dieses Buches dargestellten Einsatzmöglichkeiten mobiler Endgeräte und die Vielzahl der Geschäftsfelder in der Wertschöpfungskette des M-Business (sie- (siehe Abb. 3 dieses Beitrages) bieten hohe Gewinnchancen für die Zukunft.

3 Relative versus absolute Vorteilhaftigkeit von M-Commerce-Projekten

An verschiedenen Stellen unserer Ausführungen ist deutlich geworden, dass der Weg zur Quantifizierung, Prognose und Präzisierung von Einzahlungsströmen oftmals nur über die Erfassung des **Nutzens** möglich ist, den ein IuK-System stiftet. Dies gilt in besonderer Weise für das eingangs skizzierte Channel-Modell. Für CRM-Teilsysteme wie Database Marketing, Computer Aided Selling und Online Marketing bzw. E-Commerce lassen sich bei näherer Analyse zahlreiche Nutzenkomponenten identifizieren (siehe ausführlich *Link/Schleuning* 1999, S. 138 ff., 145 ff.).

Derartige Nutzenkomponenten sind auch für die CAS- und CHS-Systeme des M-Commerce (zu solchen Systemen siehe den vorangegangenen Beitrag in diesem Buch) bereits im Überblick in Abb. 1 aufgelistet worden. Da die Nutzenkategorien bzw. potenziellen Wettbewerbsvorteile in Abb. 1 ganz explizit von außen – aus dem Unternehmungskontext – abgeleitet worden sind, bezeichnen wir sie als **externe** Effizienzkriterien. Daneben existiert ein breites Spektrum von Nutzenkomponenten im Sinne **interner** Effizienzkriterien der Unternehmung (siehe im Einzelnen *Link* 1996, S. 42 ff.), die ebenfalls bei der Gestaltung von IuK-Systemen Berücksichtigung finden sollten.

Wenn man sich über die externen und internen Effizienzkriterien klar geworden ist, gibt es im Prinzip **zwei Möglichkeiten**, zu Gesamtbewertungen von IuK-Systemen des M-Commerce zu kommen:

- Zum einen kann man die verschiedenen Effizienzkriterien mit Gewichten versehen und zu jedem Kriterium Punktwerte vergeben, wie es im Prinzip die verschiedenen Verfahren der Nutzwertanalyse tun (siehe im Einzelnen *Link/Gerth/Voßbeck* 2000, S. 123 ff.). Das Problem dabei ist, dass mit Nutzwerten zwar die **relative Vorteilhaftigkeit** von Investitionen, nicht aber die absolute Vorteilhaftigkeit beurteilt werden kann. Das heißt, es ist zwar möglich, die vom Punktwert her beste unter verschiedenen Alternativen zu bestimmen; es ist aber keine Aussage auf der Basis der Punktwerte möglich, ob eine bestimmte Rendite bzw. Mindestverzinsung erreicht wird.

- Die andere Möglichkeit ist, für jedes Effizienzkriterium abzuschätzen, wie es sich auf bestimmte monetäre Größen auswirken wird. Letztlich kann nur ein solches Verfahren zu Ein- und Auszahlungsströmen führen, wie sie als Grundlage für Investitionsrechenverfahren und damit für Aussagen über die **absolute Vorteilhaftigkeit** benötigt werden.

Die Devise sollte insofern immer lauten, Punktwerte erst dann anstelle von monetären Größen einzusetzen, wenn monetäre Wirkungen beim besten Willen nicht mehr abschätzbar sind.

Mit der Abb. 5 soll verdeutlicht werden, wie die zweite Alternative im Prinzip aussehen könnte. Als System wird hier ein **mobiles CAS-System** betrachtet, wie es im ersten Beitrag dieses Buches näher beschrieben worden ist.

Die Klärung der Wirtschaftlichkeit von M-Commerce-Projekten 61

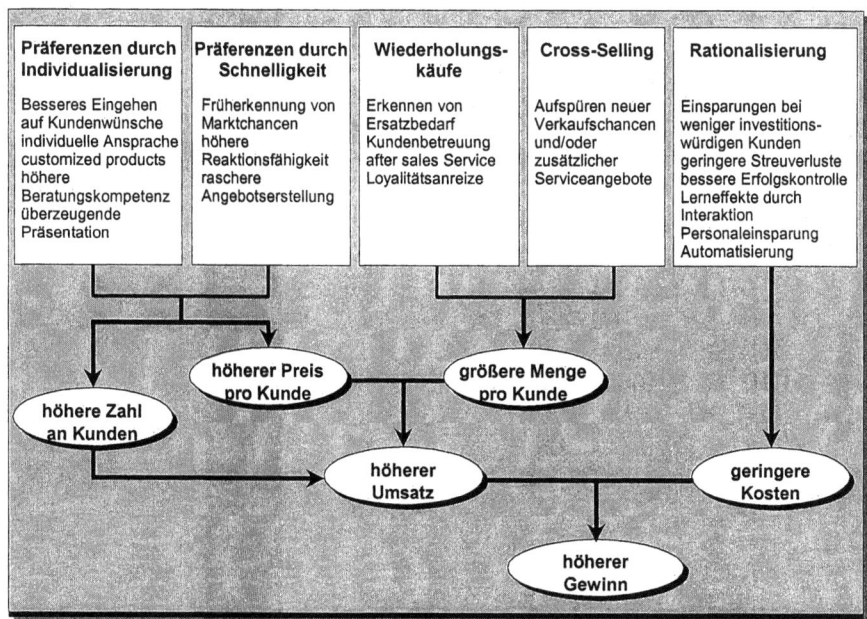

Abb. 5: Zur Umsetzbarkeit von Wettbewerbsvorteilen in monetäre Größen
Quelle: *Link/Hildebrand* 1995, S. 18

Die Überlegung in Abb. 5 geht dahin, dass z.B. ein höherer Grad der Individualisierung zu einer höheren Wertschätzung beim Kunden führen wird. Dies kann sich dadurch ausdrücken, dass eine höhere **Zahl** an Kunden gewonnen werden kann, aber auch dadurch, dass je Kunde ein höherer **Preis** erzielt werden kann. Diese Effekte sind nun im Einzelnen zahlenmäßig zu konkretisieren. Die gleiche Wirkung kann im Prinzip von einer höheren Schnelligkeit erwartet werden. Bei der zahlenmäßigen Abschätzung derartiger Effekte können sowohl Erfahrungen aus der Vergangenheit als auch Beobachtungen bei Konkurrenten, aber vor allem auch Tests mit repräsentativen Stichproben von Kunden als Grundlage dienen. Auf die Erläuterung der weiteren Elemente in Abb. 5 soll hier verzichtet werden; es kommt nur darauf an, hervorzuheben, dass interne oder externe Effizienzkriterien nicht nur als Basis für Nutzwertanalysen, sondern auch als **Hilfsmittel einer monetären Quantifizierung** wichtige Dienste leisten können.

Am Ende des Bewertungsschemas in Abb. 5 soll sich offenbaren, ob der Anschaffungsauszahlung für das mobile System ein entsprechender **Zusatzgewinn** gegenübersteht. Im vorangegangenen Beitrag in diesem Buch ist dargelegt worden, dass nicht nur die großen Player des E-Commerce, sondern auch immer mehr kleinere Anbieter mittlerweile die **Gewinnzone** erreicht haben. Für andere CRM-Systeme ist der Nachweis der Gewinnträchtigkeit bereits viel früher erbracht worden; so konnte z.B. der Versandhandel seine jahrzehntelange Erfolgsgeschichte nur mittels der Systeme des Database Marketing realisieren, und ebenso waren die Systeme des Computer Aided Selling für die Versicherungsbranche unverzichtbar (zu diesen und zu anderen Beispielen siehe die ausführlichen Befragungsergebnisse und Branchenvergleiche bei *Link/Hildebrand* 1994). Ähnlich werden nach unserer Überzeugung auch die mobilen CAS-, CHS- und sonstigen IuK-Systeme ihr erhebliches **Gewinnpotenzial** im Laufe der nächsten Jahre offenbaren; welche guten Gründe es für diese Annahme gibt, hat der vorangegangene Beitrag dieses Buches bereits zu verdeutlichen versucht. Für das einzelne Unternehmen bleibt es dessen ungeachtet immer eine Notwendigkeit, sich im Vorhinein durch eine Wirtschaftlichkeitsrechnung – mit all den dargestellten Schwierigkeiten – größtmögliche Gewissheit zu verschaffen.

4 Literaturverzeichnis

Ahlert, D./Backhaus, K./Meffert, H. (2001): Wie bewerten Unternehmen ihre neuen Geschäftsmodelle?, in: absatzwirtschaft, Sonderausgabe Oktober 2001, S. 156-158.

Albers, S./Schäfers, B. (2002): Preispolitik im Mobile Commerce, in: Silberer, G./Wohlfahrt, J./Wilhelm, T. (Hrsg.): Mobile Commerce: Grundlagen, Geschäftsmodelle, Erfolgsfaktoren, Wiesbaden 2002, S. 229-243.

Anselstetter, R. (1986): Betriebswirtschaftliche Nutzeneffekte der Datenverarbeitung. Anhaltspunkte für Nutzen-Kosten-Schätzungen, Berlin et al. 1986.

Clement, R. (2002): Geschäftsmodelle im Mobile Commerce, in: Silberer, G./Wohlfahrt, J./Wilhelm, T. (Hrsg.): Mobile Commerce: Grundlagen, Geschäftsmodelle, Erfolgsfaktoren, Wiesbaden 2002, S. 25-43.

Grochla, E./Thom, N. (1980): Auswahl von Organisationsformen, in: HWO, 2. Aufl., Stuttgart 1980, Sp. 1494-1517.

Homburg, C. (2002): Kostenbegriffe, in: Küpper, H.-U./Wagenhofer, A. (Hrsg.): Handwörterbuch Unternehmensrechnung und Controlling, 4. Aufl., Stuttgart 2002, Sp. 1051-1060.

Horngren, C.T./Foster, G./Datar, S.M. (1997): Cost Accounting: A Managerial Emphasis, 9. Aufl., Englewood Cliffs, NJ 1997.

Hummel, S. (1992): Die Forderung nach entscheidungsrelevanten Kosteninformationen, in: Männel, W. (Hrsg.): Handbuch Kostenrechnung, Wiesbaden 1992, S. 76-83.

Krafft, M./Litfin T. (2002): Adoption innovativer Telekommunikationsdienste, in: zfbf, 54/2002, S. 64-83.

Kollmann, T. (2002): E-Venture – Unternehmensgründung im Electronic Business, in: Weiber, R. (Hrsg.): Handbuch Electronic Business, 2. Aufl., Wiesbaden 2002, S. 881-907.

Kuczkowski, v.J. (2002): Interviewbeitrag, in: Franke, M./Kietzmann, M.: Eine Million neue Kunden, in: Focus, 41/2002, S. 214 f.

Link, J. (1996): Führungssysteme, München 1996.

Link, J. (2001): Grundlagen und Perspektiven des Customer Relationship Management, in: Link, J. (Hrsg.): Customer Relationship Management: Erfolgreiche Kundenbeziehungen durch integrierte Informationssysteme, Berlin et al. 2001, S. 1-34.

Link, J./Gerth, N./Voßbeck, E. (2000): Marketing-Controlling, München 2000.

Link, J./Hildebrand, V. (1993): Database Marketing und Computer Aided Selling, München 1993.

Link, J./Hildebrand, V. (1994): Verbreitung und Einsatz des Database Marketing und CAS, München 1994.

Link, J./Hildebrand, V. (1995): EDV-gestütztes Marketing im Mittelstand: Wettbewerbsvorteile durch kundenorientierte Informationssysteme, in: Link, J./Hildebrand, V. (Hrsg.): EDV-gestütztes Marketing im Mittelstand. Freie Berufe und mittelständische Dienstleister vor neuen Möglichkeiten, München 1995, S. 1-21.

Link, J./Schleuning, C. (1999): Das neue interaktive Direktmarketing, Ettlingen 1999.

Nagel, K. (1990): Nutzen der Informationsverarbeitung: Methoden zur Bewertung von strategischen Wettbewerbsvorteilen, Produktivitätsverbesserungen und Kosteneinsparungen, 2. Aufl., München, Wien 1990.

Nicolai, A.T./Petersmann, T. (2001): Der Möglichkeitenraum des Mobile Business – eine qualitative Betrachtung, in: Nicolai, A.T./Petersmann, T. (Hrsg.): Strategien im M-Commerce. Grundlagen – Management – Geschäftsmodelle, Stuttgart 2001, S. 11-26.

o.V. (1994): Sunk costs, in: Busse von Kolbe, W. (Hrsg.): Lexikon des Rechnungswesens, 3. Aufl., München, Wien 1994, S. 601.

o.V. (1997): sunk costs, in: Liessmann, K. (Hrsg.): Gabler Lexikon Controlling und Kostenrechnung, Wiesbaden 1997, S. 648.

o.V. (2001): Was die Macher meinen, in: manager magazin, 6/2001, S. 204-211.

Scheer, A.-W. (1978): Wirtschaftlichkeitsanalyse von Informationssystemen, in: Hansen, H.R. (Hrsg.): Entwicklungstendenzen der Systemanalyse, München, Wien 1978, S. 305-335.

Schumann, M. (1992): Betriebliche Nutzeffekte und Strategiebeiträge der großintegrierten Informationsverarbeitung, Berlin, Heidelberg 1992.

Schweizer, L./Meinhardt, Y./Krys, C. (2002): Auswirkungen der UMTS-Lizenzvergabe auf den Unternehmenswert und Implikationen für die Geschäftsmodelle von Mobilfunkunternehmen, in: Reichwald, R. (Hrsg.): Mobile Kommunikation: Wertschöpfung, Technologien, neue Dienste, Wiesbaden 2002, S. 85-98.

Wirtz, B.W. (2000): Electronic Business, Wiesbaden 2000.

Wirtz, B./Lihotzky, N. (2001): Internetökonomie, Kundenbindung und Portalstrategien, in: DBW 61/2001, S. 285-305.

Die wettbewerbsstrategischen Stoßrichtungen des Mobile Commerce

Christoph Wamser

1 Einleitung: Mobile Commerce als wettbewerbs-
  strategische Innovation 66
2 Mobile-Commerce-Anwendungen als wettbewerbs-
  strategische Instrumente 70
3 Wettbewerbspotenziale des Mobile Commerce 73
  3.1 Wettbewerbsvorteile als Ziel des Mobile Commerce 73
  3.2 Differenzierungspotenziale des Mobile Commerce 75
  3.3 Kostenführerschaftspotenziale des Mobile Commerce 84
4 Fazit: Gewinnpotenziale des wettbewerbsstrategischen
  Mobile Commerce 88
5 Literaturverzeichnis 89

1 Einleitung: Mobile Commerce als wettbewerbsstrategische Innovation

Die innovativen Formen der Mobilkommunikation bilden einen zunehmend zentralen Bestandteil der modernen Informations- und Kommunikationsgesellschaft.[1] Grundlegende und langfristig wirksame Impulse dieser noch relativ jungen Technologie werden nicht nur für die Telekommunikationsindustrie, sondern vor allem auch für die sog. Anwenderindustrien erwartet. Tatsächlich stehen die ökonomischen Strukturen und Gestaltungsmöglichkeiten seit jeher in einem sehr engen Zusammenhang mit den verfügbaren Technologien und ihren jeweiligen Einsatzformen. So wird die Agora – der Marktplatz des antiken Athen – noch heute als Paradigma für Märkte angeführt. Wenngleich Märkte auch nach wie vor ihren ursprünglichen Funktionen der Anbahnung, Vereinbarung und Abwicklung von Transaktionen dienen, haben sie sich im Zeichen technologischer Entwicklungen dennoch kontinuierlich verändert und wurden immer wieder in neuer Form gestaltet. Beispielhaft sei hier nur auf die Ausbreitung von Verkehrs- und Zahlungstechnologien sowie die Organisation von internationalen Messen oder Börsen verwiesen. Den **neuen IuK-Technologien** (Informations- und Kommunikationstechnologien), die u.a. zur Entstehung elektronischer Märkte führten und dadurch ein weiteres Re-Design der Institution Markt ermöglichten, kommt in der jüngeren Vergangenheit eine besondere Bedeutung im Rahmen dieser Entwicklung zu (vgl. *Schmid* 2000, S. 52; *Schmid* 1993, S. 468 ff.; *Wamser* 2001, S. 34).

Die wesentliche Grundlage der modernen IuK-Technologien bildet ein Prozess des Zusammenwachsens verschiedener Industrien. Durch die zunehmende Verschmelzung der sog. **TIME-Industrien** (Telekommunikation, Informationstechnologie, Medien, Elektronik) erschließen sich technologische Innovations- und Synergiepotenziale, die die Grundlagen zur (Weiter-) Entwicklung von netzbezogenen Technologien und der auf ihnen basierenden innovativen Anwendungsformen schaffen (vgl. *Wamser* 1999, S. 499 ff.; *Wilfert* 2000, S. 30; *Knetsch* 1999, S. 20 ff.). Es entstehen neuartige, netzbasierte Handels-, Wertschöpfungs- und Organisationsstrukturen, die die traditionellen Wirtschaftsstrukturen komplementieren oder häufig auch substituieren. Vor dem Hintergrund dieser umfassenden Restrukturierung wirtschaftlicher Aktivitäten wird bereits seit dem vergangenen Jahrzehnt die Entstehung einer neuen Form der Ökonomie proklamiert. Zu ihrer Beschreibung werden Bezeichnungen wie „Digital Economy" (vgl. z.B. *Tapscott* 1995), „Network Economy" (vgl. z.B. *Shapiro/Varian* 1998) oder auch der Begriff der „New Economy" (vgl. z.B. *Hamal/Prahalad* 1996; *Kelly* 1998; *Sahlman* 1999) herangezogen.

---

[1] Vgl. im Folgenden auch den in Teilen gleichen Beitrag von *Wamser/Wilfert* 2002.

Durch die fundamentalen Innovationen im Bereich der Mobilkommunikation rücken im neuen Jahrtausend nun die Nutzungsmöglichkeiten dieser Technologie in den Mittelpunkt der Auseinandersetzung. Als wesentlicher Treiber der **Ausbreitung der Mobilkommunikation** wirkt vor allem die hohe technologische Entwicklungsdynamik, die zahlreiche Barrieren – wie z.B. Bandbreitenprobleme – zunehmend außer Kraft setzt. Durch die Entwicklung der neuen auf der Paketvermittlung basierenden Mobilfunkstandards GPRS (General Packet Radio Services) und UMTS (Universal Mobile Telephony System) werden die bestehenden Übertragungsbandbreiten signifikant erweitert und der Mobilkommunikation völlig neue Anwendungs- und Gestaltungsbereiche eröffnet. In Kombination mit dem aus der stark erhöhten Wettbewerbsintensität resultierenden Preisverfall hat der technologische Fortschritt zudem dazu geführt, dass sich die Verbreitung der Mobilkommunikation und damit die verfügbare Technologiebasis in den zurückliegenden Jahren deutlich erweitert hat. So wies die Mobilkommunikation innerhalb der Telekommunikation in den vergangenen Jahren die mit Abstand höchsten Wachstumsraten auf und hat in einigen Ländern innerhalb weniger Jahre Verbreitungsgrade von über 80% erreicht (vgl. *Wilfert* 1999, S. 188 f.; *Heuermann* 1999, S. 105 f.).

Vor dem Hintergrund der starken Ausbreitung der Mobilkommunikation und der Vielzahl ihrer wirtschaftlichen Einsatzmöglichkeiten wird bereits die Entstehung einer neuen, einer mobilen Form der Ökonomie verkündet (vgl. z.B. *Kalakota/Robinson* 2002; *Reichwald/Meier/Fremuth* 2002). Mit dem Begriff der **„Mobile Economy"** wird hierbei vor allem auf die Konvergenz des Internet und des E-Business einerseits und der multimedialen – d.h. der über die Sprachtelefonie hinausgehenden datenbasierten, interaktiven und medienintegrierenden – Mobilkommunikation andererseits abgezielt. Durch diesen Prozess des Zusammenwachsens zuvor getrennter Technologie- und Anwendungsbereiche entsteht eine neuartige Wertschöpfungskette, welche die wirtschaftlichen Akteure dieser neuen Ökonomie integriert: die Anbieter der Mobilfunkinfrastruktur, die Betreiber der Mobilfunknetze, die Anbieter der Zugangsdienste, die Anwendungsentwickler, die Anbieter von Inhalten, die Anwender des Mobile Commerce und Mobile Business, die mobilen Zahlungsdienstleister sowie die Hersteller der erforderlichen Endgeräte. In ihrer Gesamtheit bildet die Mobile Economy einen virtuellen Ort der mobilen informations- und kommunikationsbasierten Wertschöpfung und des Aufeinandertreffens von Angebot und Nachfrage.

Aus der Perspektive der Mobile-Commerce- und Mobile-Business-Anwender – die im Folgenden im Mittelpunkt der Analyse stehen – lassen sich die Einsatzfelder der multimedialen Mobilkommunikation mit Hilfe einer aus dem Electronic Business bzw. Electronic Commerce entstammenden Anwendungssystematik abgrenzen (vgl. *Wamser* 2001, S. 11 ff.). **Mobile Business** bezieht sich dementsprechend zum einen auf die innovative Unterstützung der unternehmensinternen und -übergreifenden Wertschöpfungsprozesse durch den Einsatz der multimedialen Mobilkommunikation. In diesem Sinne kann zunächst grundsätzlich zwischen intra- und interorganisationalem Mobile Business unterschieden werden:

- **Intraorganisationales Mobile Business** umfasst die Nutzung der modernen Mobilkommunikation zur Unterstützung bzw. Neugestaltung der Wertschöpfungsprozesse innerhalb der rechtlich-organisatorischen Grenzen eines Unternehmens. Als Beispiel für diese Form des Mobile Business kann die Implementierung mobiler Workflow-Management-Systeme zur orts- und zeitflexiblen Vernetzung des Innen- und Außendienstes angeführt werden.

- **Interorganisationales Mobile Business** bezieht sich dahingegen auf die Unterstützung bzw. Neugestaltung der unternehmensübergreifenden Wertschöpfungsprozesse und umfasst somit die rechtlich-organisatorischen Grenzen mehrerer Unternehmen. Als Beispiel kann die mobile Vernetzung von Entwicklungsteams im Rahmen eines Wettbewerbsverbundes dienen.

Neben der Unterstützung von Wertschöpfungsprozessen bezieht sich der Begriff des Mobile Business zum anderen aber auch auf die Realisierung von Transaktionen auf Märkten. Aus der Perspektive dieses markt- und handelsbezogenen Begriffsverständnisses kann Mobile Business treffender auch als **Mobile Commerce** tituliert werden und bezeichnet die auf der multimedialen Mobilkommunikation basierende, marktvermittelte Anbahnung, Vereinbarung und Abwicklung von ökonomischen Transaktionen zwischen Wirtschaftssubjekten (vgl. *Wamser* 2000, S. 25). Entsprechend der jeweils betroffenen Marktseite kann hierbei zwischen beschaffungsseitigem und absatzseitigem Mobile Commerce unterschieden werden:

- **Beschaffungsseitiges Mobile Commerce** bezieht sich auf den mit Hilfe der multimedialen Mobilkommunikation realisierten Einkauf von Leistungen auf dem Beschaffungsmarkt und kann auch als Mobile Sourcing, Mobile Procurement oder Buy-Side-Mobile-Commerce bezeichnet werden. Als Beispiel kann der mobile Zugriff auf Lieferantendatenbanken herangezogen werden.

- **Absatzseitiges Mobile Commerce** bezieht sich dahingegen auf den mit Hilfe der multimedialen Mobilkommunikation realisierten Verkauf von Leistungen auf dem Absatzmarkt und kann auch als Mobile Marketing oder Sell-Side-Mobile-Commerce tituliert werden. Als Beispiel für diese Form des Mobile Commerce kann der orts- und zeitflexible Vertrieb von Informationsdienstleistungen dienen.

Mobile Commerce – das im Folgenden in seiner absatzseitigen Ausprägung den Fokus der Analyse bildet – begrenzt sich hierbei keineswegs nur auf den eigentlichen Einkauf bzw. Verkauf von Produkten oder Dienstleistungen, sondern umfasst alle hiermit verbundenen Informations- und Kommunikationsprozesse. Dementsprechend kann Mobile Commerce daher alle **Transaktionsphasen** wirkungsvoll unterstützen. Im Rahmen der Anbahnungsphase bietet die multimediale Mobilkommunikation den Marktteilnehmern zunächst die Möglichkeit, sich allgemein über das Marktgeschehen zu informieren und die relevanten Informationen über die angebotenen bzw. nachgefragten Leistungen auszutauschen. In der nachfolgenden Vereinbarungsphase können die Transaktionspartner die Mobilkommunikation zur multimedial vermittelten Verhandlung nutzen, sich gegebenenfalls auf bestimmte Transaktionsbedingungen einigen und sich mit Hilfe eines elektronischen Kontraktes zur gegenseitigen Leistungserfüllung verpflichten. In der Abwicklungsphase können die Mobilfunknetze schließlich im Rahmen des eigentlichen Austauschs der vereinbarten Leistungen eingesetzt werden.

Wie eine Studie von *Arthur D. Little* zeigt, haben sich zahlreiche Unternehmen vor dem Hintergrund dieser umfassenden Einsatzpotenziale bereits mit den Chancen und Risiken der multimedialen Mobilkommunikation auseinandergesetzt und zum Teil auch erste Mobile-Commerce-Aktivitäten gestartet (vgl. *Arthur D. Little* 2000).[2] So werden unter anderem Informations-, Kommunikations- oder auch Transaktionsfunktionen mobil aufgebaut und angeboten. Nicht zuletzt wegen dieser vielfachen Initiativen wird die zukünftige **Entwicklung des Mobile Commerce** – trotz des aktuell noch geringen Transaktionsvolumens – sehr positiv beurteilt. Wenngleich die führenden Marktforschungsinstitute noch sehr unterschiedliche Volumenniveaus für die verschiedenen Transaktionsbereiche feststellen und prognostizieren, wird dennoch einheitlich von relativ hohen Wachstumsraten ausgegangen. Dies spiegelt sich auch in den Ergebnissen der *Arthur D. Little*-Studie wider. Während die kurzfristige Bedeutung des Mobile Commerce für das Jahr 2001 nur von 11 % der befragten Unternehmen als hoch oder sehr hoch eingeschätzt wurde, steigt diese Zahl mittelfristig bis zum Jahr 2003 auf 47 % (vgl. *Arthur D. Little* 2000, S. 40).

Unternehmen, die Mobile Commerce erfolgreich einsetzen wollen, müssen die Wettbewerbspotenziale der multimedialen Mobilkommunikation erkennen. Nur wenn das verantwortliche Management die verschiedenen Instrumente und Anwendungsformen des Mobile Commerce in diesem Sinne als eine **wettbewerbsstrategische Innovation** ansieht, werden die neuen Technologien auch tatsächlich zur nachhaltigen Stärkung der Wettbewerbsposition und damit der Sicherung des Unternehmenserfolges beitragen können. Nur auf diese Weise können die negativen Folgen der im traditionellen Electronic Commerce lange Zeit bestehenden Strategielücke – wie unter anderem wenig durchdachte Anwendungen, die vor allem durch einen fehlenden oder geringen Mehrwert gekennzeichnet waren – im Bereich des Mobile Commerce vermieden werden (vgl. auch *Wamser* 2001, S. 3).

Unternehmen, die in diesem neuen Wettbewerbsfeld aktiv werden wollen, müssen sich daher zunächst mit den wettbewerbsstrategischen Rahmenbedingungen des Mobile Commerce vertraut machen. Hier gilt es, vor allem die folgenden grundsätzlichen Fragestellungen zu beantworten:

---

[2] Im Rahmen der hier und im Folgenden angeführten *Arthur D. Little*-Studie wurde sowohl eine Unternehmens- als auch eine Nutzerbefragung vorgenommen. An der Unternehmensbefragung beteiligten sich Mitglieder des Top-Managements aus insgesamt 344 Unternehmen. Die Nutzerbefragung basierte auf einer Fokusgruppe mit 40 Teilnehmern, die für einen Zeitraum von ca. 3 bis 5 Tagen mit einem WAP-fähigen Mobiltelefon ausgestattet wurden und entsprechende Dienste frei nutzen konnten.

- Was sind die wesentlichen wettbewerbsstrategischen Instrumente des Mobile Commerce?
- Welche generellen Wettbewerbspotenziale bietet der Einsatz des Mobile Commerce?
- Wie können Mobile-Commerce-Anwendungen konkret für eine Differenzierung vom Wettbewerb genutzt werden?
- Wie können durch den Einsatz von Mobile-Commerce-Anwendungen Kostenvorteile gegenüber der Konkurrenz erschlossen werden?

Erst wenn diese Fragestellungen fundiert und empirisch beantwortet sind, werden die Voraussetzungen für einen erfolgreichen Weg in die multimediale Mobilkommunikation geschaffen und nur dann kann Mobile Commerce auch tatsächlich als Wachstumslokomotive und Entwicklungstreiber der noch jungen Mobile Economy fungieren.

2 Mobile-Commerce-Anwendungen als wettbewerbsstrategische Instrumente

Mobile-Commerce-Anwendungen basieren auf dem Einsatz und der zielgerichteten Ausgestaltung der multimedialen Mobilkommunikation. Auf der Anwendungsebene befinden sich somit die konkreten datenbasierten, interaktiven und medienintegrierenden Applikationen der Mobilkommunikation, die das gesamte Spektrum der beschaffungsseitigen, der intra- und interorganisationalen sowie der absatzseitigen Einsatzfelder der mobilen Technologien abdecken und die eigentlichen **wettbewerbsstrategischen Instrumente** des Mobile Commerce bilden. Analog zu den Anwendungen des traditionellen Electronic Commerce kann die Vielzahl der unterschiedlichen Mobile-Commerce-Anwendungen auf der Grundlage ihrer Ausrichtung und ihres Einsatzzweckes prinzipiell in mobile Informationsanwendungen, mobile Kommunikationsanwendungen, mobile Selektions- und Konfigurationsanwendungen, mobile Transaktionsanwendungen sowie mobile Integrationsanwendungen unterteilt werden (siehe Abb. 1; vgl. hierzu und im Folgenden auch *Wamser* 2001, S. 27 ff.):

- **Mobile Kommunikationsanwendungen** ermöglichen eine nicht auf der Sprachtelefonie basierende multimediale Kommunikation zwischen Teilnehmern der Mobilkommunikation und können auch als mobile Diaologanwendungen bezeichnet werden. Kommunikationsanwendungen schließen sowohl synchrone und asynchrone als auch bilaterale (zweiseitige) und multilaterale (n-seitige) Formen der Kommunikation ein. Im Sinne einer Mensch/Mensch-Interaktion ermöglichen mobile Kommunikationsanwendungen die Reziprozität des Informationsaustausches. Der Nutzer kann Nachrichten – ggf. auch multimedial – verfassen, versenden und empfangen und somit wechselseitig sowohl die Rolle des aktiven Senders als auch des passiven Empfängers im Rahmen eines aufeinander bezogenen, orts- und zeitflexiblen Dialoges einnehmen. Da mobile Kommunikationsanwendungen neuartige und vor allem auch effiziente und effektive Formen der Kommunikationsgestaltung eröffnen, erfreuen sie sich ähnlich wie Informationsanwendungen einer zunehmenden Verbreitung. Als bereits klassisches Beispiel im absatzseitigen Mobile Commerce kann die Nutzung von Short-Messaging- bzw. E-Mail-Systemen dienen. In der Unternehmenspraxis bietet bspw. T-Mobile seinen Kunden die Möglichkeit, sich mit Hilfe entsprechender Kommunikationsanwendungen mobil über das Portalangebot des Unternehmens zu informieren. Als neuere Formen mobiler Kommunikationsanwendungen können zudem auch datenintensivere mobile Videokonferenzen angeführt werden, die mit zunehmender Bandbreite der Mobilnetzinfrastruktur in der Zukunft an Bedeutung gewinnen werden.

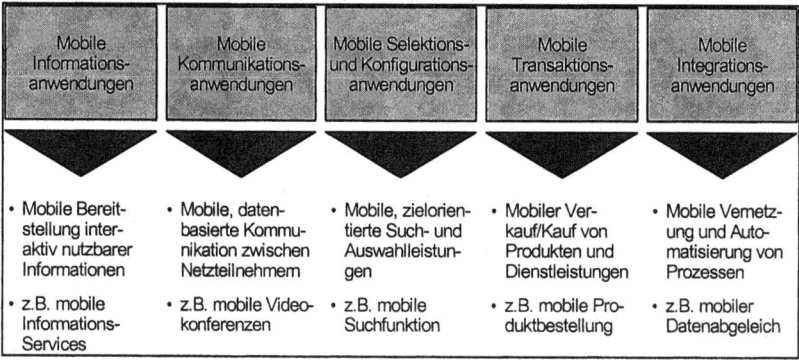

Abb. 1: Die Anwendungsformen des Mobile Commerce

- **Mobile Selektions- und Konfigurationsanwendungen** unterstützen ihre Nutzer im Rahmen raum- und zeitflexibler, zielorientierter Such- und Auswahlleistungen. Gegenstand einer mobilen Selektionsanwendung können hierbei sowohl bestimmte Inhalte als auch konkrete Produktangebote sein. Auf der Grundlage der vom Nutzer vorgegebenen Suchkriterien führt die Selektionsanwendung eigenständig eine gezielte Suche durch und präsentiert die identifizierten Ergebnisse. In Abgrenzung hierzu ist der Gegenstand einer mobilen Konfigurationsanwendung nicht die Suche nach bestimmten Objekten, sondern die individuelle Zusammenstellung von modular offerierten Angeboten. Dementsprechend können Kunden bspw. mit Hilfe eines Produktkonfigurators bei der Zusammenstellung einzelner Module zu einem nutzerorientierten und technisch funktionsfähigen Produkt unterstützt werden. Während mobile Selektions- und Konfigurationsanwendungen aktuell noch nicht so verbreitet sind wie mobile Informations- oder Kommunikationsanwendungen, kann für die Zukunft von einer zügigen Verbreitung ausgegangen werden, da entsprechende Anwendungen einen hohen Mehrwert vermitteln können. So bietet Aral seinen Kunden z.B. eine mobile Selektionsanwendung, die diese im Rahmen der Suche nach einer nahegelegenen Aral-Tankstelle unterstützt. In Anlehnung an ihre technologische Basis können mobile Selektions- und Konfigurationsanwendungen auch als mobile „Agentenanwendungen" bezeichnet werden.

- **Mobile Transaktionsanwendungen** ermöglichen Nutzern den direkten Kauf bzw. Verkauf von Produkten oder Dienstleistungen. Im Rahmen der Nutzung entsprechender Anwendungen können alle Informationen mobil generiert und übermittelt werden, die für die Vereinbarung einer Transaktion zwischen Transaktionspartnern konstituierend sind. Anwendungen, die nur einen Teil der hierzu notwendigen Informationen mobil vermitteln und zum Kaufabschluss einen Medienbruch erforderlich machen, stellen in diesem Sinne keine vollwertigen Transaktionsanwendungen dar. Mobile Transaktionsanwendungen integrieren gegebenenfalls auch mobile Zahlungssysteme, die die mobilkommunikationsbasierte Abwicklung der notwendigen finanziellen Transaktionen unterstützen. Auch Transaktionsanwendungen sind gegenwärtig noch nicht so verbreitet wie die beschriebenen mobilen Informations- oder Kommunikationsanwendungen. Nicht zuletzt wegen der starken Ausbreitung der generellen Nutzung der multimedialen Mobilkommunikation kann jedoch auch für diese Anwendungsform eine zunehmende Verbreitung prognostiziert werden. Ein Beispiel für eine mobile Transaktionsanwendung bildet die Durchführung mobiler Auktionen, wie sie unter anderem von Ebay realisiert werden.

- **Mobile Integrationsanwendungen** leisten entweder eine unternehmensinterne bzw. -übergreifende oder auch eine die Marktpartner integrierende informationstechnologische Verknüpfung von Wertschöpfungs- und Transaktionsprozessen und basieren auf der sog. Maschine/Maschine-Interaktion. Durch eine entsprechende orts- und zeitflexible Automatisierung von Informations-, Kommunikations- oder Transaktionsprozessen können mobile Integrationsanwendungen eine engere Verzahnung der einzelnen Aktivitäten der internen und/oder externen Wertschöpfungspartner bzw. der jeweiligen Transaktionspartner sicherstellen. Analog zu den zuvor betrachteten Transaktionsanwendungen sind auch Integrationsanwendungen in der Praxis des Mobile Commerce noch nicht sehr weit verbreitet. Wegen ihres hohen Rationalisierungspotenziales kann aber auch für diese Anwendungsform von einer schnell zunehmenden Verbreitung ausgegangen werden. Als ein gutes Beispiel für eine mobile Integrationsanwendung kann der automatisierte Datenabgleich zwischen den Unternehmenssystemen und dem mobilen Endgerät eines Außendienstmitarbeiters angeführt werden. Eine entsprechende Lösung hat das Unternehmen Würth bereits relativ frühzeitig auf dem amerikanischen Markt realisiert.

Die sequenzielle Beschreibung der abgegrenzten Typen von Mobile-Commerce-Anwendungen soll keineswegs implizieren, dass die verschiedenen Anwendungsformen in der Praxis der multimedialen Kommunikation jeweils isoliert zum Einsatz kommen. Vielmehr erfolgt ihre Nutzung in der Regel im Rahmen eines

Anwendungs-Mix, der – einen zielorientierten Einsatz vorausgesetzt – die verschiedenen Vorteile und Erfolgspotenziale der einzelnen Anwendungsformen synergetisch zu erschließen versucht, um nachhaltige Wettbewerbsvorteile zu erzielen.

3 Wettbewerbspotenziale des Mobile Commerce

3.1 Wettbewerbsvorteile als Ziel des Mobile Commerce

Eine Orientierung an Wettbewerbsvorteilen ist insbesondere im Rahmen der Nutzung innovativer Technologien – wie sie die multimediale Mobilkommunikation darstellt – eine Voraussetzung für die Sicherung einer starken Wettbewerbsposition (vgl. hierzu und im Folgenden auch *Wamser* 2001, S. 60 ff.). Diesen Zusammenhang hat *Porter* im Rahmen seiner Arbeiten zu **Wettbewerbsstrategien** bereits frühzeitig erkannt (vgl. *Porter* 1999b, S. 233). Technologien sind hiernach immer dann wettbewerbsrelevant, wenn sie es einzelnen Unternehmen erlauben, Wettbewerbsvorteile zu erzielen und hierdurch auch das Gewinnpotenzial aller anderen Unternehmen beeinflussen können. Darüber hinaus sind neue Technologien dann von Bedeutung, wenn sie die bestehenden Branchenstrukturen für alle Wettbewerber gleichermaßen verändern. Das Potenzial, alle **fünf Wettbewerbskräfte** zu beeinflussen – d.h. sowohl die Verhandlungsmacht der Lieferanten und Abnehmer, die Bedrohung durch neue Konkurrenten sowie Ersatzprodukte und -dienste als auch die Rivalität zwischen den bestehenden Wettbewerbern innerhalb der Branche – haben nach *Porter* vor allem sich schnell verbreitende Technologien. Vor dem Hintergrund der schnellen Ausbreitung der multimedialen Mobilkommunikation und des im Folgenden noch zu verdeutlichenden Wettbewerbspotenzials dieser Technologien kann somit von einem starken Brancheneinfluss des Mobile Commerce im Sinne von *Porter* ausgegangen werden.

Wettbewerbsvorteile können allgemein als Vorteile charakterisiert werden, die darauf basieren, dass Kunden mit dem eigenen Angebot ein gegenüber Konkurrenten überlegenes Preis/Nutzen- bzw. Kosten/Nutzen-Verhältnis geboten werden kann (vgl. *Kotler/Armstrong* 1991, S. 668 f.). In Abhängigkeit von den konkreten Umweltbedingungen eines Unternehmens und seinen spezifischen Kompetenzen lassen sich zahlreiche mögliche Quellen von Wettbewerbsvorteilen ausmachen. Auf der Grundlage eigener Untersuchungen nahm *Porter* Anfang der 80er Jahre die wohl bekannteste Klassifikation vor. Er unterscheidet in seiner Systematik zwei grundsätzliche Zielrichtungen von Wettbewerbsvorteilen, die sich in zwei unterschiedlichen **strategischen Stoßrichtungen** niederschlagen; einer Strategie der Kostenführerschaft und einer Strategie der Differenzierung (vgl. auch *Porter* 1999a, S. 70 ff.; *Porter* 1999b, S. 37 ff.):

- Verfolgt ein Unternehmen eine **Kostenführerschaftsstrategie**, wird es im Mobile Commerce versuchen, alle möglichen Kostensenkungspotenziale der multimedialen Mobilkommunikation zu identifizieren und gezielt zu erschließen, um hierdurch einen nachhaltigen Kostenvorsprung und damit Preisvorteile gegenüber den relevanten Wettbewerbern zu erzielen. Die Mobile Commerce-Anwendungen werden im Rahmen einer solchen Strategie somit als ein Instrument zur Kostensenkung eingesetzt. Wenngleich Mobile Commerce zahlreiche Ansatzpunkte zur Effizienzsteigerung bietet, ist eine Position der Kostenführerschaft wegen der erhöhten Markttransparenz in der Mobile Economy häufig sehr umkämpft und wird in vielen Branchen nur schwer zu verteidigen sein. Die dennoch hohe Bedeutung dieser strategischen Stoßrichtung in der Praxis zeigt sich in der *Arthur D. Little*-Studie. 38 % der in der Studie befragten Unternehmen gehen davon aus, dass sie mit Hilfe des Mobile Commerce in ihrer Branche die Kosten senken können (vgl. *Arthur D. Little* 2000, S. 44).

- Verfolgt ein Unternehmen eine **Differenzierungsstrategie**, strebt es danach, seinen Kunden mit Hilfe des Einsatzes von Mobile Commerce-Anwendungen eine „einzigartige" Leistung anzubieten, die sich von den Konkurrenzangeboten positiv abgrenzt. Insbesondere wegen der tendenziell zunehmenden Marktmacht der Abnehmer kann davon ausgegangen werden, dass vor allem eine konsequente Nutzung der Differenzierungspotenziale der multimedialen Mobilkommunikation eine attraktive Strategievariante darstellt. Auch dies wird durch die gewonnenen empirischen Ergebnisse bestätigt. 52 % der befragten Unternehmen vertreten die Ansicht, dass sich ein Unternehmen in seiner Branche mit Hilfe des Mobile Commerce erfolgreich vom Wettbewerb abgrenzen kann (vgl. *Arthur D. Little* 2000, S. 45). Besondere Anforderungen an eine solche Strategie ergeben sich jedoch aus der hohen Wettbewerbsintensität sowie der Geschwindigkeit möglicher Wettbewerbsreaktionen und der hieraus resultierenden Gefahr der Entwertung bestehender Leistungsvorteile durch imitierende oder innovative Angebote.

- Im Zuge der Ausbreitung der modernen IuK-Technologien gewinnt neben diesen klassischen strategischen Stoßrichtungen der Differenzierung und Kostenführerschaft auch die **gleichzeitige Verfolgung beider Strategien** – die lange Zeit als nicht tragfähig galt – an Bedeutung (vgl. *Porter* 1999a, S. 78 ff.; *Becker* 1986, S. 191; *Litzenroth* 1997, S. 52 ff.). Eine solche Strategie, die auch als Simultanstrategie, Doppelstrategie, mehrdimensionale Wettbewerbsstrategie, Outpacing- bzw. Überholstrategie oder – wie hier im weiteren Verlauf – als **Hybridstrategie** bezeichnet wird, zielt auf eine gleichzeitige Realisierung von Kosten- und Differenzierungsvorteilen ab (vgl. *Jenner* 2000, S. 8; *Becker* 1998, S. 373; *Kleinaltenkamp* 1987, S. 44 ff.). Da Mobile-Commerce-Anwendungen – analog zu den Anwendungen des traditionellen Electronic Commerce – in vielen Fällen eine simultane Reduzierung von Kosten und eine Differenzierung der Leistungen ermöglichen, kommt der Verfolgung einer solchen Hybridstrategie im Mobile Commerce eine große Bedeutung zu.

Vor dem Hintergrund der zahlreichen Einsatzmöglichkeiten des Mobile Commerce stellt sich die Frage, welche Art von Wettbewerbsvorteilen ein Unternehmen anstreben soll und wie einzelne Anwendungen konkret ausgestaltet werden müssen, um im Wettbewerb erfolgreich bestehen zu können. Auf diese Frage kann es jedoch keine allgemeingültige Antwort geben, da die Entscheidung für eine Strategie der Kostenführerschaft, der Differenzierung oder einer Hybridstrategie und die Art der angestrebten Wettbewerbsvorteile jeweils nur aus den **konkreten Umweltbedingungen** und **Kompetenzen** eines Unternehmens abgeleitet werden kann (vgl. auch *Wamser* 2001, S. 64; *Link* 1996, S. 38 ff.; *Link/Hildebrand* 1993, S. 12 ff.).

Im Folgenden sollen aus den Besonderheiten der multimedialen Mobilkommunikation dennoch allgemeine Wettbewerbspotenziale des Mobile Commerce abgeleitet werden, die es Unternehmen ermöglichen, wesentliche Differenzierungs- und/oder Kostenführerschaftsvorteile zu erschließen, um hierdurch ihre jeweils gewählte Wettbewerbsstrategie in der Mobile Economy wirkungsvoll zu unterstützen.

3.2 Differenzierungspotenziale des Mobile Commerce

Wie zuvor bereits ausgeführt wurde, bezieht sich das Differenzierungspotenzial von Mobile Commerce-Anwendungen auf die Möglichkeit, sich durch die Realisierung von Leistungsvorteilen, d.h. die Schaffung eines überlegenen Angebotes positiv von der Konkurrenz abzugrenzen. Die Erschließung und Umsetzung dieser Potenziale kann somit sowohl der Verfolgung einer Differenzierungsstrategie als auch der Unterstützung einer Hybridstrategie dienen. Im Bereich des Mobile Commerce kommt insbesondere **vier Differenzierungspotenzialen** eine wesentliche Bedeutung zu: a) dem Schnelligkeitspotenzial, b) dem Individualisierungspotenzial, c) dem Medienintegrationspotenzial und d) dem Reputationspotenzial (vgl. hierzu und im Folgenden auch *Wamser* 2001, S. 74 ff.):

a) Das Schnelligkeitspotenzial des Mobile Commerce

Der Faktor Zeit hat mittlerweile in nahezu allen Branchen eine wettbewerbskritische Bedeutung erlangt. Der wachsende Stellenwert des Zeitwettbewerbs lässt sich vor allem mit der zunehmenden Änderungsgeschwindigkeit in den relevanten Umsystemen der Unternehmen erklären: Kundenanforderungen verändern sich immer schneller, Wettbewerber verkürzen ihre Innovationszyklen und technologische Neuerungen beschleunigen den Branchenwandel. Je höher diese Änderungsgeschwindigkeiten sind, desto erfolgskritischer ist die rechtzeitige Anpassung der Unternehmen, ihre Reaktionsgeschwindigkeit und damit der Wettlauf gegen die Zeit bzw. die jeweiligen Wettbewerber. Schnell zu sein im Sinne einer Nutzung von „**economies of speed**" kann unter diesen Bedingungen zum entscheidenden

Wettbewerbsvorteil werden (vgl. *Simon* 1989, S. 72, 79 f., 83; *Nieschlag/Dichtl/ Hörschgen* 1997, S. 143 ff.; *Backhaus* 1999, S. 16 ff.).

Die wettbewerbsstrategische Bedeutung des Faktors Zeit ist im engen Zusammenhang mit technologischen Entwicklungsprozessen zu betrachten. Der zunehmenden Verbreitung der modernen IuK-Technologien kommt hierbei eine besondere Bedeutung zu. Die zunehmende Vernetzung führt zum einen zu einer weiteren Beschleunigung von Entwicklungsprozessen. So verändern sich Branchenstrukturen in immer kürzeren Zeiträumen; Markteintrittsbarrieren und Wettbewerbsvorteile verlieren immer schneller an Bedeutung (vgl. *Yoffie/Cusumano* 1999, S. 80). Zum anderen bieten die Technologien den Unternehmen aber auch wirkungsvolle **Instrumente im Zeitwettbewerb**. Durch ihren Einsatz können Wertschöpfungs- und Transaktionsprozesse beschleunigt und somit die Wettbewerbsposition verbessert werden (vgl. *Wamser* 2000, S. 23; *Sauter* 1999, S. 104).

Das Management des Mobile Commerce muss die Potenziale zur Erschließung von Schnelligkeitspotenzialen vor dem Hintergrund dieses Zeitwettbewerbs gezielt identifizieren und konsequent umsetzen (vgl. *Kalakota/Robinson* 2002, S. 36 ff.). Im Vergleich zum traditionellen Electronic Commerce profitiert der Mobile Commerce hierbei vor allem von dem raum- und zeitunabhängigen Zugang der Nutzer und ihrer hierdurch erhöhten Erreichbarkeit und Reaktionsgeschwindigkeit. Indem die paketvermittelte Mobilkommunikation eine permanente Konnektivität ihrer Teilnehmer – das sog. „always on" – erlaubt, kann der einzelne Nutzer jederzeit und unabhängig von seinem Standort erreicht werden und quasi in Echtzeit auf zeitkritische Angebote – wie bspw. mobile Auktionen – reagieren (vgl. *Wilfert* 2000, S. 36, 41). Durch die Ausnutzung dieser anyplace- und anytime-Merkmale der multimedialen Mobilkommunikation können umfassende **Schnelligkeitspotenziale** erschlossen werden:

- Mobile Informationsanwendungen können bspw. dazu dienen, Kunden einen schnelleren Zugriff auf kontinuierlich aktualisierte Unternehmens- und Produktinformationen oder multimediale Informationsdienste zu gewähren.

- Mit Hilfe mobiler Kommunikationsanwendungen, wie z.B. einer mobilen Videokonferenz, kann – eine ausreichende Bandbreite vorausgesetzt – ein räumlich unabhängiger und dadurch zeitlich flexibler Echtzeitdialog geführt werden.

- Das Angebot von mobilen Selektions- und Konfigurationsanwendungen kann für Kunden den Zeitaufwand für Such- bzw. Auswahlprozesse deutlich reduzieren.

- Mobile Transaktionsanwendungen ermöglichen die raum- und zeitflexible Bestellung von Produkten und Dienstleistungen und können durch eine mobile Bezahlung der erhaltenen Leistungen ohne Medienbruch ergänzt werden.

- Mobile Integrationsanwendungen erlauben Anbietern und Kunden schließlich ihre Informations-, Kommunikations- oder Transaktionsanwendungen informationstechnologisch zu automatisieren und damit nachhaltig zu beschleunigen.

Die wettbewerbsstrategische **Bedeutung des Schnelligkeitspotenzials** im Mobile Commerce variiert zwischen verschiedenen Branchen und Unternehmen und kann kaum sinnvoll verallgemeinert werden. Grundsätzlich muss sich die Bedeutung an dem wahrgenommenen Kundennutzen konkretisieren. Profitieren Kunden in hohem Maße von einem raum- und zeitflexiblen Zugriff auf aktuelle Informationen und Kommunikationsangebote und sind sie auf eine Beschleunigung von Transaktionsprozessen tatsächlich angewiesen, so erhöht sich auch der strategische Wert der Schnelligkeit. Informationen über zeitbezogene Bedürfnisse von Kunden sind somit auch in der Mobile Economy von höchster Bedeutung. Generell muss die Bedeutung des Faktors Schnelligkeit jedoch vor allem auch an den Aktivitäten der maßgeblichen Wettbewerber relativiert werden. Nur wenn ein Unternehmen durch ein Mobile Commerce-Angebot nicht nur schnell, sondern schneller als die relevante Konkurrenz agieren kann, können auch tatsächlich Wettbewerbsvorteile aufgebaut werden. Um dies möglichst auch dauerhaft zu erreichen, müssen die vorhandenen Schnelligkeitspotenziale in allen Wertschöpfungsaktivitäten und Transaktionsprozessen eines Unternehmens identifiziert und erschlossen werden (vgl. auch *Simon* 1989, S. 81). Eine hohe strategische Bedeutung hat der Faktor Schnelligkeit bspw. für die Mobile-Brokerage-Angebote. So erhalten unter anderem die Kunden der Dresdner Bank die Möglichkeit, aktuelle Markt- und Kursinformationen abzurufen und Wertpapiere zeitnah zu handeln. Auf diese Weise sollen Schnelligkeitsvorteile gegenüber anderen Finanzdienstleistern erzielt bzw. Schnelligkeitsnachteile eliminiert werden.

Der überaus hohe Stellenwert des Wettbewerbsfaktors Zeit im Mobile Commerce wird auch durch die Ergebnisse der *Arthur D. Little*-Studie bestätigt (vgl. *Arthur D. Little* 2000, S. 61, 384, 440). In einer branchenübergreifenden Perspektive messen 64 % der befragten Unternehmen der Erhöhung ihrer Reaktionsgeschwindigkeit durch **Mobile Commerce-Anwendungen** eine hohe oder sehr hohe Bedeutung bei. Im Branchenvergleich wird dieser Wettbewerbsfaktor am höchsten von den Telekommunikationsunternehmen und den Finanzdienstleistern bewertet; es folgen die Bereiche Reise/Touristik, Konsumgüter sowie Handel und Medien. Auf Seiten der Mobile Commerce-Nutzer sprechen der Reaktionsgeschwindigkeit sogar 78 % der Befragten eine hohe oder sehr hohe Bedeutung zu.

b) Das Individualisierungspotenzial des Mobile Commerce

Die Orientierung an Massenmärkten und relativ grob abgegrenzten Marktsegmenten bildete lange Zeit die Grundlage der Aktivitäten im Absatzbereich. Die zunehmende Diversität der Kundenanforderungen führte jedoch zu einer Zersplitterung von Märkten und damit zu einer Fragmentierung der Zielgruppen, die in der Folge ein immer individuelleres Angebot notwendig machte (vgl. *Gilmore/Pine* 1997, S. 108; *Rapp/Collins* 1991, S. 54 ff.; *Shani/Chalasani* 1993, S. 33 ff.). Im Zuge dieser Entwicklungen befindet sich das Marketing bereits seit längerer Zeit in einer

Umbruchphase, die sich zusammenfassend als eine Evolution vom Massenmarketing über das Zielgruppenmarketing hin zum **kundenindividuellen Marketing** charakterisieren lässt (vgl. *Meffert* 1994, S. 28; *Becker* 1994, S. 15 ff.). Das gemeinsame Ziel der verschiedenen Ansätze des kundenindividuellen Marketing besteht darin, Leistungsangebote in der Form zu entwickeln, zu produzieren und zu vermarkten, dass praktisch jeder Kunde in der Zielgruppe genau das Angebot findet, das seinen individuellen Präferenzen entspricht.

Auch die zunehmenden Individualisierungsanstrengungen von Unternehmen sind im engen Zusammenhang mit fortschreitenden technologischen Entwicklungsprozessen zu sehen. Maßgebliche Impulse gehen hierbei zum einen von der Entwicklung neuer Produktionstechnologien aus, die in zunehmenden Maße eine **„Massenfertigung individueller Produkte"** erlauben und damit neue wettbewerbsstrategisch relevante Erfolgspotenziale eröffnen (vgl. *Wildemann* 1988; *Zahn* 1991; *Schlie/Goldhar* 1995). Zum anderen bieten aber auch die neuen IuK-Technologien vollkommen neue Potenziale für eine individualisierte Marktbearbeitung (vgl. *Link/Tiedtke* 2000; *Strauß/Schoder* 2000; *Fink* 1999). Während die Anstrengungen auf der Produktionsseite primär an der funktionalen bzw. qualitativen Individualisierung physischer Produkte ansetzen, liegt der Fokus im absatzseitigen Einsatz der IuK-Technologien vor allem im Bereich der Individualisierung digitaler Produkte und Dienstleistungen sowie der kundenindividuellen Vermarktung der Leistungsangebote.

Im Vergleich zum Electronic Commerce profitiert der Mobile Commerce hierbei zum einen von der Möglichkeit, die einzelnen Nutzer über die Authentisierungsalgorithmen einwandfrei zu identifizieren. Nutzer- und Nutzungsdaten können gespeichert und gezielt ausgewertet werden, um zukünftige Mobile Commerce-Anwendungen zu individualisieren. Zum anderen eröffnet Mobile Commerce die Möglichkeit zum Angebot sog. Location-Based-Services. Da der Standort der Teilnehmer über die Mobilfunktechnologien relativ genau lokalisiert werden kann, entsteht die Möglichkeit, ortsspezifische Informationen und Angebote in Abhängigkeit von dem jeweiligen Aufenthaltsort des Nutzers zu offerieren (vgl. *Wilfert* 2000, S. 36; *Link* 2001, S. 24). In der Summe bieten sich dem Mobile Commerce somit ganz verschiedenartige **Individualisierungspotenziale**:

- So können Kunden mit Hilfe mobiler Informationsanwendungen auf lokal relevante News- und Informationsdienste zugreifen oder individuell zugeschnittene Unternehmens- und Produktinformationen abrufen.

- Durch den Einsatz mobiler Kommunikationsanwendungen können einzelne Zielgruppenmitglieder zudem selektiv angesprochen werden, um einen individuellen Anbieter/Nachfrager-Dialog zu initiieren.

- Die sog. mobilen Selektions- und Konfigurationsanwendungen können Kunden bei individuellen Such- und Auswahlprozessen unterstützen und ihnen somit einen weiteren personalisierten Mehrwert bieten.

- Dementsprechend kann eine Individualisierung auch durch den Einsatz einer mobilen Transaktionsanwendung erreicht werden, indem bspw. die individuelle Preisbereitschaft von Kunden im Rahmen einer mobilen Auktion ermittelt wird.

- Nicht zuletzt kann eine Individualisierung auch durch mobile Integrationsanwendungen erreicht werden, die eine Automatisierung individuell definierter Informations-, Kommunikations- und Transaktionsprozesse leisten.

Die jeweilige wettbewerbsstrategische **Bedeutung der Individualisierung** im Mobile Commerce variiert ebenfalls zwischen verschiedenen Branchen und Unternehmen und lässt sich ebenso wenig verallgemeinern. Grundsätzlich steigt ihre strategische Bedeutung mit dem wahrgenommenen Kundennutzen (vgl. auch *Link/Tiedtke* 2000, S. 110). Der Mehrwert der Individualisierung erhöht sich hierbei vor allem mit der Komplexität des Informationsbedarfs und der Entscheidungsfindung, mit der Kontakt- bzw. Kaufhäufigkeit der Kunden sowie mit der Breite und Tiefe des angebotenen Informations- und Leistungsspektrums. Darüber hinaus muss das Individualisierungspotenzial des Electronic Commerce aber wieder an den Wettbewerberaktivitäten relativiert werden. Das wettbewerbsstrategische Ziel muss darin bestehen, nicht nur eine Individualisierung des Mobile Commerce-Angebotes vorzunehmen, sondern eine gegenüber den Wettbewerbern dauerhaft überlegene Individualisierung zu leisten, die von Kunden als bedeutend wahrgenommen wird. Eine solche **Strategie der Individualisierung** verfolgt bspw. das Unternehmen Jamba, das als mobiles Internet-Portal agiert. Kunden erhalten die Möglichkeit, aus einem umfangreichen Portfolio verschiedenartiger Dienste ein individuelles Profil zu konfigurieren, auf das sie dann mobil zugreifen können.

Die empirischen Ergebnisse der *Arthur D. Little*-Studie bestätigen eine relativ hohe Bedeutung der Individualisierung in der Praxis (vgl. *Arthur D. Little* 2000, S. 65, 383, 443). In einer branchenübergreifenden Perspektive messen 45 % der befragten Unternehmen diesem Wettbewerbsfaktor eine hohe oder sogar sehr hohe Bedeutung bei. Im Branchenvergleich wird die Individualisierung am höchsten von den Finanzdienstleistern bewertet; es folgen die Bereiche Medien, Handel, Telekommunikation, Konsumgüter und Reise/Touristik. Auf Seiten der Mobile Commerce-Nutzer sprechen 38 % der Befragten der Individualisierung des Angebotes eine hohe oder sehr hohe Bedeutung zu.

c) Das Medienintegrationspotenzial des Mobile Commerce

Die zunehmende Vernetzung, die ihren Ausdruck in der Entstehung und dem Ausbau der globalen Informations- und Kommunikationsstrukturen findet, kann als wesentlicher technologischer Treiber der Entwicklung zur Informations- und Kommunikationsgesellschaft bezeichnet werden. Im Zeichen dieser Entwicklung produzieren sowohl alte als auch neue Medien täglich eine unüberschaubare Fülle von mehr oder weniger wertvollen Informationen, die um die Aufmerksamkeit der jeweiligen Zielgruppen konkurrieren und die Unternehmen mit dem Phänomen der

„economies of attention" konfrontieren (vgl. *Sydow* 2000, S. 261; *Wamser* 1997, S. 30). Die mangelnde Treffsicherheit des auf der Einwegkommunikation basierenden Kommunikationsmodells der traditionellen Massenmedien führt dazu, dass Botschaften in den alten Medien in hoher Schaltungsfrequenz durch möglichst viele zielgruppenadäquate Kanäle gewissermaßen in den Markt „gedrückt" werden, um eine hohe Kommunikationswirkung zu erzielen. Im Ergebnis führen diese Push-Strategien zu einer Informationsüberflutung der Nutzer, für die es immer schwieriger wird, erwünschte von unerwünschten Informationen zu trennen. Zwar führen die neuen Medien nun zu einer weiteren Ausdehnung des Informationsangebotes, sie integrieren jedoch das innovative Merkmal der Interaktivität, kehren die Wirkungsrichtung der traditionellen Medien hierdurch um und erlauben es ihren Nutzern, die gewünschten Inhalte gezielt im Sinne einer Pull-Kommunikation abzurufen und interaktiv gemäß der eigenen Präferenzen auszuwählen und zu kombinieren.

Vor dem Hintergrund der hier nur skizzierten Informationsüberflutung bildet die Interaktivität somit ein wesentliches Merkmal der neuen netzbasierten Medien. Im Bereich der Mobilkommunikation muss jedoch festgestellt werden, dass die Interaktivität der Mediennutzung bereits seit der Einführung der mobilfunkbasierten Sprachtelefonie einen inhärenten Bestandteil dieser Technologie darstellt. Die wesentliche Innovation der datenbasierten, multimedialen Mobilkommunikation besteht somit nicht in der Interaktivität allein, sondern in einer interaktiven Form der Medienintegration. Das Merkmal der **Medienintegration** bezeichnet hierbei allgemein das Potenzial zur integrierten Darstellung unterschiedlicher statischer oder dynamischer Informationsarten in Form von Text, Grafik und Standbild, Video- und Audiosequenzen oder Animationen. Der Begriff der Medien wird in diesem Kontext somit für die verschiedenen medialen Repräsentationsformen von Informationen und nicht im Sinne eines technischen Trägers für Informationen bzw. eines Einzelmediums verstanden. Häufig wird die gleichzeitige Darstellung zeitunabhängiger und zeitabhängiger Informationsarten – also z.B. die Kombination von Text und Videosequenz – zum konstitutiven Merkmal der sog. multimedialen Anwendungen erhoben. Charakteristisch für die Medienintegration im hier verstandenen Sinne sind jedoch weniger die Anzahl der genutzten Informationsarten, als vielmehr deren synergetische Verknüpfung und interaktive Aufbereitung und damit die Form der Informationsvermittlung (vgl. *Wamser* 1999, S. 491 ff.; *Silberer* 1995, S. 5; *Gerpott* 1996, S. 15).

Für Unternehmen eröffnet sich durch eine solche Form der Medienintegration die Möglichkeit, im Mobile Commerce jeweils die Informationsarten auszuwählen, miteinander zu kombinieren und interaktiv bereitzustellen, die aus ihrer Sicht für die verfolgten Informations-, Kommunikations- und Transaktionsziele, die konkreten Inhalte und Botschaften sowie die anvisierte Zielgruppe am besten geeignet erscheinen. Die Qualität der Informationsvermittlung kann durch eine solche gezielte Ausnutzung der Potenziale der multimedialen Mobilkommunikation deutlich verbessert werden. Mit Ausnahme der Integrationsanwendungen, die auf einer rein datenbasierten Automatisierung des Informationsaustausches basieren, können die beschriebenen **Medienintegrationspotenziale** genutzt werden, um den Informationswert aller betrachteten Mobile-Commerce-Anwendungen nachhaltig zu verbessern:

- Im Rahmen von mobilen Informationsanwendungen können – eine entsprechende Bandbreite wiederum vorausgesetzt – sowohl textbasierte Nachrichten als auch datenintensive Audio- oder Videosequenzen interaktiv bereitgestellt werden.
- Ebenso können mobile Kommunikationsanwendungen einerseits auf dem asynchronen Empfang und der Versendung von Textnachrichten und andererseits auf der synchronen Kommunikation in Form von Videokonferenzen basieren.
- Auch mobile Selektions- und Konfigurationsanwendungen können mit Hilfe der Medienintegration unterstützt werden, indem sie bspw. eine medienartenspezifische Suchfunktion ermöglichen oder eine Konfiguration durch Grafiken beziehungsweise Bewegtbilder unterstützen.
- Schließlich können auch mobile Transaktionsanwendungen verschiedene Medienarten integrieren, um dem Nutzer im Rahmen der eigentlichen Vereinbarung der Transaktion auch eine visuelle Unterstützung anzubieten.

Auch die **Bedeutung des Medienintegrationspotenzials** des Mobile Commerce kann kaum allgemein und branchenübergreifend beurteilt werden. Generell steigt das wettbewerbsstrategische Potenzial der Medienintegration wiederum mit dem wahrgenommenen Kundennutzen. Wichtig ist daher vor allem eine kundenspezifische Erfassung der individuellen Präferenzen für Informationsdarstellungsarten. Darüber hinaus gilt es die Medienintegration auch an den technologischen Rahmenbedingungen – und hierbei insbesondere der verfügbaren Bandbreite und der jeweiligen Endgeräte der Nutzer – auszurichten, um nicht durch eine überzogene Integration datenintensiver Medien die Vorteile der Schnelligkeit im Mobile Commerce zu konterkarieren. Eine entsprechende Strategie verfolgte z.B. das Unternehmen **Nestlé**, das im Rahmen einer umfassenden Marketing-Kampagne für eine bedeutende Nestlé-Marke neben TV, Radio und Website auch die innovativen Kanäle der Mobilkommunikation nutzte. In die Versendung von werblichen SMS-Nachrichten wurden hierbei Soundfiles integriert, um die Botschaften multimedial aufzuwerten und Kommunikationsvorteile zu erzielen. Generell muss jedoch auch hier beachtet werden, dass sich Unternehmen erst im Gestaltungswettbewerb gegenüber der Konkurrenz durchsetzen müssen, um mit Hilfe einer überlegenen Medienintegration auch tatsächlich wettbewerbsrelevante Vorteile erzielen zu können.

d) Das Reputationspotenzial des Mobile Commerce

Die Anbahnung, Vereinbarung und Abwicklung von marktvermittelten Transaktionen ist in der Regel mit verschiedenen Formen von informationsbezogenen Unsicherheiten behaftet. Diese **Unsicherheiten** resultieren einerseits aus den unvollkommenen Informationen der Beteiligten über die jeweiligen Umweltzustände und andererseits aus der asymmetrischen Informationsverteilung zwischen Anbietern und Nachfragern. Verhaltensunsicherheit drückt hierbei die Gefahr aus, dass sich ein Marktteilnehmer opportunistisch verhält und seinen Informationsvorsprung zu seinen Gunsten und damit zu Lasten des Transaktionspartners ausnutzt (vgl. *Kaas* 1990, S. 541 f.; *Kaas* 1992, S. 886 f.; *Picot/Reichwald/Wigand* 1998, S. 47 ff.). Eine besondere Bedeutung für erfolgreiche Markttransaktionen kommt deshalb einem Mindestmaß an Vertrauen zwischen Anbietern und Nachfragern zu (vgl. auch *Loose/Sydow* 1994, S. 164 ff.). Wenngleich die modernen IuK-Technologien grundsätzlich zum Abbau von Informationsasymmetrien zwischen den Marktpartnern führen können, bildet ein entsprechendes Vertrauensniveau auch in der Mobile Economy eine wesentliche Voraussetzung der Geschäftstätigkeit.

Vor dem Hintergrund der neuartigen technologischen Möglichkeiten zur Identifikation und Lokalisierung einzelner Nutzer kommt im Mobile Commerce vor allem den Fragen des Datenschutzes eine immense Bedeutung als Unsicherheitsfaktor zu (vgl. *Müller/Aschmoneit/Zimmermann* 2002, S. 368). Darüber hinaus kann ein potenzieller Käufer die Qualität eines Mobile Commerce-Angebotes auch nur bedingt vor dem Kauf überprüfen. Die tatsächliche Verfügbarkeit der Angebote, die Verlässlichkeit der Produktbeschreibungen oder die Auslieferung innerhalb angegebener Lieferfristen kann letztendlich erst nach der Vereinbarung bzw. Abwicklung der Transaktion beurteilt werden. Der Käufer muss somit erst Erfahrungen sammeln, um die Qualität eines entsprechenden Angebotes bewerten zu können (vgl. auch *Shapiro/Varian* 1998, S. 5 f.). Fehlt das hierzu erforderliche **Mindestmaß an Vertrauen** oder ist die Sammlung von Erfahrungen mit hohen Kosten verbunden, wird es gegebenenfalls nicht zu Transaktionen kommen. In der Marketingliteratur hat sich für das Vertrauen, das ein Unternehmen bei seinen aktuellen oder potenziellen Kunden genießt, der Begriff des Goodwill etabliert (vgl. *Albach* 1980, S. 3 f.; *Simon* 1985, S. 15). In der Informationsökonomie wird dieses Vertrauenskapital eines Unternehmens – wie hier im Folgenden – als Firmenreputation oder kurz Reputation bezeichnet (vgl. *Kaas* 1990, S. 545; *Spremann* 1988, S. 618 ff.). Ein Anbieter, der eine Reputation für eine hohe Leistungsfähigkeit und -bereitschaft im Mobile Commerce aufgebaut hat, verfügt dementsprechend über Vertrauen in der Mobile Economy. Kunden sind von der Kompetenz und Fairness des Unternehmens überzeugt, ein einzelner Nachweis der Qualität des Angebotes muss nicht mehr erfolgen (vgl. auch *Kaas* 1992, S. 895 f.).

Aus Unternehmenssicht stellt sich nun die Frage, wie eine entsprechende Reputation aufgebaut bzw. erhalten werden kann. Da die Reputation eines Anbieters primär auf der Extrapolation guter Erfahrungen basiert, muss ein Unternehmen vor allem dafür Sorge tragen, dass Kunden direkt oder indirekt positive Erfahrungen mit dem Unternehmen sammeln und von seiner Leistungsfähigkeit und -bereitschaft nachhaltig überzeugt sind (vgl. *Kaas* 1992, S. 896). Eine besondere Bedeutung kommt deshalb einem attraktiven Mobile Commerce-Angebot zu. Hierfür müssen zunächst die bereits genannten Differenzierungspotenziale erschlossen werden. Sowohl die Beschleunigung von zeitkritischen Prozessen als auch die erfolgreiche Individualisierung des Angebotes bzw. die synergetische Medienintegration können dazu beitragen, die Leistungsfähigkeit und -bereitschaft gegenüber Kunden zu demonstrieren. Darüber hinaus bieten Mobile Commerce-Anwendungen weitere **vertrauensbildende Instrumente**, um die Reputation eines Unternehmens auch gezielt zu stärken.

- Mobile Informationsanwendungen können bspw. genutzt werden, um die Zielgruppen umfassend, offen und vor allem auch raum- und zeitflexibel über das Unternehmen und die angebotenen Produkte und Dienstleistungen zu informieren.

- Durch den Einsatz von mobilen Kommunikationsanwendungen kann die orts- und zeitflexible Erreichbarkeit des Unternehmens für Kunden zudem deutlich erhöht werden.

- Mobile Selektions- und Konfigurationsanwendungen können Kunden wirkungsvoll im Rahmen ihrer Entscheidungsfindung unterstützen und damit die Leistungsfähigkeit des Unternehmens weiter untermauern.

- Im Bereich der mobilen Transaktionsanwendungen kann vor allem das Angebot von Sicherheitsgarantien dem Aufbau von Reputation und damit dem Abbau von Unsicherheit dienen.

- Nicht zuletzt können mobile Integrationsanwendungen eine vertrauensstärkende Wirkung auch durch die Automatisierung von transaktionsbegleitenden Prozessen und die damit verbundene Eliminierung von Datenerfassungsfehlern entfalten.

Neben der Sicherung der Leistungsfähigkeit und -bereitschaft sowie der vertrauensbildenden Ausgestaltung der beschriebenen Anwendungsformen können auch institutionalisierte Vertrauenssymbole, wie bspw. Sicherheits-Zertifikate oder Mitgliedschaften in renommierten Verbänden, zur Verstärkung der Reputation beitragen. Eine weitere wirkungsvolle Strategie der Vertrauensgewinnung im Mobile Commerce kann die Nutzung eines sog. **Reputationstransfers** darstellen. Von entsprechenden Transfereffekten kann ein Unternehmen immer dann profitieren, wenn die Nachfrager dem Anbieter bereits eine allgemeine Kompetenz und Vertrauenswürdigkeit zubilligen, die sich auch auf die neuen Märkte oder Angebotsformen erstreckt (vgl. *Simon* 1985, S. 19 ff.; *Schade/Schott* 1993, S. 501). Einen Reputationstransfer können somit vor allem etablierte Unternehmen nutzen, indem sie ihr aufgebautes Ansehen und ihre „vertrauenswürdigen" Marken als Reputationskapital im Mobile Commerce einsetzen (vgl. auch *Whinston/Stahl/Choi* 1997, S. 241; *Sydow* 2000, S. 265). In der Folge müssen diese Unternehmen ihrer Reputation dann aber auch gerecht werden, um nicht durch ein schwaches Mobile Commerce-Angebot ihre Marktposition auf den traditionellen Märkten negativ zu beeinflussen und ihre Reputation auf diese Weise zu „melken" (vgl. auch *Schade/Schott* 1993, S. 501). Dies ist insbesondere auch deshalb von großer Bedeutung, weil die Bewahrung einer bestehenden Reputation in aller Regel deutlich kostengünstiger ist als ihr (Wieder-)Aufbau (vgl. *Shapiro* 1983, S. 660 f.).

Entsprechend den Schnelligkeits-, Individualisierungs- und Medienintegrationspotenzialen des Mobile Commerce gilt auch für das Reputationspotenzial, dass es sich im Vertrauenswettbewerb gegenüber der Konkurrenz durchsetzen muss. Nur wenn die Reputation eines Anbieters stärker ist als die der relevanten Wettbewerber können auch entsprechende Vorteile erzielt werden. Auch die wettbewerbsstrategische **Bedeutung der Reputation** lässt sich anhand der Kriterien strategischer Wettbewerbsvorteile konkretisieren. Sie leitet sich somit wiederum aus dem wahrgenommenen Nutzen des Vertrauens für die Kunden ab. Hierbei kann davon ausgegangen werden, dass der Einfluss von Vertrauen für die Nachfrager vor allem mit der Höhe des Transaktionswertes, der generellen Bedeutung des gehandelten Produktes und ihrer Sensibilität für die Angabe persönlicher Daten steigt. Ein hohes wettbewerbsstrategisches Potenzial erhält einen Reputationsvorsprung vor allem auch dann, wenn der Vertrauensaufbau nur im Zeitablauf, d.h. durch einen zeitverbrauchenden Bewährungsprozess, erfolgen kann (vgl. auch *Simon* 1989, S. 89 f.; *Kaas* 1990, S. 546). In dem Maße, in dem neue Anbieter aber ihrerseits Vertrauensinstrumente – wie einen Reputationstransfer, Partnerschaften mit angesehenen Unternehmen, institutionalisierte Vertrauenssymbole oder die dargestellten Mobile Commerce-Anwendungen – zum beschleunigten Aufbau einer Reputation nutzen können, reduziert sich die wettbewerbsstrategische Bedeutung dieses Faktors. Eine konsequente Strategie des Reputationsaufbaus und -transfers nutzt unter anderem Amazon, das seine etablierte Marke offensiv zur Positionierung in der Mobile Economy nutzt und die aus dem stationären Internet bekannten Sicherheits- und Zahlungsgarantien auf den Bereich des Mobile Commerce überträgt.

3.3 Kostenführerschaftspotenziale des Mobile Commerce

Wie bereits einführend erläutert, eröffnet Mobile Commerce keineswegs nur Möglichkeiten zur Differenzierung, sondern bietet gleichzeitig auch vielfältige Ansatzpunkte für eine **umfassende Kostensenkung**. Allgemein beschreibt das Kostenführerschaftspotenzial in diesem Zusammenhang das Potenzial der multimedialen Mobilkommunikation zur Erringung von Kostenvorteilen gegenüber der Konkurrenz. Im Zeichen der neuen IuK-Technologien rücken hierbei vor allem die Transaktionskosten in den Mittelpunkt, die als Maßstab für die Beurteilung der ökonomischen Effizienz eines Leistungsaustauschs dienen können. Allgemein subsumieren Transaktionskosten alle Informations- und Kommunikationskosten, die im Rahmen der Anbahnung, Vereinbarung und Abwicklung und gegebenenfalls auch der Kontrolle und Anpassung eines entsprechenden Leistungsaustauschs anfallen können (vgl. *Picot* 1999, S. 117; *Picot* 1991, S. 344; *Reichwald* 1999, S. 279). Da die Anwendungen des Mobile Commerce verschiedenartige Möglichkeiten zu einer **Senkung der Informations- und Kommunikationskosten** auf beiden Marktseiten eröffnen, werden die hieraus resultierenden anbieter- und abnehmerspezifischen Transaktionskostensenkungspotenziale im Folgenden einzeln dargestellt (vgl. hierzu und im Folgenden auch *Wamser* 2001, S. 89 ff.):

a) Anbieterspezifische Transaktionskostensenkungspotenziale des Mobile Commerce

Anbieterspezifischen Transaktionskostensenkungspotenziale werden durch Mobile Commerce-Anwendungen dann erschlossen, wenn diese dazu beitragen, die dem anbietenden Unternehmen entstehenden Informations- und Kommunikationskosten zu reduzieren. Da eine Reduzierung dieser Kosten nicht nur eine Erhöhung der Gewinnmarge, sondern zudem auch eine Verringerung der geforderten Preise ermöglicht, können hierdurch strategische Wettbewerbsvorteile erzielt werden:

- Die **Anbahnungskosten** lassen sich im Mobile Commerce vor allem durch den Einsatz von mobilen Informations-, Kommunikations- sowie Selektions- und Konfigurationsanwendungen reduzieren. Mit Hilfe mobiler Informationsanwendungen können bspw. Unternehmens- und Produktinformationen oder informationsbasierte Dienstleistungen vergleichsweise kostengünstig bereitgestellt und auch komplexe Sachverhalte anschaulich vermittelt werden. Mobile Kommunikationsanwendungen erlauben zudem die räumlich flexible Beratung von Kunden, ohne dass hierfür Reisekosten entstehen. Mobile Selektions- und Konfigurationsanwendungen ermöglichen darüber hinaus die wirkungsvolle raum- und zeitflexible Unterstützung der Nutzer bei der Auswahl der für sie relevanten Informationen, Produkte und Dienstleistungen, ohne hierfür zusätzliche personelle Beratungskapazitäten bereitstellen zu müssen.

- Die Basis der Senkung von **Vereinbarungskosten** bilden vor allem mobile Kommunikations-, Konfigurations- und Transaktionsanwendungen. Durch mobile Kommunikationsanwendungen können nicht nur Beratungsprozesse, sondern auch Verhandlungen mit Kunden ohne möglicherweise (reise-)kostenintensive physische Meetings durchgeführt werden. Mit Hilfe mobiler Konfigurationsanwendungen können zudem fehlerhafte Bestellungen und die hieraus resultierenden Kosten reduziert werden. Im Rahmen einer netzbasierten Vereinbarung von Transaktionen profitieren Unternehmen nicht zuletzt von der Verlagerung der Auftragserfassungsaktivitäten auf den mobilen Kunden.

- Die **Abwicklungskosten** der Anbieter können sowohl durch den Einsatz von mobilen Informations- und Kommunikationsanwendungen als auch durch Transaktions- und Integrationsanwendungen gesenkt werden. Kundenanfragen zum aktuellen Lieferstatus können bspw. über mobile Informationsanwendungen abgewickelt werden. Mit Hilfe von mobilen Kommunikationsanwendungen kann die Koordination des Leistungsaustauschs – z.B. die logistische Steuerung – räumlich flexibel unterstützt werden. Für digitale Produkte ergibt sich zudem die Möglichkeit, durch eine direkte netzbasierte Distribution erhebliche logistische Kostensenkungspotenziale zu erschließen. Nicht zuletzt können mobile Integrationsanwendungen den transaktionsbegleitenden Datenaustausch automatisieren.

Die Ausführungen machen deutlich, dass Anbieter ihre Transaktionskosten durch den Einsatz von Mobile Commerce-Anwendungen auf vielfältige Art reduzieren können. Die **Kostensenkungspotenziale** umfassen hierbei sowohl **monetäre Kosten** als auch **Opportunitätskosten**. Die Bewertung der anbieterspezifischen Transaktionskosten als Wettbewerbsfaktor in der Praxis ist jedoch differenziert zu betrachten. Branchenübergreifend messen nur 28 % der befragten Unternehmen der Reduzierung ihrer Transaktionskosten mit Hilfe des Mobile Commerce eine hohe oder sehr hohe Bedeutung bei. 43 % der Unternehmen sehen im Gegensatz hierzu nur eine geringe oder sehr geringe Bedeutung. Im Branchenvergleich zeigen sich allenfalls geringfügige Unterschiede (vgl. *Arthur D. Little* 2000, S. 67, 386).

b) Abnehmerspezifische Transaktionskostensenkungspotenziale des Mobile Commerce

Abnehmerspezifische Transaktionskostensenkungspotenziale werden dann erzielt, wenn die von den Anbietern eingesetzten Mobile Commerce-Anwendungen zu einer **Verringerung der Informations- und Kommunikationskosten** der potenziellen Abnehmer führen. Da diese Transaktionskosten neben dem Kaufpreis die Gesamtkosten der Nachfrager bestimmen, können insbesondere auch durch diese häufig vernachlässigte Wettbewerbsdimension strategisch wertvolle Wettbewerbsvorteile erzielt werden. Die Ansatzpunkte für eine Senkung der abnehmerspezifischen Transaktionskosten ergeben sich spiegelbildlich aus den anbieterspezifischen Kostensenkungspotenzialen:

- Die **Anbahnungskosten** lassen sich auch auf der Nachfrageseite zunächst durch mobile Informations- und Kommunikationsanwendungen senken. Kunden können sich zeitlich und räumlich flexibel über das Angebot informieren und weitergehende Anfragen direkt an das anbietende Unternehmen richten. Die Abnehmer können ihren zeitlichen Aufwand außerdem auch durch die Nutzung von mobilen Selektions- und Konfigurationsanwendungen reduzieren, die sie im Rahmen einer beschleunigten Informations- beziehungsweise Produktauswahl und -zusammenstellung unterstützen.

- Die **Vereinbarungskosten** können auch auf der Nachfrageseite vor allem durch mobile Kommunikationsanwendungen gesenkt werden. Insbesondere im Rahmen verhandlungsintensiver Transaktionen können auch auf Kundenseite gegebenenfalls erhebliche Zeit- und Reisekosten eingespart werden. Der gleiche zeitbezogene Effekt geht von mobilen Konfigurations- oder Transaktionsanwendungen aus.

- Eine Reduzierung der **Abwicklungskosten** von Nachfragern kann z.B. aus einer mobilfunknetzbasierten Distribution digitaler Produkte resultieren. Zudem können sich auch für Nachfrager die anfallenden Informations- und Kommunikationskosten der Verfolgung eines Auftragsstatus oder der Koordination der Abwicklung durch die multimediale Mobilkommunikation senken.

Analog zur Angebotsseite bieten sich somit auch auf der Nachfrageseite umfangreiche Möglichkeiten zur Senkung der Transaktionskosten. Während auch hier monetäre Kosten – wie bspw. Reisekosten – reduziert werden können, steht auf dieser Marktseite vor allem die Senkung der Opportunitätskosten im Mittelpunkt. Durch Mobile Commerce können Transaktionen für Kunden vereinfacht und der damit verbundene Zeitaufwand deutlich verringert werden. Nicht zuletzt kann Mobile Commerce auf diese Weise auch erheblich zur **Erhöhung der Convenience** eines Angebotes beitragen. 20 % der in der *Arthur D. Little*-Studie befragten Unternehmen messen der Reduzierung der abnehmerspezifischen Transaktionskosten daher auch eine hohe oder sehr hohe Bedeutung bei. 44 % der Unternehmen sehen im Vergleich hierzu aber nur eine geringe oder sehr geringe Bedeutung der Reduktion dieser Transaktionskosten. Im Branchenvergleich zeigen sich auch hier nur verhältnismäßig geringe Unterschiede (vgl. *Arthur D. Little* 2000, S. 68, 385).

In Analogie zu den zuvor betrachteten Differenzierungspotenzialen stellt sich natürlich auch für die betrachteten Transaktionskostensenkungspotenziale die Frage nach den Determinanten ihrer **wettbewerbsstrategischen Bedeutung**. Generell können Kostenvorteile im Mobile Commerce dann einen wichtigen Wettbewerbsvorteil für Unternehmen begründen, wenn dem Preis im Verhältnis zu den anderen kaufrelevanten Faktoren eine besonders hohe Bedeutung zukommt oder das Zeitbudget der anvisierten Zielgruppe besonders knapp ist. Auch die Bedeutung der Kostenvorteile muss darüber hinaus im Kontext des relevanten Wettbewerbsumfeldes bewertet werden. Nur wenn ein Unternehmen in der Lage und auch tatsächlich gewillt ist, durch die Senkung der Transaktionskosten die Gesamtkosten für seine Kunden stärker als der Wettbewerb zu reduzieren, können auch Wettbewerbsvorteile realisiert werden. Werden die Kostensenkungen dagegen nicht an die Kunden weitergegeben und bspw. für Gewinnerhöhungen genutzt, verlieren sie ihren wettbewerbsstrategischen Effekt. Einen strategischen Charakter gewinnen Kostenvorteile, wenn sie auch dauerhaft aufrechterhalten werden können. Dies kann vor allem dann erreicht werden, wenn Unternehmen ihre Transaktionskostenvorteile auf der Grundlage innovativer unternehmensinterner Systeme realisieren, die für ihre Konkurrenten nur schwer wahrnehmbar und imitierbar sind.

Eine entsprechende Strategie der Senkung von Transaktionskosten verfolgt bspw. die **Lufthansa**. Durch das mobile Angebot von Fluginformationen und Check-in-Funktionen reduzieren sich einerseits die abnehmerseitigen Informations- und Kommunikationskosten. Dies wird von Kundenseite zum großen Teil als **Convenience-Zugewinn** wahrgenommen. Andererseits werden Kapazitäten im Customer-Contact-Center freigesetzt und dadurch kostenintensive Ressourcen auf der Anbieterseite eingespart.

4 Fazit: Gewinnpotenziale des wettbewerbsstrategischen Mobile Commerce

Die Analyse verdeutlicht, dass Mobile Commerce **umfangreiche Wettbewerbspotenziale** bietet. Durch die Erschließung von Schnelligkeits-, Individualisierungs-, Medienintegrations- und Reputationspotenzialen einerseits und den anbieter- und abnehmerspezifischen Transaktionskostensenkungspotenzialen andererseits können Unternehmen ihren Kunden einen **hohen Mehrwert** bieten. Während die angeführten Differenzierungspotenziale an der Steigerung des Kundennutzens ansetzen, eröffnen die Transaktionskostensenkungspotenziale die Möglichkeit zu einer Reduktion der Gesamtkosten, die den Kunden im Rahmen einer marktvermittelten Transaktion entstehen. Abbildung 2 veranschaulicht diesen Zusammenhang abschließend noch einmal aus der Perspektive des Kosten/Nutzen-Kalküls von Kunden.

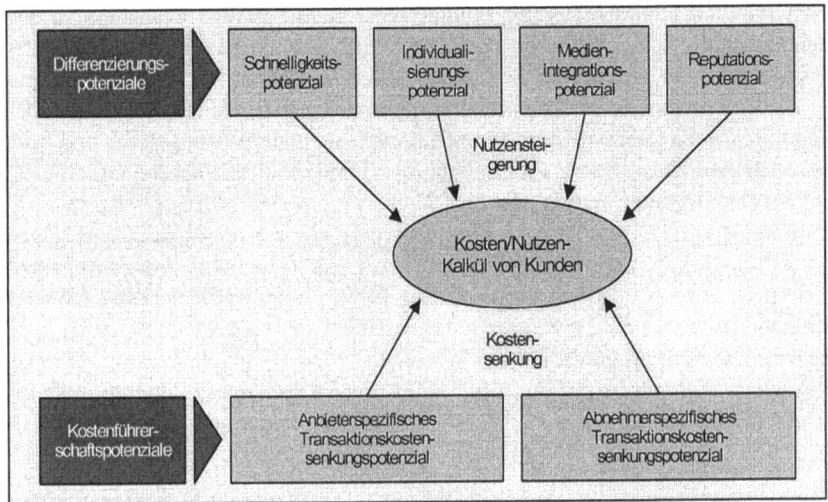

Abb. 2: Der Einfluss der Wettbewerbspotenziale des Mobile Commerce auf das Kosten/Nutzen-Kalkül von Kunden

Die gezielte Nutzung der wettbewerbsstrategischen Potenziale des Mobile Commerce schlägt sich jedoch nicht nur in einer möglichen Verbesserung der Wettbewerbsposition nieder, sondern kann in der Folge auch einen positiven Gewinneffekt bewirken. In dem Maße, in dem der Mobile Commerce-Einsatz eine erfolgreiche Differenzierung unterstützt, können einerseits zusätzliche Erlöspotenziale erschlossen werden. Werden die bestehenden Transaktionskostensenkungspotenziale zudem nicht vollständig an die Kunden weitergegeben, eröffnen sich andererseits auch Möglichkeiten zur Kostensenkung. In der Summe resultieren hieraus wettbewerbsstrategisch begründete **Gewinnpotenziale des Mobile Commerce**.

Letztendlich werden sich aber nur die Unternehmen wirkungsvoll vom Wettbewerb abgrenzen und ihre Gewinnerwartungen verbessern können, die in der Lage sind, die hier systematisierten Wettbewerbspotenziale der multimedialen Mobilkommunikation zielgerichtet zu bewerten und vor allem auch integrativ zu erschließen. Diese erfolgreiche **Identifikation und Umsetzung der Erfolgspotenziale des Mobile Commerce** bildet gleichzeitig auch die notwendige Voraussetzung für die erfolgreiche **Ausbreitung der Mobile Economy**. Nur wenn die Mobile-Commerce-Anwendungen der jeweiligen Zielgruppe einen hohen Nutzen bieten, werden auch die aktuell noch bestehenden Barrieren – wie die häufig noch komplizierte Bedienung der mobilen Endgeräte oder die verhältnismäßig hohen Kosten der Nutzung – außer Kraft gesetzt. Und nur dann kann Mobile Commerce auch tatsächlich die **Wachstumsimpulse** entfalten, die von so vielen Seiten erhofft und häufig auch erwartet werden.

5 Literaturverzeichnis

Albach, H. (1980): Vertrauen in der ökonomischen Theorie, in: Zeitschrift für die gesamte Staatswissenschaft, 1/1980, S. 2-11.

Arthur D. Little (2000): Mobile-Commerce-Studie: Electronic Commerce im Zeichen des Mobilfunks, verantwortlich: C. Wamser, Düsseldorf 2000.

Backhaus, K. (1999): Industriegütermarketing, 6. Aufl., München 1999.

Becker, J. (1986): Steuerungsleistungen und Einsatzbedingungen von Marketingstrategien, in: Marketing – ZFP, 3/1986, S. 189-198.

Becker, J. (1994): Vom Massenmarketing über das Segmentmarketing zum kundenindividuellen Marketing (Customized Marketing), in: Tomczak, T./Belz, C. (Hrsg.): Kundennähe realisieren, St. Gallen 1994, S. 15-30.

Becker, J. (1998): Marketing-Konzeption: Grundlagen des strategischen und operativen Marketing-Managements, 6. Aufl., München 1998.

Fink, D.H. (1999): Mass Customization, in: Albers, S./Clement, M./Peters, K. (Hrsg.): Marketing mit interaktiven Medien – Strategien zum Markterfolg, 2. Aufl., Frankfurt am Main 1999, S. 137-150.

Gerpott, T.J. (1996): Multimedia – Geschäftssegmente und betriebswirtschaftliche Implikationen, in: WiSt, 1/1996, S. 15-20.

Gilmore, J.H./Pine, B.J. (1997): Massenproduktion – auf Kunden zugeschnitten, in: HBM, 4/1997, S. 105-113.

Hamal, G./Prahalad, C.K. (1996): Competing in the New Economy: Managing out of Bounds, in: Strategic Management Journal, 3/1996, pp. 237-242.

Heuermann, A. (1999): Zunehmende Nutzung von Telekommunikationsdiensten – Ursache oder Folge wirtschaftlichen Wachstums, in: Fink, D./Wilfert, A. (Hrsg.): Handbuch Telekommunikation und Wirtschaft: Volkswirtschaftliche und betriebswirtschaftliche Perspektiven, München 1999, S. 101-126.

Jenner, T. (2000): Hybride Wettbewerbsstrategien in der deutschen Industrie – Bedeutung, Determinanten und Konsequenzen für die Marktbearbeitung, in: DBW, 1/2000, S. 7-22.

Kaas, K.P. (1990): Marketing als Bewältigung von Informations- und Unsicherheitsproblemen im Markt, in: DBW, 4/1990, S. 539-548.

Kaas, K.P. (1992): Kontraktgütermarketing als Kooperation zwischen Prinzipalen und Agenten, in: zfbf, 10/1992, S. 884-901.

Kalakota, R./Robinson, M. (2002): M-Business: The Race to Mobility, New York et al. 2002.

Kelly, K. (1998): New Rules for the New Economy: 10 Radical Strategies for a Connected World, New York 1998.

Kleinaltenkamp, M. (1987): Die Dynamisierung strategischer Marketing-Konzepte, in: zfbf, 1/1987, S. 31-52.

Knetsch, W. (1999): Telekommunikation als Schrittmachertechnologie des 21. Jahrhunderts, in: Fink, D./Wilfert, A. (Hrsg.): Handbuch Telekommunikation und Wirtschaft: Volkswirtschaftliche und betriebswirtschaftliche Perspektiven, München 1999, S. 19-32.

Kotler, P./Armstrong, G. (1991): Principles of Marketing, 5th edition, Englewood Cliffs 1991.

Link, J. (1996): Führungssysteme: Strategische Herausforderungen für Organisation, Controlling und Personalwesen, München 1996.

Link, J. (2001): Grundlagen und Perspektiven des Customer Relationship Management, in: Link, J. (Hrsg.): Customer Relationship Management: Erfolgreiche Kundenbeziehungen durch integrierte Informationssysteme, Berlin et al. 2001, S. 1-34.

Link, J./Hildebrand, V. (1993): Database Marketing und Computer Aided Selling: Strategische Wettbewerbsvorteile durch neue informationstechnologische Systemkonzeptionen, München 1993.

Link, J./Tiedtke, D. (2000): Personalisierung und Electronic Commerce – Database-Online-Marketing, in: Wamser, C. (Hrsg.): Electronic Commerce – Grundlagen und Perspektiven, München 2000, S. 97-116.

Litzenroth, H. (1997): Dem deutschen Verbraucher auf der Spur: Bausteine des künftigen Konsumentenverhaltens, in: GFK Nürnberg (Hrsg.): Bericht der GFK Jahrestagung 1997, S. 28-74.

Loose, A./Sydow, J. (1994): Vertrauen und Ökonomie in Netzwerkbeziehungen, in: Sydow, J./Windeler, A. (Hrsg.): Management interorganisationaler Beziehungen, Opladen 1994, S. 160-193.

Meffert, H. (1994): Marktorientierte Unternehmensführung im Umbruch – Entwicklungsperspektiven des Marketing in Wissenschaft und Praxis, in: Bruhn, M./Meffert, H./Wehrle, F. (Hrsg.): Marktorientierte Unternehmensführung im Umbruch – Effizienz und Flexibilität als Herausforderung des Marketing, Stuttgart 1994, S. 3-39.

Müller, C.D./Aschmoneit, P./Zimmermann, H.-D. (2002): Der Einfluss von „Mobile" auf das Management von Kundenbeziehungen und Personalisierung von Produkten und Dienstleistungen, in: Reichwald, R. (Hrsg.): Mobile Kommunikation: Wertschöpfung, Technologien, neue Dienste, Wiesbaden 2002, S. 353-377.

Nieschlag, R./Dichtl, E./Hörschgen, H. (1997): Marketing, 18. Aufl., Berlin 1997.

Picot, A. (1991): Ein neuer Ansatz zur Gestaltung der Leistungstiefe, in: zfbf, 4/1991, S. 336-357.

Picot, A. (1999): Organisation, in: Bitz, M. et al. (Hrsg.): Vahlens Kompendium der Betriebswirtschaftslehre, Bd. 2, 4. Aufl., München 1999, S. 107-180.

Picot, A./Reichwald, R./Wigand, R.T. (1998): Die grenzenlose Unternehmung – Information, Organisation und Management, 3. Aufl., Wiesbaden 1998.

Pine, B.J. (1993): Mass Customization: The New Frontier in Business Competition, Boston 1993.

Porter, M.E. (1999a): Wettbewerbsstrategie: Methoden zur Analyse von Branchen und Konkurrenten, 10. Aufl., Frankfurt am Main/New York 1999.

Porter, M.E. (1999b): Wettbewerbsvorteile: Spitzenleistungen erreichen und behaupten, 5. Aufl., Frankfurt am Main/New York 1999.

Rapp, S./Collins, T. (1991): Die große Marketing-Wende, Landsberg/Lech 1991.

Reichwald, R. (1999): Informationsmanagement, in: Bitz, M. et al. (Hrsg.): Vahlens Kompendium der Betriebswirtschaftslehre, Bd. 2, 4. Aufl., München 1999, S. 221-288.

Reichwald, R./Meier, R./Fremuth, N. (2002): Die mobile Ökonomie – Definition und Spezifika, in: Reichwald, R. (Hrsg.): Mobile Kommunikation: Wertschöpfung, Technologien, neue Dienste, Wiesbaden 2002, S. 3-16.

Sahlman, W.A. (1999): The New Economy is stronger than you think, in: HBR, Vol. 77 (1999), No. 6, pp. 99-106.

Sauter, M. (1999): Chancen, Risiken und strategische Herausforderungen des Electronic Commerce, in: Hermanns, A./Sauter, M. (Hrsg.): Management-

Handbuch Electronic Commerce – Grundlagen, Strategien, Praxisbeispiele, München 1999, S. 101-117.

Schade, C./Schott, E. (1993): Instrumente des Kontraktgütermarketing, in: DBW, 4/1993, S. 491-511.

Schlie, T.W./Goldhar, J.D. (1995): Advanced Manufacturing and New Directions for Competitive Strategy, in: Journal of Business Research, 2/1995, S. 103-114.

Schmid, B. (1993): Elektronische Märkte, in: Wirtschaftsinformatik, 5/1993, S. 465-480.

Schmid, B.F. (2000): Die marktbezogene Basis des Electronic Commerce – Merkmale und Funktionen elektronischer Märkte, in: Wamser, C. (Hrsg.): Electronic Commerce – Grundlagen und Perspektiven, München 2000, S. 51-67.

Shani, D./Chalasani, S. (1993): Exploiting Niches Using Relationship Marketing, in: Journal of Consumer Marketing, 3/1993, pp. 33-42.

Shapiro, C. (1983): Premiums for High Quality Products as Returns to Reputations, in: Quarterly Journal of Economics, 4/1983, pp. 659-679.

Shapiro, C./Varian, H.R. (1998): Information Rules: A Strategic Guide to the Network Economy, Boston 1998.

Silberer, G. (1995): Möglichkeiten des Multimedia-Einsatzes im Marketing, in: Silberer, G. (Hrsg.): Marketing mit Multimedia – Grundlagen, Anwendungen und Management einer neuen Technologie im Marketing, Stuttgart 1995, S. 3-31.

Simon, H. (1985): Goodwill und Marketingstrategie, Wiesbaden 1985.

Simon, H. (1989): Die Zeit als strategischer Erfolgsfaktor, in: ZfB, 1/1989, S. 70-93.

Spremann, K. (1988): Reputation, Garantie, Information, in: ZfB, 5+6/1988, S. 613-629.

Strauß, R.E./Schoder, D. (2000): Wie werden die Produkte den Kunden angepaßt? – Massenhafte Individualisierung, in: Albers, S. et al. (Hrsg.): eCommerce – Einstieg, Strategie und Umsetzung im Unternehmen, 2. Aufl., Frankfurt am Main 2000, S. 111-121.

Sydow, J. (2000): Vertrauen und Electronic Commerce – Vertrauen nicht nur in elektronischen Netzwerken, in: Wamser, C. (Hrsg.): Electronic Commerce – Grundlagen und Perspektiven, München 2000, S. 259-270.

Tapscott, D. (1995): The Digital Economy: Promise and Peril in the Age of Networked Intelligence, New York et al. 1995.

Wamser, C. (1997): Der Electronic Marketing Mix – mit interaktiven Medien zum Markterfolg, in: Wamser, C./Fink, D. (Hrsg.): Marketing-Management mit Multimedia: neue Medien, neue Märkte, neue Chancen, Wiesbaden 1997, S. 29-40.

Wamser, C. (1999): Grundlagen und Potentiale multimedialer Telekommunikation im Absatzbereich, in: Fink, D./Wilfert, A. (Hrsg.): Handbuch Telekommunikation und Wirtschaft: Volkswirtschaftliche und betriebswirtschaftliche Perspektiven, München 1999, S. 483-529.

Wamser, C. (2000): Electronic Commerce – theoretische Grundlagen und praktische Relevanz, in: Wamser, C. (Hrsg.): Electronic Commerce – Grundlagen und Perspektiven, München 2000, S. 3-27.

Wamser, C. (2001): Strategisches Electronic Commerce – Wettbewerbsvorteile auf elektronischen Märkten, München 2001.

Wamser, C./Wilfert, A. (2002): Die wettbewerbsstrategischen Rahmenbedingungen des Mobile Commerce, in: Teichmann, R./Lehner, F. (Hrsg.): Mobile Commerce: Strategien, Geschäftsmodelle, Fallstudien, Berlin et al. 2002, S. 29-50.

Whinston, A.B./Stahl, D.O./Choi, S.-Y. (1997): The Economics of Electronic Commerce, Indianapolis 1997.

Wilfert, A. (1999): Der Wettbewerb auf dem Mobilfunkmarkt in Deutschland, in: Fink, D./Wilfert, A. (Hrsg.): Handbuch Telekommunikation und Wirtschaft: Volkswirtschaftliche und betriebswirtschaftliche Perspektiven, München 1999, S. 187-202.

Wilfert, A. (2000): Die technologische Basis des Electronic Commerce – Telekommunikation als Schlüsseltechnologie, in: Wamser, C. (Hrsg.): Electronic Commerce – Grundlagen und Perspektiven, München 2000, S. 29-49.

Wildemann, H. (1988): Erfolgspotentialaufbau durch neue Produktionstechnologien, in: Simon, H. (Hrsg.): Wettbewerbsvorteile und Wettbewerbsfähigkeit, USW-Schriften für Führungskräfte, Bd. 16, Stuttgart 1988, S. 116-128.

Yoffie, D.B./Cusumano, M.A. (1999): Judo Strategy: The Competitive Dynamics of Internet Time, in: HBR, 1/1999, pp. 71-81.

Zahn, E. (1991): Neue Produktionstechnologien: Potentiale für Wettbewerbsvorteile, in: Riekhoff, H.-C. (Hrsg.): Strategieentwicklung: Konzepte und Erfahrungen, Stuttgart 1991, S. 153-165.

M-Commerce in Zahlen

Thorsten Grandjot/Monika Kriewald

1 Vorbemerkungen 96
2 Der Markt aus der Sicht der Anbieter 96
   2.1 Die deutschen GSM-Mobilfunknetzbetreiber 97
   2.2 Die deutschen UMTS-Netzbetreiber 98
   2.3 Prognosen zu UMTS-Kunden und UMTS-Umsätzen 99
   2.4 Der Mobilfunkgerätemarkt 101
3 M-Commerce aus der Sicht der Nutzer 102
   3.1 Teilnehmerentwicklung in Mobilfunknetzen 102
   3.2 Nutzungsverhalten 103
      3.2.1 Allgemeine Kauf- und Nutzungskriterien 103
      3.2.2 Zukünftige Kauf- und Nutzungskriterien 105
   3.3 Der Kostenfaktor 108
   3.4 Der Short Message Service 110
   3.5 Internationaler und intermedialer Vergleich 112
   3.6 i-mode in Japan 117
4 Fazit 119
5 Literaturverzeichnis 120

1 Vorbemerkungen

Vor 2 Jahren war „**UMTS**" in aller Munde – und heute? Ein Flop, eine Ernüchterung oder nur ein Abwarten auf die „**Killerapplikation**"? Wir wollen in unserem Beitrag der Frage nachgehen, welche nüchternen Fakten bzw. Zahlen über die Marktteilnehmer und die Umsatz- und Gewinnpotenziale vorliegen.

Analogien zur Internetentwicklung und Internetpenetration in den Unternehmen sowie Haushalten sind auch im Mobilfunkmarkt zu sehen. Die eminent hohen **UMTS-Lizenzgebühren** (siehe Beitrag 2 zur Wirtschaftlichkeit in diesem Buch) und die aktuelle wirtschaftliche Schwäche haben vorerst zu einer Stagnation in der Umsetzung und Einführung neuer **mobiler Applikationen** geführt. Die großen Player sind vorsichtiger geworden, haben aus den Fehlern des **E-Commerce-Hypes** gelernt und bewegen sich mit Bedacht im neuen Mobilfunkmarkt.

Die Entwicklung von M-Commerce, der Netzstruktur, der Geräte sowie der Applikationen fordert heute ansehnliche Investitionen von Unternehmen, die ihre Zukunft in diesem Marktsegment sehen. Die ersten Mobilfunkbetreiber haben sich bereits aus dem UMTS-Markt zurückgezogen und setzen vorerst auf ihr vorhandenes Kerngeschäft.

Aber alle wissen: Auch wenn das Massengeschäft noch auf sich warten lässt, werden heute bereits die Marktanteile von morgen durch die Besetzung attraktiver Startpositionen verteilt. Die nun folgenden Zahlen in diesem Beitrag sollen der **Orientierung** dienen.

Für die Aufstellung des Businessplans sowie der Investitionsrechnung können Statistiken und Prognosen, die den Mobilfunkmarkt und den Internetmarkt betreffen, wesentliche Daten zur Entscheidungsfindung liefern. Dabei sind nicht nur Zahlen zu den **aktuellen Zielgruppen** und den **Mobilfunkbetreibern** relevant, sondern auch zu den **Geräteherstellern**, den **Contentanbietern**, den **Serviceprovidern** und anderen Unternehmen der gesamten **Wertschöpfungskette** des M-Commerce.

Die zusammengetragenen Daten sind zeitnah ermittelt, können aber aufgrund der Dynamik des UMTS-Marktes bereits nach kurzer Zeit überholt sein.

2 Der Markt aus der Sicht der Anbieter

Wie allgemein bekannt, sind die **Übertragungstechniken** von GSM und UMTS different. Ein GSM-Netzbetreiber kann seine vorhandenen Sendeeinrichtungen für

UMTS nicht nutzen, da die Frequenzen völlig verschieden sind. Dies hat zur Folge, dass sich ein neuer Mobilfunkmarkt im Bereich der Netzanbieter bildet. Zur Potenzialdarstellung des neuen UMTS-Marktes bedarf es zuvor einer Analyse der derzeitigen Lage des GSM-Marktes.

Der deutsche Mobilfunkmarkt wird im Wesentlichen von den **Netzbetreibern** vorangetrieben. Zu den weiteren Keyplayern zählen die **Gerätehersteller** und **Unternehmen der Wertschöpfungskette** (vgl. *Lehner* 2002 S. 24).

2.1 Die deutschen GSM-Mobilfunknetzbetreiber

Zu den derzeit am deutschen Markt agierenden GSM-Netzbetreibern zählen: **T-Mobile, D2 Vodafone, E-Plus** und **O_2**. Daneben gibt es 10 Serviceprovider, die Mittler ohne eigenes Mobilfunknetz sind und Mobilfunkverträge für die Netzbetreiber abschließen.

Die nachfolgende Abbildung zeigt den **deutschen Mobilfunkmarkt** mit den Kundenanteilen der Netzbetreiber. Deutlich wird hierbei, dass T-Mobile und D2 Vodafone 80 % des Gesamtmarktes halten. Dadurch bestimmen sie die wesentlichen Entwicklungen der Technologie, der Applikationen sowie der Preisgestaltung. Zum Beispiel ist die Gebühr für die Gesprächsminute in Deutschland um ca. 70 % (von 1995-2001) gesenkt worden und damit im internationalen Vergleich der günstigste Airtimepreis (siehe *Teligen* 2002, vgl. auch *Picot/Neuburger* 2002, S. 58).

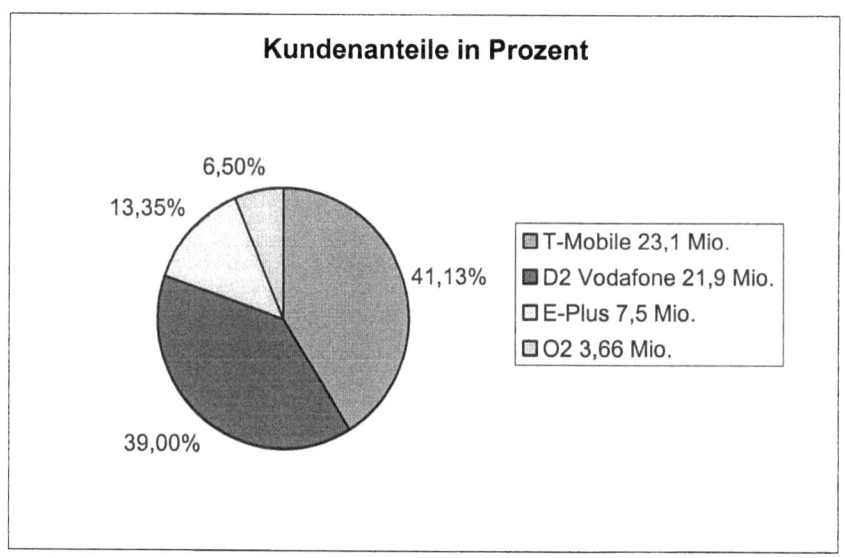

Abb. 1: Die deutschen Netzbetreiber und ihre Kundenanteile 2001
Quelle: *T-Mobile* 2002, *Vodafone* 2002, *E-Plus* 2002, *O_2* 2002

2.2 Die deutschen UMTS-Netzbetreiber

Der UMTS-Markt sieht etwas differenzierter aus, da **6 Mobilfunkunternehmen** Lizenzen für die Errichtung und Betreibung des UMTS-Netzwerkes erworben haben. Mit Ausnahme von O_2 haben alle Bieter ein Frequenzspektrum von 2x5 MHz und 1x5 MHz ersteigert (siehe *RegTP* 2002b) und dafür im Schnitt 8,5 Mrd. Euro (je Netzbetreiber) bezahlt.

Von diesen realisieren derzeit nur noch vier Lizenznehmer ihr Vorhaben. Dazu zählen T-Mobile, D2 Vodafone, E-Plus und O_2. MobilCom/France Telecom und Group 3G (Quam) lassen ihre erworbenen Lizenzen vorerst ruhen und werden den UMTS-Netzaufbau nicht forcieren (siehe *MobilCom* 2002, *Quam* 2002).

In den **Festlegungen und Regelungen zur Vergabe von Lizenzen für UMTS** (siehe *RegTP* 2002a) sind die Netzbetreiber verpflichtet worden, 2003 einen **Versorgungsgrad** von 25 % der Bevölkerung und im Endausbau 2005 50 % zu gewährleisten. Nur dann, wenn diese Vereinbarung von den Netzbetreibern eingehalten werden kann, bleibt ihnen die erworbene Lizenz erhalten. Für MobilCom und Group 3G bedeutet das, dass sie entweder bis Ende 2003 25 % der Netzkapazität anbieten können oder die Lizenz verlieren. Ebenso ist ein **Verkauf der Lizenz** an Dritte in den Festlegungen und Regelungen der Regulierungsbehörde für Telekommunikation und Post nicht zulässig. Für den Netzaufbau entfällt auf jeden Netzbetreiber eine **durchschnittliche Investitionssumme** von 4,5 Mrd. Euro (vgl. *Baldacci* 2001, S. 20).

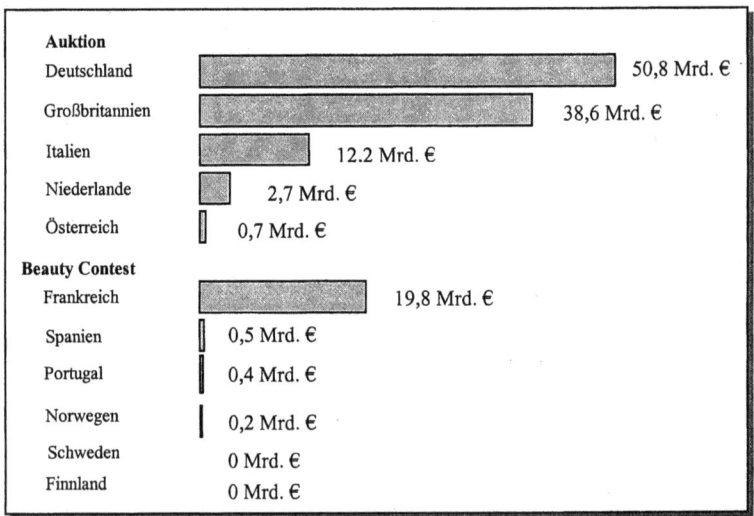

Abb. 2: Europäischer Vergleich der Lizenzerlöse
Quelle: *3G* 2002, *UMTS-Cafe* 2002, *BITKOM* 2002, *Godell et al.* 2000

In Deutschland wurden im europäischen Vergleich die **höchsten Lizenzerlöse** erreicht. Die Abb. 2 zeigt auch die unterschiedlichen Vergabemodalitäten: Entweder Auktion oder aber „Beauty Contest", wo der Staat den Preis festlegte und die Anbieter mit den schlüssigsten Businessmodellen berücksichtigt wurden und einige Netzbetreiber lediglich eine Gebühr entrichten mussten (vgl. *UMTS-Cafe* 2002).

Diese europäische **Wettbewerbsverzerrung** und die hohen Lizenzgebühren sind mitunter ebenfalls Gründe, warum dem Hype eine Ernüchterungsphase im M-Commerce folgte (vgl. *Schweizer/Meinhardt/Krys/Fuest* 2002, S 89 ff.).

2.3 Prognosen zu UMTS-Kunden und UMTS-Umsätzen

In diesem Abschnitt widmen wir uns den Prognosen des deutschen UMTS-Marktes mit den möglichen Kunden und Umsätzen. Vorerst wollen wir das **Potenzial der Lizenzerwerber** genauer analysieren und stellen die einzelnen Mobilfunkunternehmen kurz vor.

T-Mobile

In Deutschland ist T-Mobile nach Kundenzahlen der **größte Netzbetreiber** und ist bereits seit 1993 als eigenständige Tochterfirma der Deutschen Telekom am Mobilfunkmarkt erfolgreich. T-Mobile ist am europäischen und amerikanischen Markt aktiv und besitzt mehrere Tochterfirmen bzw. Beteiligungen. Dem Konzern ist es gelungen, auch in Großbritannien, Österreich und in den Niederlanden UMTS-Lizenzen zu ersteigern (siehe *T-Mobile* 2002).

D2 Vodafone

Als erstes Mobilfunkunternehmen erhielt D2 Mannesmann 1989 eine Lizenz für den Bau des Mobilfunknetzes in Deutschland. Im Jahr 2000 übernahm Vodafone D2 Mannesmann. Vodafone, der **weltweit größte Mobilfunknetzbetreiber**, hält Beteiligungen in 28 Länder auf fünf Kontinenten und ist einer der wichtigen **Keyplayer** in der Entwicklung des M-Commerce (siehe *Vodafone* 2002).

E-Plus

E-Plus wurde 1993 gegründet und erhielt eine GSM-Mobilfunklizenz. 2000 ersteigerte E-Plus UMTS-Lizenzen (siehe *E-Plus* 2002). E-Plus ist eine **Tochter der holländischen KPN-Mobile**; KPN-Mobile ist an Hutchison UK beteiligt und der Mutterkonzern Hutchison Whampoa ist nach aktuellen Berichten am UMTS-Netz von MobilCom interessiert (siehe *FTD* 2002).

O_2

O_2, – bis Mitte 2002 Viag Interkom, ein Unternehmen von **British Telecom** und **Viag (heute E.ON)** – wurde 1995 gegründet und startete noch im gleichen Jahr den Netzbetrieb. Auch O_2 erwarb im Jahr 2000 eine UMTS-Lizenz (siehe *MMO2* 2002).

Alle vier Lizenznehmer können aufgrund ihrer Unternehmensstruktur beim Netzaufbau **Synergieeffekte** nutzen und gleichzeitig Investitionskosten verringern.

Die im GSM-Netz erzielten **Umsätze und Kundenzuwächse** der UMTS-Betreiber wirken sich positiv auf die Prognosen für den deutschen UMTS-Markt aus, wie die Abb. 3 zeigt.

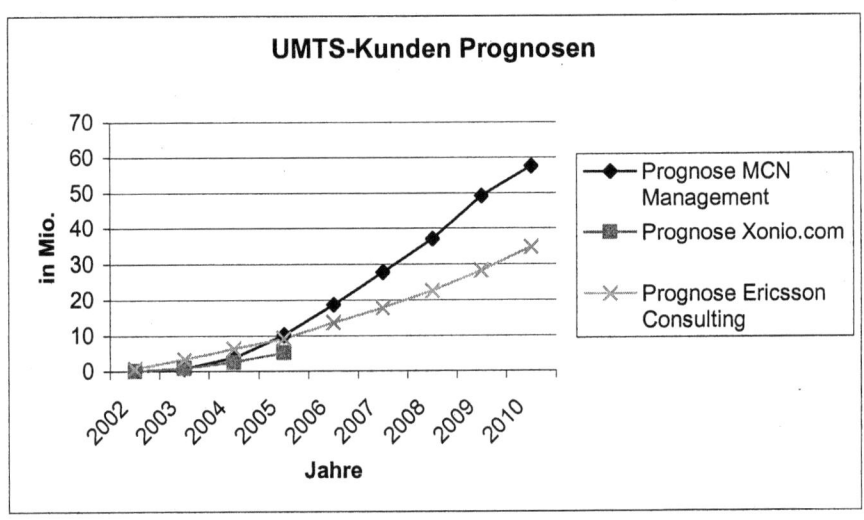

Abb. 3: Prognosen der deutschen UMTS-Kunden
Quelle: *Graumann/Köhne* 2002, *Infrasearch* 2002, *Xonio* 2002, *Ericcson Consulting* 2001

Bis 2005 sind sich die zitierten Analysten ziemlich einig; für den Zeitraum danach haben **MCN Management** und **Ericsson Consulting** eine Prognose abgegeben, die **deutliche Abweichungen** aufzeigt (vgl. *Graumann/Köhne* 2002, S. 175; *Ericsson Consulting* 2001, S. 71).

Ericsson Consulting nimmt in der bereits genannten Studie „Market Study UMTS" eine detaillierte **Aufschlüsselung der Umsatz-Sparten** des deutschen UMTS-Marktes vor (siehe Abb. 4). Auch andere Autoren bilden ähnliche Cluster, jedoch ohne Prognosewerte für Deutschland zu ermitteln (vgl. *TIMElabs Diebold* 2001, S. 49; *Durlacher* 2001, S. 20; *Reischl/Sundt* 2000, S. 139 f.). Demnach zeigt sich eine **Verschiebung der Nachfrage zugunsten des Datenverkehrs**, d.h. dass die Erträge im Bereich des „Datenverkehrs" sowie des „Premium Services" steigen, hingegen im Bereich des „Sprachverkehrs" und der „Monatsgebühren" fallen werden.

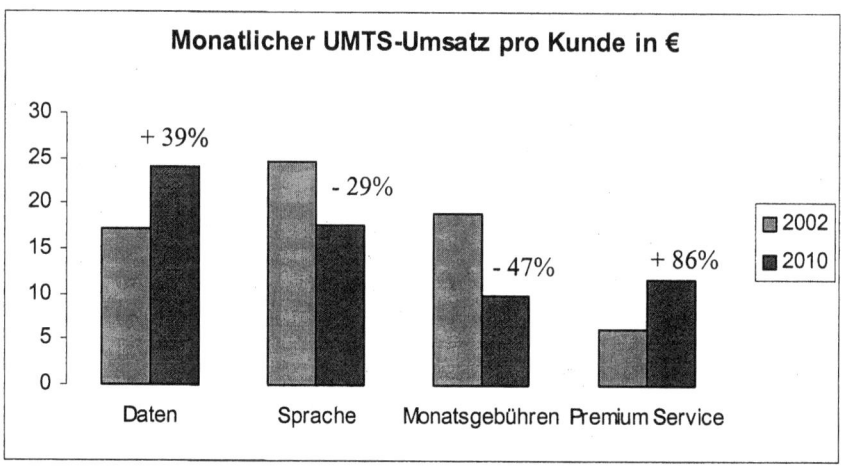

Abb. 4: Prognostizierter durchschnittl. UMTS-Umsatz pro Kunde und Monat
Quelle: vgl. *Ericsson Consulting* 2001

2.4 Der Mobilfunkgerätemarkt

Neben den prognostizierten UMTS-Kunden und Umsätzen spielen für die **Entwicklung des Mobilfunkmarktes** auch die Mobilfunkgerätehersteller eine wesentliche Rolle, sowohl in der Penetration und Anwendung mobiler Services und Umsatzerzielung für Mobilfunkbetreiber als auch in der Entwicklung der Hardware-Applikationen (vgl. *Brown/Dhaliwal* 2002, S. 101).

Ähnlich wie bei der PC-Entwicklung forcieren die Hersteller die Marktentwicklung und versuchen Standards zu setzen (vgl. *Spiegel* 2002). Besonders deutlich wird dies an der Penetration der Mobilfunkgeräte von **Nokia**. Der finnische Hersteller hatte 2001 einen Marktanteil von 33 % bei einem Gesamtabsatz von 408 Mio. Mobilfunkgeräten weltweit; in Deutschland lag der Anteil bei 40 % (vgl. *Graumann/Köhne* 2002, S. 166, S. 171).

Neben den Mobiltelefonen gibt es auch **PDA/Handhelds, Smartphones** und **Notebooks**, die für den mobilen Internetzugang eingesetzt werden können (vgl. Kapitel 3.5). Die Nutzung in Europa ist jedoch gering, da 2001 nur 6,2 % (2002 ca. 13,1 %) der Internetuser den mobilen Zugang gewählt haben (vgl. *Graumann/Köhne* 2002, S.164). Davon haben 50 % das Mobiltelefon, 40 % das Notebook/Laptop, 8 % den PDA/Handheld und 2 % andere Zugangsgeräte verwendet. Dies liegt u.a. auch am Verbreitungsgrad dieser Geräte, der derzeit noch gering ist, wie die nachfolgende Abb. 5 „**Gerätepenetration** in Deutschland" exemplarisch zeigt. Aber nach der Prognose von *Büllingen/Stamm* (vgl. 2001, S. 98) wird sich eine deutliche Verschiebung innerhalb der mobilen Empfangsgeräte abzeichnen.

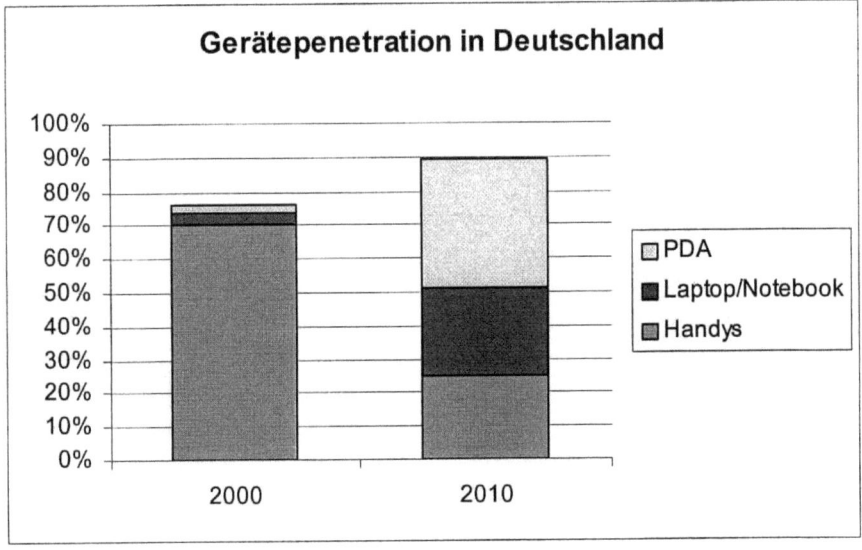

Abb. 5: Die Gerätepenetration in Deutschland 2000 und 2010
In Anlehnung an: *Büllingen/Stamm* 2001, S. 98

3 M-Commerce aus der Sicht der Nutzer

Nachdem das Hauptaugenmerk in diesem „statistischen" Teil des Sammelwerks bisher auf den deutschen Mobilfunkmarkt im Allgemeinen bzw. auf die Anbieter gelegt wurde, befassen sich die folgenden Abschnitte mit dem **Kunden** bzw. dem **Nutzer von Mobilfunkleistungen**, seinem **Verhalten** und seinen **Wünschen**.

3.1 Teilnehmerentwicklung in Mobilfunknetzen

Wie allgemein bekannt, sind die **Teilnehmerzahlen in Mobilfunknetzen** in den letzten Jahren stetig gestiegen. Die nachfolgende Abb. 6 gibt einleitend Aufschluss über die tatsächliche **Teilnehmerentwicklung** von 1992 bis 2001 in Deutschland. Im Jahr 2001 kam es zum ersten Mal zu einem geringeren Wachstum als in den zwei Jahren zuvor. Eine sich anbahnende Marktsättigung muss dies aber angesichts der Einführung neuer Techniken wie **Farbdisplays, EMS, MMS** und letztlich **UMTS** nicht bedeuten. Beleg dafür ist eine Umsatzsteigerung der Mobilfunkhersteller von 7,8 % im dritten Quartal 2002 mit über 104 Mio. abgesetzten Mobiltelefonen (Quelle: *Gartner Dataquest* 2002).

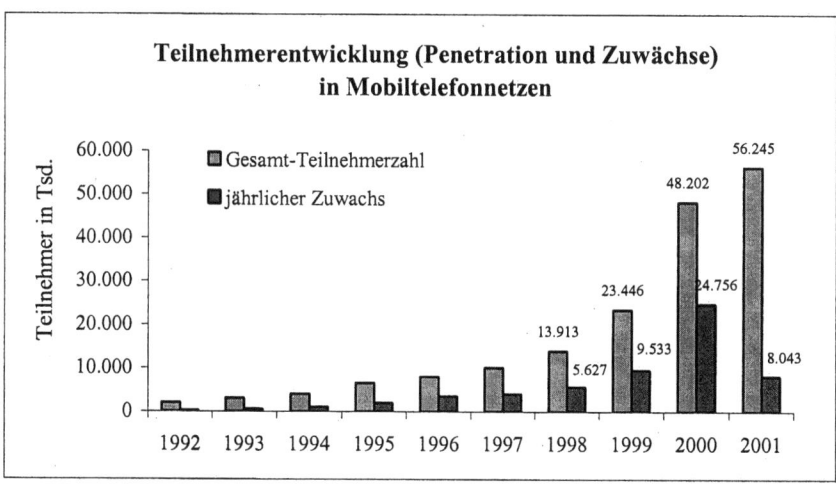

Abb. 6: Teilnehmerentwicklung für den Mobilfunk in Deutschland
Quelle: *RegTP* 2002a

3.2 Nutzungsverhalten

3.2.1 Allgemeine Kauf- und Nutzungskriterien

Kennt man die Gesamt-Teilnehmerzahlen, so stellt sich die Frage, welche **Anforderungen** die Nutzer an die Geräte stellen und welche weiteren Dienstleistungen erwünscht sind bzw. nachgefragt werden. Die nachfolgende Tabelle zeigt die Ergebnisse einer Studie des **Institutes für Demoskopie Allensbach**, in der die **Kaufkriterien bei Mobilfunkgeräten** untersucht wurden. Hierzu wurden 10.507 Probanden im Alter von 14 bis 64 Jahren im Zeitraum Januar bis August 2002 befragt. Im Vergleich dazu werden die Untersuchungsergebnisse von 1999 gegenübergestellt.

Kaufkriterien bei Mobilfunkgeräten	Bevölkerung insgesamt	
	1999	2002
• Darauf achte ich besonders (Auszug):		
• Einfache Bedienung	59%	66%
• Lange Akkuzeit	55%	61%
• Günstiger Preis	51%	57%

• Geringes Gewicht	45%	53%
• Gute Tastatur	40%	51%
• Hohe Tonqualität	44%	41%
• Geringe Größe	34%	39%
• Vibrationssignal	18%	38%
• Gutes Design	24%	34%
• Vertragslaufzeiten (kurze Bindung erwünscht)	42%	31%
• Vielfältige Zusatzfunktionen wie z.B. Uhrzeit, Kalender, Taschenrechner, Adressbuch	10%	31%
• Bekannter Hersteller	21%	28%
• Spielefunktionen, eingebaute Spiele	4%	13%

Tab. 1: Kaufkriterien bei Mobilfunkgeräten
Quelle: *ACTA* 2002

Es zeigt sich, dass insbesondere auf eine einfache Bedienung, eine lange Akkuzeit und damit lange Gesprächsbereitschaft bzw. -zeit, auf einen günstigen Preis, geringes Gewicht und gute Tastaturqualität Wert gelegt wird.

In der nachfolgenden Tabelle werden die genutzten Funktionen der Mobilfunkgeräte wiedergegeben (in Gegenüberstellung zu den Ergebnissen aus dem Jahre 2000). Auffällig ist die eminente Bedeutung der **SMS-Funktion,** die den mit Abstand höchsten Beliebtheitswert aufweist. Nicht nur aus diesem Grund ist der SMS ein gesondertes Kapitel (3.4) im Rahmen dieser statistischen Ausarbeitung gewidmet. Der nicht erwartete Erfolg dieser Applikation unterstreicht sehr gut die Ausführungen zur stillen Revolution von *Link* in diesem Sammelwerk. Insgesamt ist auch auffällig, dass den vielfältigen Zusatzfunktionen wie Mailbox, Vibrationsalarm, Adressbuch sowie Klingelzeichen und Anrufmelodien eine hohe Aufmerksamkeit geschenkt wird.

Genutzte Funktionen Endgeräte	Mobilfunk-Nutzer	
	2000	2002
- Auszug -		
• SMS, Kurznachrichten	66,0%	79,4%
• Eingerichtete Mailbox	54,2%	43,3%
• Vibrationsalarm	16,1%	37,6%

• Adressbuch mit gespeicherten Telefonnummern	40,9%	32,6%
• Große Anzahl von Klingelzeichen, • Anrufmelodien	44,7%	32,4%
• Taschenrechner	17,0%	30,9%
• Spielefunktionen, eingebaute Spiele	18,2%	29,5%
• Rufumleitung	33,7%	27,7%
• Terminkalender	9,4%	17,5%
• Makeln, Anklopfen	18,8%	16,5%
• Währungsumrechnungsfunktion	5,9%	12,6%
• Tragbare Freisprecheinrichtung (mit Kopfhörer)	6,9%	12,3%
• Festeingebaute Freisprecheinrichtung im Auto	18,6%	11,7%
• E-Mail-Funktion	14,0%	9,6%
• EMS, zum Verschicken von Kurznachrichten mit Grafiken, Tönen etc.	-	8,2%
• WAP-Handy, mit dem man auch ins Internet gehen und Informationen aus dem Internet empfangen kann	2,6%	6,3%
• Handy, mit dem man zu Hause im Festnetz und Unterwegs im Mobilfunknetz telefonieren kann (z.B. Genion)	4,9%	4,3%
• Faxfunktion	6,1%	3,9%
• Integrierte Digitalkamera	-	0,3%

Tab. 2: Genutzte Mobilfunkfunktionen Endgeräte
Quelle: *ACTA* 2002

Des Weiteren kam in der Studie zum Ausdruck, dass das Interesse der Bevölkerung an den Entwicklungen im Bereich der **modernen Telekommunikation** ungebrochen ist. Knapp 73 % der gesamten Bevölkerung interessieren sich für diesen Bereich, 27 % zählen die Entwicklungen der modernen Telekommunikation zu ihren Hauptinteressengebieten.

3.2.2 Zukünftige Kauf- und Nutzungskriterien

Ein entscheidender Anstieg des **Pro-Kopf-Umsatzes der Mobilfunkteilnehmer** (**ARPU**, vgl. Kap. 3.3) wird erst wieder mit der Einführung von Produkten erwartet, die einen hohen Mehrwert generieren. Die Anfänge dieser Entwicklung sind mit Endgeräten mit **integrierter Digitalkamera** und **MMS-Fähigkeit** (vgl. Kap. 3.5) gemacht. Letztlich wird der Erfolg von UMTS von den „neuen" Anwen-

dungsmöglichkeiten, in Relation zum Preis, abhängig sein. Nach einer Untersuchung des Marktforschungsunternehmens *Dialego*, in der 629 Probanden befragt wurden, wurde offenbar, dass sich 61,1 % ein **UMTS-fähiges Mobiltelefon** zulegen würden (vgl. *Dialego* 2001). Die nachfolgende Abbildung gibt Aufschluss über diejenigen mobilen Dienste, die über UMTS nachgefragt werden würden.[1] Dabei wird deutlich, dass sich insbesondere die ortsbezogenen Dienste (LBS – Location Based Services), der Mobile Commerce sowie die Multimedia-Dienste außerordentlicher Beliebtheit erfreuen.

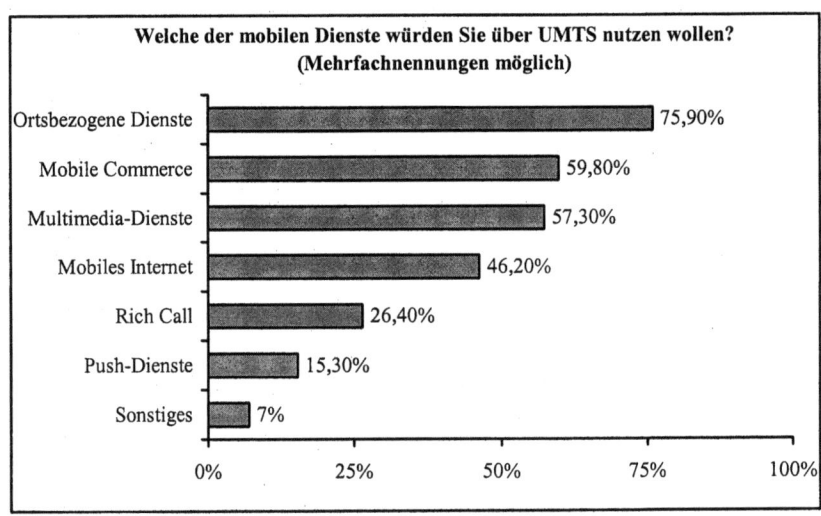

Abb. 7: UMTS-Nutzung
Quelle: *Dialego* 2001

Eine andere Studie, durchgeführt von *SevenOne Media*, in der 1003 Interviews geführt wurden, gibt ebenfalls Aufschluss über die Attraktivität der Nutzungsmöglichkeiten. Hiernach scheint es so, als ob in der Zukunft die Befragten die Nutzungsmöglichkeit der E-Mail gegenüber der Nutzung von SMS vorziehen würden. Weiterhin ist den Nutzern die Navigation und damit die Bedienfreundlichkeit sowie die Organizerfunktion (Termine machen) und die Internetfähigkeit außerordentlich wichtig. Da das Alter der Nutzer ausschlaggebend für verschiedene Anwendungen sein kann, fand zu der vorangegangenen Frage eine **Altersanalyse** statt, die die Abb. 9 wiedergibt.

---

[1] Unter dem Begriff Rich Call ist die Möglichkeit zu verstehen, während eines Telefonats bspw. eine E-Mail zu versenden, verschiedene Kommunikationsanwendungen können miteinander verknüpft werden. Bei sog. Push-Diensten werden vom Verbraucher zuvor gewünschte Informationen je nach Bedarf an das Endgerät gesendet.

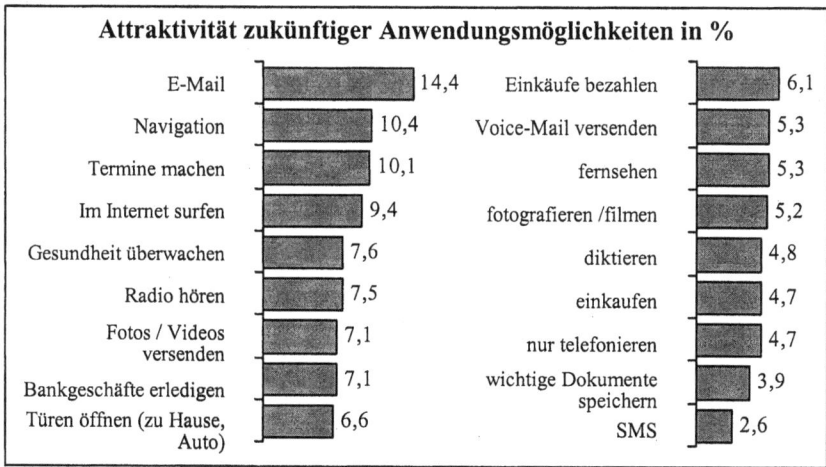

Abb. 8: Attraktivität jetziger und zukünftiger Anwendungsmöglichkeiten
Quelle: *SevenOne Media* 2002

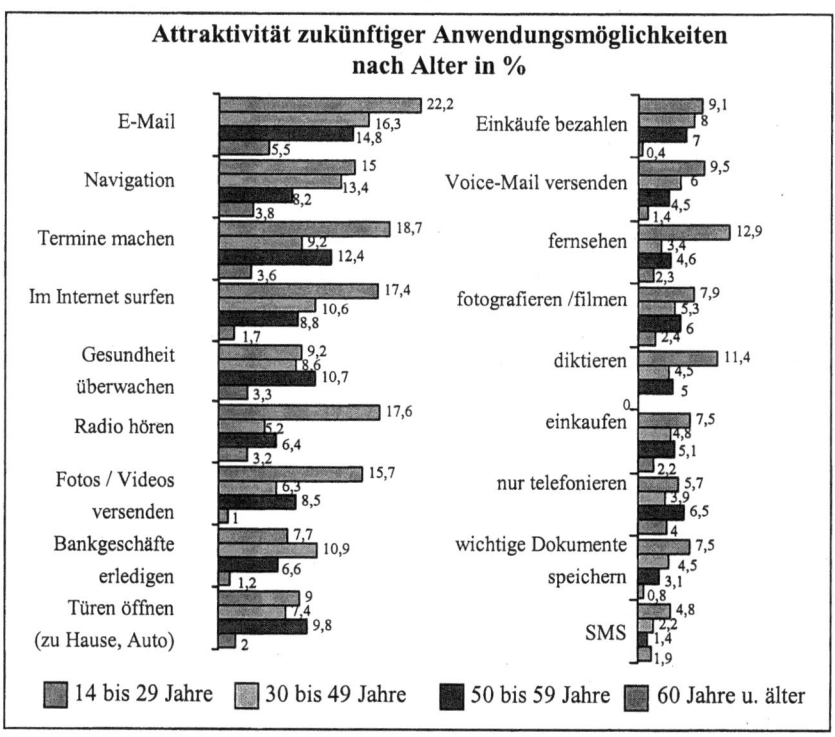

Abb. 9: Attraktivität der Anwendungsmöglichkeiten nach Alter
Quelle: *SevenOne Media* 2002

Auffällig ist, dass die höchsten Beliebtheits-Ausschläge fast immer bei den 14 bis 29jährigen zu finden sind. Die Anwendungsmöglichkeit „Gesundheit überwachen" ist hingegen bei den 50 bis 59jährigen am beliebtesten. Die Anwendungsmöglichkeit „Bankgeschäfte erledigen" wird von den 30 bis 49jährigen am attraktivsten eingestuft.

Wie schon beschrieben, werden den **Location Based Services** erfolgreiche Zukunftsperspektiven vorausgesagt (vgl. *Emnid* 2002). Demnach werden aus heutiger Sicht folgende Informationen zu den Favoriten der ortsbezogenen Mobilfunkdienste gehören: Stadtpläne, Geschäfte mit Sonderangeboten, Notdienst-Apotheken, Geldautomaten, Tankstellen und Restaurants.

Analysiert man die nachgefragten Anwendungen, so wird – wie in Abb. 4 aufgezeigt – erneut klar, dass sich die Relation zwischen **Sprachtelefonie** und **mobiler Datenübertragung** eindeutig zugunsten der Datenübertragung verschieben wird.

3.3 Der Kostenfaktor

Das Nutzungsverhalten der Mobilfunkteilnehmer wird auch zu einem erheblichen Teil von den **Kosten** bestimmt. Der Erfolg der SMS ist bspw. auch durch die anfänglich relativ geringen Preise im Vergleich zur Sprachtelefonie zu erklären. Der Mobilfunkteilnehmer hat die Wahl zwischen den unterschiedlichsten **Prepaid-** und **Postpaidverträgen**. Insgesamt ist ein kaum zu durchdringender **Tarifdschungel** entstanden. Durch offensive Vermarktung der Netzbetreiber und Service-Provider von subventionierten Prepaid-Produkten, insbesondere in den Jahren 2000 und 2001, stieg die Zahl dieser Kunden beträchtlich. Allerdings wurden die steigenden Nutzerzahlen mit sinkenden Umsätzen je Nutzer erkauft. Der Vertragsmarkt wuchs nur einen Bruchteil so stark wie der Prepaid-Markt. Die nachfolgende Abb. 10 gibt Aufschluss über die zunehmende Verschiebung von Postpaid- zu Prepaidverträgen.

Die englische Regulierungsbehörde für Telekommunikation *Oftel* hat eine sehr aufwändige **Mobilfunkindexstudie** vorgelegt, in der die Kosten der Endkunden für die Länder Deutschland, Frankreich, Schweden, Italien und England genauestens analysiert wurden (vgl. *Oftel* 2002)[2].

---

[2] Der Studie „International benchmarking study of mobile services" wurde eine sog. „basket methodology" zugrunde gelegt, zu der *Oftel* u.a. folgende Angaben macht: Usage baskets need to reflect a range of patterns of use representative of different groups of consumers. Price comparisons need to take into account the range of products available to the consumer. It is important that the baskets used reflect the usage patterns of consumers, which may change over time.

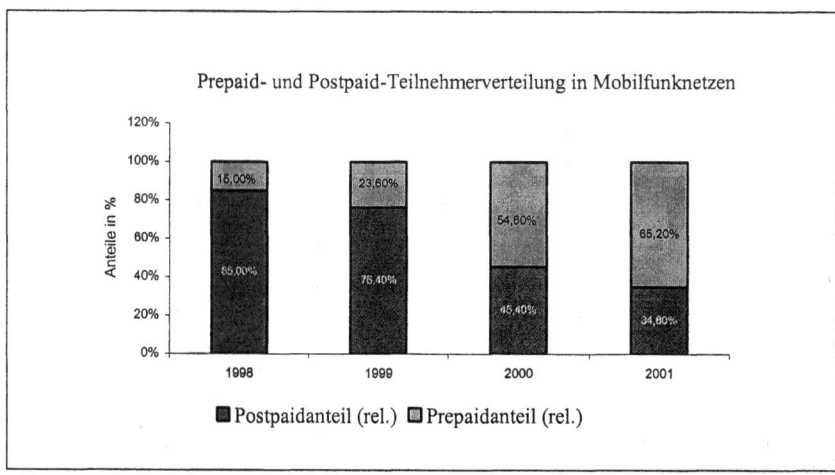

Abb. 10: Prepaid- und Postpaid-Teilnehmerverteilung in Mobilfunknetzen
Quelle: *RegTP* 2002a

Um einen Vergleich anzustellen wurden die ermittelten Kosten des englischen Mobilfunkmarktes als Grundlage bzw. als Maßstab für die anderen Länder herangezogen (GB = 100). Auch die **Endgerätesubvention** wurde mit in die Preisbetrachtung einbezogen. Die deutschen Mobilfunkkunden schneiden in dieser Studie verhältnismäßig gut ab, d.h. die Kosten im europäischen Vergleich sind relativ gering; nur in Frankreich ist der Mobilfunk noch „preiswerter".

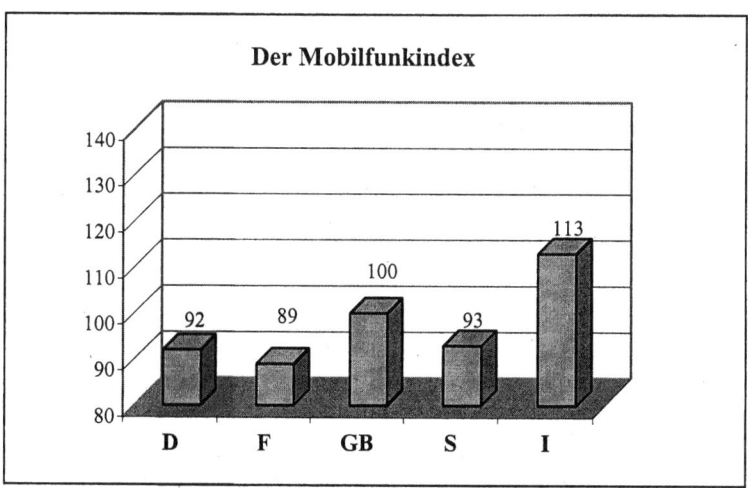

Abb. 11: Der Mobilfunkindex (Mobile Enduser Price Index)
Quelle: *Oftel* 2002

Anhand des sog. **ARPU** (average revenue per user) ermitteln die Netzbetreiber und Serviceprovider den durchschnittlichen Umsatz pro Kunde. Anhand dieser

Größe, die in den ersten drei Quartalen 2002 zwischen 24 und 28 Euro lag (vgl. *T-Mobile* 2002, *Vodafone* 2002, O_2 2002), lassen sich auch die Durchschnittskosten pro Mobilfunkteilnehmer ablesen. Wichtig bei der Ermittlung dieser Messgröße ist, dass die inaktiven Kunden (i.d.R. Prepaid-Nutzer) von den Netzbetreibern meist nach 15 Monaten aus dem Bestand genommen werden. Ein entscheidender Anstieg des ARPU wird erst mit Einführung von Produkten erwartet, die in Verbindung mit UMTS einen hohen **Mehrwert** generieren. Die nachfolgende Abbildung gibt analog Antwort auf die Frage, wie viel für ein UMTS-fähiges Endgerät ausgegeben werden würde und wie viel die Probanden bereit wären, monatlich zusätzlich für mobile Dienste zu bezahlen.

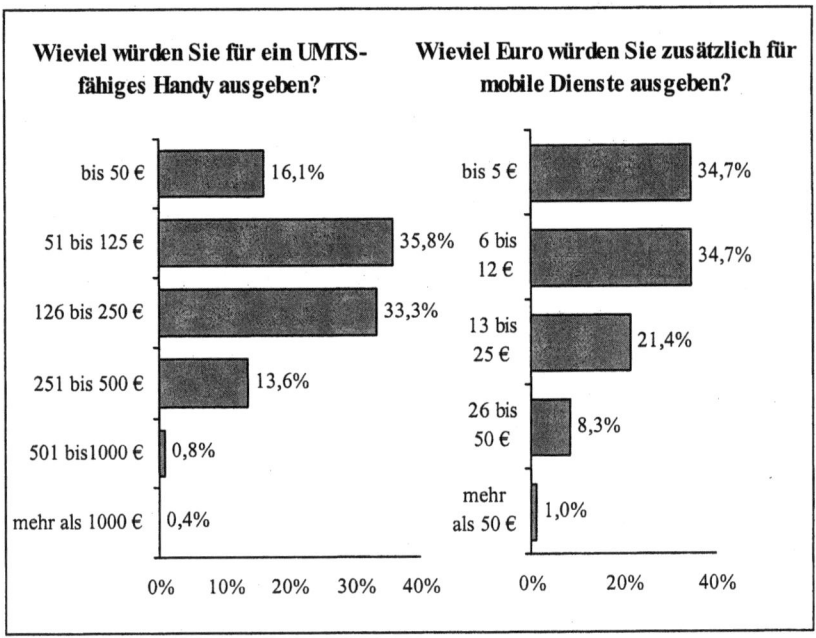

Abb.12: Preisbereitschaft
Quelle: *Dialego* 2001

3.4 Der Short Message Service

Neben der Sprachtelefonie ist der mit Abstand größte Erfolg im derzeitigen Mobilfunkmarkt immer noch der **Short Message Service**, die – klassische – SMS, die demgemäß eine genauere Betrachtung verdient. Der große Erfolg, der von vielen als **Killerapplikation** bezeichneten Anwendung, war quasi von keinem Unternehmen erwartet worden. Das Eintippen von Wörtern und Sätzen ohne adäquate Tastatur galt als umständlich und benutzerunfreundlich. Auch anhand dieser unerwarteten Entwicklung kann der Untertitel des vorliegenden Buches – „stille Revolution" – sehr treffend veranschaulicht werden. Die nachfolgende Abbildung zeigt die dynamische Entwicklung des Short Message Service.

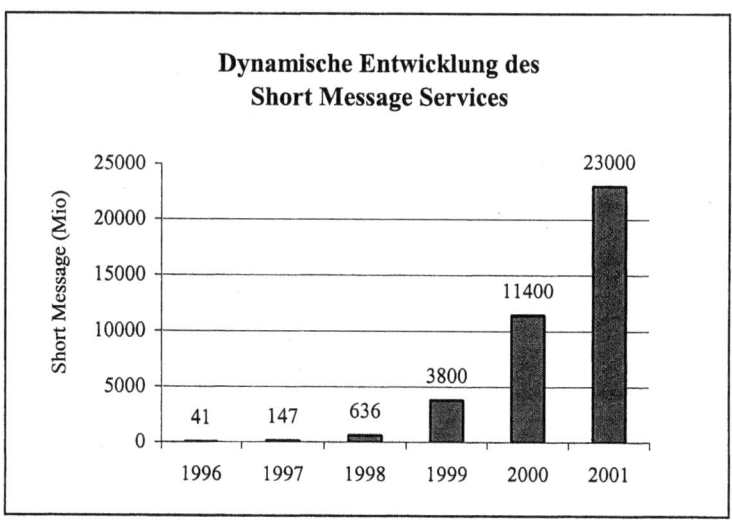

Abb. 13: Dynamische Entwicklung des Short Message Service
Quelle: z.T. *RegTP* 2002a, z.T. *BITKOM* 2002

Wurden im Jahr 1998 70 Mio. Euro Umsatz mit dem Kurznachrichtengeschäft erwirtschaftet, waren es im Jahr 2001 bereits 2,1 Mrd. Euro. Damit trägt das SMS Geschäft zu ca. 12 bis 15 % zu den Erlösen der Mobilfunkanbieter bei (vgl. *Xonio* 2002). Unternehmen wie **Jamba** und **Zed** haben sich mit ihrem Geschäftmodell voll auf die SMS und damit zusammenhängenden Applikationen konzentriert und erwirtschaften mit dem mobilen Versand von **Klingeltönen, Logos** und ähnlichem beachtliche Umsätze.

Nach einer von *Emnid* durchgeführten Studie, in der 1039 Mobilfunknutzer telefonisch interviewt wurden, kam heraus, dass die SMS auf der Beliebtheitsskala weiter **ganz oben** steht (vgl. *Emnid* 2002). 59 % versenden demnach binnen einer Woche mindestens eine Kurzmitteilung, 69 % haben mindestens eine SMS empfangen (Werbe-SMS mit eingeschlossen). Die Möglichkeit, Bilder oder Logos zu versenden, wurde von 7 % der befragten Mobilfunkteilnehmer genutzt. Noch unter 1 % liegt der Anteil derjenigen, welche Bilder mit einer im Handy integrierten Kamera aufgenommen und per MMS versendet haben. Dem Multimedia-Datendienst **MMS (Multimedia Messaging Service)**, gewissermaßen dem SMS Nachfolger, werden nach einer Analyse der Unternehmensberatung *Frost & Sullivan* beträchtliche Potenziale (vgl. *Frost & Sullivan* 2002) eingeräumt. MMS ermöglicht die mobile Übertragung multimedialer Nachrichten, die Fotos, Grafiken und auch Sprach- und Audio-Elemente enthalten können. Weiterhin ist es auch möglich bspw. Videoclips, Trailer oder Produktpräsentationen zu übertragen. Nach *Frost & Sullivan* könnte der Europamarkt für MMS-Dienste im Jahr 2006 bereits ein Volumen von über 26 Mrd. Euro umfassen.

3.5 Internationaler und intermedialer Vergleich

Die bisher dargestellten statistischen Auswertungen beschränkten sich in erster Linie auf den deutschen bzw. europäischen Markt. Um einen adäquaten weltweiten Vergleich anstellen zu können, werden im Folgenden geeignete Zahlen, Daten und Fakten, bezogen auf den **„Mobilfunk-Weltmarkt"** wiedergegeben. Die nachfolgende Abbildung veranschaulicht einleitend, dass Westeuropa noch vor den USA die meisten Mobilfunkteilnehmer vorweisen kann.[3]

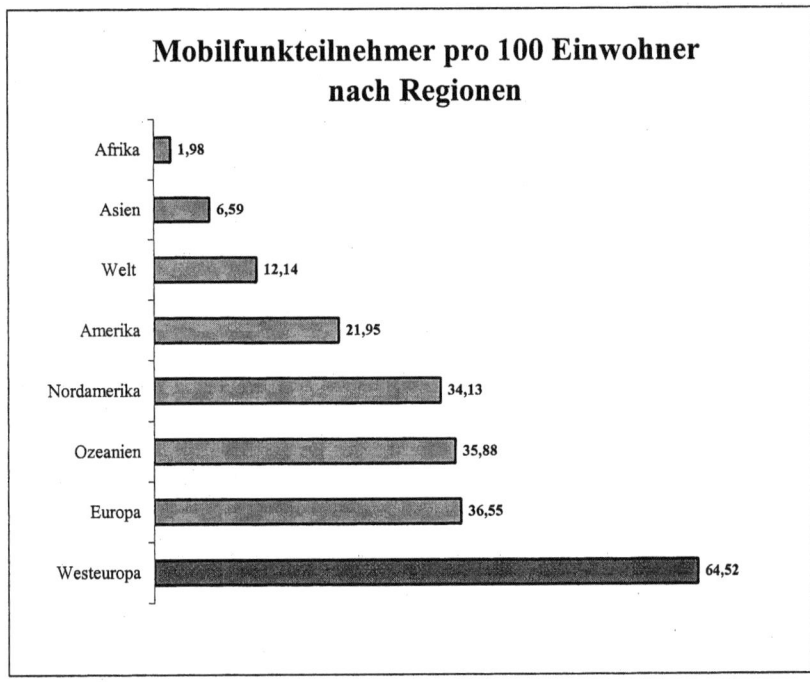

Abb. 14: Mobilfunkteilnehmer weltweit pro 100 Einwohner nach Regionen
Quelle: *NFO Infratest* 2002

Analog veranschaulicht die nächste Abbildung die **Mobilfunkpenetration** auf Länderbasis in ausgewählten Staaten. Luxemburg und Italien weisen demnach die höchste Mobilfunkdichte auf.

---

[3] Die absoluten Zahlen wurden bereits im einleitenden Kapitel 3.1 veranschaulicht.

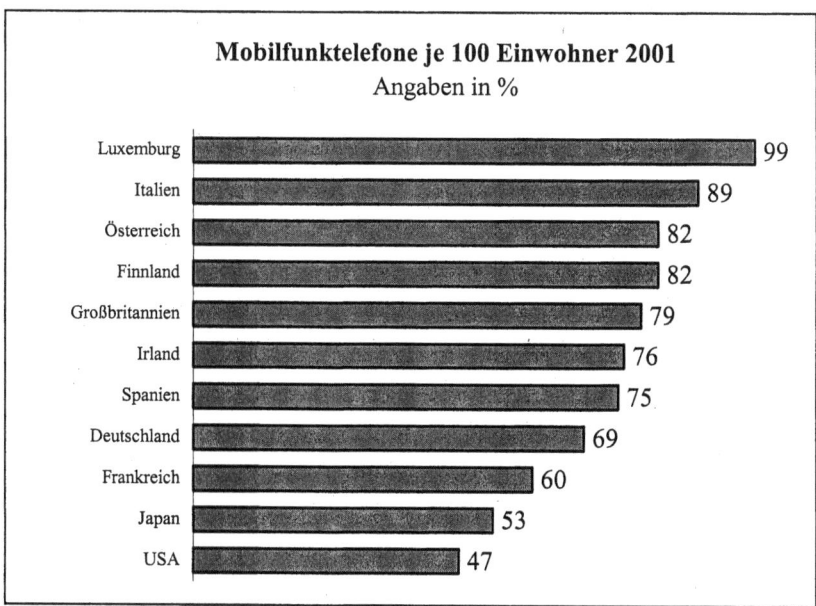

Abb. 15: Mobilfunkpenetration ausgewählter Staaten
in % der Bevölkerung
Quelle: *NFO Infratest* 2002

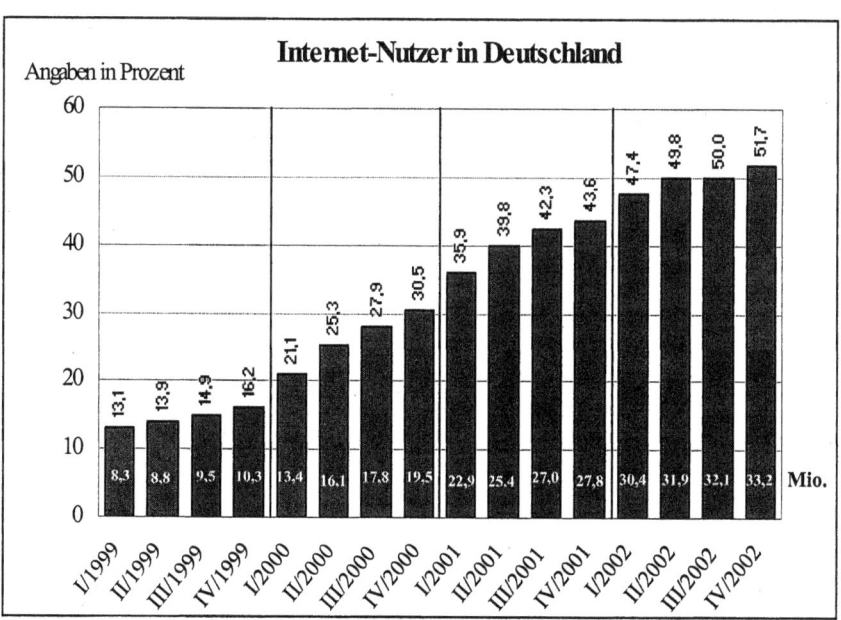

Abb 16: Internet-Nutzer in Deutschland 1999-2002
Quelle: SevenOne/forsa 2002

Nachdem nun einige wichtige Zahlen im Mobilfunkmarkt aufgezeigt wurden, lohnt ein Vergleich mit verwandten Medien wie **Fernsehen** und **Internet**. Wie Abb. 16 zeigt, weist das Internet in Deutschland eine außerordentlich dynamische Entwicklung auf (vgl. *SevenOne/forsa* 2002). Mittlerweile surft jeder Zweite (über 14 Jahre) im Internet, und bei manchen Zielgruppen liegen noch wesentlich höhere Werte vor: **Männer** erreichen statt des Durchschnittswertes von 51,7 Prozent einen Wert von 60,9 Prozent, und in der **Altersgruppe 14-19 Jahre** nutzen sogar **85 Prozent** das Internet. Da diese Altersgruppe am ehesten und frühesten Hinweise auf die Zielgruppen von morgen geben kann, zeichnet sich für den E-Commerce der Zukunft immer deutlicher die an anderer Stelle (vgl. *Link* 2000, insbes. S. 22f.) analysierte und prognostizierte revolutionäre Entwicklung ab.

Abb. 17 lässt erkennen, dass die „**neuen Medien**" Internet und Mobilfunk mit ihrer ausgeprägten **Dynamik** das ältere Medium Fernsehen hinter sich lassen werden. Dabei wird, wie im ersten Beitrag diese Buches dargestellt, ein immer größerer Teil der Internet-Anwendungen auf mobilen Endgeräten abgewickelt werden. Insofern spiegeln die Kurvenverläufe in Abb. 17 keine reine Konkurrenzsituation zwischen Mobilfunk und Internet wider, sondern lassen eher an ein **gegenseitiges** „**Aufschaukeln**" denken: Die rasche Internet-Diffusion wird den (internetbasierten) Mobilfunk beflügeln, und die Diffusion des (internetbasierten) Mobilfunks kommt der weiteren Verbreitung des E-Business zugute.

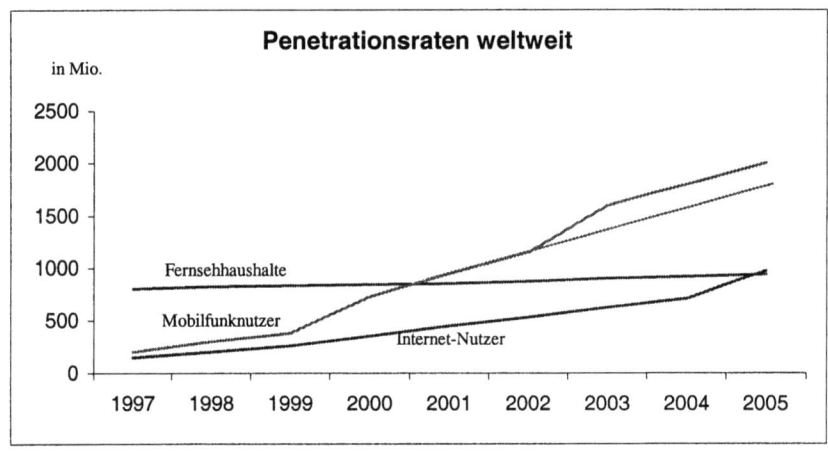

Abb. 17: Prognosen der weltweiten Entwicklung von Penetrationsraten
Quelle: *Ascari et al* 2000, *ITK-trends* 2003, *Glossar* 2003, *eMarketer* 2003, *International Data Corporation (IDC)* 2002, *Computer Industry Almanac (CIA)* 2002

Mit dem Medium Internet haben auch die nachfolgenden Abbildungen zu tun: Alle sechs Monate führen die Unternehmensberatung **A.T. Kearney** und das *Judge Institute* der **Universität Cambridge** eine Umfrage unter weltweit 6000 Internet-Nutzern zum Thema Mobile Business durch und veröffentlichen die Ergebnisse in der sog. „**Mobinet-Studie**" (vgl. *A.T. Kearney* 2002). Die Daten dieser Studie geben hervorragend internationale Vergleichsdaten wieder und werden im Folgenden als Grundlage genutzt. Wie bereits im Kapitel 3.3 beschrieben, wird sich die Relation zwischen Sprachtelefonie und mobiler Datenübertragung eindeutig zugunsten der Datenübertragung verschieben (siehe auch Kap. 2.4). Entsprechend wird auch der Anteil der **internetfähigen Endgeräte** (IEP – Internet Enabled Phones) weiter zunehmen. Die nachfolgende Abbildung veranschaulicht die Entwicklung dieser Endgeräte. Zu den Zahlen der aktuellen (5.) Mobinet Studie sind die Zahlen der beiden vorherigen (3. und 4.) Mobinet Studien zum Vergleich zugeordnet.[4]

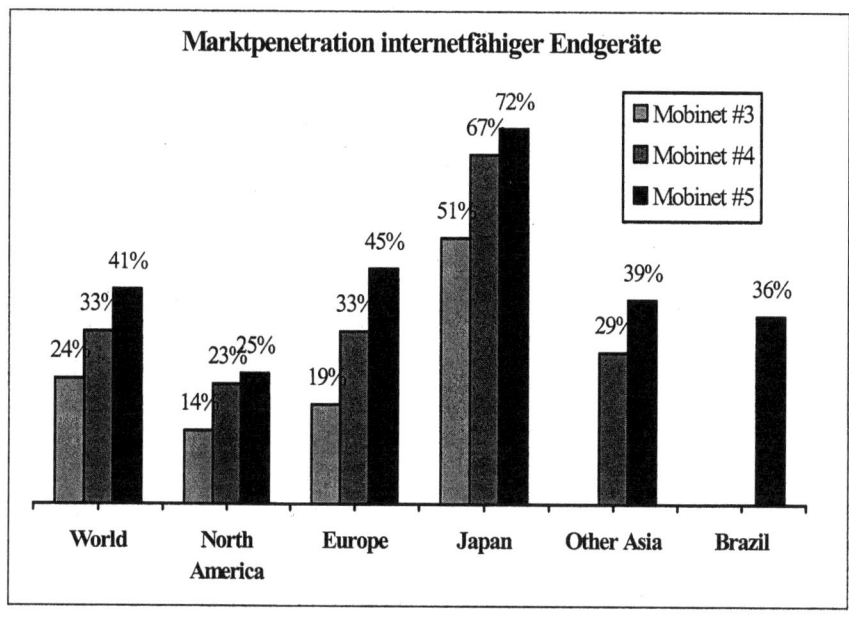

Abb. 18: Marktpenetration internetfähiger Endgeräte weltweit
nach Region in %
Quelle: *A.T. Kearney* 2002

Insgesamt ist die Zahl der IEPs im Verlauf der drei Studien um 25 % gewachsen. Analog ist in diesem Zusammenhang weiterhin interessant, welches die beliebtesten Anwendungen dieser internetfähigen Endgeräte sind. Abbildung 19 gibt Aufschluss darüber.

Es wird deutlich, dass sich insbesondere in Japan fast alle Anwendungen ausgesprochener Beliebtheit erfreuen, was sicherlich auch mit dem frühzeitigen Aufbau des i-mode Netzes (vgl. Kap. 3.6) zusammenhängt. Weltweit ist die **E-Mail-Funktion** die beliebteste Anwendung und setzt damit quasi den Siegeszug der SMS fort.

---

[4] Die Untersuchungen bzw. Befragungen im Rahmen der Mobinet Studie werden im halbjährigen Rhythmus durchgeführt, die 5. Version wurde im August 2002 veröffentlicht (vgl. *A.T. Kearney* 2002).

Positive Zukunftsaussichten spricht man insbesondere den **Location Based Services** zu. Die Abb. 20 stellt die Nutzer von LBS weltweit nach Regionen dar (zu den Möglichkeiten der LBS vgl. Kap. 3.3.2).

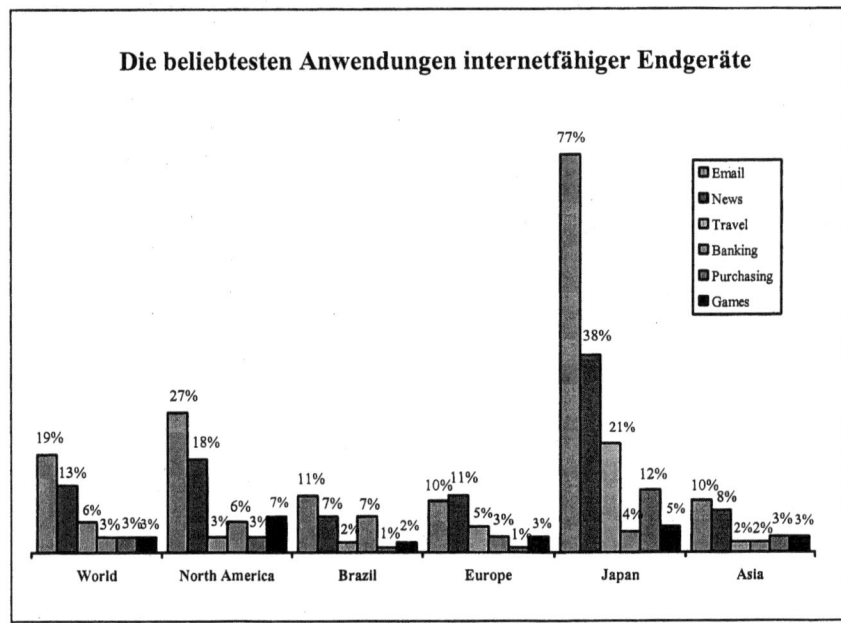

Abb. 19: Die beliebtesten Anwendungen internetfähiger Endgeräte weltweit nach Region in %
Quelle: *A.T. Kearney* 2002

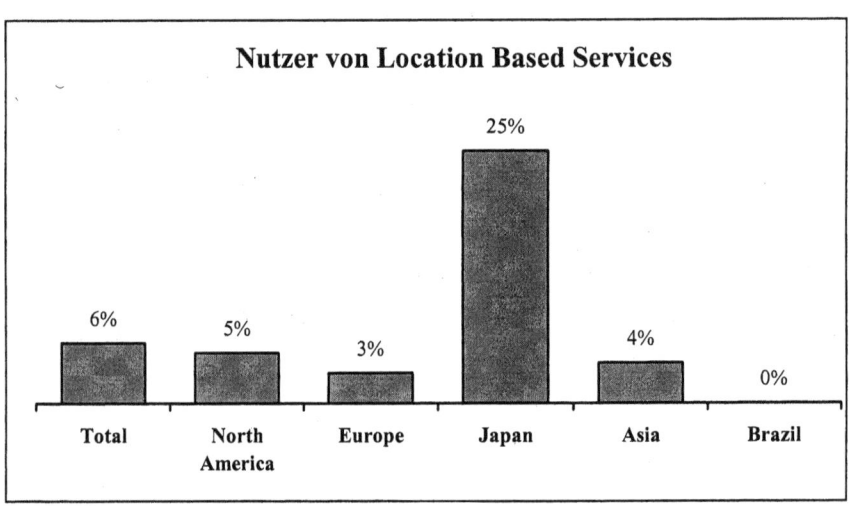

Abb. 20: LBS weltweit nach Region in %
Quelle: *A.T. Kearney* 2002

Um abschließend das steigende Interesse an mobilem Marketing zu verdeutlichen, wird in der folgenden Abbildung die zeitliche Entwicklung der **SMS-Werbe-Mitteilungen** veranschaulicht.[5] Den Probanden wurde die Frage gestellt, ob sie Werbe-SMS erhalten haben. Der Verlauf kann gewissermaßen exemplarisch Tendenzen für die Entwicklungen im **mobilen Handel** aufzeigen. Auch weltweit zeigt sich, dass das Bewusstsein für die Möglichkeiten mobiler Werbung und damit auch des **Mobile Commerce** zunimmt.

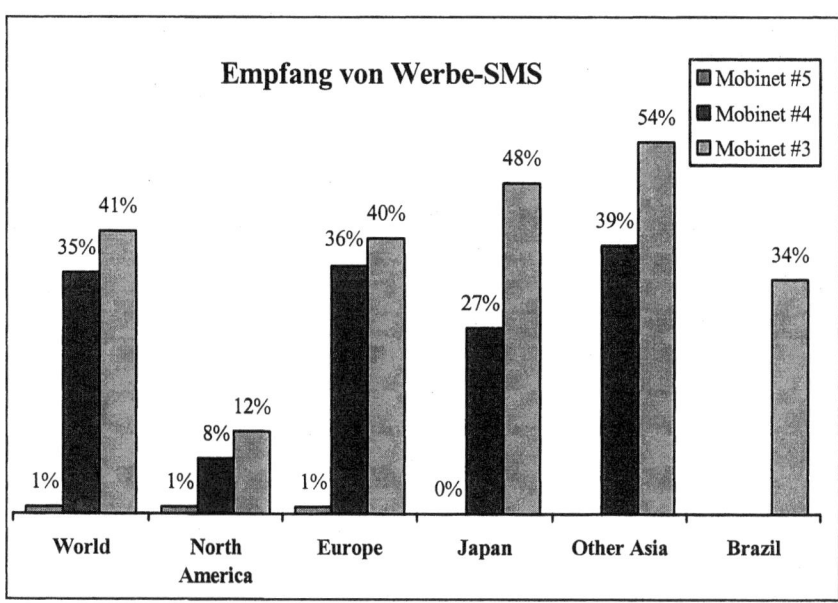

Abb. 21: Empfang von Werbe-SMS in % nach Region
Quelle: *A.T. Kearney* 2002

3.6 i-mode in Japan

Wenn man sich mit dem Themenfeld des M-Commerce beschäftigt, kommt man um eine Schilderung des sehr erfolgreichen Mobilfunkstandards **i-mode** der Firma **NTT DoCoMo** in Japan, welcher quasi als Musterbeispiel für die Mobilkommunikation bzw. die mobile Datenübertragung gilt, nicht herum. Eine Übertragung dieses Erfolgsbeispiels auf den deutschen bzw. europäischen Markt ist nur bedingt

---

[5] Zu den Zahlen der aktuellen (5.) Mobinet Studie sind wieder die Zahlen der beiden vorherigen (3. und 4.) Mobinet Studie zum Vergleich zugeordnet.

möglich[6], eine Veranschaulichung der statistischen Daten aber dennoch sinnvoll und zweckmäßig. *Schoder/Vollmann* beschreiben bereits sehr anschaulich die technologischen Grundlagen sowie die „**Beherrschung der Wertschöpfungskette**" bzw. das **Value Scope Management** in Zusammenhang mit i-mode in diesem Sammelwerk. Auch im vorherigen Kapitel (weltweiter Vergleich) finden sich Daten über den japanischen Mobilfunkmarkt, durch die insbesondere die Vormachtstellung der mobilen Datenübertragung mit internetfähigen Endgeräten deutlich wird.

Der i-mode Dienst wurde im Februar 1999 gestartet und gilt als **Vorstufe zur UMTS-Technologie,** in der die Endkunden auf Web-basierte Inhalte zugreifen können. Die Firma NTT DoCoMo tritt dabei als ISP auf und übernimmt die Datenübertragung und Abrechnung. Das Unternehmen kann bezogen auf den i-mode Standard mittlerweile auf einen Kundenstamm von **35,57 Mio. Teilnehmern** und insgesamt auf einen Kundenstamm von **42,5 Mio. Teilnehmern** verweisen (Stand: Ende November 2002; vgl. *TCA* 2002).

Nach Angaben der Unternehmensberatung *Frost & Sullivan* sind über i-mode bereits mehr als **45.000 spezielle Internetseiten** abrufbar (die Anzahl der Menue-Sites gibt NTT DoCoMo mit 2947 an, vgl. *NTT DoCoMo* 2002) und den Anwendern stehen Möglichkeiten wie E-Mail, Online Banking, Ticketreservierung und standortbezogene Dienste zur Verfügung.

	Mobilfunkkunden gesamt in Mio. (Nov. 2002)	Mobilfunkkunden prozentual		ISP Mobilfunkkd. in Mio. (Nov. 2002)	Mobilfunkkunden prozentual
gesamt	72.808,7		gesamt	58.432,3	
NTT DoCoMo	42.481,0	58,4%	i-mode (NTT DoCoMo)	35.568,0	61,9%
KDDI au, KDDI Tu-Ka	17.165,2	23,6%	EZ-web (KDDI au, KDDI Tu-Ka)	11.533,5	19,7%
J-phone	13.162,5	18,1%	J-sky (J-phone)	11.330,8	19,3%

Tabelle 3: Marktverhältnisse Mobilfunk in Japan 2002
Quelle: *TCA* 2002

---

[6] Gründe dafür sind zum einen die verhältnismäßig geringe Verbreitung von stationärem Internet in Japan sowie das Nichtvorhandensein des Short Message Service. Das Gegenstück zur SMS bildet dort i-mode mit seiner E-Mail-Funktion.

Die anfallenden Kosten für diese Dienste setzen sich zusammen aus einer monatlichen Grundgebühr in Höhe von etwa 5 Euro plus geringen Gebühren für das Volumen der übertragenen Daten und eventuell anfallende Abonnementkosten für die abgerufenen Seiten, die ungefähr zwischen 2 und 6 Euro pro Monat liegen.

Die zum Gebrauch notwendigen Mobiltelefone sind in den Anschaffungskosten vergleichbar mit europäischen Modellen, gelten aber als modischer, leichter und kleiner im Design (vgl. *Frost & Sullivan's Analysis of WAP and i-mode, Report B025*). Die Marktmacht von NTT DoCoMo ist auch darauf zurückzuführen, dass die Firma lange Zeit der einzige Betreiber mit **kompletter Netzabdeckung** in ganz Japan war und sich somit früh eine **starke Marktposition** sichern konnte (vgl. *Schoder/Vollmann* in diesem Sammelwerk). Tabelle 3 gibt Aufschluss über den japanischen Markt und die Dominanz von NTT DoCoMo.

4 Fazit

Insgesamt sollten mit diesem statistischen Teil die **Marktverhältnisse im Mobilfunk** bezogen auf Deutschland, aber auch im europäischen und weltweiten Vergleich aufgezeigt werden.

So wurde z.B. dargestellt, dass die in Deutschland und Großbritannien gezahlten UMTS-Lizenzkosten im Vergleich zu anderen europäischen Ländern sehr hoch sind, was die betroffenen Netzbetreiber unter einen entsprechenden wirtschaftlichen Druck gesetzt hat. Weitere negative Faktoren für die Netzbetreiber waren der steigende Anteil der Prepaid-Verträge und der sinkende Umsatz je Nutzer. Hinsichtlich der durchschnittlichen Mobilfunkkosten pro Teilnehmer stellte sich heraus, dass die deutschen Mobilfunkentgelte aus der Sicht der Nutzer im europäischen Vergleich recht preisgünstig sind.

Ein Vergleich des Mobilfunkgerätemarktes mit verwandten Technologien bzw. Medien, wie Fernsehen und Internet zeigte, dass der Mobilfunk insgesamt die **dynamischste Entwicklung** in der Zukunft aufweist. Bestätigt wird dies auch durch die Mobilfunkpenetration in Westeuropa (ca. 65 %), die einen Spitzenplatz im weltweiten Vergleich einnimmt.

Hinsichtlich der Nutzungsgewohnheiten wurde anhand von vielen Beispielen eine klare Verschiebung der Nachfrage zugunsten des Datenverkehrs deutlich, d.h. dass die Erträge im Bereich des „**Datenverkehrs**" sowie des „**Premium Services**" steigen, hingegen im Bereich des „**Sprachverkehrs**" und der „**Monatsgebühren**" fallen werden. Die Anteile der reinen Telefonie werden sich demzufolge hin zum Datenverkehr verschieben.

Auch die Aussagen bezüglich der Werbe-SMS deuten auf bedeutende Potenziale hinsichtlich des **mobilen Marketing** und damit auch des **Mobile Commerce** hin. Hervorzuheben ist in diesem Zusammenhang die Kundengruppe der jungen

Erwachsenen, die die Anwendung SMS zu einem großen Erfolg werden ließ und auf deren **„Entdeckungspotenzial"** im Umfeld des **UMTS-Marktes** auch weiterhin gesetzt wird. Unter diesem Aspekt ist außerdem das stark zunehmende Angebot und Interesse an mobilen Geräten mit komfortablen Zusatzfunktionen wie bspw. Digitalkamera, E-Mail Client oder MMS-Fähigkeit im Sinne eines Electronic Mobile Assistant (EMA) von wesentlicher Bedeutung. Unterstützt werden diese Thesen weiterhin durch die Verhältnisse im „Vorreiterland" Japan, wo sich die Zusatzfunktionen und mobilen Datendienste ausgesprochener Beliebtheit erfreuen. Zu vermuten ist in diesem Zusammenhang auch, dass eine in das Endgerät integrierte E-Mailfunktion den Erfolg der „klassischen" SMS fortführen wird.

Mögliche Restriktionen sind in dem geringen UMTS-Versorgungsgrad von 50 % im Endausbau, derzeit noch fehlenden UMTS-Endgeräten sowie den noch nicht vorhandenen **„Killerapplikationen"** zu sehen. Dies bedeutet u.a., dass zunächst nur in den Ballungsgebieten UMTS zur Verfügung stehen wird. Gleichzeitig kann hier von einem Testmarkt gesprochen werden, in welchem eine Evaluation der Anwendungen vorgenommen wird.

Die vorangegangenen Ausführungen bezüglich der recht positiven Zukunftsprognosen bzw. -visionen stehen zweifellos in einem gewissen Gegensatz zu den momentan allgemein schwierigen Marktverhältnissen und lassen auch – wie schon beschrieben – auf **interessante Potenziale** schließen. Unterstützt wird diese These u.a. durch die beschriebene Umsatzsteigerung der Mobilfunkhersteller im dritten Quartal 2002 in Deutschland.

5 Literaturverzeichnis

Ascari et. al. (2000): Mobile Commerce: The next consumer revolution, in: McKinsey Telecommunications, Opportunities in wireless e-commerce, Spring 2000, p. 4-12.

Baldacci, P. (2001): Spätstarter UMTS in: internet world 11/2001, S. 20.

Brown, G./Dhaliwal, J. (2002): Multimedia messaging 2002.

Büllingen, F./Stamm, P. (2001): Entwicklungstrends im Telekommunikationssektor bis 2010 - Endbericht, WIK Bad Honnef 2001.

Ericsson Consulting (2001): Market Study UMTS – Perspectives and Potentials.

Godell, L. et. al (2000): Europe's UMTS Meltdown, The Forrester Report, 12/00.

Graumann, S./Köhne B. (2002): Monitoring Informationswirtschaft - 4. Faktenbericht, München 2002.

Link, J. (2000): Zur zukünftigen Entwicklung des Online Marketing, in Link, J. (Hrsg.): Wettbewerbsvorteile durch Online Marketing, 2. Aufl., Berlin et al. 2000, S. 1-34.

Lehner, F. (2002): Einführung und Motivation, in: Teichmann, R./Lehner, F. (Hrsg.): Mobile Commerce, Heidelberg 2002, S. 3-28.

Picot, A./Neuburger, R. (2002): Mobile Business – Erfolgsfaktoren und Voraussetzungen, aus: Reichwald, R. (Hrsg.): Mobile Kommunikation, Wiesbaden 2002, S. 55-69.

Reischl, G./Sundt, H. (2000): Das vierte W – WWWW –Wireless World Wide Web, Wien 2000.

Schleuning, C./Wetzig, R (2000): Das Internet in Zahlen, in: Link, J. (Hrsg.): Wettbewerbsvorteile durch Online Marketing, 2. Aufl., Berlin et al. 2000, S. 35-54.

Schweitzer, L./Meinhardt, Y./Krys, C./Fuest, K. (2002): Auswirkungen der UMTS-Lizenzvergabe auf den Unternehmenswert und Implikationen für die Geschäftsmodelle von Mobilfunkunternehmen, aus: Reichwald, R. (Hrsg.): Mobile Kommunikation, Wiesbaden 2002, S. 85-98.

TIMElabs Diebold (2001): Moving Economies – Winning in Mobile B2B Markets.

Wirtz, B. (2001): Electronic Business, 2. Aufl. Wiesbaden 2001.

Quellen aus dem Internet

[3G 2002] unter: www.3g-generation.com; Abfragedatum: 17.12.2002.

[ACTA 2002] unter: www.acta-online.de; Abfragedatum: 10.12.2002.

[A.T. Kearney 2002] unter: www.atkearney.com; Abfragedatum: 06.01.2003.

[BITKOM 2002] unter: www.bitkom.org/gbgateinvoke.cfm/wege_in_die_informationsgesellschaft.pdf; Abfragedatum: 17.12.2002.

[Computer Industry Almanac] unter: www.c-i-a.com/cia_info.html/3455552002; Abfragedatum: 30.01. 2003.

[Dialego 2001] unter: www.dialego.de; Abfragedatum: 10.12.2002.

[Durlacher 2001] unter: www.durlacher.com/bbus/resreports.asp; Abfragedatum 10.12.2002

[EMC Cellular Database 2001] unter: www.emc-database.com; Abfragedatum: 04.12.2002.

[eMarketer 2003] unter: www.emarketer.com/images/chart_gifs/034001-035000/034881.gif; Abfragedatum: 07.01.2003

[Emnid 2002] unter: www.emnid.emnid.de; Abfragedatum: 07.01.2003.

[E-Plus 2002] unter: www.e-plus.de; Abfragedatum: 23.10.2002.

[Frost & Sullivan 2002] unter: www.frost.com; Abfragedatum: 04.12.2002.

[Frost & Sullivan's Analysis of WAP and i-mode, Report B025] unter: www. wireless. frost.com; Abfragedatum: 07.12.2002.

[FTD 2002] unter: www.ftd.de/tm/tk/1034086403160.html, Abfragedatum: 21.10. 2002.

[Gartner Dataquest 2002] unter: www.gartner.com; Abfragedatum: 04.12.2002.

[Glossar 2003] unter: www.glossar.de/glossar/z_intrzahl1.htm und www.Glossar. de/glossar/z_intrzahl99.htm; Abfragedatum: 07.01.2003.

[Hutchinson 2002] unter: www.hutchinson-wampoa.com, Abfragedatum: 23.10. 2002.

[Infrasearch 2002] unter: www.infrasearch.de; Abfragedatum: 05.12.2002.

[ITK-trends 2003] unter: www.itk-trends.de/images/0216_02ab01.gif; Abfragedatum: 15.01.2003.

[Industrial Data Corporation] unter: www.idscorporation.com; Abfragedatum: 30.01.2003.

[MMO2 2002] unter: www.mmo2.com/docs/media/business_about.html., Abfragedatum: 23.10.2002.

[MobilCom 2002] unter: www.mobilcom.de/p_pm_presse_1932.html, Abfragedatum: 15.10.2002.

[NFO Infratest 2002] unter: www.nfow.de; Abfragedatum: 10.12.2002.

[NTT DoCoMo 2002] unter: www.nttdocomo.com; Abfragedatum: 12.12.2002.

[O_2 2002] unter: www.o2.com/de/intro.html; Abfragedatum: 10.12.2002.

[Oftel 2002] unter: www.oftel.gov.uk; Abfragedatum: 06.01.2003.

[Quam 2002] unter www.quam.de//group3g/www/osborne_html/5/5_1_detail_de. Jsp, Abfragedatum: 15.10.2002.

[RegTP 2002a] unter: www.regtp.de; Abfragedatum: 05.01.2003.

[RegTP 2002b] unter: www.regtp.de/aktuelles/start/fs_03.html; Abfragedatum:15. 10. 2002.

[SevenOne/forsa 2002] unter: www.71i.de/index; Abfragedatum 22.01.2003

[SevenOneMedia 2002] unter: www.sevenonemedia.de: Abfragedatum: 04.12. 2002.

[Spiegel 2002] unter: www.spiegel.de/wirtschaft/0,1518,214433,00.html, Abfragedatum: 13.11.2002.

[T-Mobile 2002] unter: www.t-mobile.de, Abfragedatum: 22.10.2002.

[TCA 2002] unter: www.tca.or.jp/index-e.html; Abfragedatum: 07.01.2003.

[Teligen 2002] **unter:** www.teligen.com; Abfragedatum: 17.12.2002.

[UMTS-Cafe 2002] unter: www.umtscafe.com/infos/info_umts_in_europa.htm, Abfragedatum: 16.10.2002.

[**Vodafone 2002**] unter: www.vodafone.com; Abfragedatum: 23.10.2002.

[**Weltalmanch 2003**] unter: www.weltalmanach.de; Abfragedatum: 08.01.2003.

[**Xonio 2002**] unter: www.xonio.com; Abfragedatum: 05.12.2002.

Value Scope Management – Beherrschung der Wertschöpfungskette im M-Commerce am Beispiel „i-mode"

Detlef Schoder/Christian Vollmann

1 Einführung 126
2 i-mode in Japan 127
   2.1 Historische Entwicklung 127
   2.2 Das Wettbewerbsumfeld 128
   2.3 Das i-mode Geschäftsmodell 128
3 Technologische Grundlagen 131
   3.1 Seitenbeschreibungssprache 131
   3.2 Übertragungsstandard 131
   3.3 Endgeräte 132
4 Value Scope Management 133
   4.1 Analyserahmen 133
      4.1.1 Schnittstelle zwischen Content und Netzwerk 134
      4.1.2 Schnittstelle zwischen Netzwerk und Endgerät 135
      4.1.3 Schnittstelle zwischen Endgerät und Software 136
      4.1.4 Schnittstelle zwischen Software und Benutzer 137
   4.2 Informationsspähren und Zugangsrechte 138
5 Fazit 140
6 Literaturverzeichnis 141

1 Einführung

Zur Markteinführung neuer Produkte und Technologien sehen sich Unternehmen mit einer grundsätzlichen Abwägung zwischen Offenheit und Kontrolle konfrontiert.

Je offener Spezifikationen und Schnittstellen einer Technologie sind, desto größer ist die Wahrscheinlichkeit, dass sie sich als de facto Standard am Markt durchsetzen wird, da sie attraktiver für Produzenten komplementärer Produkte ist und Kunden weniger Nachteile durch Lock-In befürchten (vgl. *Farrell/Saloner* 1986). Jedoch sind häufig auf Märkten, die sich durch die Existenz offener Standards auszeichnen, hohe Wettbewerbsintensitäten und niedrige Margen anzutreffen.

Je mehr Kontrolle ein Unternehmen über eine Technologie besitzt, desto größer ist der potenzielle wirtschaftliche Nutzen, den das Unternehmen im Falle eines Markterfolges daraus ziehen kann (vgl. *Shapiro/Varian* 1999, S. 196 ff.). Im Marktumfeld der mobilen Telekommunikation wird diese Abwägesituation zusätzlich durch eine Vielzahl konkurrierender, alternativer Standards kompliziert.

Am Beispiel von i-mode der japanischen Telefongesellschaft NTT DoCoMo, welche weltweit als eines der erfolgreichsten Unternehmen im M-Commerce zählt, analysiert der vorliegende Beitrag, wie dieses Unternehmen Kontrolle über eigentlich offene Standards und somit über die digitale Wertschöpfungskette des M-Commerce erlangen konnte. Es wird ein Analyserahmen erarbeitet, der Schlüsselbausteine eines **„Value Scope Management"** aufzeigt. Value Scope Management bedient sich nicht nur bekannter economies of scope, sondern verbindet diese mit strategischem Management zur exklusiven Kontrolle über zumindest Teile der Wertschöpfungskette und der daran beteiligten Firmen. Diese unternehmensstrategische und -taktische Ausrichtung ist eingehend in industrieökonomischen Arbeiten etwa unter den Begriffen Monopolisierung der Wertschöpfungskette, Vertikale Integration, Raising Rivals' Costs (vgl. *Salop/Scheffman* 1983) oder vertical foreclosure (vgl. z.B.[*Church/Ware* 2003]) analysiert worden. Als theoretische Fundierung kann auch der Ressourcen-basierte Ansatz herangezogen werden, insbesondere zur Erklärung der Motivation und der (Wettbewerbs-)Wirkung schwer imitierbarer Ressourcenvorteile (sustained competitive advantage, imperfectly imitable resources - vgl. *Barney* 1991). Im Weiteren bezeichnet Value Scope Management die Anwendung von Praktiken zur Erlangung einer exklusiven Kontrolle zumindest von Teilen der digitalen Wertschöpfungskette im M-Commerce.

Es wird gefolgert, dass ein Großteil des erstaunlichen Erfolges von i-mode auf effektives Value Scope Management zurückzuführen ist und die Bedeutung der in vielen Diskussionen über Markterfolg im M-Commerce angeführten, sog. „Killer Applikationen" als zentraler Erfolgsfaktor überschätzt wird.

Der Beitrag gliedert sich wie folgt: Nach den einführenden Bemerkungen wird die Erfolgsgeschichte, das Wettbewerbsumfeld sowie das Geschäftsmodell von i-mode in Japan skizziert (Kapitel 2). Es schließt sich eine Beschreibung der wesentlichen technologischen Grundlagen an (Kapitel 3), die die weitere Analyse (Kapitel 4) von i-mode vor dem Hintergrund des definierten Value Scope Management erleichtert. Das Papier schließt mit einem Fazit.

2 i-mode in Japan

2.1 Historische Entwicklung

NTT (Nippon Telegraph and Telephone Corporation) wurde nach dem zweiten Weltkrieg vom japanischen Ministerium für Kommunikation gegründet und befand sich auch 2002 noch mehrheitlich in Staatsbesitz. Bis zur teilweisen Deregulierung des Telekommunikationsmarktes Anfang der 90er Jahre verfügte NTT über ein Monopol auf alle Orts- und Ferngespräche in Japan.

1991 wurden die mobilen Dienste in einer 100 prozentigen Tochtergesellschaft, der NTT Mobile Communications Network, gebündelt. Diese nahm 1992 ihren Dienst unter der Leitung von Kouji Ohboshi auf. Noch im gleichen Jahr übernahm die Firma ihren Spitznamen „docomo", was auf japanisch „überall" bedeutet.

1993 startete DoCoMo sein digitales Mobilfunknetz, welches auf dem im eigenen Hause entwickelten PDC Standard basiert. Aufgrund weitgehender Liberalisierung des Mobilfunkmarktes im Jahre 1994 stieg fortan die Anzahl der Kunden schnell an.

Im Jahre 1997 zwang die japanische Regulierungsbehörde NTT zur Verringerung seines 95 prozentigen Anteils an DoCoMo. Dies erfolgte durch den Börsengang der Tochter im Oktober 1998, welcher ca. 18 Milliarden USD erbrachte. Der Anteil von NTT wurde dabei auf 64 % verringert.

Seit einigen Jahren arbeitet DoCoMo an seiner Internationalisierung. In diesem Zusammenhang beteiligte es sich u.a. an der holländischen KPN Mobile, der britischen Hutchison 3G und der US-amerikanischen AT&T Wireless. Darüber hinaus ging die Firma ein Joint Venture mit Telecom Italia Mobile (TIM) ein, welches den Namen „Mobile Multimedia Joint Venture" (MMJV) trägt (vgl. *Ando/Tosa/Weeden* 2002, S. 23).

Im Juni 2002 verfügte NTT DoCoMo über 41,46 Millionen Mobilfunkkunden (vgl. *TCA* 2002) und generierte damit einen Jahresumsatz von 5,3 Trillionen Yen, was etwa 41 Milliarden USD entspricht (*Ando/Tosa/Weeden* 2002, S. 18). Dies macht DoCoMo, gemessen am Umsatz, zum größten Mobilfunkanbieter weltweit.

i-mode selbst wurde im Februar 1999 gestartet. Es bezeichnet das **Serviceangebot** von NTT DoCoMo, welches Endkunden ermöglicht, mit entsprechend dafür ausgerüsteten Mobiltelefonen auf Web-basierte Inhalte zuzugreifen. NTT DoCoMo fungiert dabei als ISP, der Datenübertragung und Abrechnung übernimmt. Ende Juni 2002 hatten sich über 33,49 Millionen Kunden (bzw. 80,7 % der DoCoMo Mobilfunkkunden) zur Benutzung von i-mode angemeldet (vgl. *TCA 2002*).

Seit Februar 2001 werden Java-fähige i-mode Endgeräte ausgeliefert. Diese unterstützen „i-appli" (initial applications) Services, welche den Download einer Java-Applikation beinhalten. Diese Applikationen können dann offline auf dem Endgerät genutzt werden. Dies erhöht die Funktionalität vieler Anwendungen und ermöglicht erstmals SSL-Verschlüsselung. Ende Februar 2002 konnten 11.780.000 i-mode Kunden (bzw. 38 % aller i-mode Kunden) i-appli nutzen (vgl. *DoCoMo 2002a*). Die Technologie basiert auf J2ME (Java 2.0 Micro Edition).

2.2 Das Wettbewerbsumfeld

Ende Juni 2002 gab es in Japan 70,7 Millionen Mobilfunkkunden (vgl. *TCA 2002*), was einer Penetrationsrate von ca. 61 % der Bevölkerung entspricht. Diesen Markt teilen vier Mobilfunkbetreiber unter sich auf: NTT DoCoMo (58 % Marktanteil), KDDI's au (18 %), J-Phone (18 %) und KDDI's Tu-Ka (6 %). Die Tatsache, dass DoCoMo lange Zeit der einzige Betreiber mit kompletter Netzabdeckung in ganz Japan war, sicherte der Firma von Beginn an eine starke Marktposition.

Die KDDI Corporation entstand aus der Fusion der vier regionalen Netzbetreiber IDO, DDI, Tu-Ka und KDD. Seit der Fusion bietet auch KDDI landesweite Netzabdeckung an. Die Firma betreibt mit au und Tu-Ka derzeit zwei getrennte Netze, welche jedoch gemeinsam den **mobilen Internetdienst EZWeb** anbieten. Dieser basiert auf dem WAP Standard, die Inhalte sind in WML programmiert.

Einen weiteren Konkurrenten stellt J-Phone dar. Gegründet wurde J-Phone 1995 durch Japan Telecom, zunächst als regionaler Anbieter für den Großraum Tokio und später mit landesweiter Netzabdeckung. Im Rahmen seiner Internationalisierungsstrategie beteiligte sich Vodafone an J-Phone und ist seitdem mit 69,7 % Hauptanteilseigner. **J-Sky Inhalte** sind in MML programmiert.

Anfang 2002 erfreute sich i-mode eines **Marktanteils** von 62 % unter den mobilen Internetdiensten in Japan, EZweb und J-Sky kamen auf je 19 %.

2.3 Das i-mode Geschäftsmodell

Das i-mode Geschäftsmodell beruht auf der **Bereitstellung von Informationen an Endkunden**, welche diese mittels mobiler Kommunikationsgeräte (Mobiltelefone, Auto-Navigationssysteme, PDAs etc.) abfragen. Das Geschäftsmodell basiert auf der Integration von Benutzern, Informationsangeboten, Endgeräten, Portalen/ Suchmaschinen und Zusatzleistungen. Die einzelnen Elemente sind dabei interdependent: Die Anzahl an Benutzern beeinflusst die Anzahl und Reichhaltigkeit von Informationsangeboten und umgekehrt. Die Anzahl an Benutzern bestimmt gleichzeitig die Nachfrage nach (und somit indirekt auch das Angebot an) Endgeräten. Das Angebot attraktiver Endgeräte verstärkt wiederum die Nachfrage nach dem Service usw. (Kreislauf siehe Abb. 1).

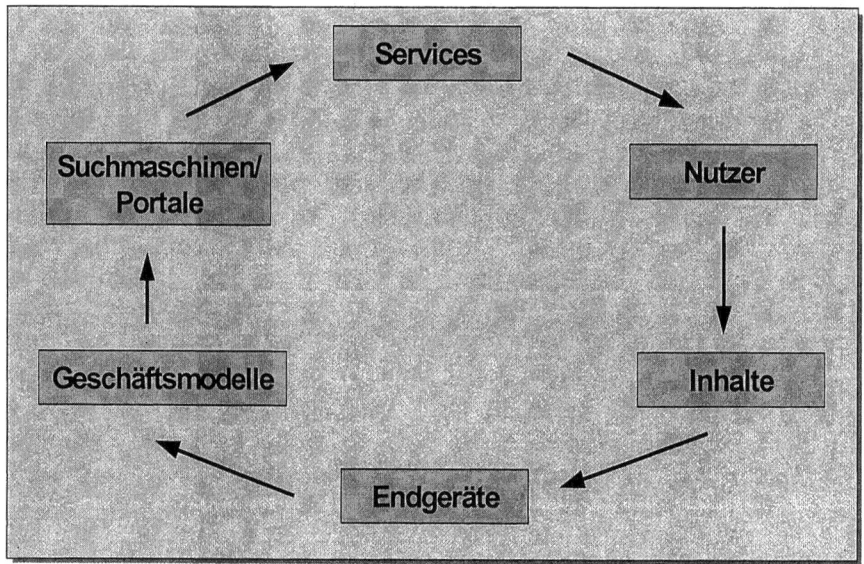

Abb. 1: Komponenten des i-mode „Value Networks"
Quelle: *Funk* 2001

Im Falle von i-mode nahm NTT DoCoMo eine herausragende Rolle bei der Ingangsetzung von **positiven Netzwerkeffekten** zwischen den Elementen des Modells ein. DoCoMo überzeugte schon vor dem Start des Dienstes viele Contentanbieter davon, ihre Inhalte über i-mode anzubieten. Viele waren dazu nur bereit, weil DoCoMo ihnen einen integrierten Abrechnungsservice anbieten konnte, der es ihnen ermöglichte, micro-payments zu realisieren. Endgerätehersteller holte DoCoMo durch hohe Gerätesubventionen an Bord, welche die Nachfrage nach Mobiltelefonen auf Endkundenseite ankurbelte. Für die Endkunden wiederum war der Service aufgrund niedriger Gerätepreise und relativ günstiger Tarife attraktiv. Auf diese Weise setzte DoCoMo eine Spirale sich gegenseitig verstärkender Netzwerkeffekte in Gang (vgl. *Funk* 2001, S. 63 ff.).

Das i-mode Informationsangebot lässt sich in **fünf Kategorien** unterteilen: Entertainment (wie z.B. Spiele, Klingeltöne, Logos etc.), Information (Wetterbericht, Nachrichten etc.), Transaktion (Wertpapiertransaktionen, Mobile Banking etc.), Datenbankabfrage (Kinoprogramm, Stadtplan, Restaurantauskunft etc.) und Kommunikation (Email, instant messaging etc.).

Für DoCoMo selbst eröffnen sich mit i-mode **drei Einnahmequellen**: Die monatliche Grundgebühr für die Bereitstellung des Dienstes (300 Yen pro Monat), die Gebühr für den Datentransfer (0,3 Yen pro Datenpaket) und die Kommission für die Übernahme der Zahlungsabwicklung für die offiziellen i-mode Partner (9 % des Umsatzes). Eine Besonderheit stellt die Einbindung von Content-Partnern in das Abrechnungssystem dar. Von DoCoMo offiziell anerkannte Seiten werden in das sog. i-menu übernommen und können für die Nutzung ihrer Inhalte eine monatliche Grundgebühr von den Nutzern verlangen. Diese wird über die von DoCoMo monatlich ausgestellte Telefonrechnung abgerechnet und geht zu 91 % an die Contentanbieter. 9 % behält DoCoMo als Gebühr für Abrechnung und Inkasso ein. Im März 2002 gab es ca. 2000 offizielle i-mode Partner, die 2.971 offizielle i-menu Seiten anboten (vgl. *DoCoMo* 2002a). Neben dem offiziellen i-menu Angebot existiert jedoch eine Vielzahl inoffizieller Seiten, die nicht in das Abrechnungssystem integriert sind. NTT DoCoMo gibt die Zahl der sog. „voluntary sites" mit derzeit 53.970 an (vgl. *DoCoMo* 2002a). Dieses inoffizielle Angebot von Inhalten war in jüngster Zeit der Haupttreiber der wachsenden Attraktivität des Services.

Während die Einnahmen aus der **Bereitstellung des i-mode Dienstes** proportional zur Anzahl der i-mode Abonnenten zunehmen, stiegen die beiden anderen Einnahmequellen in der Vergangenheit auch auf einer Pro-Nutzer-Basis. Die durchschnittlichen Einnahmen aus Datentransfer pro Kunde (ARPU) betrugen im März 2000 1.540 Yen pro Monat, im März 2001 2.108 Yen und im März 2002 2.250 Yen. Dieser Anstieg liegt darin begründet, dass zum einen Abonnenten, die den Service zuvor nicht aktiv genutzt hatten, zu echten Nutzern von i-mode wurden und zum anderen die Nutzungsintensität bereits existierender Nutzer anstieg. Mit der Einführung von i-appli stiegen die Aufwendungen der Kunden für den Datentransfer noch einmal deutlich an.

Doch auch die Einnahmen aus den **Informations-Abonnements** stiegen auf einer Pro-Nutzer-Basis. Dafür lassen sich zwei Gründe anführen: Zum einen abonnierte der durchschnittliche i-mode Nutzer mehr Informationsangebote. Die Anzahl der Informations-Abonnements pro i-mode Kunde stieg von 0,66 im Dezember 1999 auf 0,96 im April 2000 und 1,07 im August 2000. Zum anderen stieg die Zahlungsbereitschaft der Abonnenten: Im Jahre 1999 kosteten die meisten Entertainment-Angebote noch 100 Yen pro Monat, ein Jahr später und nach Einführung von Farbdisplays und verbesserter Tonwiedergabe verlangten viele Anbieter 300 Yen pro Monat (vgl. *Funk* 2001, S. 40).

Begünstigend für den Erfolg des i-mode Business Models war das frühzeitige Ingangsetzen von positiven Netzwerkeffekten zwischen den einzelnen Elementen des Systems durch 1) Einfachheit des Angebots, 2) Betonung der Reichweite des Angebots über dessen Reichhaltigkeit („reach over richness"), 3) anfängliche Fokussierung auf eine junge Zielgruppe und 4) ein attraktives Content Angebot von Beginn an (vgl. *Funk* 2001).

Allerdings wird die im Weiteren dargelegte Analyse zeigen, dass insbesondere Maßnahmen zur Beherrschung der Wertschöpfungskette weitere, wesentliche

Erfolgsfaktoren darstellen. Zum besseren Verständnis dieser Analyse werden zuvor im nächsten Abschnitt die technologischen Grundlagen von i-mode respektive der mobilen Wertschöpfungskette erörtert.

3 Technologische Grundlagen

3.1 Seitenbeschreibungssprache

i-mode Seiten werden in iHTML (i-mode compatible HTML) programmiert. Diese Seitenbeschreibungssprache beruht auf cHTML (compact HTML), welches eine Teilmenge von HTML darstellt und eine offizielle W3C Empfehlung ist (vgl. *W3C* 1998, S. 1 ff.). cHTML ist gut dokumentiert sowie für jedermann offen und ohne Lizenzgebühren zugänglich.

cHTML wurde unter Berücksichtigung der Limitationen mobiler Endgeräte entwickelt. Der Vorteil von cHTML gegenüber anderen Sprachen für die Darstellung von Internetseiten auf kleinen Geräten (wie z.B. WML) besteht in der Ähnlichkeit zu HTML. cHTML kann mit denselben Programmen und Kenntnissen geschrieben werden, mit denen herkömmliche Internetseiten erstellt werden. Im Gegensatz zu WML oder HTML muss dazu keine neue Programmiersprache erlernt werden. Dadurch profitierte i-mode gerade zu Beginn von der durch das Internet geschaffenen „installed base" an HTML Programmierern.

Mit den kürzlich vom WAP-Forum (gegründet von Ericsson, Motorola, Nokia und Openwave Systems) verabschiedeten Spezifikationen für den neuen Standard WAP 2.0 gehen WML und cHTML in XHTMLMP (XHTML Mobile Profile) auf (*WAP Forum* 2002, S. 3). XHTMLMP ist ein superset von XHTML-Basic, es enthält daher alle XHTML-Module und zusätzlich einige ergänzende tags. Künftige Browser können beide Sprachen (WML und cHTML) interpretieren. Damit werden bisherige Unterschiede zwischen den beiden Sprachen weitestgehend relativiert. Zukünftige Mobiltelefone werden auf XHTML basieren und sowohl i-mode als auch WAP-Inhalte transportieren können.

3.2 Übertragungsstandard

Das Netz von NTT DoCoMo basiert auf dem Übertragungsstandard PDC (Personal Digital Cellular), manchmal auch PDC-P genannt. Sprache wird dabei in einem **digitalen TDMA Netzwerk** (circuit-switched) übertragen. i-mode Daten werden hingegen auf einem digitalen packet-switched Netzwerk (800MHz) bei einer Geschwindigkeit von 9,6 Kbit/s übermittelt. Dadurch besitzt i-mode „always on" Charakter. Dies hat weit reichende Auswirkungen auf die sog. „user experience":

Das i-mode Netzwerk kann den Benutzer z.B. sofort über den Eingang einer neuen E-mail informieren („push"). Bei WAP (circuit-switched) muss der Nutzer sich dazu erst einwählen („pull"), ohne überhaupt zu wissen, ob neue Nachrichten eingegangen sind.

Das PDC Netzwerk von NTT DoCoMo unterstützt den Einsatz von location based services. DoCoMo nutzt dies für das sog. „i-area" Angebot, welches offiziellen i-mode Seiten ermöglicht, ortsbezogene Inhalte anzubieten.

3.3 Endgeräte

i-mode-fähige Endgeräte werden von folgenden Mobiltelefonherstellern produziert: Matsushita (Panasonic), NEC, Mitsubishi, Fujitsu, Sony, Sharp, Hitachi (Kokusai), Nokia, Ericsson und Japan Radio (vgl. *Vacca* 2002, S. 64 ff.). Die Endgeräte tragen den NTT DoCoMo-Markennamen. Zu vier dieser Produzenten pflegt DoCoMo besonders enge Geschäftsbeziehungen: Matsushita (Panasonic), NEC, Mitsubishi und Fujitsu. Diese Hersteller erhalten neue technische Spezifikationen von DoCoMo früher als andere Mobiltelefonhersteller. Im Gegensatz dazu verpflichten sie sich, neu entwickelte Endgeräte erst nach 6 Monaten an andere Netzbetreiber zu verkaufen (vgl. *Funk* 2002a, S. 186). Zusätzlich arbeiten die F&E-Abteilungen der vier Hersteller bei der Entwicklung neuer Mobiltelefone sehr eng mit DoCoMo zusammen. Dieses in Japan nicht unübliche **System enger Lieferanten-Abnehmer-Beziehungen** hat zur Folge, dass DoCoMo die neuesten i-mode Mobiltelefone stets mit zeitlichem Vorsprung auf den Markt bringen kann.

Aufgrund **hoher Subventionen** für den Endkunden beim Abschluss eines neuen Laufzeitvertrages sind seit 1998 in Japan fast alle Endgeräte bei Vertragsabschluss umsonst bzw. sehr preiswert erhältlich. Die Netzbetreiber subventionieren sogar sog. „replacement-phones", um Kunden vom Wechsel in ein anderes Netz abzuhalten. Die Subventionen fließen zunächst in Form von Aktivierungskommissionen pro Neukunde von den Netzbetreibern an die Einzelhändler, welche diese dann an die Endkunden weitergeben. All dies führte dazu, dass auf dem japanischen Markt für Mobiltelefone (anders als auf dem europäischen) kaum unterschiedliche Preissegmente entstanden sind. Die neuesten Endgeräte werden ca. 3 Monate lang zu erhöhten Preisen angeboten, nach dieser Zeit kosten fast alle Endgeräte gleich viel (wobei Endgeräte der vier mit DoCoMo assoziierten Hersteller etwas mehr kosten). Für die Gerätehersteller bedeutet dies wiederum, dass der Wettbewerbsfokus weniger auf der Kostenführerschaft, sondern vielmehr auf den Leistungsmerkmalen Gewicht, Größe und Batterielaufzeit liegt.

Neue Innovationen in den Endgeräten lassen sich zudem schnell in den Markt einführen, da die **Umlaufzeit** der Mobiltelefone sehr kurz ist und diese aufgrund der hohen Gerätesubventionen und des daraus resultierenden geringen Preises rasch von einer breiten Masse nachgefragt werden. Selbst populäre Modelle werden bereits etwa ein Jahr nach Einführung wieder vom Markt genommen und durch neue Modelle ersetzt (vgl. *Funk* 2001, S. 63).

Im Jahre 2002 verfügten alle i-mode Geräte über ein LCD-Farbdisplay mit bis zu 65.536 Farben und 132 x 162 Pixel und einen Synthesizer mit bis zu 24 Akkorden (vgl. *NTT DoCoMo* 2002, S. 4).

Ein großer Prozentsatz der Endgeräte verfügt außerdem über die i-appli Funktion, welche die Handsets Java-fähig macht. Benutzer solcher Geräte können sich **Java-Applikationen** herunterladen und diese offline benutzen. Die Applikationen können drei verschiedene Funktionen erfüllen:

1. „Applet function": Applikationen, die sich offline nutzen lassen (z.B. Spiele).

2. „Agent function": Applikationen, die zu vom Benutzer festgelegten Zeiten selbstständig Informationen abfragen (z.B. Börsenkurse oder Wetterbericht).

3. „Security function": SSL Verschlüsselung für sensitive Daten (z.B. für mobile Bankgeschäfte).

Bisher kann i-appli als Erfolg für DoCoMo gewertet werden. Ende des Jahres 2001 nutzten bereits 26 % aller i-mode Abonnenten den **Java Service**. Aufgrund der erweiterten Funktionalität und den vom Handset des Benutzers automatisch angeforderten Informationsaktualisierungen, lagen im März 2002 die durchschnittlichen Umsätze pro Nutzer (ARPU) eines Java Endgerätes bei 4.510 Yen. Im Vergleich dazu betrug der ARPU für normale i-mode Nutzer im selben Zeitraum 2.250 Yen. Durch den Java Service erzielte DoCoMo also eine Umsatzsteigerung im Datentransfer von über 100 % (vgl. *Ando/Arisawa/Takahashi/Tosa* 2002, S. 86 f.).

4 Value Scope Management

4.1 Analyserahmen

Allen Wertschöpfungsketten im M-Commerce liegen technische Standards zugrunde. Technische Standards spielen immer dort eine Rolle, wo komplementäre Systeme miteinander kommunizieren müssen. Um die Kommunikation über die Systemgrenzen hinweg zu ermöglichen, müssen **einheitliche Schnittstellen** definiert werden. Im Falle der mobilen Wertschöpfungskette können zumindest fünf unabhängige Systeme identifiziert werden (siehe Abb. 2):

1. Information/Content
2. Netzwerk
3. Endgerät
4. Browser und Applikation
5. Benutzer

Sollen Inhalte zum Benutzer transportiert werden, müssen vier Schnittstellen passiert werden:
1. zwischen den Inhalten und dem Netzwerk (Seitenbeschreibungssprache).
2. zwischen dem Netzwerk und dem Endgerät (Übertragungsprotokoll).
3. zwischen dem Endgerät und der Applikation (Betriebssystem).
4. zwischen der Applikation und dem Benutzer (Endgerät).

Das Endgerät nimmt dabei einmal die Rolle als System (wenn es mit dem Netzwerk kommuniziert) und einmal die Rolle als Schnittstelle ein (als Bindeglied zwischen Benutzer und Applikation).

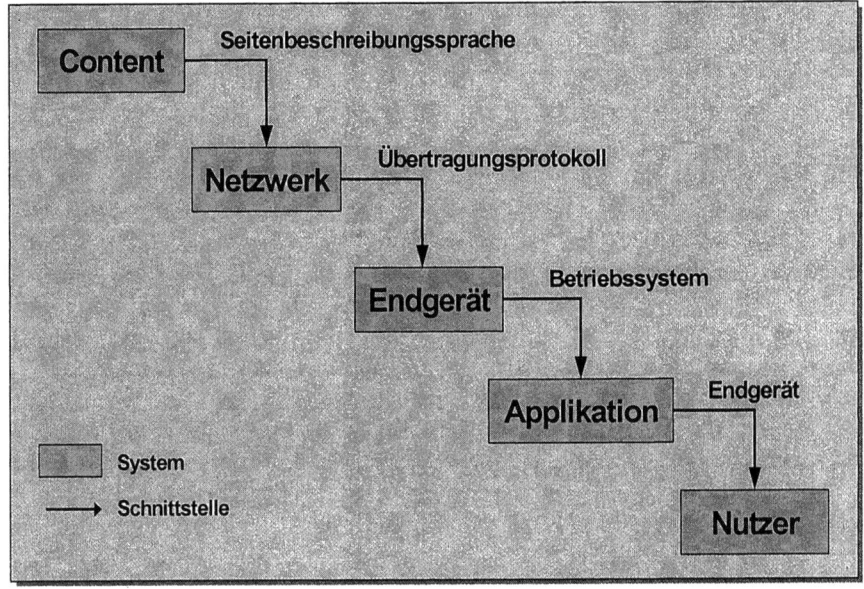

Abb. 2: Analyserahmen für Value Scope Management im M-Commerce

Im Folgenden werden die im Falle von i-mode für die vier Schnittstellen relevanten Standards identifiziert und auf ihren offenen bzw. proprietären Charakter hin untersucht. Dabei wird insbesondere am Beispiel i-mode erörtert, wann und mit welchen Managementmaßnahmen an sich offene Standards zumindest zeitweise die Qualität von proprietären Standards annehmen und wie sich damit für NTT DoCoMo als Betreiber größere Kontrollmöglichkeiten über die mobile Wertschöpfungskette ergeben.

4.1.1 Schnittstelle zwischen Content und Netzwerk

Um Informationen über das Netzwerk zu übertragen, müssen diese in einer vordefinierten Weise codiert werden. NTT DoCoMo verwendet zu diesem Zweck die

Seitenbeschreibungssprache „iHTML", welche auf der offiziellen W3C Empfehlung für cHTML beruht und sich von dieser nur minimal unterscheidet.

Da es sich bei cHTML um einen offenen Standard handelt, sind die Möglichkeiten der Kontrolle über diese Schnittstelle begrenzt. DoCoMo hätte theoretisch die Möglichkeit, iHTML weiterzuentwickeln und einzuführen, vor dem Hintergrund der wahrscheinlichen Konvergenz von cHTML und WML zu XHTML scheint dies jedoch wenig zweckmäßig.

4.1.2 Schnittstelle zwischen Netzwerk und Endgerät

Eine andere Situation bietet sich dem Betrachter im Falle des in Japan verwendeten **Netzwerkprotokolls** Personal Digital Cellular (PDC). 1990 begann man in der F&E Abteilung von NTT DoCoMo mit der Entwicklung der Spezifikationen für dieses Protokoll. Um es für den Aufbau eines digitalen Netzes nutzen zu dürfen, musste NTT DoCoMo es von der japanischen Association for Radio Industry Businesses (ARIB) ratifizieren lassen. Unter Auflage des japanischen Ministeriums für Post und Telekommunikation konnte eine Ratifizierung nur unter der Bedingung der Veröffentlichung des Protokolls erfolgen. NTT DoCoMo veröffentlichte daraufhin Spezifikationen für das PDC Protokoll, auf deren Grundlage die anderen Netzbetreiber damit begannen, ihre digitalen Netze (2G) aufzubauen.

In *Funk* (vgl. 2002a) wird jedoch argumentiert, dass es sich bei PDC keinesfalls um einen offenen Standard handelt, wie man aufgrund der Veröffentlichung und Ratifizierung seitens staatlicher Stellen meinen könnte. Dazu führt er folgende Argumente an (vgl. *Funk* 2002a, S. 70):

- Aufgrund der engen Verbindungen zwischen der sich mehrheitlich in Staatsbesitz befindlichen Muttergesellschaft NTT und dem Ministerium für Post und Telekommunikation konnte DoCoMo erheblichen Einfluss auf die Ratifizierungsentscheidung der ARIB nehmen und somit erreichen, dass das von DoCoMo entwickelte PDC Protokoll praktisch ohne Änderungen zum Standard erklärt wurde.

- Die Veröffentlichung der PDC Spezifikationen erfolgte mit erheblicher zeitlicher Verzögerung. Zum Zeitpunkt der Veröffentlichung hatte DoCoMo den Standard bereits in weiten Teilen des Netzes implementiert und sich somit einen zeitlichen Vorsprung gesichert. Darüber hinaus war das Protokoll bereits über den technischen Stand der veröffentlichten Spezifikationen hinaus weiter entwickelt worden. Auf diese Weise sicherte sich DoCoMo einen Wettbewerbsvorteil gegenüber den anderen Netzbetreibern.

- Die Dokumentation des Standards erfolgte im Vergleich zu anderen Standards (wie z.B. GSM) nur unzureichend. Teile der Schnittstellenspezifikationen fehlen ganz, während andere nicht detailliert genug ausgeführt sind. Die mangelnde Detaillierung spiegelt sich in der Tatsache wieder, dass Endgeräte netzbetreiberspezifischen Charakter haben und nur in dem Netz des Betreibers funktionieren, für den sie hergestellt wurden (obwohl alle 2G-Netze auf PDC basieren).

Funk (vgl. 2002a) argumentiert weiterhin, dass DoCoMo die unzureichende Veröffentlichung und das eigene, umfangreichere Wissen über PDC dazu nutzte (und weiterhin nutzt), um in Zusammenarbeit mit den vier assoziierten Mobiltelefonherstellern Matsushita, Mitsubishi, NEC und Fujitsu technologisch ausgereifte und den Mobiltelefonen anderer Mobilfunkbetreiber überlegene Endgeräte zu entwickeln:

„DoCoMo's vier Lieferanten erhalten weiterhin bevorzugt Informationen über den PDC Standard durch DoCoMo's Monopol auf die Weiterentwicklung von PDC und die Einflussnahme auf Japans Standard-Organisation [...] ARIB. Jedes Mal, wenn DoCoMo eine Erweiterung des PDC-Standards vorschlägt, veröffentlichen NTT DoCoMo und seine Endgerätelieferanten die Details der Änderungen nicht bevor der geänderte Standard offiziell von der ARIB akzeptiert wurde. Der Zugang zu diesen exklusiven Informationen ermöglicht DoCoMo's vier Mobiltelefonlieferanten, fast 100 % von DoCoMo's Markt für Mobiltelefone zu bedienen und benachteiligt die anderen Netzbetreiber im Wettbewerb mit DoCoMo erheblich" (*Funk* 2002a, S. 185 f.).

Im Gegenzug für die exklusive Bereitstellung der neuesten Spezifikationen verpflichten sich die vier Gerätehersteller, ihre neuesten Endgeräte erst 6 Monate nach der Markteinführung von DoCoMo anderen Netzbetreibern zugänglich zu machen. Da zur Produktion der Mobiltelefone u.a. auch proprietäre Technologie von DoCoMo verwendet wird, müssen die Hersteller für jedes Endgerät, welches sie an andere Service Provider verkaufen, Lizenzgebühren an DoCoMo abführen (vgl. *Funk* 2002a, S. 186).

Es lässt sich festhalten, dass DoCoMo über einen **nicht unerheblichen Grad an Kontrolle** über den PDC-Standard verfügt. Dieser Grad an Kontrolle ist jedoch im Abnehmen begriffen, da mit zunehmender Diffusion des technischen Wissens über den PDC-Standard im Markt der Informationsvorsprung von NTT DoCoMo und seinen vier Hauptlieferanten stetig schrumpft (vgl. *Funk* 2002a, S. 191).

4.1.3 Schnittstelle zwischen Endgerät und Software

An der Schnittstelle zwischen Endgerät und Applikationssoftware steht das **Betriebssystem**. Im Bereich der Handhelds und Organizer ist seit einiger Zeit ein sehr heftiger Wettbewerb darum entstanden, welches Betriebssystem sich als de facto Standard am Markt durchsetzen wird. Bei den japanischen Endgeräten und insbesondere bei i-mode finden sich jedoch keine Anzeichen, dass dem Betriebssystem ähnliche Bedeutung zugemessen wird. Die i-mode-fähigen Mobiltelefone laufen fast ausschließlich auf proprietären, von den Geräteherstellern produzierten Betriebssystemen, auf die DoCoMo keinen Einfluss nehmen kann. Dies lässt sich u.U. mit der Tatsache begründen, dass das Betriebssystem bei Mobiltelefonen eine **untergeordnete Rolle** spielt, weil es vom Endkunden kaum wahrgenommen wird.

Dem Benutzer stehen außer dem vorinstallierten Browser kaum andere Applikationen zur Verfügung. Eine Ausnahme stellen Java-basierte Applikationen dar, wie sie für i-appli-Endgeräte angeboten werden. Diese arbeiten jedoch unabhängig vom Betriebssystem. Der verwendeten Java-Plattform kommt daher größere Bedeutung zu. Durch eine einheitliche Java-Plattform lassen sich Netzwerkeffekte zwischen den Benutzern erreichen, da dadurch Applikationen untereinander austauschbar werden. Im Falle von i-mode kommt auf allen i-appli-Endgeräten Java 2.0 Micro Edition zum Einsatz.

Da es sich bei Java um ein von der Firma Sun Microsystems kontrollierten Standard handelt, sind die Einflussmöglichkeiten von NTT DoCoMo auf diese Schnittstelle begrenzt.

4.1.4 Schnittstelle zwischen Software und Benutzer

Diese Schnittstelle muss die Art und Weise festlegen, wie der Benutzer mit der Applikationssoftware, allen voran dem **Browser**, kommuniziert. Es müssen Ausgabemodi für die empfangenen Daten (Display, Tonwiedergabe) sowie Eingabemodi für die zu sendenden Daten (Tastatur, Sprachsteuerung etc.) definiert werden. Dies erfolgt anhand der Endgerätspezifikationen und wird somit von den Geräteherstellern bei der Entwicklung neuer Telefone bzw. Endgeräte bestimmt.

Aufgrund der intensiven Forschungsaktivitäten im Hause DoCoMo und der hohen vertikalen Integration des Unternehmens werden viele neue Spezifikationen von DoCoMo entwickelt und den Herstellern diktiert. Ein Beispiel hierfür ist die i-mode Navigation über 4 Tasten, wovon eine Taste das i-mode-Logo zeigt und direkt ins i-menu führt. Andere Beispiele sind die Spezifikationen für Bildschirmgrößen, Tastaturlayouts und ähnliches.

In der Frage des Browsers hingegen besitzt DoCoMo aufgrund der gefestigten Marktposition der Firma Access kaum Einflussmöglichkeiten. Deren Browser Compact NetFront wird von fast allen Geräteherstellern verwendet, was ihm zu einer monopolartigen Stellung verholfen hat (vgl. *Ando/Arisawa/Takahashi/Tosa* 2001, S. 3).

Unabhängig von der Diskussion über die Kontrolle von Systemschnittstellen ist anzumerken, dass NTT DoCoMo in Sachen Technologie über einen hohen Grad an vertikaler Integration verfügt. So wurde nicht nur der PDC-Standard von DoCoMo entwickelt, sondern auch das in i-mode integrierte Micro-Payment System sowie die bei der Datenübertragung eingesetzten Gateways. DoCoMo selbst sieht konstante technologische Innovationen als wichtigen Bestandteil seiner strategischen Differenzierung gegenüber Wettbewerbern und investiert große Summen in Forschung & Entwicklung.

4.2 Informationssphären und Zugangsrechte

Zu Beginn des mobilen Internet in Japan waren die Informationssphären, innerhalb derer sich Kunden eines bestimmten Service Providers mit ihren Mobiltelefonen bewegen konnten, klar abgegrenzt. Inhalte für die Serviceangebote waren in unterschiedlichen Seitenbeschreibungssprachen programmiert: DoCoMo's i-mode in cHTML, KDDI's EZWeb in WML und J-Phone's J-Sky in MML. Diese drei Standards waren inkompatibel. In Folge dessen konnten Nutzer nur Inhalte aufrufen, welche für den jeweiligen Service programmiert waren.

Aufgrund des immer größer werdenden Vorsprungs hinsichtlich der Menge an angebotenen Inhalten für den i-mode Service versuchten J-Phone und KDDI die **i-mode Inhalte** auch ihren Kunden zugänglich zu machen. Dies sollte die Attraktivität ihrer Services erheblich steigern (vgl. *Funk* 2001, S. 184). KDDI entwickelte ein leistungsfähiges Gateway, welches EZWeb Nutzern ermöglichte, Text und Grafiken inoffizieller i-mode Seiten anzeigen zu lassen. J-Sky Nutzern stand lediglich der Text dieser Seiten zur Verfügung. Offizielle i-mode-Seiten, welche nur über das i-menu zugänglich sind, blieben bis dato beiden Nutzergruppen vorenthalten (vgl. *Funk* 2001, S. 42).

Außerdem stehen Nutzern alternativer Dienste inoffizielle i-mode-Seiten nur in begrenzter Funktionalität zur Verfügung. Da DoCoMo eine zu J-Sky und EZWeb inkompatible Java-Version sowie unterschiedliche Lokalisierungsmechanismen (für location-based services) verwendet, funktionieren Dienste, welche auf diesen Technologien basieren, nur aus dem DoCoMo Netz (vgl. *Funk* 2002b, S. 10). Es ist davon auszugehen, dass DoCoMo großes Interesse daran hat, auch in Zukunft den Zugang zu i-mode Inhalten über andere Service Provider durch die Einführung neuer Technologien und Spezifikationen zu erschweren. Vor dem Hintergrund der Konvergenz der mobilen Seitenbeschreibungssprachen zu XHTML wird dies in Zukunft die einzige Möglichkeit sein, die eigene Informationssphäre inoffizieller i-mode-Seiten gegenüber anderen Diensten abzugrenzen.

DoCoMo's Vorgehensweise bei der Unterscheidung zwischen **offiziellen und inoffiziellen Inhalten** wird als „semi-walled garden approach" (*Funk* 2001, S. 122) bezeichnet oder auch mit „open-out but closed-in" (*Funk* 2002b, S. 10) beschrieben. Die geschlossene Komponente ergibt sich aus der strengen Kontrolle DoCoMo's über das i-menu, welches nur i-mode-Nutzer aufrufen können, und der Kontrolle darüber, wer als offizieller Partner darin aufgenommen wird. Die offene Komponente besteht in der Freiheit der i-mode-Nutzer, auch auf Angebote außerhalb des i-menus zuzugreifen (z.B. inoffizielle i-mode-Seiten sowie Seiten des WWW). *Clark* (vgl. 2000) vergleicht DoCoMo's Domäne in der Welt des mobilen Internet mit der von AOL im stationären Internet.

DoCoMo besitzt keinen generellen **Anspruch auf Exklusivität** im Hinblick auf die offiziellen Informationsangebote innerhalb des i-menus. Offiziellen Anbietern ist es grundsätzlich freigestellt, ihre Angebote auch im stationären Internet und in anderen mobilen Internetdiensten anzubieten. Aus Respekt vor der Marktmacht

DoCoMos und aus Angst vor Repressionen verzichten viele offizielle i-mode-Partnerseiten jedoch darauf, diese Möglichkeit wahrzunehmen (vgl. *Funk* 2001, S. 196).

DoCoMos Kontrolle über das eigene Portal spielt eine **Schlüsselrolle** beim Aufbau des Services. Diese Kontrolle erfolgt im Wesentlichen über die Auswahl der Informationsanbieter und deren Inhalte für das i-menu. Zu diesem Zweck definiert DoCoMo offizielle Kriterien für die Aufnahme in das i-menu (vgl. *DoCoMo* 2002b). Darin werden u.a. ethische Richtlinien festgelegt, die z.B. das Angebot von Wetten oder pornographischen Inhalten untersagen. Werbung auf offiziellen i-mode Seiten darf nur durch die Firma D2C angeboten werden, welche sich zu 51 % im Besitz von DoCoMo befindet. Die schwerwiegendste Restriktion besteht jedoch in dem Verbot für offizielle Seiten, Links zu inoffiziellen Seiten anzubieten. In dem **Kriterienkatalog** von DoCoMo steht zwar lediglich folgende Formulierung: „Inhalte sollten Nutzer nicht oft zu Seiten oder Inhalten lenken, welche sich nicht im i-mode Menu befinden." Experten sind sich jedoch einig, dass Seiten mit Links zu inoffiziellen Angeboten keine Chance auf Aufnahme in das i-menu haben (vgl. *Funk* 2001, S. 79, S. 122). Dadurch schränkt DoCoMo die Gestaltungsmöglichkeiten der offiziellen Partner erheblich ein.

DoCoMo kontrolliert jedoch nicht nur, **was** im i-menu angeboten wird, sondern auch **wer** es anbieten darf. Die Aufnahme in das i-menu ist auf Firmen beschränkt, welche unter der japanischen Rechtsform „Kabushiki Kaisha" (K.K.; in etwa äquivalent zur deutschen Aktiengesellschaft) firmieren. Zusätzlich behält sich DoCoMo auch bei Einhaltung aller erforderlicher Kriterien die Entscheidung über die Aufnahme vor und beruft sich dabei auf das eigene „business judgement" (*DoCoMo* 2002b). DoCoMo erfreut sich daher erheblicher **Kontrolle über den Zugang** zur i-mode-Welt.

Die Selektion der Inhalte durch DoCoMo ist für die Funktionalität des i-menus von großer Bedeutung. Eine sorgfältige Vorselektion der angezeigten Seiten ist bei mobilen Portalen von größerem Nutzen für den Benutzer als bei Portalen des stationären Internet. Dies ist auf die Tatsache zurückzuführen, dass Benutzer im mobilen Internet mehr für das Abrufen von Inhalten bezahlen, dass diese auf kleineren Bildschirmen präsentiert werden und dass Nutzer oftmals weniger Zeit haben, diese zu konsumieren. Ein Grund für die große Akzeptanz des i-menu leitet sich daher u.a. aus der **sorgfältigen Auswahl von Informationsangeboten** mit echtem Mehrwert für den Benutzer ab (vgl. *Funk* 2001, S. 123).

Demgegenüber steht jedoch eine stetig wachsende Zahl von Anträgen auf Aufnahme in das i-menu. DoCoMo ist zusehends nicht mehr in der Lage, diese Flut von Anträgen zu bewältigen: die Wartezeiten bei der Bearbeitung von neuen Anträgen betragen über ein Jahr (vgl. *Funk* 2001, S. 28). Die Antragsflut lässt sich aus den Vorteilen erklären, welche offizielle Informationsanbieter genießen. Zum einen sorgt eine Aufnahme in das i-menu für mehr Aufmerksamkeit und somit für mehr Seitenabrufe. Zum zweiten profitieren offizielle Angebote vom positiven Markenimage, welches DoCoMo besitzt und können dieses nutzen, um schnell und effizient Reputation und Vertrauen aufzubauen. Drittens werden offizielle Partner in das Zahlungsabwicklungssystem von DoCoMo integriert und können monatliche Grundgebühren für ihre Inhalte verlangen, ohne sich um Zahlungsmodalitäten und Inkasso kümmern zu müssen.

Die **lange Bearbeitungszeit** und die **strengen Aufnahmekriterien** für i-menu Seiten sind mitverantwortlich für das enorme Wachstum inoffizieller Inhalte. Im Februar 2002 betrug das Verhältnis inoffizieller zu offizieller Seiten 18:1, inoffizielle Seiten trugen zum selben Zeitpunkt bereits mehr zum traffic bei als offizielle Seiten. Zudem verbessern sich die Rahmenbedingungen für inoffizielle i-mode Seiten: Zum einen übernehmen inoffizielle Portale die Vorselektion der Inhalte und sorgen so für ein gewisses Maß an Reputation, zum anderen entstehen alternative micro-payment Systeme für inoffizielle Angebote. Diese beinhalten Bankeinzugsverfahren, Kreditkarten, Pre-Paid Karten oder die Abrechnung über die monatliche Telefonrechnung.

DoCoMo hat im **mobilen Internet** mit einem Marktanteil von 62 % eine quasi Monopolstellung auf dem japanischen Markt inne. Die japanische Regierung beobachtete die Entwicklungen im mobilen Internet mit großer Sorge: Die Marktmacht DoCoMos und die Tatsache, dass DoCoMo quasi im Alleingang über die Aufnahme in das i-menu entscheidet, „[...] machen es potentiell einflussreicher als jede staatliche Regulierungsbehörde" (*Funk* 2001, S. 195). Aus diesem Grund übte die japanische Regierung verstärkt Druck auf DoCoMo aus, die i-mode Plattform für andere Service Provider zu öffnen. Am 25. Januar 2002 gab DoCoMo schließlich in einer Pressemitteilung bekannt, dieser Forderung nachzukommen (vgl. *DoCoMo* 2002c). Das i-mode Netzwerk wird demzufolge für andere Mobilfunkbetreiber geöffnet, die somit Zugang zur „installed base" an i-mode Nutzern erhalten. Grundsätzlich bedeutet diese Entscheidung, dass fremde Mobilfunkbetreiber bzw. Internet Service Provider eigene Portale an i-mode Kunden vermarkten können. Sie sind dabei in der Preisgestaltung freigestellt und können sowohl E-Mail als auch location based Services anbieten.

Mit der angekündigten **Öffnung der i-mode Plattform** für andere Service Provider verliert DoCoMo einen erheblichen Teil seiner starken Kontrolle über i-mode. Experten erwarten, dass DoCoMo die Konditionen für eine Anbindung möglichst kompliziert gestalten wird, um die Eintrittsbarrieren für andere Anbieter zu erhöhen (vgl. *Keitai-L* 2002). Darüber hinaus wird die Attraktivität der Marke DoCoMo in Zukunft eine größere Rolle spielen, da Kunden fortan beim Kauf eines i-mode Handys entscheiden können, welches Informationsangebot sie nutzen möchten. i-mode wird dabei Werkseinstellung sein, die jedoch auf Wunsch des Kunden auf einen anderen ISP umgestellt werden kann.

5 Fazit

Die vorgestellte Konzeption des Value Scope Management am Beispiel des Mobile Commerce soll aufzeigen, dass die Integration der Wertschöpfungskette (economies of scope) allein noch nicht ausschlaggebend für unternehmerischen Erfolg ist. Vielmehr bedarf es darüber hinausführender Maßnahmen in Richtung der möglichst **exklusiven Beherrschung** von zumindest Teilen der Wertschöpfungskette. Dabei zeigt das Beispiel i-mode wie zumindest für bestimmte Zeitpunkte (im Sinne von windows of opportunity) der Beherrschungsgrad auch auf Teile der Wertschöpfungskette erweitert werden kann, die an sich von offenen Standards geprägt sind. Dies ist sicherlich nicht immer im Sinne des Wettbewerbs und bedarf daher im Einzelfall auch der Abwägung marktkontrollierender Institutionen, ob interveniert werden muss.

In Europa gestaltet sich Value Scope Management im M-Commerce jedoch ungleich schwerer, da die europäischen Standards im Marktumfeld mobiler Telekommunikation weitaus offeneren Charakter besitzen als ihre japanischen Pendants. Unternehmen müssen sich daher auf das effiziente Management ihrer Informationssphären konzentrieren. Die Wahrscheinlichkeit, dass DoCoMo und seine Kooperationspartner die **i-mode Erfolgsgeschichte** in ähnlichem Ausmaß in Europa wiederholen könnten, ist daher als gering einzuschätzen.

Der weitere Erfolg von i-mode in Japan hängt davon ab, inwieweit DoCoMo die Kontrolle über die digitale Wertschöpfungskette aufrecht erhalten kann. Da dies in Zukunft schwieriger werden wird, sieht sich DoCoMo gezwungen, nach alternativen Innovationsfeldern und Differenzierungsmöglichkeiten Ausschau zu halten.

Value Scope Management ist grundsätzlich auch auf andere Industriesegmente mit ihren jeweiligen Wertschöpfungsketten anwendbar. Die Ökonomie Netzeffektbehafteter Güter, wie sie Standards der Telekommunikation regelmäßig darstellen, begünstigen den Wirkungsgrad von entsprechendem Value Scope Management.

Die viel zitierte Suche nach der „Killer Applikation" im M-Commerce als Schlüssel zum Erfolg ist unangebracht. Wie beschrieben, konzentrierte DoCoMo seine Anstrengungen vielmehr auf die effiziente Koordination der unterschiedlichen Akteure entlang der Wertschöpfungskette durch die Schaffung intelligenter Anreizmechanismen und Nutzung positiver Netzeffekte. Speziell machte sich im Falle von i-mode die konsequente Umsetzung des Value Scope Management bezahlt. (Wertschöpfungsketten-) Manager im M-Commerce sind deshalb gut beraten, Value Scope Management in Zukunft erhöhte Aufmerksamkeit zu widmen.

6 Literaturverzeichnis

Ando, Y./Arisawa, K./Takahashi, T./Tosa, C. (2001): Telecom Monthly: December Edition; Goldman Sachs Global Equity Research, Tokio, 5. Dezember 2001.

Ando, Y./Tosa, C./Weeden, S. (2002): Wireless Giants: Vodafone & NTT DoCoMo, Goldman Sachs Global Equity Research, London, 11. Januar 2002.

Arthur, B.W. (1989): Competing Technologies, Increasing Returns, and Lock-In by Historical Events, in: Economic Journal, Volume 99, No. 394, März 1989, S. 116-131.

Barney, J.B. (1991): Firm resources and sustained competitive advantage, in: Journal of Management, 17. Jg., 1991, S. 99-120.

Besen, S.M./Farrell, J. (1994): Choosing how to compete: Strategies and Tactics in Standardization, in: Journal of Economic Perspectives, Volume 8, Issue 2, Spring 1994, S. 117-131.

Besen, S.M./Saloner, G. (1989): The Economics of Telecommunications Standards, in: Crandall, Robert W./Flamm, Kenneth (Hrsg.): Changing the Rules: Technological Change, International Competition, and Regulation in Communications, The Brookings Institution, Washington D.C. 1989, S. 177-220.

Clark, R. (2000): The NTT DoCoMo Success Story, America's Network, March 1, 2000.

Farrell, J./Saloner, G. (1985): Standardization, Compatibility and Innovation, in: RAND Journal of Economics, Volume 16, No. 1, Spring 1985, S. 70-83.

Farrell, J./Saloner, G. (1986): Installed Base and Compatibility: Innovation, Product Preannouncements and Predation, in: American Economic Review, Volume 76, Dezember 1986, S. 940-955.

Farrell, J./Saloner, G. (1992): Converters, Compatibility and the Control of Interfaces, in: Journal of Industrial Economics, Volume 40, No. 1, März 1992, S. 9-35.

Funk, J.L. (2001): The Mobile Internet: How Japan dialed up and the West disconnected, ISI Publications, Bermuda 2001.

Funk, J.L. (2002a): Global Competition Between and Within Standards: The Case of Mobile Phones; Palgrave, New York 2002.

Funk, J.L. (2002b): Network Effects, Openness, Gateway Technologies and the Expansion of a Standard's ‚Application Depth' and ‚Geographical Breadth': the case of the mobile Internet; Research Institute for Economics and Business Administration, Kobe University, Kobe, Japan, 2002, im Internet unter http://www.rieb.kobe-u.ac.jp/~funk/.

NTT DoCoMo (2002): Mobile Phone Catalog, English Version, Winter Edition 2002, NTT DoCoMo Inc., Tokio, Japan, Januar 2002.

Salop, S., C./Scheffman, D.T. (1983): Rising rivals' costs, in: The American Economic Review, 1983, S. 73, 267-271.

Shapiro, C./Varian, H.R. (1999): Information Rules; A Strategic Guide to the Network Economy; Harvard Business School Press, Boston 1999.

Vacca, J.R. (2002): I-Mode Crash Course; McGraw-Hill, New York 2002.

Quellen aus dem Internet

[Church/Ware 2003], http://qed.econ.queensu.ca/pub/faculty/ware/mission.html., Abfrage: 14.01.2003.

[DoCoMo 2002a], Homepage der NTT DoCoMo Inc., online unter: http://www.nttdocomo.com; Stand: 28. Feb. 2002; Abfrage: 28. März 2002.

[DoCoMo 2002b], Homepage der NTT DoCoMo Inc., online unter: http://www.nttdocomo.co.jp/english/p_s/i/tag/criteria.html; Abfrage: 25. März 2002.

[DoCoMo 2002c], „NTT DoCoMo to Release Conditions for Accessing i-mode Packet Network", Pressemitteilung der NTT DoCoMo Inc., online unter: http://investor.nttdocomo.com/news/20020125-70331.cfm#guideline; Stand: 25. Januar 2002; Abfrage: 14. März 2002.

[Keitai-L 2002], Beitrag im Online Forum „Keitai-L", online unter: http://www.appelsiini.net/keitai-l/archives/2002-01/0161.html; Abfrage: 16. April 2002.

[TCA 2002], Homepage der Telecommunications Carriers Association of Japan, online unter: http://www.tca.or.jp/eng/daisu/yymm/0206matu.html; Stand: 30. Juni 2002; Abfrage: 15. Juli 2002.

[W3C 1998], Compact HTML for Small Information Appliances; W3C Note, 9. Januar 1998; online unter http://www.w3c.org/TR/1998/NOTE-compact HTML-19980209/#www1.

[WAP Forum 2002], Wireless Application Protocol WAP 2.0 Technical White Paper; Wireless Application Protocol Forum Ltd., Januar 2002; online unter http://www.wapforum.org/what/WAPWhite_Paper1.pdf.

Chancen und Grenzen der elektronischen Kommunikation

Torsten Schwarz

1	Zusammenfassung 146
2	Einleitung 146
	2.1 Elektronische Kontakte werden normal 146
	2.2 Direktmarketing entdeckt den preiswerten Weg zum Kunden 147
	2.3 Kunden wollen kein Direktmarketing 148
	2.4 Filter versperren den Weg zum Konsumenten 148
3	Permission Marketing 149
	3.1 Nur was erwünscht ist, kommt an 149
	3.2 Wie funktioniert Permission Marketing? 150
	3.3 Ist Einverständnis schon alles? 151
4	Relevante Inhalte 152
	4.1 Was ist Werbung und was Information? 152
	4.2 Besser und aktueller informiert sein 153
	4.2.1 Benachrichtigungen 153
	4.2.2 Rechnungen 154
	4.2.3 Statusmeldungen 155
	4.2.4 Bestätigungen 156
	4.2.5 Pressespiegel 156
	4.2.6 Marktberichte 157
5	Richtiger Ort und Zeitpunkt 158
	5.1 Welches Empfangsgerät ist am besten? 158
	5.2 Der Empfänger weiß, welches Gerät am besten passt 159
	5.3 Warum mobile Endgeräte? 159
	5.4 Der richtige Zeitpunkt 160

1 Zusammenfassung

Im **Direktmarketing** stehen heute alle Kommunikationskanäle gleichberechtigt nebeneinander. Konsumenten erwarten die Verfügbarkeit des jeweils bevorzugten Kanals. Elektronische Kanäle wie E-Mail oder Nachrichten an mobile Endgeräte bieten gegenüber der klassischen Direktansprache durch Brief oder Callcenter Kostenvorteile. Nachteilig wirkt sich die zunehmende Verbreitung von Werbefiltern aus. Einen Ausweg stellt der Ansatz des Permission Marketing dar. Hier bestimmen Empfänger selbst, welche Botschaften sie wann an welches Endgerät gesendet haben möchten. Vorteil ist hier die höhere Akzeptanz und damit Responseraten. Erfolgsentscheidend für diese Form der erwünschten direkten Ansprache sind dauerhaft erwartete und relevante Informationen. Mobile Endgeräte besitzen dabei den Vorteil, dass der Empfänger unabhängig vom Computerarbeitsplatz frei entscheiden kann, wann und an welchem Ort Werbebotschaften empfangen werden. Die Suche nach Zeitfenstern besonderer Werbeaffinität spielt in Zukunft für die Wirksamkeit von Direktmarketingkampagnen eine wichtige Rolle.

2 Einleitung

2.1 Elektronische Kontakte werden normal

Es gab einmal eine Zeit, in der sich Menschen noch besuchten, wenn sie etwas voneinander wollten. Heute hat niemand mehr Zeit. Jedes Unternehmen ist bestrebt, mit wenig Aufwand maximale Wirkung zu erzielen. Außendienstbesuche sind zwar effektiver, dafür aber teurer als ein Anruf. Die persönliche Beratung im Geschäft bringt zwar eine stärkere Kundenbindung, aber Verkaufspersonal ist teuer. Der Elektronikversand Conrad hat in seinen Ladengeschäften zwar kompetentes Fachpersonal, aber er ergänzt die Beratung durch Selbstbedienungsterminals. Nachdem bei Hugendubel immer mehr Kunden mit ausgedruckten Bücherlisten des Online-Händlers Amazon in die Läden kamen, beschloss die Geschäftsführung endlich den Ausbau der eigenen Website. Während der amerikanische Modeversand JCrew früher ausschließlich bunte Hochglanzprospekte verschickte, hat er heute über eine Million Abonnenten seines E-Mail-Informationsdienstes. Für immer mehr Menschen gehören **elektronische Medien** ganz selbstverständlich zum Inventar der Kontaktmöglichkeiten mit Unternehmen. Einer der Vordenker der digitalen Revolution, der US-Amerikaner *Michael Moon* brachte es auf den Punkt: „Das Markenerlebnis baut immer mehr auf elektronischen Touchpoints auf". Die elektronischen Schnittstellen sind in vielen Fällen der erste Anlaufpunkt für einen Kunden oder Interessenten. Im Netz recherchieren, per E-Mail informieren lassen ist genauso selbstverständlich wie der kurze Anruf. Erst dann macht sich der moderne Kunde auf den Weg in den Laden. In den Vereinigten Staaten haben Reisebüros bereits damit begonnen, Beratungsleistungen kostenpflichtig zu machen. Bei der Buchung werden diese Kosten dann verrechnet. In Deutschland zwingt man die Kunden auf andere Weise ins World Wide Web: Wer „nur" eine Bahnreise machen will, muss an einem Sonderschalter im Reisbüro besonders lange warten. Da ist es schon einfacher, direkt online die Verbindungen zu suchen und zu buchen. Die Deutsche Telekom hat sich entschieden, die Telefonauskunft nicht mehr als Serviceangebot zu subventionieren, sondern damit Zusatzeinnahmen zu erzielen. Für preisbewusste Kunden ist es selbstverständlich, die Telefonnummern im Netz herauszusuchen.

2.2 Direktmarketing entdeckt den preiswerten Weg zum Kunden

Nachdem inzwischen fast die Hälfte der Deutschen Zugang zum Internet hat, darf neben Vertrieb und Kundenservice natürlich auch die Marketingabteilung nicht als Nutznießer des neuen Mediums fehlen. So waren zu den besten Zeiten der New Economy viele Anbieter überzeugt, dass allein der Zugang zur begehrten Ressource Aufmerksamkeit ausreicht, um Angebote zu finanzieren. Es begann mit Bannern, aus denen animierte Bilder und dann HTML-Banner wurden.

	Kosten je Kontakt in €	Neukundenansprache	Produktverkauf	Service
Außendienst	100	+	++	++
Filiale	15	+	++	++
Telefon	10	-	+	++
Katalog	5	++	++	-
Brief	1	++	+	+
SMS	0,12	+	+	++
E-Mail	0,025	+	++	++
Web	0,001	+	+	++

Tab. 1: Vergleich der unterschiedlichen Kanäle der Kundenkommunikation

Als das nicht mehr reichte, versperrten Pop-Ups den Blick auf die Website und nun schießen Scyscraper-Anzeigen in die Höhe oder Inter- bzw. Superstitials spulen sich selbst ab. Dagegen nehmen sich die über den Bildschirm wabernden

DHTML-Animationen noch harmlos aus. Weil aber dieser Angriff der Banner auf die Augen der Kunden oft mehr Verärgerung als Nutzen bringt, soll jetzt an einer zweiten Front gekämpft werden: 300 vom Deutschen Direktmarketingverband befragte Marketingleiter halten E-Mail für das **Direktmarketing-Instrument**, das in den nächsten drei Jahren am stärksten an Bedeutung gewinnen wird. Ein nicht unwesentlicher Grund dafür sind sicher die extrem niedrigen Versandkosten. Genauso wie das Web als Kontaktmedium preiswerter als das persönliche Gespräch ist, ist auch E-Mail preiswerter als der Werbebrief.

2.3 Kunden wollen kein Direktmarketing

Keiner will Werbung wirklich. 73 % der Bevölkerung haben das Gefühl, dass es zu viel Werbung gibt. Damit haben sie auch Recht, denn es gibt immer mehr Werbung. Wo vor zehn Jahren noch ein Plakat ausreichte, müssen es heute gleich zehn sein, um die gleiche Wirkung zu erzielen. Und weil die anderen Firmen so viel Werbung machen, muss das eigene Unternehmen eben noch mehr Werbung schalten. So schraubt sich die Spirale im **Kampf um die Aufmerksamkeit** des Kunden immer höher. Das Marktforschungsinstitut Icon Brand Communication hat ausgerechnet, dass ein Unternehmen 1993 1,6 Millionen Euro ausgeben musste, um seine Bekanntheit in der deutschen Bevölkerung um ein Prozent zu steigern. 2001 mussten schon 4,6 Millionen Euro hingeblättert werden, damit sich ein Prozent der Bevölkerung an den Namen des Unternehmens erinnert. Entsprechend kreativ gehen Unternehmen dann auch vor, um omnipräsent zu sein. So fährt die Kamera bewusst auf das Markenschild, wenn Tom Cruise im Film aus seinem futuristischen Auto steigt. Bauern vermieten ihre Äcker in Einflugschneisen von Flughäfen, damit Firmenlogos in die Felder gemäht werden können. Tankstellen-Zapfhähne, Golflöcher und Toiletten sind beliebte Werbeträger.

2.4 Filter versperren den Weg zum Konsumenten

Je stärker der **Werbedruck** zunimmt, desto stärker wehren sich die Umworbenen. Moderne Menschen gehen heute mit einem Werbefilter durch die Gegend. Jede Art von werblicher Ansprache wird blitzschnell erkannt, als irrelevant abgespeichert und mit Nichtbeachtung gestraft. Auf die Frage, warum mein Brief nicht angekommen sei, sagte mir ein Geschäftspartner, dass er grundsätzlich alle Briefe in Fensterumschlägen ungeöffnet wegwerfe, weil es sowieso nur Werbung sei. Bei elektronischen Werbebriefen ist es noch schwieriger: angesichts von fünfzig bis hundert E-Mails, die manche Menschen heute täglich bewältigen müssen, ist schnell alles gelöscht, was auch nur irgendwie nach Werbung aussieht. Spam-Filter löschen alles, was nach **Massenversand** aussieht. Weltweite Netzwerke registrieren blitzschnell, wenn eine E-Mail mehrfach versendet wird und melden es an die angeschlossenen Systeme, die dieser Botschaft dann den Weg versperren. Provider verschließen die Pforten, weil sie ihre Kunden schützen und dabei auch noch Kosten sparen. Ganz moderne Filter erkennen die Sprache der Werber und filtern alles heraus, was nicht nach sachlicher Information klingt.

3 Permission Marketing

3.1 Nur was erwünscht ist, kommt an

Kein Mensch mag entmündigt und zum Subjekt von Unternehmensinteressen degradiert werden. Der **Individualisierungstrend** in unserer Gesellschaft bewirkt eine Fixierung auf die eigenen Wünsche. „Ich will alles und das sofort". Immer mehr Menschen reklamieren für sich ihre eigene und eigensinnige Wunscherfüllung. "Egonomics" nennt die Zukunftsforscherin *Faith Popcorn* die ichbezogene Wirtschaft. Unternehmen differenzieren sich nicht mehr über Produkte, sondern über zusätzlichen Service. Je mehr Dienstleistungsoasen in der bisherigen Wüste entstehen, desto mehr erwächst daraus auch ein Anspruch von Konsumenten. Was gestern noch als besonderer Service für Überraschung sorgte, ist morgen schon eine selbstverständliche Forderung von Kunden, die es zu erfüllen gilt.

Selbstbestimmung wird gefordert. Der mündige Verbraucher ist kein willig folgendes Herdentier, das auf Werbesprüche hereinfällt. Wer heute mit plumpen Versprechungen Kunden „anbaggert", wird wie im Fernsehen weggezappt. Die Ressource Aufmerksamkeit gewinnt an Wert. Nur was wirklich interessant und relevant ist, wird noch wahrgenommen. In diesem Kontext setzt sich Permission Marketing als Lösung für eine **nachhaltige Kundenkommunikation** durch: Der Kunde bestimmt selbst, welche Informationen er wann und in welcher Form vom Unternehmen erhalten möchte. Während beim klassischen Direktmarketing mit Werbebriefen dies noch die Ausnahme ist, ist es bei der elektronischen Ansprache bereits Pflicht.

Werbebriefe dürfen Sie in jeden Briefkasten werfen, ohne vorher zu fragen. Sie zahlen ja dafür, dass der Brief zum Empfänger gebracht wird. Unternehmen versenden zunehmend mehr Werbebriefe, weil diese Form des Direktmarketing gut funktioniert. Schon jetzt reagieren manche Empfänger leicht gereizt, wenn sie Werbung erhalten. Trotzdem ist nicht damit zu rechnen, dass Briefkästen zukünftig massenhaft mit Werbung verstopft werden, weil jedes Werbemailing mindestens einen Euro kostet. Ziellose **Massenwerbung** würde sich also schlicht und einfach nicht rechnen. Anders bei E-Mail, wo jede Mail nur etwa zwei Cent kostet. Wichtigstes Argument der Rechtsprechung für ein vorheriges Einverständnis des Empfängers ist die Angst vor einer Überflutung elektronischer Mailboxen mit Massenwerbung. Die am 31. Juli 2002 in Kraft getretene EU-Datenschutzrichtlinie („Richtlinie über die Verarbeitung personenbezogener Daten und den Schutz der Privatsphäre in der elektronischen Kommunikation") sagt in Artikel 13 Absatz 1:

„Die Verwendung von automatischen Anrufsystemen ohne menschlichen Eingriff (automatische Anrufmaschinen), Faxgeräten oder elektronischer Post für die Zwecke der Direktwerbung darf nur bei vorheriger Einwilligung der Teilnehmer gestattet werden."

3.2 Wie funktioniert Permission Marketing?

Erschreckend viele Unternehmen wissen noch nicht, dass vor der elektronischen Kundenansprache zum Zwecke der Werbung der Empfänger gefragt werden muss. Gerade bei kleineren Betrieben sind es über ein Drittel, die aus Unwissenheit E-Mails ohne Einverständnis versenden. Wie soll das denn funktionieren, fragen sich viele und versuchen dann, damit nicht zu viele Adressen „verloren" gehen, einen möglichst trickreichen Weg zu gehen, um Empfängern das Einverständnis abzuluchsen. „Großer Fehler" sagen die Profis aus Gründen, die weiter unten angesprochen werden. Zunächst einmal die Techniken der Einholung einer Permission: Opt-Out und Opt-In, einfach und doppelt. Ein **Opt-In** ist nichts weiter als eine Einwilligung: Ein Interessent abonniert aktiv einen Informationsdienst. Das Gegenteil – **Opt-Out** – würde bedeuten, dass ein Unternehmen elektronische Werbung versendet, ohne vorher die Einwilligung des Empfängers einzuholen. Das Teledienstedatenschutzgesetz fordert in § 4 Abs. 2: „Bietet der Diensteanbieter dem Nutzer die elektronische Einwilligung an, so hat er sicherzustellen, dass

1. sie nur durch eine eindeutige und bewusste Handlung des Nutzers erfolgen kann,

2. die Einwilligung protokolliert wird, und

3. der Inhalt der Einwilligung jederzeit vom Nutzer abgerufen werden kann."

Damit ist klar, dass **Opt-Out nicht legal** ist: „Wenn Sie auf diese E-Mail nicht antworten erklären Sie sich damit einverstanden, in Zukunft von uns Werbung zu erhalten". Dieses Vorgehen stellt kein Einverständnis dar. Opt-Out bedeutet, dass dem Empfänger jedoch hinterher die Möglichkeit geboten wird, sich wieder auszutragen. Das ist so ähnlich als ob ein Versicherungsvertreter Sie abends anruft, um Sie zu fragen, ob es Sie stört, wenn er Sie anruft.

Single-Opt-In bezeichnet das einfache Eingeben einer Adresse, an die dann regelmäßig Informationen gesendet werden. Problematisch daran ist, dass es für Sie zum Teil schwer nachvollziehbar ist, wem Sie wann eine Einwilligung gegeben haben. Dieses Problem lässt sich durch eine kurze Bestätigungs-Meldung lösen.

Confirmed-Opt-In heißt, dass jede Bestellung eines Informationsdienstes noch einmal durch eine kurze Bestätigungs-Meldung quittiert wird. Dies erzeugt beim Empfänger Vertrauen, dass der Anmeldeprozess erfolgreich war. Auch wird damit der vom Gesetzgeber geforderten Protokollierung der Einwilligung (§ 4 Abs. 2 TDDSG) Rechnung getragen. Manchmal wird das Confirmed-Opt-In-Verfahren auch als Double-Opt-In bezeichnet, weil zwei Meldungen hintereinander kommen.

Echtes **Double-Opt**-In erfordert vom Empfänger noch eine zweite Bestätigung des Willens zum Erhalt regelmäßiger Informationen. Damit wird sichergestellt, dass es auch wirklich der Empfänger selbst ist, der den Dienst abonniert und nicht der „bösmeinende Nachbar". Diese Methode ist streng genommen der einzige Weg, um zu beweisen, dass es wirklich der Adressat selbst war, der sein Einverständnis abgegeben hat. Double-Opt-In ist dann angebracht, wenn es eine nennenswerte Anzahl von Verbrauchern gibt, die Ihnen unterstellen, dass Sie unerwünschte E-Mails versenden, bei denen Sie nicht ordnungsgemäß vorher gefragt haben. Dies gilt bspw. für alle Unternehmen, deren Geschäftsschwerpunkt die Gewinnung von E-Mail-Adressen ist. Dort gehört Double-Opt-In mittlerweile zum Standard. Bei Unternehmen, die ihren Kunden einfach nur regelmäßige Informationen per E-Mail zusenden wollen, ist dieses Verfahren auf den ersten Blick verbraucherunfreundlich. Die wenigsten Nutzer haben nämlich Verständnis dafür, dass sie gleich zweimal hintereinander gefragt werden, ob sie denn nun E-Mails haben wollen und empfinden eher dieses doppelte Fragen als Belästigung. Viele verstehen das System auch einfach nicht und sind verärgert, wenn der bestellte Newsletter einfach nicht eintrifft. Problematisch wird die Sache, wenn sich ein Adressat per Unterlassungserklärung bei Ihnen beschwert und behauptet, er habe sich nie eingetragen. In diesem Fall sollten Sie bei der verwendeten E-Mail-Software darauf achten, dass nicht nur Datum und Uhrzeit der Anmeldung, sondern auch die IP-Adresse des Anmeldenden in der Datenbank registriert werden. Nur so haben Sie später überhaupt eine Chance nachzuweisen, wer die Eintragung vorgenommen haben könnte.

3.3 Ist Einverständnis schon alles?

Eigentlich ist es ganz einfach: Irgendwo im Kleingedruckten steht, dass mit der Eingabe der E-Mail-Adresse dem Bezug regelmäßiger Werbung zugestimmt wird. Aber was bringt das? Rein rechtlich sind Sie vielleicht aus dem Schneider, aber kommt Ihre Werbebotschaft an? Erfahrene Anwender sagen, dass sie bewusst Hürden einbauen, weil es nicht darum geht, einen möglichst großen Verteiler aufzubauen, sondern darum, einen möglichst guten Verteiler zu bekommen. **E-Mail-Marketing** ist verlockend preiswert. Das Teure daran ist oft die Beantwortung handgeschriebener Antworten. Viele Nutzer ärgern sich über unangeforderte E-Mail-Werbung, obwohl sie sie selbst angefordert haben und sich nicht erinnern können. E-Mail-Profi *Nick Usborne* schrieb dazu "many people don't realize the implications of a pre-checked box". Wenn ein Empfänger sich nicht bewusst für etwas entschieden hat, ist er vielleicht nicht interessiert und verursacht mit seinen Beschwerden Mehrkosten. Double-Opt-In führt dazu, dass wirklich nur echte Interessenten im Verteiler sind. Viele Abonnenten nutzen die Möglichkeit, einen elektronischen Informationsdienst bequem wieder abzubestellen. Wenn sie nicht sofort den Abbestellknopf finden, wird die E-Mail durch einen Druck auf die Reply-Funktion beantwortet. Damit haben sie mehr Arbeit, als wenn sie die Abbestellfunktion gleich bequem gestalten.

Wenn Sie Interessenten oder Kunden elektronisch ansprechen wollen, hilft es also nicht, wenn Sie unter „Kundenbindung" verstehen, den Weg zur Abbestellmöglichkeit zu versperren. Nein, wir brauchen einen subtileren Weg der Kundenbindung: echtes **Interesse an den dargebotenen Inhalten**. Zwei Dinge sind dabei wichtig:

1. Die Inhalte müssen für den Empfänger relevant sein. Wenn Sie nichts zu sagen haben, wird Ihnen auch niemand zuhören wollen.

2. Sie sollten den Empfänger an einem Ort und zu einem Zeitpunkt erreichen, an dem er erreichbar ist. Wenn andere wichtige Dinge erledigt werden müssen, rutscht Ihre Botschaft automatisch auf Platz drei oder zehn der Prioritätenliste. Wenn Sie es aber schaffen, den Empfänger zu erreichen, während er auf den verspäteten Flieger wartet, haben Sie vielleicht auch bei vielbeschäftigten Menschen eine Chance, wahrgenommen zu werden.

4 Relevante Inhalte

4.1 Was ist Werbung und was Information?

Werbung ist meist nicht erwünscht, angeforderte Informationen dagegen sehr. Was Information ist und was Werbung, entscheidet der Empfänger. Am 2. Mai 1978 wurde in dem kleinen Ort Waghäusel an der badischen Spargelstraße im Ortsteil Wiesental auf der grünen Wiese das neue Einkaufszentrum „Globus" eröffnet. Von vornherein setzte das Unternehmen auf nachhaltig gute Kundenbeziehungen. Das führte zu einer enormen Sympathie bei der Bevölkerung.

Abb. 1: Die Erfinder von Permission Marketing sind genervte Besitzer werbeüberfüllter Briefkästen aus Waghäusel, die ihre Globus-Werbung trotzdem wollten

Das Ergebnis war, dass sich die Briefkästen in Waghäusel änderten. Wie an vielen deutschen Briefkästen klebte auch in Waghäusel oft ein Zettel „Bitte keine Werbung einwerfen" neben dem Briefschlitz. Neu war jetzt, dass an immer mehr Briefkästen noch ein zweites – handgeschriebenes – Zettelchen auftauchte: „außer Globus". Der Globus praktizierte "Permission Marketing", als noch keiner wusste was das war: Die **Lizenz zum Werben**. Die „Schweinebauchwerbung" wurde nämlich nicht als solche aufgenommen. Die wöchentlichen Sonderangebote waren erwünschte Informationen eines geschätzten Unternehmens. Das sind die Früchte dafür, dass dieses Unternehmen immer wieder den Dialog mit Kunden sucht, um die eigenen Angebote zu optimieren. Während anderen Unternehmen durch den Aufkleber „Keine Werbung" der Zugang zu Interessenten verwehrt ist, hat der Globus das exklusive Einverständnis der Kunden. Diese wöchentliche Information ist keine Werbung. Genauso liefern auch Unternehmen wie Aldi, Lidl oder Tchibo relevante Informationen für Konsumenten: „Was haben die denn diesmal wieder Interessantes?". Immer mehr Unternehmen gehen dazu über, aktiv ihre Einkäufer herumzuschicken, um etwas wirklich Interessantes für die Kunden zu finden. Diese wirklich besonderen Angebote sind es, die als Information noch Relevanz haben – alles andere ist Werbung.

4.2 Besser und aktueller informiert sein

Der einfachste Weg, relevante Inhalte zu versenden, sind **aktuelle und persönliche Botschaften**. Elektronische Kommunikationsmedien bieten hier vielfältige Möglichkeiten, Konsumenten anzusprechen. Jeder Kontakt kann wiederum mit einem Angebot verbunden werden. Wenn eine Heizung automatisch per SMS ihren Besitzer über Störungen alarmiert, kann dieser gleich den Auftrag an den Installateur weitergeben. Wenn der Kopierer elektronisch meldet, dass sein Toner leer ist, kann dieser Dienst vom Tonerlieferanten gesponsert werden, der die Bezugsadresse gleich nennt oder eine Bestellmöglichkeit mit einfachem Mausklick einbaut.

4.2.1 Benachrichtigungen

Die **höchste Relevanz** haben Botschaften, die aktuell an etwas für mich Wichtiges erinnern. Nichts ist ärgerlicher, als etwas zu verpassen. Damit das nicht passiert, ist entweder ein gutes Gedächtnis oder eine Erinnerungshilfe notwendig. Besonders ärgerlich ist es, wenn Sie den Geburtstag eines guten Freundes vergessen. Also tragen Sie jetzt bitte umgehend alle guten Freunde bei lifeminders.com ein. Dann bekommen Sie einen Tag vorher eine Erinnerung und dazu noch ein passendes Geschenk angeboten. Die Geschenke passen wirklich – probieren Sie es aus.

Übrigens sind Ihrer Fantasie keine Grenzen gesetzt: Lassen Sie sich doch einmal daran erinnern, dass Ihr Kollege vor einem Jahr in die Firma gekommen ist. Aber es gibt auch noch ganz andere **Erinnerungsdienste**. So können Sie Ihre

Kunden daran erinnern, dass sie noch einen halb gefüllten Warenkorb im Online-Shop herumstehen haben, der gerne abgeholt werden möchte. Oder Sie senden eine Mail, sobald das neue Buch von Donna Leon herauskommt oder die neue CD von Bon Jovi. Vielleicht verkaufen Sie auch Tickets, dann ist es ratsam, eine Erinnerung an das Bon Jovi-Konzert in der Stadthalle zu verschicken, solange es noch Karten gibt. Oder Sie warten schon lange darauf, dass endlich einmal eine Honda CX 500 bei Ihrem Online-Auktionshaus angeboten wird. Vielleicht haben Sie auch vor, einmal ein Rhetorik-Seminar zu besuchen, wenn es in Ihrer Stadt stattfindet.

In Zukunft wird es eine ganz **andere Art der Benachrichtigung** geben: Endgeräte, die mit der Zentrale kommunizieren. So kann es sein, dass die Heizungsanlage eine E-Mail an den Monteur schickt, um über ihr Weh zu klagen. Oder die Silo-Anzeige meldet sich beim Futtermittellieferanten, um zu sagen, dass der Füllstand auf Minimum steht. Der Heizöltank im Mietshaus kann solches natürlich auch tun. Vielleicht sendet der Kopierer auch bald eine Bedarfsmeldung per E-Mail an die Online-Beschaffungsplattform, um Toner zu bestellen. Dann wird eine elektronische Ausschreibung gestartet, und wenig später klingelt der Lieferant an der Bürotür und sagt dem verdutzten Praktikanten, dass der Kopierer den Toner bestellt hätte. Und warum sollte eigentlich nicht die Werkstatt bei Ihnen anrufen und behaupten, Ihr Auto hätte gerade eine Mail geschrieben und um die Vereinbarung des überfälligen Inspektionstermins gebeten. Das ist sicher noch Zukunftsvision, aber die E-Mail mit der an den TÜV-Termin erinnert wird, ist heute schon bequem realisierbar.

Die dritte Kategorie elektronischer Benachrichtigungen ist weniger angenehm, aber umso nützlicher: Sie rasen gerade mit überhöhter Geschwindigkeit Richtung Flughafen, weil Sie zu spät dran sind. Die SMS, die Sie jetzt darüber informiert, dass sich der Abflug um 45 Minuten verzögert, lenkt zwar kurz Ihre Aufmerksamkeit ab, hilft aber doch der allgemeinen Verkehrssicherheit. Manche Reisebüros bieten einen solchen Dienst schon mit der Buchung. Genauso wäre es auch bei jeder Art von Veranstaltung möglich, im Buchungssystem eine elektronische Adresse (E-Mail oder SMS) zu hinterlassen. Bei Programmänderung werden Sie dann automatisch informiert.

4.2.2 Rechnungen

Immer mehr Unternehmen erkennen den Nutzen der regelmäßigen Kommunikation mit Kunden durch das Zusenden einer Rechnung und legen noch ein Produktangebot bei. Millionen von Rechnungen werden jeden Tag verschickt und der Kunde zahlt dafür. Denn jede Rechnung verursacht Porto- und Materialkosten. Viel Geld ließe sich sparen, wenn Rechnungen elektronisch versandt würden. Immer mehr Unternehmen erkennen dieses Potenzial und denken über **elektronische Rechnungen** nach. In der Argumentation können wir gerade einen Prozess beobachten, der sich in den Anfangszeiten des Internet zwischen Herstellern und Händlern abspielte: Die Hersteller wollten ihre Geschäftspartner dazu bewegen, per Internet zu bestellen. Lockvogel waren dabei die Vorteile, die sich durch die elektronische

Erfassung ergaben: Jederzeit kann der Kontostand eingesehen werden, und alle Transaktionen sind im Detail einsehbar. Es lassen sich sogar Statistiken erstellen, um den eigenen Einkauf oder das Konsumverhalten zu optimieren oder günstigere Tarife zu nutzen.

Ähnlich der Händleranbindung via Internet wird wohl auch die elektronische Rechnung an Endkunden irgendwann zum Standard werden. Wer dann noch darauf besteht, eine Rechnung zugeschickt zu bekommen, muss sich wohl an den Portokosten beteiligen.

Der große Vorteil elektronischer Abrechnungen ist die **bequeme Bereitstellung von Informationen** direkt aus einer Datenbank. Kontostandsinformationen, Transaktionsdaten oder andere Abrechnungen können direkt aus dem Abrechnungssystem an das E-Mail-System übergeben und automatisch versandt werden. Denkbar ist auch ein automatisches Bounce-Handling, das bei Unzustellbarkeit der E-Mail dann den Versand eines Briefes auf dem klassischen Postweg veranlasst.

4.2.3 Statusmeldungen

Wenn Sie etwas bestellen, wollen Sie wissen, wann Sie die Ware bekommen. Unternehmen arbeiten heute mit Softwarelösungen, die alle innerbetrieblichen Prozesse erfassen und steuern. Ein solches System ist in der Lage, bei Erreichen eines definierten Zustandes eine **elektronische Botschaft** zu erzeugen. Elektronische Kommunikationsnetze sind hervorragend geeignet, diese Botschaft per SMS oder E-Mail an den Kunden zu leiten und damit mehr Service zu bieten. Was im Web schon lange gang und gäbe ist, setzt sich auch bei E-Mail durch. 1995 hat FedEx als erster Paketdienst auf der Website eine Online-Abfrage des Versandstatus ("Track-and-Trace") ermöglicht. In wenigen Monaten hatte das Unternehmen erhebliche Marktanteile vom Marktführer UPS erobert. Obwohl kein Paket früher ankam, wurde durch diesen **Zusatzservice** die Attraktivität des Angebots enorm gesteigert. Warum? Weil Menschen von Natur aus neugierig sind. Aber das gibt keiner zu. Niemand würde dreimal täglich beim Paketdienst nach dem Lieferstatus fragen. Online aber, wo keiner zuschaut, kann man es tun: Ein Paketdienstleister erzählte mir einmal von Kunden, die zum Teil alle fünf Minuten nachsehen, ob sich am Versandstatus etwas geändert hat. Verstehen Sie jetzt, warum **E-Mail-Benachrichtigungsdienste** so erfolgreich sind?

Außer dem Versandstatus gibt es sicher noch sehr viel mehr Möglichkeiten. Die Fluggesellschaft könnte mir meinen Meilenstand sagen. Das Kundenbindungsprogramm kann mir den Stand meiner Treuepunkte mitteilen. Der Sportverein kann mir sagen, wo meine Mannschaft steht. Die Werkstatt könnte mir eine Mail schicken, sobald der nächste TÜV fällig ist. Der Computerhersteller kann mir sagen, wie weit er mit dem für mich individuell konfigurierten PC ist. Gleiches gilt für Autos.

4.2.4 Bestätigungen

Kennen Sie das Gefühl der Unsicherheit, wenn Sie nicht wissen, ob etwas gerade geklappt hat oder nicht? Haben Sie schon einmal etwas im Internet angemeldet, bestellt, modifiziert oder eingegeben und waren sich nicht so ganz sicher, ob auch alles richtig ist? Genau hier setzen **Online-Services** an: interaktive Technologien nutzen, um den Service zu verbessern. Im konkreten Fall einfach eine Bestätigung oder Quittung per E-Mail versenden: „Ja, Herr Müller, alles ist in Ordnung, an diese Adresse versenden wir ihr bestelltes Buch: ...". Wirklich relevante Mails sind erwünschte Mails. Geben Sie Ihrem Kunden Vertrauen und Sicherheit. Schicken Sie Bestätigungen. Dies ist technisch vollautomatisiert möglich und kann im gleichen Moment verschickt werden. Auch ein Anmeldedialog für einen E-Mail-Newsletter mit Hilfe des "Confirmed-Opt-In" ist ein Beispiel für einen solchen Service, der Gewissheit vermittelt und einen komplexen Prozess transparent macht.

Bestätigungen können Sie für jede Aktion versenden. Egal, ob Sie bestätigen, dass die Buchbestellung eingegangen ist, oder ob das Buch gerade an den Paketdienst übergeben wurde. Sie können auch bestätigen, dass das gerade online konfigurierte Auto mit folgenden Daten nun als individueller Prospekt im Digitaldruck angefertigt wird. Oder Sie bedanken sich dafür, dass jemand sich an Ihrem Online-Forum mit folgendem Beitrag beteiligt hat.

4.2.5 Pressespiegel

Ex-Intel-Chef Andy Grove stellte fest: „Nur wenn ich schneller bin und mehr über meinen Kunden weiß, als mein Konkurrent, habe ich einen **Vorteil im Wettbewerb**". Schnelligkeit zählt heute mehr denn je. Jeder will alles sofort. Elektronische Quittungen sind eine der Möglichkeiten, schnell zu reagieren. Gibt es etwas, was Sie früher als andere wissen und was Ihre Kunden gerne wissen würden? Dann nutzen Sie E-Mail! Anbieter wie Press1 oder Paparazzi verwenden bspw. E-Mail, um Presseclippings schneller als bisher zu versenden. Sobald ein redaktioneller Beitrag zu einem bestimmten Thema erscheint, erhalten Sie eine Benachrichtigung per E-Mail mit einem Hyperlink auf den jeweiligen Artikel.

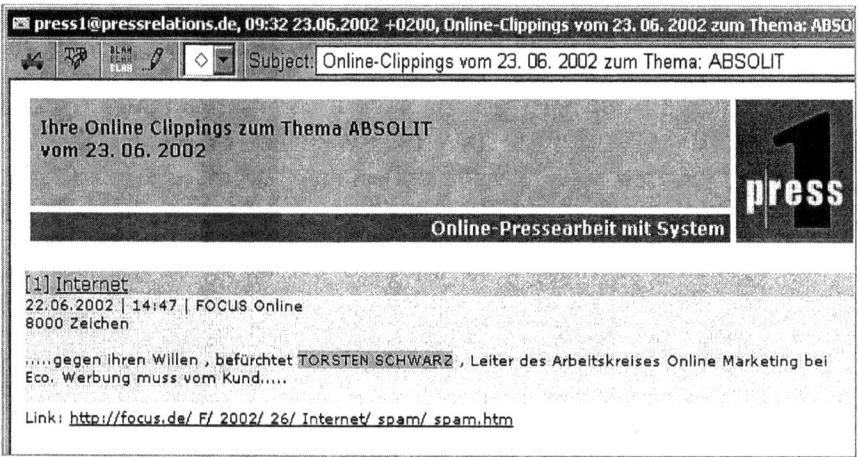

Abb. 2: Schnelle Information über Zeitungsartikel zu Themen, die Sie lesen sollten

Mit solchen **elektronischen Clippings** sind Sie bequem schneller informiert, als auf anderen Wegen. Eine weitere Möglichkeit, rasch an Informationen zu gelangen, ist ein Benachrichtigungsdienst für geänderte Webseiten: Sobald sich die Inhalte einer beliebigen Webseite geändert haben, erhalten Sie eine E-Mail, in der auf Wunsch auch die Änderungen vermerkt sind. changedetection.com, spyonit.com, trackengine.com oder watchthatpage.com sind Beispiele für solche Angebote. Mit Changedetection können Sie bequem Ihre Besucher informieren, wenn sich auf Ihren Webseiten etwas verändert hat oder neue Angebote hinzukommen.

4.2.6 Marktberichte

Richtig relevant werden Botschaften, wenn es um das eigene Geld geht. Was gibt es Wichtigeres, als die Tatsache, dass der als Altersabsicherung gedachte Aktienfonds am Vormittag ein Viertel seines Wertes eingebüßt hat. **Moderne Benachrichtigungsdienste** erlauben die Eingabe bestimmter Limits, über oder unter denen eine E-Mail versandt wird. Natürlich können Sie sich ein solches System auch individuell konfigurieren und sich nur die guten Nachrichten zusenden lassen. Ebenso lassen sich auch Informationen zu bestimmten Unternehmen auf Abruf abonnieren.

5 Richtiger Ort und Zeitpunkt

5.1 Welches Empfangsgerät ist am besten?

Ob eine Botschaft ankommt oder nicht, liegt nicht zuletzt auch an der Wahl des Ausgabemediums. Computer sind teuer und stehen in Deutschland meist im Arbeitszimmer. In Großbritannien ist das Schlafzimmer der bevorzugte Standort des Heimrechners. In Zukunft kommen vielleicht in der Küche noch die Kühlschränke und die Mikrowellenöfen als Trägermedium für Internet-Empfänger in Frage. Im Wohnzimmer kommt mit dem Digitalfernsehen sicher auch die **interaktive Kommunikation** und E-Mail. Gegenwärtig am liebsten jedoch nutzen viele Menschen den Internet-Zugang im Büro. Beliebt sind z. B. private E-Mail-Adressen bei kostenlosen Freemailern, die dann direkt an die dienstliche E-Mail-Adresse weitergeleitet werden. Wie viel Zeit haben Menschen zum Lesen kommerzieller Serien-E-Mails am Arbeitsplatz? Werden die E-Mails vielleicht mit einem Web-Interface von Zuhause aus gelesen, während der Gebührenzähler arbeitet? Oder gehören die Leser zu denjenigen Empfängern, denen ein Anbieter kostenloser E-Mail-Adressen zur Begrüßung eine Postkarte schickte, auf der ein „überquellendes E-Mail-Postfach" gewünscht wurde? Manche Menschen freuen sich, wenn sie wieder einmal eine E-Mail bekommen, andere ärgern sich grundsätzlich über alles. Nutzerverhalten ist heute schwer prognostizierbar. Klar ist jedoch, dass für die meisten Menschen das E-Mail-Postfach **nur von einem Computer** aus und meist nur von einem einzigen aus abgerufen werden kann. Faktum ist auch, dass dies in den meisten Fällen ein Rechner ist, der an einem Arbeitsplatz steht und dass die meisten Arbeitnehmer wenig Muße haben, sich dort von ihrer zu bewältigenden Arbeit ablenken zu lassen.

Die Alternative für Direktmarketing-Spezialisten, die Ihre Zielgruppe mit elektronischen Botschaften beglücken wollen, heißt **Mobile Marketing**. Über 70 % der Deutschen zwischen 14 und 64 Jahren besitzen bereits ein Handy. 6,3 % nutzen mittlerweile WAP-Funktionen, vor zwei Jahren waren es erst 2,6 %. Gegenüber dem Massenmedium SMS bleibt der Anteil der WAP-User aber verschwindend gering: Knapp 80 % der Mobilfunkkunden verschicken und empfangen Kurznachrichten über ihr Handy. Als **Ausgabegerät** kommt aber nicht nur das Mobiltelefon in Frage. Auch ein PDA, Organizer oder irgendein anderes tragbares Gerät, dass temporär oder permanent Online-Zugang hat, kommt als Empfangsgerät für Werbebotschaften in Frage. Die **Übertragung** kann als E-Mail, SMS oder als multimedial erweiterte SMS erfolgen. Die Übertragung selbst kann über GSM, GPRS, UMTS oder auch über ein Wireless LAN geschehen. Ebenso kann das Gerät sich natürlich auch via Bluetooth mit benachbarten Festnetzgeräten austauschen und von dort Inhalte oder Botschaften beziehen. Den technischen Spielereien und Variationen sind keine Grenzen gesetzt. Im Endeffekt jedoch sieht es so aus, dass immer mehr **handliche Endgeräte** zu immer erschwinglicheren Preisen auf den Markt kommen. Genauso wie E-Mails die Killerapplikation des Internet und SMS die Killerapplikation des GSM-Netzes geworden ist, werden auch bei neuen Endgeräten und Übertragungsstandards wieder solche **Kommunikationsprotokolle** den Siegeszug antreten. Ob dann Fotos, Videos oder wieder von flinken Fingern geschriebene Textnachrichten sich durchsetzen werden, wird die Zukunft zeigen. Sicher ist jedoch, dass hier für das Direktmarketing enorme Chancen zur individuellen Kundenansprache bestehen. Warum? Weil die Werbebotschaft endlich mitgenommen werden und in Ruhe gelesen werden kann, wenn Zeit dafür ist.

5.2 Der Empfänger weiß, welches Gerät am besten passt

Gerade angesichts der zu erwartenden Fülle von **Variationsmöglichkeiten** technischer Kommunikationsdienste gibt es nur einen Ausweg bei Thema Wahl der Waffen: Der Kunde soll selbst entscheiden, welches Empfangsinstrument ihm am besten passt. Für Unternehmen bedeutet das, dass bestehende **Multi-Kanal-Konzepte** noch einmal aufgebohrt werden müssen. Alleine E-Mail und SMS reichen nicht mehr aus. Im Zeitalter von Permission Marketing bestimmt nicht mehr der Marketingleiter, mit welchem Medium Botschaften vom Empfänger konsumiert werden. Kunden entscheiden stattdessen selbst, welche Information sie auf welchem Kanal empfangen wollen. Auch im elektronischen Zeitalter findet viel Informationsfluss über Zeitungen statt. Zusatzinformationen und Details werden über Websites abgerufen (Pull-Technologie). Massenmedien wie Radio und TV können ebenfalls vernetzt werden mit interaktiven Anwendungen wie dem WWW, E-Mail oder SMS. Klassische Direct Mails per Briefpost werden immer stärker personalisiert. Kataloge werden zum Teil nicht mehr als Massensendungen, sondern als individualisierter Digitaldruck versandt. Elektronische Kataloge ergänzen Printinformationen und verschaffen die Möglichkeit einer Echtzeit-Verfügbarkeitsabfrage über die integrierte Datenbank. Der direkte Zugriff auf unterschiedliche Contenttypen wie medienneutrale Bilder, Inserate, Preislisten oder Logos wird möglich. Detailinformationen können per PDF-Download abgerufen werden und sind sofort verfügbar. Kundenzeitungen werden ergänzt durch elektronische Mailings und E-Mail-Newsletter mit Direktverbindung zur Unternehmens-Website oder E-Commerce-Angeboten von Partnern (Affiliate Networks). Nicht zuletzt gibt es noch die Auswahlmöglichkeit des direkten Telefonkontakts oder den Besuch eines Außendienstmitarbeiters.

5.3 Warum mobile Endgeräte?

Unter den bereits genannten neuen Endgeräten sind bereits einige, die nicht mehr über fest installierte Leitung zum Internet verfügen, sondern **mobile Datenübertragungstechniken** nutzen. So wie bereits heute ein klarer Trend der Sprachkommunikation weg vom Festnetztelefon hin zum Mobiltelefon zu verzeichnen ist, wird dies auch für die Datenübertragung geschehen. Mobile Empfangsgeräte erlauben es, dem richtigen Kunden im richtigen Moment am richtigen Ort das richtige Angebot zu machen. Mikromarketing oder Geomarketing erlauben die **Lokalisierung** des Empfängers und die Zuordnung zu Segmenten ähnlichen Interesses. Wer in eine fremde Stadt kommt, erhält automatisch eine Liste nahegelegener Hotels mit freien Zimmern. Nach dem Einchecken erhält er die Tagesangebote der Restaurants in der Umgebung. All dies funktioniert natürlich nur unter dem Aspekt des Permission Marketing: Der Kunde muss vorher sein Einverständnis dazu gegeben haben, mit welchen Angeboten er gerne „beglückt" werden möchte. Auch muss es jederzeit möglich sein, das eigene Interessensprofil wieder zu modifizieren. Insbesondere mobile Endgeräte sind jedoch hierzu prädestiniert, da sie es dem Nutzer erlauben, Ruhe- oder Wartezeiten dazu zu nutzen, das eigene Interessensprofil zu pflegen.

Die Frage, inwieweit bei der mobilen Datenkommunikation die erfolgreiche **Killerapplikation SMS** von neuen Techniken abgelöst wird, hängt sicher neben der Übertragungsgeschwindigkeit auch vom Tarifmodell ab. Das Wireless Application Protocol (WAP) ist eine bandbreitensparende Übertragungstechnik, die in Verbindung mit GPRS und UMTS sicher interessantere Möglichkeiten bietet, als mit der klassischen GSM-Technik. Von Bedeutung für die Qualität des Angebots wird sicher der offene Zugang für unterschiedliche Contentanbieter zu den Portalen der Netzbetreiber sein.

5.4 Der richtige Zeitpunkt

Gutes Marketing bedeutet, dem richtigen Kunden zum richtigen Zeitpunkt das richtige Angebot zu unterbreiten. Der richtige Zeitpunkt und das richtige Örtchen hängen oft kausal miteinander zusammen, wie die Erfolge der Toilettenwerbung zeigen. **Mobile Marketing** ist insofern spannend, als Sie damit endlich die Möglichkeit haben, den Kunden selbst entscheiden zu lassen, was der richtige Moment ist. Die elektronische Botschaft ist an kein stationäres Empfangsgerät mehr gebunden, sondern kann, genau wie eine Zeitung, an jedem Ort gelesen werden. Wer am Arbeitsplatz nicht mehr alle E-Mails lesen konnte, überträgt sie auf ein Mobilgerät und liest sie in der Straßenbahn. Die Wartezeit an der Haltestelle kann ebenso genutzt werden, wie das Wartezimmer eines Arztes. „**Time-killing Services**" heißt das im i-mode-Land Japan. Lange Bahnfahrten können ebenso genutzt werden wie Flugreisen. Bahnhöfe, Hotelhallen und Flughäfen werden aus gutem Grund zu Hot-Spots mit Wireless LAN-Anschluss ausgebaut.

Zeitfenster zu finden und auszufüllen wird eine der Handwerkskünste des modernen Marketings sein. Wann ist der gehetzte Konsument noch ansprechbar? Wo sind die letzten Ruhezonen werbefreier Räume, die mittels Mobile Marketing erobert werden können? Wie sinnvoll ist es mittels Locations Based Services den Kunden im Supermarkt zu erkennen und ihm individuelle Angebote zu machen? Soll das Warenwirtschaftssystem des Supermarkts nicht gleich mit dem Warenwirtschaftssystem des Kundenkühlschranks vernetzt werden? Der Kunde ist dann nur noch der Handlanger, der den Einkaufswagen steuert, dessen Navigationssystem den Weg zu den benötigten Waren weist. Oder übernehmen das Einkaufsroboter, so wie der selbstsaugende Staubsauger "Trilobit", der mittels Plugin zum „Einkaufssauger" wird? Besser ist aber vielleicht doch der Mensch, weil er sich mittels geeigneter Couponing- und Kundenbindungsprogramme besser steuern lässt.

Ein anderer **Ausweg aus dem Dilemma** des richtigen Zeitpunkts ist die Permission Marketing-Lösung der Firma J-Point: Ein Software-Plugin auf dem Desktop-Computer lädt im Hintergrund mit der nicht benötigten Internet-Bandbreite gut gemachte Werbevideos. Sobald wieder ein Video geladen ist, bekommt der Nutzer dies durch ein blinkendes Licht angezeigt und er kann sich voller Neugierde den nächsten Spot ansehen. Denkbar wären da die Cannes-Rolle oder Kultspots wie die Flens-trinkenden Nordlichter. Wenn diese Spots dann noch per Bluetooth auf das Handy transferiert würden, ergäben sich sicher interessante Effekte des viralen Marketing.

Mobile Computer Aided Selling-Systeme

Parsis Dastani

1 Einleitung 164
2 Computer Aided Selling Systeme im Spannungsfeld zwischen
  Marketing und Vertrieb 165
3 Möglichkeiten der Anwendung mobiler CAS-Systeme in der Praxis ... 171
  3.1 Mobile Vertriebs- und Angebotsunterstützung 171
  3.2 Verbesserte Zugriffsmöglichkeiten für den Servicemitarbeiter im
      Außendienst 173
  3.3 Bestandskunden der Region optimal bedienen (Location Based
      Services) 173
  3.4 Echtzeit-Zusammenspiel zwischen Innen- und Außendienst ... 174
  3.5 Anwendungen im Überblick 175
4 Mobile CAS-Anwendungen in der Praxis 176
5 Zusammenfassung: Die Vorteile mobiler CAS-Systeme 177
6 Literaturverzeichnis 178

1 Einleitung

Das beginnende Jahrtausend ist gekennzeichnet durch eine stetig zunehmende **Produktparität**, durch steigenden Konkurrenzdruck und die wachsende Fragmentierung der Märkte und Medien. Eine unmittelbare Konsequenz hieraus ist die sinkende **Produkt- und Anbieterloyalität**. Dementsprechend werden Kundenbindung und Neukundengewinnung heute nicht mehr in erster Linie durch das Angebot eines herausragenden Produktes gesichert, sondern vielmehr durch intelligente **Marketing- und Vertriebsstrategien** realisiert.

Besondere Bedeutung erlangt in diesem Kontext zunehmend die Einsicht, dass die beiden Bereiche Marketing und Vertrieb nicht wie bisher tendenziell eher dezentral und voneinander losgelöst arbeiten dürfen, sondern vielmehr filigran aufeinander abgestimmt agieren und ebenso intensiv wie effektiv miteinander kommunizieren müssen.

Vor diesem Hintergrund hat sich das **Customer Relationship Management** zur zentralen Aufgabe der Führungsebene entwickelt. Eine zentrale Rolle bei diesem Konzept kommt jedoch nach wie vor den **Vertriebs- und Servicemitarbeitern** zu – ist es doch schließlich häufig der Außendienst, über den das Unternehmen einen direkten Kontakt zum Kunden und zu dessen Bedürfnissen herstellt. Durch die Aktivitäten des Außendienstes wird der Kunde gewonnen und an das Unternehmen gebunden; zudem generiert das Unternehmen durch die als Bindeglied zwischen Kunde und Unternehmen fungierende Schnittstelle „Außendienst" wichtige unternehmenskritische Informationen aus erster Hand.

War noch vor 30 Jahren ein überzeugendes Produkt allein in der Lage, den Erfolg eines Unternehmens zu garantieren, so ist heute, bedingt durch die geänderten Anforderungen an den Vertrieb sowie den stetig wachsenden **Konkurrenzdruck**, der Einsatz von unterstützender **Informationstechnologie** für den unternehmerischen Erfolg zunehmend unabdingbar. Vom Außendienstmitarbeiter selbst wird ein hohes Maß an **Flexibilität** und **Mobilität** erwartet, denn er muss vor allem schnell auf die unterschiedlichen Wünsche der Kunden reagieren können. Den genannten Anforderungen muss auch die Informationstechnologie genügen, die dem Außendienst die effiziente Umsetzung der gesamten Vertriebsprozesskette ermöglichen soll.

Computer Aided Selling-Systeme (CAS) stellen seit vielen Jahren die grundlegende Informationstechnologie einer derartigen Unterstützung der Marketing- und Vertriebsabteilungen dar. Mit Computer Aided Selling wird der Einsatz mobiler Computer im Außendienst bezeichnet, für den die Übertragung von Informationen zwischen Innen- und Außendienst konstitutiv ist. Aufgrund der erforderlichen Hardware-, Software- und Kommunikationskomponenten wird auch von einem CAS-System gesprochen (vgl. *Link/Hildebrand* 1993, S. 94).

Dennoch führte in der Vergangenheit der hohe Aufwand an Zeit und Kosten in zahlreichen Fällen zum Scheitern der **CAS-gesteuerten Marketing- und Vertriebsstrategien**. Störanfälligkeiten, ein unüberschaubarer Wartungs- und Pflegeaufwand sowie das Problem der **Datenreplikation** und des damit verbundenen **Timelags** haben sich in diesem Zusammenhang als die wesentlichsten Probleme bei der effizienten Nutzung herkömmlicher CAS-Systeme herauskristallisiert.

Eine Lösung dieses Problems kann der Einsatz mobiler CAS-Systeme bedeuten, die allen Außendienstmitarbeitern unabhängig von Zeit und Ort den Zugriff auf allumfassende Informationen ermöglichen. Zudem bieten diese Systeme ein enormes **Kosteneinsparungspotenzial**, wodurch die Produktivität und Effizienz der gesamten Marketing- und Vertriebsprozesskette gewährleistet wird. Darüber hinaus verbessert sich durch die Nutzung **mobiler CRM-Systeme** die Qualität des Service, was wiederum zu einer erhöhten Kundenzufriedenheit und somit zu einer steigenden **Produktloyalität** führt.

2 Computer Aided Selling Systeme im Spannungsfeld zwischen Marketing und Vertrieb

Das traditionelle CRM beinhaltet eine sog. „**Informationslücke**", die sich durch die voneinander losgelöste und dezentral gesteuerte Organisation der Marketing- und Vertriebsabteilungen ergibt. Der Vertriebsmitarbeiter organisiert seine Termine, sammelt und archiviert seine Kundeninformationen und benutzt dabei diverse technische Hilfsmittel wie **Laptop**, **Handheld** oder **Mobiltelefon** mit jeweils einer eigenen, nur für ihn selbst zugänglichen **Datenbank**. Auch der Servicemitarbeiter entwickelt oftmals sein persönliches System, um seine Arbeit im Außendienst zu organisieren. Wertvolle Daten bleiben in diesen manuellen Systemen unkommuniziert, so dass nur ein geringer Teil dieser für die zukünftige Verkaufsplanung relevanten Informationen seinen Weg in ein zentral gesteuertes **CRM-System** findet.

Umgekehrt gelangt aber auch nur ein Bruchteil der entscheidungsrelevanten Daten von zentralen CRM-Systemen auf die **individuelle Datenbank** des einzelnen Vertriebsmitarbeiters. Die gewachsenen Anforderungen an den Vertrieb verlangen jedoch nach Schnelligkeit und Effizienz: Informationen müssen **in Echtzeit** verfügbar sein, um die Wünsche des Kunden schneller, besser und gezielter bedienen zu können.

Von ebenso entscheidender Bedeutung für den Unternehmenserfolg ist die Möglichkeit, umgekehrt Informationen in Echtzeit vom Markt aufzunehmen und für künftige Marketing- und Verkaufsentscheidungen zu verwerten. Informationen und der zu Grunde liegenden Informationstechnologie kommen deshalb auch und gerade bei der **Vernetzung von Marketing- und Vertriebsabteilungen** eine Schlüsselrolle zu: Marketing- und Vertriebsstrategien können erst dann den gewünschten Erfolg erzielen, wenn beide Bereiche **interagieren** und in ihrer Umsetzung auf Basis des gegenseitigen Informationsaustausches den gewachsenen Anforderungen gerecht werden.

Ein weiteres Handlungsfeld bei der Bearbeitung der angesprochenen Defizite ist die professionellere Zusammenarbeit zwischen den einzelnen Marketing- und Vertriebsabteilungen: **Call Center, Vertriebsinnendienst, Servicemitarbeiter** und der **klassische Außendienst** sind unterschiedliche Funktionseinheiten im **CRM**, die im Rahmen von Kundenbetreuung und Kundenbeziehungsmanagement unterschiedliche unternehmenskritische Informationen sammeln und verarbeiten. Ihre Vernetzung sowie der Austausch sämtlicher Informationen in Echtzeit schaffen somit auch die Basis für den Erfolg von **Kundenbindungs- und -gewinnungsmaßnahmen**. Unabdingbare Voraussetzung hierfür ist wiederum der gleichmäßige und allumfassende Zugang zu sämtlichen Kundeninformationen für all diejenigen Mitarbeiter, die in einem direkten Kontakt mit dem Kunden stehen.

Bisher galt die Nutzung von Computer Aided Selling-Systemen als ein Versuch, sämtliche Marketing- und Vertriebsabteilungen zu vernetzen und anhand einheitlicher Applikationen den unternehmensweiten Zugang zu entscheidungsrelevanten Informationen zu gewährleisten.

CAS-Systeme haben die Aufgabe, Kundeninformationen zu sammeln, zu integrieren und abzubilden, um sie schließlich allen Marketing- und Vertriebsmitarbeitern zur Verfügung zu stellen. Mit Hilfe dieser CAS-Anwendungen war es für den Außendienstmitarbeiter bisher möglich, Termine zu steuern, Kundenkontakte zu pflegen, Reportings zu bearbeiten oder Informationen zu verwalten und Daten abzugleichen.

Eine der wesentlichen Schwierigkeiten bei der Steuerung der **gesamten Vertriebsprozesskette** mit Hilfe von CAS-Systemen bestand bisher in der Vielzahl unterschiedlicher Datenbanken. Während **Customer Care** und **Marketing** eher zentral im Unternehmen angesiedelt sind, werden **Vertriebsniederlassungen** mit ihren einzelnen Außendienstmitarbeitern dezentral organisiert. Neben der zentralen Datenbank im Unternehmen verfügt folglich jede Funktionseinheit (Call Center, Marketing, Produktion, Lager, Innen- und Außendienst) über eine eigene, individuell gesteuerte Datenbank.

Die unterschiedlichen **Datentöpfe** der verschiedenen Funktionseinheiten sind über unzählige **DFÜ-Verbindungen** miteinander vernetzt. Bei einem mittelständischen Unternehmen mit bspw. drei Vertriebsniederlassungen à 20 Außendienstmitarbeitern existieren schon 60 verschiedene Datenbanken im Außendienst. Hinzu kommen noch die Datenbanken der anderen Marketing- und Vertriebsabteilungen. Jede einzelne Datenbank (z.B. der Laptop des Außendienstmitarbeiters) muss mit der **CAS-Anwendungssoftware** ausgestattet und anschließend gewartet werden.

Der Austausch sämtlicher Informationen zwischen diesen unterschiedlichen Datentöpfen erfolgt durch den Vorgang der **Replikation**: Hierbei werden Veränderungen der Datensätze, die dezentral vorgenommen wurden, mit der zentralen Datenbank abgeglichen und umgekehrt.

Als Beispiel hierfür mag der Geschäftsvorfall „neue Adresse" fungieren: Der **Call Center Agent** eines Unternehmens erhält vom Kunden die Information, dass ein Mailing an die falsche Adresse versandt wurde. Diese Information in Verbindung mit der neuen Adresse des Kunden gelangt anschließend per Replikation vom Call Center auf die zentral gesteuerte Kundendatenbank und schließlich von dort aus auf die dezentral verwaltete Datenbank des betreffenden Außendienstmitarbeiters (vgl. Abb.1).

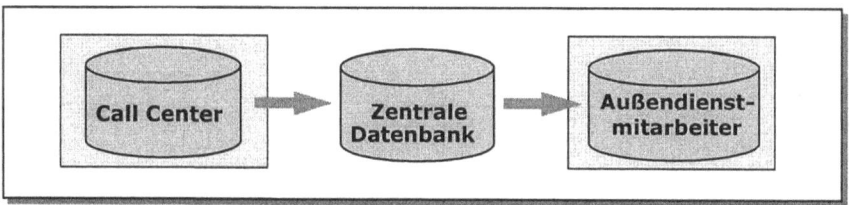

Abb. 1: Datenaustausch per Replikation zwischen Call Center und Außendienstmitarbeiter

Während des Datenaustausches kann es zu Schwierigkeiten kommen, insbesondere dann, wenn verschiedene Veränderungen an ein und demselben Datensatz annähernd zeitgleich vorgenommen werden. Hierbei kommt es zur sog. **Dateninkonsistenz**.

Weitere Problemfelder ergeben sich aus der oftmals **anfälligen Architektur** von CAS-Systemen. So sind – angefangen von Störungen bei der Datenübertragung durch das Telefonnetz über Probleme mit der Software bspw. beim Einspielen von **Updates** oder **Releases** bis hin zu technischen Mängeln der Hardware des Außendienstmitarbeiters – eine ganze Reihe von Faktoren gegeben, die eine effiziente Nutzung von CAS-Anwendungen behindern können. Die Wahrscheinlichkeit, dass innerhalb dieser komplizierten Prozesskette Fehler auftreten, ist demnach immens hoch.

Die **Störanfälligkeit** solcher Systeme potenziert sich zudem mit der Anzahl der an das System angeschlossenen Datenbanken und ihrer Datensätze sowie mit der Anzahl der **Datenfernübertragungsverbindungen**, die für den Informationsaustausch benötigt werden. Der sich daraus ergebende immense Wartungs- und Pflegeaufwand verursacht einen beachtlichen Zeit- und Kostenaufwand und führt nicht zuletzt auch zu Akzeptanzproblemen auf Seiten der Benutzer.

Die nachstehende Abbildung veranschaulicht noch einmal die Vielzahl von Störquellen in der Architektur eines herkömmlichen CAS-Systems.

Weitere Schwierigkeiten bei der Nutzung von CAS-Systemen ergeben sich durch das Problem der **Zeitverzögerung**: Da die gesammelten Informationen den einzelnen Abteilungen erst nach der Replikation zur Verfügung stehen, kann z.B. der Außendienstmitarbeiter nur mit einer gewissen Zeitverzögerung auf die gegebenenfalls geänderten Kundenwünsche reagieren.

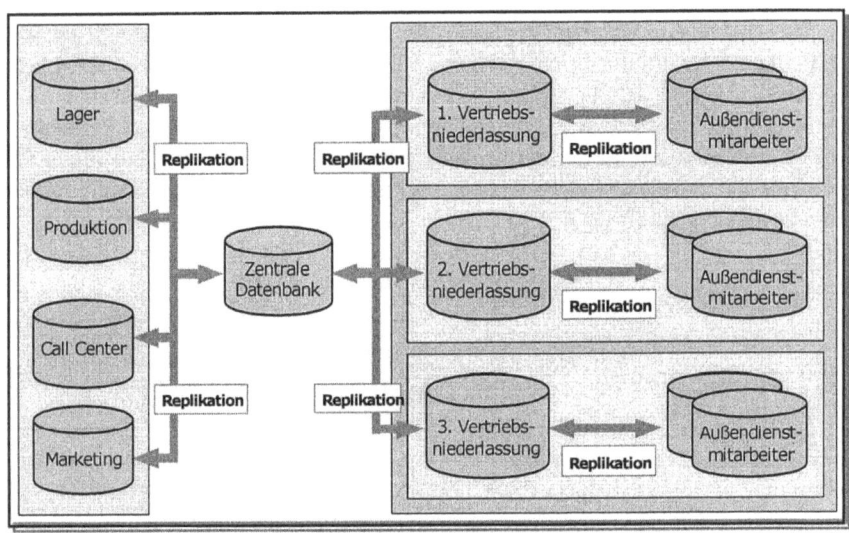

Abb. 2: Architektur eines herkömmlichen CAS-Systems

Ebenso kann die Marketingabteilung ihre **Direktmarketingkampagne** erst dann an die einzelnen Kundenbedürfnisse anpassen, wenn sie die dafür notwendigen Informationen vom zuständigen Außendienstmitarbeiter erhalten hat. Eine Verarbeitung der verfügbaren Informationen in Echtzeit ist somit nicht möglich.

Zusammenfassend ist also festzuhalten, dass die Hauptursache der geschilderten Schwierigkeiten beim Einsatz von CAS-Systemen für Marketing- und Vertriebsprozesse in der Existenz **vieler unterschiedlicher Datenbanken** und ihrer komplizierten Vernetzung liegt.

Mit Hilfe neuer mobiler Technologien und der **Synthese** aus **Telekommunikation** und **Computertechnologie** ist es allerdings heute möglich, die **Architekturen für CAS-Systeme** entscheidend zu optimieren.

Die ersten CAS-Systeme bestanden lediglich aus einer zentral gesteuerten Datenbank, ausgestattet wiederum mit nur einer einzigen **Applikation**. Dieses starre System erwies sich allerdings als unflexibel, immobil und dabei wenig intelligent. Die heute gebräuchlichen herkömmlichen CAS-Systeme stellen den Versuch dar, intelligente Technologien zu entwickeln, die dem Benutzer via **Intranet** auch von außerhalb, bspw. über Datenfernübertragungen (DFÜ), Zugang zu unternehmenskritischen Daten gewähren können.

Die Synthese von Telekommunikation und Computertechnologie führt dieser Tage wieder zurück zu einer einzigen unternehmensweiten Datenbank mit nur einer Applikation. Im Unterschied zu früheren Technologien sind die heutigen Systeme jedoch in der Lage, unter Nutzung **mobiler Datenübertragungstechniken** wie **UMTS** oder **GPRS**, dem Benutzer unabhängig von Ort und Zeit Zugang zu allumfassenden Informationen zu gewähren und diese auch in Echtzeit zu verwerten. Ein hohes Maß an **Mobilität** und **Flexibilität** kann somit garantiert werden.

Mobile Datenübertragungstechniken wie UMTS oder GPRS ermöglichen diesen **orts- und zeitunabhängigen** Zugriff auf zentrale Applikationen und Datenbanken. Unter Verwendung neuer Endgeräte (sog. thin oder mobile clients) wird mittels **einfacher Browsertechnologie** eine dauerhafte Online-Verbindung zur zentral gesteuerten Datenbank hergestellt. Die gesamte Logik dieser mobilen CAS-Systeme sitzt zentral auf dem Server des Unternehmens mit Zugriffsmöglichkeiten über Intra- und Extranets oder extern über mobile Endgeräte (vgl. Abb.3).

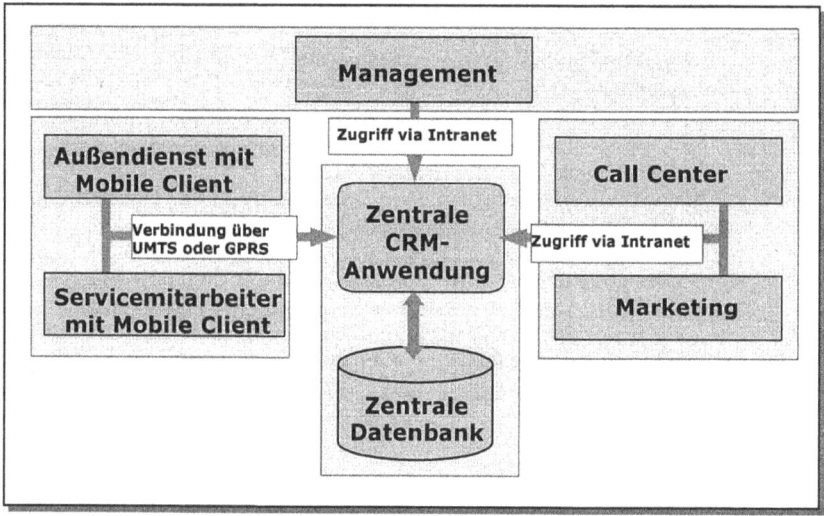

Abb. 3: Architektur eines mobilen CAS-Systems

Die Vorteile solcher mobil verfügbarer **CAS-Systeme** gegenüber herkömmlichen Systemen bestehen hauptsächlich in der Reduzierung vieler dezentral gesteuerter Datenbanken mit jeweils einer eigenen Applikation auf nur eine einzige Datenbank mit zugehöriger Applikation unternehmensweit. Der dadurch geringere **Pflege- und Wartungsaufwand** bietet ein erhebliches **Kosteneinsparungspotenzial**.

Die anfällige Architektur herkömmlicher CAS-Systeme mit ihrer komplizierten Vernetzung wird somit durch ein ebenso intelligentes wie sicheres System abgelöst. Der unkomplizierte Einsatz mobiler Endgeräte, ausgestattet mit einfacher Browsertechnologie, ermöglicht ein einfaches Handling des gesamten Systems mit sehr viel weniger **Störanfälligkeiten**. Dadurch steigen die **Effizienz, Flexibilität** und **Produktivität** sämtlicher Vertriebsprozesse.

Auch das Problem der **Zeitverzögerung** bei der Verfügbarkeit der Daten entfällt, da via Intranet, Extranet oder extern über die Mobile Clients ein Zugriff auf allumfassende Unternehmensdaten in Echtzeit gewährt wird.

Herkömmliche CAS-Systeme	Mobile CAS-Systeme
• Vielzahl von dezentralen Datenbanken	• Nur eine zentrale Datenbank
• Vielzahl von dezentralen Applikationen	• Nur eine Applikation auf der zentralen Datenbank
• Datenaustausch mittels Replikation	• Kein Datenaustausch notwendig, da Veränderungen direkt auf der zentralen Datenbank vorgenommen werden
• Problematik der Dateninkonsistenz	• Problematik der Dateninkonsistenz entfällt
• Hohe Lizenzkosten für Nutzung der Datenbanken	• Geringere Lizenzkosten für Nutzung der Datenbank
• Probleme mit dezentralen Anwendungen und aufwendiger Hardware-Infrastruktur	• Benutzerfreundliche Endgeräte mit einfacher Browsertechnologie
• Hohe Kosten durch hohen Pflege- und Wartungsaufwand	• Enorme Kosteneinsparungen durch geringen Pflege- und Wartungsaufwand
• Komplizierte Vernetzung und störanfällige Architektur	• Mobiler Zugriff via Intranet, Extranet oder extern, orts- und zeitunabhängig
• Datenübertragung durch herkömmliche Telefonnetze	• Schnelle DFÜ-Verbindungen durch UMTS
• Nicht immer Gewährleistung der Datensicherheit	• Hohe Datensicherheit
• Problem der Zeitverzögerung in punkto Verfügbarkeit der Daten	• Verfügbarkeit der Daten in Echtzeit durch mobilen Zugriff weltweit

Tab. 1: Gegenüberstellung der Vor- und Nachteile herkömmlicher und mobiler CAS-Systeme

Wie die **synoptische Gegenüberstellung** der herkömmlichen mit den mobilen CAS-Systemen prägnant veranschaulicht, garantiert der Einsatz mobiler CAS-Systeme in Zukunft ein Höchstmaß an Effizienz, Produktivität und Datenverwertung in Echtzeit. All diese Faktoren führen letztlich zur Realisierung von Wettbewerbsvorteilen für das Unternehmen und damit zum unternehmerischen Erfolg.

3 Möglichkeiten der Anwendung mobiler CAS-Systeme in der Praxis

In den folgenden Abschnitten sollen die Möglichkeiten des Einsatzes mobiler CAS-Systeme für die Arbeit des Außendienstes kurz skizziert werden.

3.1 Mobile Vertriebs- und Angebotsunterstützung

Der Einsatz der mobilen Informationstechnologie gewährt dem Außendienstmitarbeiter direkt vom Kunden aus Zugang zu spezifischen Daten, die für seinen Besuch beim Kunden und den Verlauf des Geschäftsabschlusses entscheidend sein können. Per **Mobile Client** verschafft er sich bspw. in Sekundenschnelle einen Überblick über kundenspezifische Daten wie z.B. die gesamte Kundenhistorie, Kaufgewohnheiten und Marketingaktionen. In Echtzeit erhält der Vertriebsmitarbeiter Informationen über die Produkte, die dem Kunden in der Vergangenheit angeboten wurden, oder Auskünfte darüber, welche Beschwerden vom Kunden vorgenommen wurden, aber auch welche Konkurrenzprodukte er bezieht oder welche **Potenziale** er aufweist. Alle diese Kennzahlen stehen dem Außendienst kurz vor seinem Kundenbesuch oder auch zeitgleich mit dem Verkaufsgespräch zur Verfügung.

Die Nutzung eines mobilen CAS-Systems versetzt den Außendienstmitarbeiter somit in die Lage, **schneller** und **gezielter** auf die Wünsche und Bedürfnisse des Kunden reagieren zu können. Musste der Vertriebsmitarbeiter bisher die Wünsche des Kunden noch manuell erfassen, Rücksprache mit dem Innendienst halten, ein Angebot erstellen, das er anschließend dem Kunden zuschickte, dann dessen Antwort abwarten, um schließlich die Bestellung an die Produktion weitergeben zu können, ermöglicht das mobile CAS-System heute die Steuerung der **gesamten Auftragsabwicklung** direkt vom Kunden aus.

Mit dem Wissen über sämtliche Produktinformationen sowie der Möglichkeit, Lagerbestände, Lieferzeiten, Vertragsbedingungen oder kundenspezifische Konditionen noch während des Kundenbesuchs vor Ort via GPRS oder UMTS abzurufen, Angebote in Echtzeit zu erstellen und zu verifizieren, erhöht sich die Effizienz der gesamten **Prozesskette** erheblich. Zugleich sinkt durch den direkten Zugriff auf entscheidungsrelevante Daten die **Fehlerquote** bei der Angebotskonfiguration.

Benötigt der Kunde bspw. eine spezielle Kühlmaschine, die auf Grund besonderer Gegebenheiten einen speziellen Werkstoff enthalten muss, kann auf Basis dieser Daten vor Ort eine Abfrage gesteuert und dem Kunden gegebenenfalls die Verfügbarkeit des speziellen Werkstoffes zugesichert werden. Der gesamte **Prozessablauf** von der Abfrage der Kunden- und Produktinformationen bis hin zur Angebotskonfiguration wird also durch den Einsatz mobiler CAS-Systeme automatisiert und nachhaltig beschleunigt. Die nachstehende Abbildung verdeutlicht die Reduzierung der Arbeitsschritte durch den Einsatz mobiler Anwendungen.

Herkömmliche Methode	Einsatz mobiler CAS-Systeme
• Kundenbesuch • Manuelle Erfassung der Produktwünsche • Erstellung des Besuchsberichtes • Digitalisierung der Produktwünsche und des Besuchsberichtes • Datenreplikation • Abstimmung mit Innendienst • Abfrage von Lagerbeständen, Lieferzeiten und Vertragsbedingungen • Innendienst stellt u.U. fest, dass das gewünschte Produkt nicht mehr verfügbar ist • Rückkoppelung zum Kunden • Erneute Abstimmung mit Innendienst • Verifizierung des Angebots • Versand des Angebots an den Kunden	• Kundenbesuch • Erfassung der Kundenwünsche • Abfrage der Lieferzeiten, Vertragsbedingungen und Lagerbestände vor Ort • Angebotsverifizierung in Echtzeit • Direkte Zustimmung des Kunden • Bestellabwicklung vor Ort
Summe Zeitaufwand: ca. 10-15 Std.	Summe Zeitaufwand: ca. 2-3 Std.

Tab. 2: Vergleich des Zeitaufwands bei der Nutzung herkömmlicher und mobiler CAS-Systeme

Als klare Vorteile ergeben sich hier die schnellere, unbürokratischere und somit kostengünstigere Umsetzung des gesamten Kundenbetreuungsprozesses. Idealiter reicht nun ein einziger Besuch des Vertriebsmitarbeiters aus, um den gewünschten **Geschäftsabschluss** herbeizuführen. Im Vergleich dazu benötigte der Außendienstmitarbeiter bisher auf Grund des hohen Verwaltungsaufwandes bis zu mehreren Arbeitstagen für die Realisierung des Geschäfts mit dem Kunden.

3.2 Verbesserte Zugriffsmöglichkeiten für den Servicemitarbeiter im Außendienst

Auch der Servicemitarbeiter kann mittels mobiler CAS-Systeme seine Arbeitszeit effizienter gestalten und die Qualität des Kundenservice verbessern. Mit Hilfe des Mobile Client besteht auch hier wieder die Möglichkeit, die gesamte **Servicehistorie** des Kunden direkt vom Kunden aus abzufragen, z.B. also zu klären, welche Einzelteile in der Vergangenheit in die Maschine des Kunden integriert, welche Inspektionen, Wartungsarbeiten und Reparaturen durchgeführt wurden, welches Relais zuletzt gewechselt wurde usw.

Auf diese Weise ermöglicht der direkte Zugriff auf Lagerbestände, Ersatzteillieferzeiten etc. auch für den Servicemitarbeiter die Abwicklung sämtlicher Auftrags- und Bestellvorgänge direkt vom Kunden aus.

Durch die schnellere und exaktere Abwicklung der Servicedienstleistungen verbessert sich zudem die Qualität der Kundenbetreuung. Eine Mindestqualität des Service wird somit garantiert, was letztlich **Kundenzufriedenheit** und **Loyalität** erhöht.

3.3 Bestandskunden der Region optimal bedienen (Location Based Services)

Eine weitere Anwendungsmöglichkeit mobiler CAS-Systeme wird heute im sog. **Location Based Service** gesehen.

Diese ist vor allem für jene Außendienstpraxis relevant, bei der ein Mitarbeiter sukzessive bestimmte Regionen bearbeitet. Im Zuge dieser Bearbeitung werden auch unangekündigte **Customer Care-** bzw. **Akquisitionsbesuche** durchgeführt. Mit Hilfe der Location Based Services besteht die Möglichkeit, spezifische Informationen aller Kunden der zu bearbeitenden Region einzusehen, z.B. welche Kunden am aktuellen Standort des Vertriebsmitarbeiters Verkaufs- oder Cross Selling-Potenziale aufweisen, wann der letzte Customer Care-Besuch durchgeführt wurde oder wann der letzte Vertragsabschluss stattgefunden hat. Darüber hinaus können mit Hilfe von Location Based Services auch die Potenzialdaten von Nichtkunden ermittelt werden.

Diese Informationen versetzen den Außendienstmitarbeiter in die Lage, seinen **Kunden-** wie auch **Nichtkundenbestand** in Echtzeit und direkt vor Ort strukturierter zu bearbeiten. Ein klassisches Beispiel für den Einsatz des Location Based Service-Systems ist der **Pharmareferent**. Das System ist hier bspw. in der Lage festzustellen, wo sich in einem bestimmten Gebiet die nächsten Ärzte befinden, welche Potenzialdaten sie aufweisen, wie man am schnellsten zu den einzelnen Praxen gelangt und welche Daten beim letzten Besuch des Referenten erfasst wurden.

3.4 Echtzeit-Zusammenspiel zwischen Innen- und Außendienst

Der Einsatz mobiler CAS-Systeme mit nur einer zentralen Datenbank, aber orts- und zeitunabhängigen Zugriffsmöglichkeiten vermindert ganz erheblich den Verwaltungs- und Koordinationsaufwand zwischen Außen- und Innendienst, zwischen Innendienst und Produktion bzw. zwischen Innendienst und Lager und bietet somit auch hier ein erhebliches **Kosteneinsparungspotenzial**.

Wie bereits unter Punkt 3.1 beschrieben, kann der Außendienstmitarbeiter in Zukunft sämtliche Auftrags- und Bestellprozesse in einem Zug direkt vom Kunden aus abwickeln. Eine **Rückkopplung** mit dem Innendienst wird somit in vielen Fällen unnötig. Analoges gilt für den Servicedienstmitarbeiter. Per Mobile Client wird – stets in Echtzeit – ein direkter Zugriff auf Lagerbestände und Lieferzeiten gewährt.

Auch zwischen Innen- und Außendienst kam es in der Vergangenheit zu einer Informationslücke sowie zu Zeitverzögerungen zwischen Informationsbeschaffung und -weitergabe.

Aufgrund des **Timelags** zwischen Kundenbesuch, Informationserfassung, Rückkopplung mit dem Innendienst, Absprache mit dem Kunden und letztlich Geschäftsabschluss konnten bisher wichtige Verkaufschancen verloren gehen. Der Kunde konnte sich in der Zwischenzeit am Markt orientieren und andere Möglichkeiten für sich entdeckt haben. Das Echtzeitzusammenspiel zwischen Innen- und Außendienst, wie es die mobilen CAS-Systeme bereitstellen, verhindert diesen Nutzenentgang.

Des Weiteren ermöglichen mobile CAS-Systeme dem Innendienst Zugang zu Informationen hinsichtlich der Terminplanung des Außendienstmitarbeiters. Erhält der Innendienst bspw. eine Anfrage von einem Kunden, der einen Besuch wünscht, kann der Innendienstmitarbeiter sofort feststellen, wo sich der Außendienstmitarbeiter zum aktuellen Zeitpunkt befindet und wann der nächstmögliche Besuchstermin stattfinden kann. Mit Hilfe des mobilen CAS-Systems wird der neue Termin direkt an den Außendienstmitarbeiter weitergeleitet (**Dispatching**).

Auf diese Weise führt die gleichmäßige Vernetzung von Innen- und Außendienst wiederum zur **Verbesserung der Beraterqualität**.

3.5 Anwendungen im Überblick

Die nachfolgende Tabelle soll zusammenfassend einen Überblick über sämtliche Möglichkeiten der Anwendung mobiler CAS-Systeme geben. Die Auflistung macht deutlich, dass die Anwendung mobiler CAS-Systeme mit nur einer zentral gesteuerten Datenbank die Vernetzung aller Marketing- und Vertriebsprozesse innerhalb des gesamten Unternehmens verbessert.

Bereich	Anwendungsmöglichkeit
Kundenakquisition und Cross Selling-Möglichkeiten	Location Based Services Datenabfrage vor Ort • Bestandskundenhistorie • Nichtkundenhistorie • Verkaufspotenziale • Produktaffinitäten Datenerfassung vor Ort in Echtzeit • Responsedaten • Potenzialdaten • Kundenpräferenzen • Konkurrenzprodukte Angebotsverifizierung in Echtzeit • Lieferzeiten • Lagerbestände • Kundenspezifische Konditionen • Automatisierte Weiterleitung der Bestellung • Auftragsabwicklung in Echtzeit

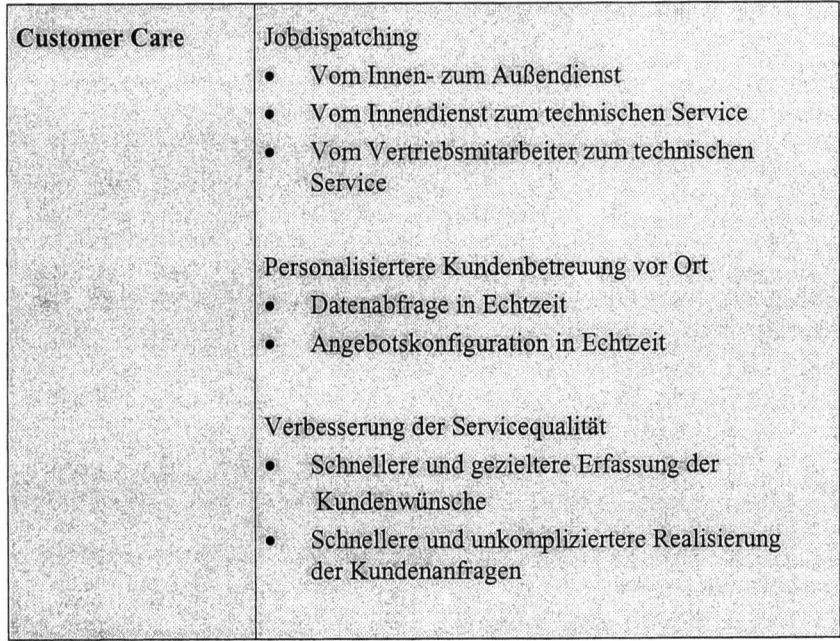

Tab. 3: Überblick über Anwendungsmöglichkeiten für mobile CAS-Systeme

4 Mobile CAS-Anwendungen in der Praxis

Bisher hat sich der Einsatz mobiler CAS-Systeme hauptsächlich im US-amerikanischen Markt durchgesetzt. Zu den führenden Anbietern zählen Unternehmen der Branche Informationstechnologie wie z.B. **Siebel, Peoplesoft** oder **AvantGo**. Die entwickelten mobilen CAS-Anwendungen dieser Anbieter werden nun sukzessive auch im europäischen Markt eingeführt.

Im Folgenden sollen einige Anwendungserfolge in der Praxis kurz skizziert werden:

Alcatel gilt als führendes Unternehmen im Bereich **Hochgeschwindigkeitszugriff** und **Übertragungsleistungen** sowie als einer der Hauptanbieter für Telekommunikations- und Internetdienste. Alcatel suchte nach einer einfachen und kostengünstigen Methode, mit der wichtige Informationen an Mitarbeiter außerhalb des Unternehmens übertragen werden können. Eine M-Business-Server-Lösung wurde innerhalb weniger Wochen nahtlos eingesetzt und erweiterte die Verfügbarkeit der Internet-gestützten Unternehmensdaten auf **Handheld-Geräte**.

American Freightways ist das drittgrößte Frachtunternehmen für den Transport allgemeiner Konsumgüter in den USA und verfügt über 17.000 angegliederte

Unternehmen, die von 262 Betriebszentren aus weltweit operieren. Mithilfe eines mobilen CAS-Systems können Vertriebsmitarbeiter heute von jedem beliebigen Standort aus auf Kundeninformationen und Preisangaben zugreifen.

Die Produkte von **Avid** werden weltweit zur Produktion von mehr Fernseh- und Nachrichtensendungen, Werbespots, Musikvideos und CDs, Medienmaterialien für Unternehmen und industrielle Zwecke und aufwendige Kinoproduktionen eingesetzt als multimediale Bearbeitungsprodukte anderer Unternehmen. Ein mobiles CAS-System ermöglicht den landesweit verteilten Wiederverkäufern und Vertriebsmitarbeitern von Avid den **drahtlosen Zugriff** auf aktuelle Informationen zu Preisen, Werbeaktionen und Neuigkeiten. Durch den Einsatz dieser mobilen Architektur haben sich die Zeiteinsparungen beim Veröffentlichen und Empfangen von Informationen vor Ort deutlich erhöht, da der Informationsaustausch zwischen Avid und seinen Wiederverkäufern jetzt mehrmals täglich erfolgt und nicht mehr, wie bislang, einmal am Tag oder sogar nur einmal in der Woche (vgl. *www.avid.com*).

Future Electronics ist ein globaler Elektronikvertrieb und gehört im Hinblick auf den weltweiten Verkauf von Komponenten zu den drei bedeutendsten Unternehmen. Mit seinen über 6.000 Mitarbeitern in 220 Niederlassungen in 34 Ländern ist Future Electronics stark mitarbeiter- und technologieabhängig. Mit der Implementierung einer mobilen CAS-Anwendung setzt Future eine mobile Verkaufslösung für seine Vertriebsmitarbeiter ein. Die Vertriebsmitarbeiter von Future können jetzt interaktiv auf Kundeninformationen wie Bestellvorgänge, Kontaktinformationen und Notizen aus dem im Unternehmen verwendeten CAS-System „Firstwave" zugreifen. Darüber hinaus stehen bei Future jetzt wichtige Vertriebsinformationen wie bspw. Preisangaben und Komponentendaten auf Handheld-Geräten zur Verfügung (vgl. *www.avantgo.com*).

5 Zusammenfassung: Die Vorteile mobiler CAS-Systeme

Die größten Hindernisse bei der Einführung und Umsetzung herkömmlicher CAS-Anwendungen in der Praxis waren bisher die vielen dezentral organisierten Datenbanken mit jeweils eigenen Applikationen, die **Replikationskonflikte** beim Datenaustausch und die sich daraus ergebende **mangelnde Datenqualität**. Hinzu kamen ein enormer Zeit- und Kostenaufwand zur Pflege der dezentralen Datenbanken und ihrer Applikationen, die hohe Anfälligkeit der gesamten Architektur sowie die geringe Flexibilität dieser Systeme. Eine Verfügbarkeit der Daten in Echtzeit konnte aufgrund von Zeitverzögerungen während des Informationsaustausches nicht gewährleistet werden.

Die **Synthetisierung** von Telekommunikation und Computertechnologie in technischen Innovationen wie UMTS, GPRS oder mobilen Endgeräten stellt die

Lösung dieser Probleme dar und bietet somit die optimale technologische Unterstützung sämtlicher Marketing- und Vertriebsprozesse (vgl. *Scheer/Feld/Göbl/ Hoffmann* 2002, S. 105).

So kommt es vor allem aufgrund der Vereinfachung der Struktur des gesamten CAS-Systems zu beachtlichen **Kostenvorteilen**. Diese ergeben sich hauptsächlich aus der weniger störanfälligen Architektur, der Reduzierung auf eine zentral gesteuerte und mit nur einer Applikation ausgestattete Datenbank und den sich daraus ergebenden geringeren Lizenzkosten sowie einer einfachen Wartbarkeit und Pflege dieser Systeme.

Aus den Kosteneinsparungspotenzialen im Zuge der Implementierung mobiler CAS-Anwendungen ergeben sich eine verbesserte Effizienz und Produktivität der gesamten Vertriebsprozesskette. Arbeitsschritte wie z.B. die Angebotskonfiguration, die früher in mehreren zeitaufwendigen Stufen durchgeführt werden mussten, können heute vom Vertriebsmitarbeiter vor Ort in **Echtzeit** übernommen werden.

Darüber hinaus ergeben sich Qualitätsvorteile, die sich in der Flexibilität und Mobilität der Systeme und vor allem in der Verfügbarkeit allumfassender Unternehmensdaten in Echtzeit begründen lassen. Der schnellere Zugriff auf akkurate Informationen ermöglicht eine bessere, gezieltere und personalisiertere Betreuung des Kunden, was letztlich stets zu einer **erhöhten Kundenzufriedenheit** und **Loyalität** führt.

Des Weiteren werden mit Hilfe **mobiler CAS-Systeme** auch ganz neue Anwendungen ermöglicht, wie z.B. **Location Based Services**, der Zugriff auf produkt- und kundenspezifische Informationen, Lagerbestände, Lieferzeiten oder die Abfrage der Wartungshistorie eines Produktes durch den Servicemitarbeiter in Echtzeit vor Ort.

Die durch den Einsatz mobiler CAS-Systeme erzielten Effekte: Kostenreduzierung, Schnelligkeit, Flexibilität durch Mobilität, neue Möglichkeiten der Bearbeitung sowie Verbesserung der Beratungs- und Servicequalität führen in Zukunft zur Realisierung der erfolgsentscheidenden Wettbewerbsvorteile in den heute intensiv umkämpften Märkten mit hoher Produktparität.

6 Literaturverzeichnis

Gerpott, T./Thomas, S. (2002): Organisationsveränderungen durch Mobile Business, in: Reichwald, R. (Hrsg.): Mobile Kommunikation, Wiesbaden 2002, S. 37-54.

Kehl, R./Rudolph, B. (2001): Warum CRM-Projekte scheitern, in: Link, J. (Hrsg.): Customer Relationship Management, Berlin et al. 2001, S. 253-276.

Kumst, T. (2001): Mobile Office – Arbeiten ohne Grenzen, in: Kahmann, M. (Hrsg.): Report Mobile Business, Düsseldorf 2001, S. 205-221.

Link, J. /Hildebrand, V. (1993): Database Marketing und Computer Aided Selling, München 1993.

Scheer, A.-W./Feld, T./Göbl, M./Hoffmann, M. (2002): Das mobile Unternehmen, in: Silberer, G./Wohlfahrt, J./Wilhelm, T. (Hrsg.): Mobile Commerce, Wiesbaden 2002, S. 87-106.

Schwetz, W. (2000): Customer Relationship Management, Wiesbaden 2000.

Quellen aus dem Internet

www.avantgo.com

www.avid.de

Portale im mobilen Internet: Die Vermarktung digitaler Leistungsangebote über Online-Portale

Sebastian Schmidt

1 Einleitung: Vom stationären zum mobilen Internet 182
2 Digitale Produkte und elektronische Dienstleistungen 183
   2.1 Digitalisierung als elektronisches Grundprinzip 183
   2.2 Digitale Produkte 184
      2.2.1 Definitorische Ansätze in der Literatur 185
      2.2.2 Technische Voraussetzungen 190
      2.2.3 Klassifikationsmöglichkeiten digitaler Produkte 192
   2.3 Elektronische Dienstleistungen 194
      2.3.1 Abgrenzung zu digitalen Produkten 195
      2.3.2 Elektronische Dienstleistungen im mobilen Internet 197
3 Portale – die Startseiten im Internet 198
   3.1 Horizontale und vertikale Portale 199
   3.2 Geschäftsmodelle und Portalarten 199
   3.3 Mobile Online-Portale 203
      3.3.1 Aufgaben mobiler Portale 204
      3.3.2 Anwendungsformen mobiler Portale 205
   3.4 Portale für digitale Musik 205
4 Ausblick 206
5 Literaturverzeichnis 207

1 Einleitung: Vom stationären zum mobilen Internet

„Unternehmen, die heute physische Produkte verkaufen, die jedoch digitalisierbar sind, werden eine Revolution erleben." (*Simon* 2001, S. 103)

Bereits unter dem Schlagwort der **Internet-Ökonomie** wurde der Wechsel von physischen Atomen zu digitalen Bits und die sich daraus ergebenen Konsequenzen für Wirtschaft und Gesellschaft als radikal bezeichnet (vgl. *Zerdick et al.* 2001, S. 16). Im Zentrum der Veränderungen steht die Möglichkeit, Produkte und Dienstleistungen auf der Basis von Informations- und Kommunikationstechnologien zu digitalisieren, was auch als Digitale Ökonomie bezeichnet werden kann. Die auf elektronischen Informationen basierenden Produkte und Dienstleistungen, wie z.B. Software, Bücher, Filme, Zeitschriften und Musik, können innerhalb von Online-Systemen ohne Medienbruch und Zeitverzögerung und damit in „Echtzeit" weltweit verteilt werden. Zu den Online-Systemen des stationären Internet kommen zunehmend Anwendungen und Technologien des mobilen Internet hinzu, die eine ortsunabhängige, auf mobilen Endgeräten basierende Auslieferung digitaler Produkte ermöglichen. Eine Differenzierung zwischen dem stationären und mobilen Internet lässt sich anhand der Begriffe **Electronic Commerce** (E-Commerce) und **Mobile Commerce** (M-Commerce) und innerhalb dessen anhand der Verbindungsart vornehmen. Der Begriff E-Commerce beinhaltet im Allgemeinen alle Formen der elektronischen Abwicklung von Verkaufsprozessen über Online-Systeme wie das Internet, wobei der Fokus auf der Ortsgebundenheit, d.h. auf dem stationären E-Commerce (S-Commerce) liegt (vgl. *Link* 2000, S. 7; *Link* 2001, S. 24). Im Hinblick auf die Verbindungsart wird für die kabelgebundenen Telekommunikationsverbindungen auch der Begriff **„stationäres Internet"** verwendet (vgl. *Wirtz* 2002, S. 677).

Bei M-Commerce handelt es sich vereinfacht „... um eine elektronisch gestützte Abwicklung geschäftlicher Kommunikations- und Transaktionsprozesse mittels mobiler Endgeräte" (*Link/Schmidt* 2002, S. 132). Im Mittelpunkt des M-Commerce stehen Vermarktungsprozesse über Online-Systeme, die mit Hilfe mobiler drahtloser Endgeräte „ortsflexibel" abgewickelt werden (siehe hierzu auch den Beitrag von *Link* in diesem Sammelband). Durch den Einsatz mobiler drahtloser Endgeräte kann in diesem Zusammenhang auch von einem **„mobilen Internet"** gesprochen werden. Der Vertrieb von digitalen Produkten und Dienstleistungen (zur Vereinfachung wollen wir im Folgenden für digitale Produkte und Dienstleistungen die Begriffe „digitale Leistungen" bzw. „digitale Inhalte" verwenden) wird sowohl im stationären als auch im mobilen

Internet die vorhandenen Geschäftsprozesse und Wertschöpfungsketten zunehmend verändern. Immer mehr Geschäftsprozesse werden in Folge dessen in Zukunft vollständig, d.h. von der Geschäftsanbahnung bis zur Abwicklung, digitalisiert. Im Zusammenhang mit dem mobilen Internet entstehen zunehmend digitale mobile Wertschöpfungsketten, innerhalb derer verschiedene Akteure digitale Inhalte entwickeln und über **mobile Online-Portale** den jeweiligen Zielgruppen bedarfsgerecht zur Verfügung stellen.

Portale gelten bereits im stationären Internet als **zentrale Einstiegs- und Navigationspunkte** und stellen umfangreiche Informations-, Kommunikations- und Transaktionsangebote klassifiziert, strukturiert und aggregiert zur Verfügung. In Verbindung mit der Vermarktung digitaler Leistungsangebote im mobilen Internet wird die Bedeutung der Portale als „Tore zur mobilen Welt" noch einmal steigen: Nur wer in Zukunft die Kontrolle über mobile Online-Portale und damit über die Schnittstellen zum mobilen Kunden besitzt, wird in der Lage sein, digitale Leistungsangebote entweder kontextbezogen oder auch unabhängig von Ort und Zeit den jeweiligen Zielgruppen zur Verfügung zu stellen.

2 Digitale Produkte und elektronische Dienstleistungen

2.1 Digitalisierung als elektronisches Grundprinzip

Der Begriff "digital" beinhaltet die ziffernmäßige und in Stufen erfolgende Darstellung von Daten, wobei **Digitalisierung** den Prozess beschreibt, Analogsignale in digitale (binäre) computerlesbare Signale zu transformieren (vgl. *o.V.* 2001a, S. 146 f.; *Wirtz* 2001, S. 23; zum Prozess der Digitalisierung vgl. *Fluckinger* 1996, S. 62 ff.; *Kolb* 1999, S. 78 f.). Als elektronisches Grundprinzip ist Digitalisierung die **Voraussetzung für die Übertragung, Speicherung, Weiterverarbeitung und Wiedergabe von Inhalten** über Online-Systeme wie das Internet. Durch Digitalisierung können innerhalb von Online-Systemen vorher weitestgehend getrennte Darstellungsformate (Text, Grafik, Bild, Sprache, Ton) unabhängig voneinander verarbeitet und je nach Anwendungszweck flexibel miteinander kombiniert werden (vgl. *Pispers/Riehl* 1997, S. 64; *Gerth* 1999, S. 34 f.; *Gerpott* 1998, S. 20).

Digitalisierung gilt darüber hinaus auch als technologische Basis für das Zusammenwachsen verschiedener bisher getrennter Technologiebereiche (**Konvergenz**) der Telekommunikation, Informationstechnologie sowie der Medien und (Unterhaltungs-)

Elektronik (vgl. *Zerdick et al.* 2001, S. 140; *Keuper* 2002, S. 609). Die innerhalb der einzelnen Branchen vorhandenen Fest-, Mobilfunk- und Datennetze sowie die bestehenden Radio- und Fernsehnetze werden in Zukunft zu digitalen vernetzten interaktiven Multimedia-Systemen konvergieren. Letztendlich ermöglicht das Prinzip der Digitalisierung auch einen **vollständig elektronischen Geschäftsverkehr**, was bedeutet, dass alle Phasen des Leistungserstellungsprozesses, d.h. von der Geschäftsanbahnung über den Vertragsabschluss bis hin zur Rechnungserstellung, Zahlung und Auslieferung über ein elektronisches Netzwerk abgewickelt werden können (vgl. auch *Brandtweiner* 2000, S. 33).

2.2 Digitale Produkte

Nach *Illik* haben **digitale Güter** weder direkt noch indirekt einen physischen Anteil und können vollständig über digitale Datennetze distribuiert werden (vgl. im Folgenden insbesondere *Illik* 1998, S. 15 f.). Auf eine genauere Beschreibung und Differenzierung hinsichtlich der Begriffe „Produkte", „Güter" bzw. „Wirtschaftsgüter" soll an dieser Stelle verzichtet werden (vgl. dazu *Kosiol* 1966, S. 101 ff.; *Kosiol* 1972, S. 108 ff.; *Kotler* 2001, S. 716 ff.). Es ist demnach auszuschließen, dass es sich bei ihnen um materielle Güter handelt. Digitale Güter sind **stets in elektronischer Form vorhanden**, d.h. codiert als eine Menge von Bits. *Illik* unterscheidet hierbei je nach dem **Digitalisierungsgrad** digitale, semi-digitale, semi-physische und physische Güter, wobei die letzten drei Klassen unter dem Terminus der non-digitalen Güter zusammengefasst werden (vgl. auch *Luxem* 2000, S. 14 sowie Abbildung 1).

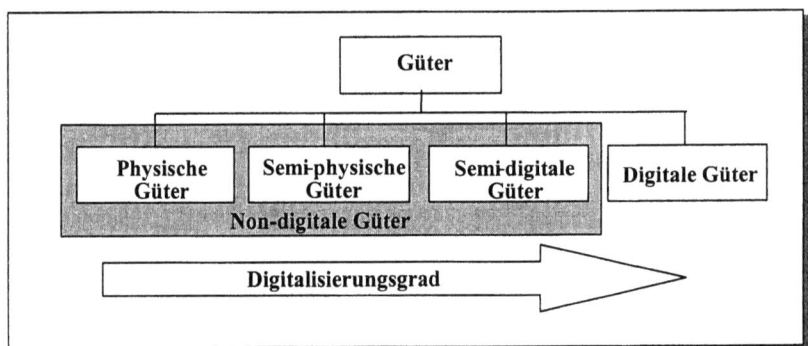

Abb. 1: Abgrenzung digitale und physische Güter
Quelle: *Luxem* 2000, S. 15

Der Hauptteil bei **semi-digitalen Gütern** hat digitalen Charakter. Zusätzlich enthalten diese Produkte Leistungen, die auf der physischen Anwesenheit eines Individuums basieren (z.b. Beratung oder Schulung), was allerdings nicht ausschließt, dass diese Leistungen auch digital durch z.b. eine E-Mail oder eine Videokonferenz abgewickelt werden könnten. **Semi-physische Güter** hingegen enthalten als physische Güter transaktionsabhängige Informationsflüsse, deren Übertragung digital erfolgen kann. Dies trifft vor allem auf Produkte zu, bei denen erst eine sinnvolle Aussage hinsichtlich der Produktkategorisierung getroffen werden kann, wenn neben dem Güterfluss auch der zugehörige Informationsfluss der Transaktion beachtet wird. Beispiele hierfür finden sich bei einer Online-Bestellung von Produkten, die zwar physisch vorhanden sind, deren Bestellung sowie Bestellabwicklung (z. B. Versandanzeige, Zahlung) aber digitalisierbar ist.

Physische Güter als letzte Kategorie der nondigitalen Güter haben keinen digitalen Anteil. *Illik* betont allerdings, dass es zwischen semi-physischen und physischen Gütern marktabhängige Überschneidungen gibt. Dies bedeutet, dass, wenn ein rein physisches Produkt auf dem elektronischen Markt angeboten wird, es zu einem semi-physischen Produkt wird.

Hinsichtlich des Digitalisierungsgrades lassen sich nur die Produkte als **reine digitale Produkte** identifizieren, die keinen physischen Anteil haben. Dies bedeutet, dass die Klasse der semi-physischen Güter durch ihre Gebundenheit an ein physisches Medium keine digitalen Produkte darstellen. Auch semi-digitale Güter enthalten physische Anteile und können deshalb nicht als digitale Produkte gesehen werden.

2.2.1 Definitorische Ansätze in der Literatur

Im Zusammenhang mit dem Begriff digitale Produkte existieren im deutsch- und englischsprachigen wissenschaftlichen Schrifttum verschiedene **definitorische Ansätze**. Darin werden für digitale Produkte auch Begriffe wie virtuelle Produkte, digitale Informationsprodukte, digitalisierte Waren und Dienstleistungen, elektronische Produkte, digitale Inhalte, nicht-materielle Produkte oder auch englische Begriffe wie „Multimedia-Products" und „Entertainment-Products" verwendet. Hinzu kommen die **unterschiedlichen Begriffsvarianten** in praxis- und anwendungsorientierten Bereichen wie bspw. Breitband-Content, Multimedia-Content, Online-Content, Paid-Content, Live- und OnDemand-Content oder auch digitaler Audio- und Video-Content, wobei der Begriff „Content" auch teilweise mit „Inhalt" übersetzt wird (z.B. kostenpflichtige Inhalte für Paid-Content). Der Begriff „Content" umfasst die Menge aller redaktionell erzeugten bzw. ausgewählten Informationselemente, die gebündelt an die jeweiligen Rezipienten abgegeben werden (vgl. *Rawolle/Ade/Schuhmann* 2002, S. 19). Auch fehlt in den meisten Fällen eine Differenzierung zwischen digitalen Produkten und Dienstleistungen. In der folgenden Tabelle (siehe nächste Seite) werden die bedeutendsten Definitionen rund um den Begriff digitale Produkte dargestellt.

Die Definitionen sowie die dazugehörigen Beispiele machen deutlich, dass die Verwendung des Begriffs weitestgehend uneinheitlich erfolgt. Trotzdem lassen sich auch **übereinstimmende Merkmale** bspw. hinsichtlich der Möglichkeit der Übertragung digitaler Produkte über elektronische Netzwerke feststellen. Im Folgenden wollen wir deshalb auf der Grundlage der vorangegangenen Ausführungen eine einheitliche Definition festlegen, um damit eine eindeutige und präzise Verwendung des Begriffs aus wissenschaftlicher und praxisorientierter Sicht herbeizuführen. Dazu werden allerdings noch die folgenden Überlegungen vorangestellt:

Digitale Produkte werden zunehmend zu Wirtschaftsgütern: Digitale Produkte werden bislang überwiegend noch für einen Preis von „Null" abgegeben. Es handelt sich bei digitalen Produkten deshalb größtenteils noch um freie und öffentliche Güter, die bei der Produktion hohe Fixkosten verursachen („first copy costs"). Wollen Anbieter digitale Inhalte in Zukunft als Vermarktungsgegenstand und damit als „Produkte" einsetzen bzw. vermarkten, müssen geeignete Preisstrategien entwickelt werden, die eine nach wirtschaftlichen und marktorientierten Grundsätzen sinnvolle Handhabung ermöglichen (z.B. „Paid-Content", „Follow-the-Free").

Digitale Produkte sind keine digitalen Dienstleistungen: Bei digitalen Produkten handelt es sich um ungebundene digital gespeicherte Informationen, die entweder online erstellt werden oder bereits physisch vorhanden sind und anhand technischer Verfahren digitalisiert werden. Die Erstellung eines digitalen Produktes erfolgt im Gegensatz zu digitalen Dienstleistungen ohne die Integration eines externen Faktors und damit ohne eine fortwährende Interaktion mit dem Nachfrager. Bei dem bereits gespeicherten digitalen Produkt handelt es sich demnach nicht um eine digitale Dienstleistung, die nämlich zum einen nicht speicherfähig ist und zum anderen bei der Erstellung stets die Integration eines externen Faktors benötigt (vgl. weiterführend auch den Abschnitt 2.3.1).

Digitale Produkte sind nicht an ein physisches Speichermedium gebunden: Die Verteilung bzw. der Transport digitaler Inhalte kann zum einen in gebundener Form (offline) über ein Datenträger- bzw. Speichermedium (CD-Rom, DVDs) oder in ungebundener Form (online) über ein mobiles oder stationäres Online-System (z.B. Internet, Rundfunk, TV) erfolgen. Digitale Inhalte, die sich in gebundener Form auf einem Speichermedium befinden, müssen für eine Verteilung erst von diesem gelöst (z.B. ausgelesen) werden.

Autor	Verwendete Begriffe/Bedeutung	Beispiele	Autor	Verwendete Begriffe/Bedeutung	Beispiele
Alpar (1996), S. 210	Im Fokus der Sichtweise von *Alpar* steht der Online Vertrieb digitaler Produkte über das Internet.	Software, Zeitungen, Zeitschriften, digitale Dienstleistungen (z.B. Artikelrecherche, Online-Beratungen)	*Clarke* (1997)	Digitale Produkte und Dienstleistungen definiert *Clark* als „Electronic Publishing is electronic commerce in digital goods and services...and can be delivered using the information infrastructure."	Dokumente in elektronischer Form z.B. Bücher, Zeitschriften, Musik, Videos, Filme, digitale Dienstleistungen (z.B. Online-Lernsysteme)
Choi/Stahl/Whinston (1997), S. 61 ff.	Digitale Produkte sind Informationsgüter, die über elektronische Netzwerke transportiert werden können.	Digitale Informations- und Unterhaltungsprodukte (Zeitungen, digitales Audio u. Video etc.), digitale Dienstleistungen (Online-Banking, Online-Reservierungen, E-Government etc.)	*Europäische Kommission* (1998), S. 1-3	Digitale Produkte werden von den Autoren als digitale Informationen traditioneller Inhaltsfirmen verstanden, die innerhalb von digitalen Netzwerken erstellt und vertrieben werden.	Inhalte im Netzsektor (Text, Musik, Bilder, Video, Daten etc.)
Ortwein/Kurz/Mörsdorf (1997), S. 132 ff.	Die Autoren verwenden für digitale Produkte den Begriff „Virtuelle Produkte", unter dem sie neu entstandene Dienstleistungen, „...die durch den Einsatz innovativer Technologien im Zusammenhang mit multimedialem Netzwerk-Computing..." zustande gekommen sind, verstehen.	Die Anwendungsfelder von virtuellen Produkten teilen die Autoren in vier Bereiche ein: (1) Cyber Economy (z.B. Online-Shopping), (2) Cyber Community (z.B. Anwendungen in der öffentlichen Verwaltung), (3) Digital Work Place (z.B. Anwendungen innerhalb des digitalen Arbeitsplatzes), (4) Digitale Household (z.B. digitale Unterhaltungsangebote).	*Harris* (1998), S. 15	*Harris* versteht digitale Produkte aus rechtlicher Sicht als Wirtschaftsgüter (Digital Assets), die einen Wert haben und (1) in digitaler Form vorhanden sind, (2) digital hergestellt wurden oder (3) die erst an Wert gewinnen, wenn sie in einem digitalen Format vorhanden sind.	keine

Autor	Verwendete Begriffe/Bedeutung	Beispiele	Autor	Verwendete Begriffe/Bedeutung	Beispiele
Illik (1998), S. 15 f.	Digitale Güter haben für *Illik* keinerlei physischen Anteil, weder direkt noch indirekt und können vollständig über digitale Datennetze distribuiert werden.	Digitale Bücher und Zeitschriften, Video- und Audioprodukte, digitale Dienstleistungen (z.B. Ergebnisse einer Datenbankabfrage)	*Bieberbach/ Hermann* (1999), S. 77	Die Autoren sehen Informationsprodukte in digitaler Form als Ware für elektronische Märkte. Als zentrale Entwicklung sehen sie unter dem Einfluss der neuen IuK-Technologien einen Substitutionsprozess zwischen Informationsdienstleistungen und -produkten.	Bücher, Musik, TV-Shows, Online-Lernsysteme, Audio und Video etc.
Shapiro/ Varian (1998), S. 3	*Shapiro/Varian* stellen im Zusammenhang mit digitalen Produkten die Digitalisierbarkeit von Informationen in den Mittelpunkt der Betrachtung: „Essentially, anything that can be digitazed – encoded as a stream of bits – is information."	Bücher, Zeitschriften, Filme, Musik, Sport- und Finanznachrichten, Datenbanken, Webseiten	*Loebekke* (1999), S. 1	*Loebbecke* verwendet für digitale Produkte den Begriff „Online Delivered Content" (ODC) und versteht darunter alle Daten, Informationen und alles Wissen, das über das Internet und damit ohne die Bindung an ein physisches Trägermedium (ungebunden) produziert, gehandelt und transportiert werden kann.	Zeitungen, Magazine, Musik, digitale Dienstleistungen (z.B. Datenbankrecherchen, Online-Lernsysteme)
Luxem (2000), S. 24	*Luxem* versteht unter digitalen Produkten Informationen im weiteren Sinne, „...die in vollständig digitaler Repräsentation gespeichert vorliegen und ohne Bindung an ein physisches Trägermedium über Kommunikationsnetzwerke vertrieben werden können."	Elektronische Texte, Bilder, Musik- und Videodateien, Software	*Stelzer* (2000), S. 836	*Stelzer* versteht unter digitalen Produkten alle immateriellen Mittel „...zur Bedürfnisbefriedigung, die sich mit Hilfe von Informationssystemen entwickeln, vertreiben oder anwenden lassen. Es sind Produkte oder Dienstleistungen, die sich in Form von Binärdaten dargestellt, übertragen und verarbeitet werden können."	Digitale Fernsehprogramme, Software, Finanznachrichten, digitale Dienstleistungen auf elektronischen Marktplätzen, Telekommunikationsdienste, Online-Banking

Autor	Verwendete Begriffe/Bedeutung	Beispiele	Autor	Verwendete Begriffe/Bedeutung	Beispiele
Brandtweiner (2000), S. 37	Der Autor versteht unter einem digitalem Gut „...ein Gut, das in elektronischer Form, also vercodiert als Menge von Bits und Bytes vorliegt und somit über eine Netzinfrastruktur geliefert werden kann."	Software	*Zerdick et al.* (2001), S. 17	Zerdick et al. ordnen unter digitalen Produkten hauptsächlich Informationsprodukte ein, die in digitalisierter Form über das Internet transportiert werden können.	Medienprodukte, Informationsprodukte, informationsintensive Leistungen
Wirtz (2000), S. 119 f.	Wirtz verwendet die Begriffe digitale Güter und immaterielle Güter synonym und versteht darunter Güter, die ohne Zeitverzögerung über neue (elektronische) Netze übertragen können und damit im gesamten Netz verfügbar sind	Informationen in digitaler Form (z.B. Software, digitale Bücher)	*Fritz* (2001), S. 166	Fritz versteht unter digitalen Produkten alle digitale Güter, die im Internet online bis zum Endkunden übertragen werden können.	Software, digitale Bücher, Audio- und Videodateien
Köhler (2000), S. 119	Köhler erwähnt digitale Produkte im Zusammenhang mit dem Online Vertrieb über das Internet.	Software, Zeitschriften/ Zeitungen, Musik, digitale Dienstleistungen (z.B. Online-Recherche, sonstige Beratungsleistungen)	*Mittal/ Sawhn* (2001), S. 3	Die Autoren verstehen unter digitalen Produkten und Dienstleistungen elektronische Informationsprodukte, die dem Nutzer auf elektronische Art und Weise zugänglich gemacht werden können: Electronic Information Products or Services (EIPS) are defined „...as a product or service that is accessed through an electronic user interface and contains significant information content."	Websites, elektronische Endgeräte, Informationsprodukte im Allgemeinen

Tab 1: Ausgewählte Definitionen digitaler Produkte

Erst nach diesem Schritt ist ein Transport und damit auch eine Distribution möglich. In diesem Zusammenhang muss auch erwähnt werden, dass die Grenzen der Gebundenheit- und Ungebundenheit innerhalb des mobilen Internet verschwimmen. Durch die Eigenschaften der „Mobilität" und der „Omnipräsenz" können digitale Produkte im mobilen Internet an jedem Ort und zu jeder Zeit verteilt und distribuiert werden. Mobile Systeme als Distributionsplattform eignen sich demnach besonders gut für den Einsatz digitaler Produkte.

Zusammenfassend lässt sich für digitale Produkte die folgende Definition verwenden:

> **„Bei digitalen Produkten handelt es sich um elektronisch gespeicherte Informationen, die in ungebundener Form vorliegen und über stationäre und mobile Online-Systeme transportiert werden können."**

2.2.2 Technische Voraussetzungen

Wie im vorherigen Kapitel erwähnt, werden digitale Produkte entweder digital erstellt und ohne Medienbruch weiter verarbeitet und transportiert (z.B. Software) oder sie sind zuerst in physischer Form vorhanden und werden anschließend anhand technischer Verfahren digitalisiert (z.B. Musik) (vgl. auch *Hess* 1999, S. 79). Hinsichtlich technischer Merkmale bei der Übertragung digitaler Produkte können zwei Arten der **Datenübermittlung** unterschieden werden: Zum einen lassen sich Dateien per **Download** komplett und direkt auf das Endgerät übertragen (**OnDemand**); diese Methode eignet sich vor allem bei zeitunabhängigen Inhalten wie Texten, Bildern oder Grafiken. Handelt es sich hingegen um zeitabhängige speicherintensive Inhalte wie Sprach-, Audio- und Videosequenzen, ist diese Art der Datenübermittlung durch die langen Wartezeiten, die auf Anwenderseite entstehen, sehr ineffizient (vgl. *Künkel* 2001, S. 12). Zum Einsatz kommen innerhalb des Abrufs speicherintensiver Inhalte deshalb **Streaming-Technologien**. Bei dieser Übertragungsart werden Daten im Gegensatz zu einem „Download" nicht auf der Festplatte gespeichert, sondern meist gegen eine entsprechende Nutzungsgebühr „virtuell ausgeliehen". Die **Nutzung** bzw. das **Abspielen** der angeforderten Daten erfolgt in **„Echtzeit"**, ohne dass die Daten vorher zwischengespeichert werden müssen. Zum einen hat diese Technologie den Vorteil, lange Downloadzeiten hinsichtlich der Nutzung des digitalen Produktes zu vermeiden. Auf der anderen Seite wird durch die fehlenden Speichermöglichkeiten der Daten auf Anwenderseite die unkontrollierte unrechtmäßige Weiterverwendung verhindert (vgl. *Künkel* 2001, S. 13).

Zur **Verringerung des Datenvolumens** und damit als Leistungssteigerung der Übertragungsgeschwindigkeit und der Übertragungskapazität werden zudem sowohl von den Netzbetreibern als auch von Nutzern **Kompressionsverfahren** eingesetzt, die der Reduktion des Datenvolumens beim elektronischen Datentransfer in dem entsprechenden Übertragungssystem dienen. Innerhalb der Datenkompressionsverfahren wird hinsichtlich des Komprimierens (Encoding) und Dekomprimierens (Decoding) von Daten nach dem Kompressionsgrad, d.h. dem Verhältnis der ursprünglichen zur komprimierten Datenmenge unterschieden (vgl. *Pispers/Riehl* 1997, S. 71; *Langner* 2001, S. 273):

- **Verlustfreie** Kompression: Bei der Datenkompression werden nur Redundanzen beseitigt, d.h. nach der Dekomprimierung stehen die Ausgangsinformationen wieder voll zur Verfügung.

- Kompression **ohne erkennbaren Verlust**: Der Qualitätsverlust, der bei der Reduktion der Daten entsteht, ist für den Nutzer nicht wahrnehmbar.

- **Verlustbehaftetes** Kompressionsverfahren: Bei diesem Kompressionsverfahren entsteht ein Verlust an Daten, der zu Qualitätseinbußen beim Decoding führt.

Die Anwendung der Komprimierungsverfahren und damit die Reduktion des Datenvolumens sollte immer im Verhältnis zur gewünschten Darstellungsqualität erfolgen (vgl. *Heil* 1999, S. 51). Als Folge dieser Reduktion wird die aus Nutzersicht subjektiv empfundene sowie tatsächlich vorhandene Geschwindigkeit bei der Übertragung, Speicherung und Bearbeitung von Daten erhöht. Durch den Einsatz von Datenkompressionsverfahren entsteht neben der Reduktion von Datentransferzeiten und -kosten und des Speicherplatzbedarfs auch die Möglichkeit, vorhandene Systemressourcen effizienter zu nutzen (vgl. *Kolb* 1999, S. 79). Im Zusammenhang mit der Übertragung, Speicherung und Bearbeitung von **zeitunabhängigen Medien** (Text, Grafik, Standbild) und **zeitabhängigen Medien** (Bewegtbilder, Animationen, Sprache, Audio- und Videosequenzen) in Online-Systemen lassen sich die folgenden grundlegenden für die Zukunft wichtigsten **Kompressionsverfahren** unterscheiden (vgl. dazu und weiterführend *Steinmetz* 2000, S. 130 ff.; *Booz Allen & Hamilton* 1997, S.113; *Gerpott* 1998, S. 32; *Tanenbaum* 2000, S. 771 ff.; *Kolb* 1999, S. 82 ff.; *Pennebaker/Mitchell* 1993):

JPEG-Standard: Das unter dem Namen JPEG (Joint Photographic Expert Group) bekannte Verfahren wird auf die Kompression von **verlustfreien** und **verlustbehafteten** farbigen und grauskalierten **Standbildern** angewendet. Bei einer schnellen Kodierung und Dekodierung von Einzelbildern können auch Bewegtbildfolgen verarbeitet werden, was wiederum als Motion-JPEG bekannt ist.

MPEG-Standard: MPEG als Oberbegriff steht für „Motion Pictures Expert Group" und wurde als nicht **verlustfreies** Kompressionsverfahren für **Video- und Audio-Signale** entwickelt. Mittlerweile existiert neben MPEG-1, das eine Datenübertragungsrate von ca. 1,5 Mbit/s ermöglicht, weitere Standards, die als MPEG-2, MPEG-4 bzw. MPEG-7 bekannt sind (eine Übersicht der MPEG-Standards findet sich bei *Kolb* 1999, S. 91). Die Weiterentwicklung des MPEG-Standards ist mit der Forderung nach höherer Qualität hinsichtlich der Entwicklung neuer multimedialer Anwendungen, z.B. auch für Mobilfunknetze oder für den digitalen Rundfunk bzw. das digitale Fernsehen, verbunden.

H.261 und H.263-Standards: Diese Kompressionsverfahren werden primär bei der Übertragung von **audiovisuellen Informationen** über schmalbandige Kanäle (ISDN-Netze) verwendet. Einsatzfelder sind insbesondere Bildtelefonie- und Videokonferenzanwendungen.

Voraussetzung für einen erfolgreichen Einsatz der Kompressionsverfahren ist die Einführung eines **einheitlichen technischen Standards**. Im Gegensatz zum stationären Internet muss dem Nutzer innerhalb von mobilen Anwendungen garantiert werden, dass eine Software auf den Endgeräten installiert ist, die eine einheitliche Nutzung der verschiedenen Kompressionsverfahren ermöglicht.

2.2.3 Klassifikationsmöglichkeiten digitaler Produkte

Aufbauend auf der Definition sowie den Ausführungen hinsichtlich der technischen Voraussetzungen werden im Folgenden – ohne den Anspruch auf Vollständigkeit – die wesentlichen **Arten digitaler Produkte** angesprochen:

Digitales Audio: Zum einen werden hierunter alle Musikwerke (Lieder, Melodien, Klingeltöne) verstanden, die eine Klangfolge enthalten oder die nur aus Tönen und Signalen bestehen (z.B. Music-on-demand) (vgl. auch *Steckler* 2002, S.401). Zum anderen gehören zu dieser Kategorie auch Sprachlernprogramme, Hörspiele etc.

Digitale Filme und Bilder: Digitales Filmmaterial besteht aus Videos (Video-on-demand), Kinofilmen (Cinema-on-demand) oder auch aus Konzerten (Concerts-on-demand). Für digitales Bildmaterial wählen wir den Begriff Picture-on-demand.

Digitale Printmedien: Unter „digitalen Printmedien" werden alle bereits in der Medienwirtschaft unter „Printmedien" bekannten Produktklassen eingeordnet. Dazu gehören neben Zeitungen, Zeitschriften und Journalen auch Bücher (Books-on-demand).

Computerprogramme (Software): Dazu gehören alle Programm- und Programmierhilfen (z.B. Anwendungs- und Standardsoftware, Testversionen, Shareware, Freeware etc.) sowie Updates, die direkt auf das jeweilige Endgerät heruntergeladen werden können.

Sonstige digitale Informationsprodukte: Zu erwähnen sind innerhalb dieser Kategorie vor allem wissenschaftliche und technische Darstellungen, Analysen sowie Produktinformationen (Handbücher, Testberichte, Broschüren) und Inhalte aus Datenbankabfragen (z.B. Stadtpläne, Kinoprogramme etc.).

Im Zusammenhang mit digitalen Produkten im mobilen Internet können die im stationären Internet vorhandenen Inhalte – soweit die technischen Voraussetzungen dies zulassen – auch auf ein mobiles Endgerät transferiert werden. Beispielsweise werden in jüngster Zeit verstärkt bewegte Bilder anhand von MPEG-4 Verfahren auf das mobile Internet übertragen („**Mobile-Streaming**") (vgl. *Gongolsky* 2002). Darüber hinaus wurden auch schon Produkte entwickelt, die sich ausschließlich nur für den Einsatz im mobilen Internet eignen (z.B. Handy-Logos, Handy-Klingeltöne). Hinzu kommen neue Anwendungen wie MMS („**Multimedia Messaging Services**"), die es ermöglichen, multimediale Elemente wie Bilder, Fotos und Musik auf einem mobilen Endgerät zu verarbeiten. Innerhalb des mobilen Internet lassen sich auch Inputfaktoren in Form von digitalen Produkten identifizieren, die für die Entwicklung und Erstellung digitaler Leistungsangebote benötigt werden. Zu nennen sind in diesem Zusammenhang insbesondere Daten und Informationen, die zum Aufbau von ortsabhängigen Services („**Location based Services**") eingesetzt werden. Neben der Auswertung von Nutzer- und Nutzungsdaten (vgl. *Schmidt* 2001) können insbesondere auch **Geoinformationen** für die Erstellung zeit- und ortsabhängiger Leistungsangebote verwendet werden. Geoinformationen besitzen einen räumlichen Bezug und bestehen aus Geodaten, die als wirtschaftliche Güter in Verbindung mit einem Eigentums- und Verfügungsrecht für die Nutzung an Dritte weitergegeben werden (vgl. *Schilcher/Deking* 2002, S. 386). Waren Geoinformationen bisher vorwiegend für öffentliche Abnehmer bestimmt, werden diese in Zukunft innerhalb des mobilen Internet zu einem integralen Bestandteil von Anbietern mobiler Leistungsangebote. Sie unterstützen die Erstellung sämtlicher auf Lokalisierungstechnologien basierender Produkte und Dienstleistungen, indem geografische Rohdaten mit bereits im Unternehmen vorhandenen kundenbezogenen Profildaten verknüpft und zu einer einheitlichen Datenbasis verdichtet werden.

Im mobilen und stationären Internet werden digitale Produkte vielfach auch als **Produktbündel** angeboten. Bei digitalen Produkten ist „...eine beliebig tiefe Entbündlung in einzelne Komponenten möglich, die dann wieder individuell nach den Bedürfnissen einzelner Käufer zusammengefasst werden können" (*Albers* 1999, S. 34). Die Gründe hierfür liegen vor allem in den geringen variablen Kosten, die bei der Vervielfältigung digitaler Produkte anfallen: „The benefits of bundling large numbers of information goods depend critically on the low marginal cost of reproducing digital information..." (*Bakos/Brynjolfsson* 2000, S. 65). Beispielsweise können textliche **Nachrichten** als Produktbündel **mit Audio- und Videosequenzen** sowie mit Grafiken und Bildern angereichert werden. Die digitalen Audio- und Videosequenzen bestehen meistens aus Interviews, Reportagen und Dokumentationen aus Politik, Wirtschaft, Sport und Gesellschaft. In diesem Zusammenhang lässt sich das Nachrichtenangebot unter „www.spiegel.de" nennen, das in jüngster Zeit verstärkt textliche Inhalte mit Video- und Audiodateien verbindet. Ein weiteres Beispiel sind **Musikdateien**, die der Anwender beliebig nach seinen Wünschen zusammenstellen kann. Vorstellbar ist, dass auch diese Produkte in Zukunft aus verschiedenen Produktarten bestehen (z.B. aus

Musik- und Videodateien). Dies schließt auch Produktbündel ein, die sich aus digitalen Produkten und elektronisch erstellten Dienstleistungen zusammensetzen. Vor allem **Hör- und Leseproben** als digitalisierte Beratungsleistungen werden bereits in Verkaufsprozessen innerhalb der Vorkaufsphase angeboten.

Wie bereits angesprochen, lassen sich digitale Produkte über Online-Systeme wie das Internet sowohl erstellen als auch transportieren und weiterverarbeiten. Durch die elektronischen Darstellungs- und Übermittlungsmöglichkeiten beinhalten digitale Produkte ein beachtliches **Individualisierungspotenzial**, was letztendlich auch zum Aufbau und zur Intensivierung von Kundenbeziehungen (eCRM) führen kann (zum Begriff des CRM und eCRM siehe ausführlich *Link* 2001, S. 3 sowie teilweise *Schmidt* 2001, S. 236). Neben der oben erwähnten individuellen Zusammenstellung von Musikprodukten können auch andere digitale Produkte wie bspw. Bücher, Nachrichten etc. in Form einer „**Individual-on-demand**" Strategie nutzer- und zielgruppengerecht zusammengestellt und vermarktet werden. Den Möglichkeiten einer Individualisierung von digitalen Leistungs- und Dialogangeboten sind in diesem Zusammenhang keine Grenzen gesetzt, was daran deutlich wird, dass unter dem Aspekt der vollständigen Digitalisierung vorhandener Wertschöpfungsketten der gesamte Verkaufsprozess ohne Medienbruch auf den einzelnen Anwender ausgerichtet werden kann.

2.3 Elektronische Dienstleistungen

Zur **Charakterisierung von Dienstleistungen** lässt sich zum einen das Merkmal der Immaterialität sowie zum anderen die Integration eines externen Faktors (Nachfrager oder Objekt des Nachfragers) heranziehen (vgl. *Corsten* 1994, S. 45; *Engelhardt et al.* 1993, S. 400 ff.). *Bode* erwähnt in diesem Zusammenhang, dass Dienstleistungen zwar stets immateriell sind, aber nicht jedes immaterielle Gut gleichzeitig eine Dienstleistung sein muss (vgl. *Bode* 1993, S. 63). Durch das Merkmal der Immaterialität sind Dienstleistungen weder lager- noch transportfähig; die Integration eines externen Faktors bedingt zudem eine direkte oder indirekte Mitwirkung des Kunden im Leistungserstellungsprozess (vgl. *Engelhardt et al.* 1993, S. 400 ff.).

Im Zusammenhang mit Online-Systemen werden neben Produkten auch zunehmend Dienstleistungen ganz oder teilweise elektronisch erstellt, was zu **Veränderungen von Dienstleistungsangebot bzw. -nachfrage** und zu einer Ausdehnung des Dienstleistungsmarktes führt (vgl. *Hünerberg/Mann* 2002, S. 47). Derartige elektronische Dienstleistungen werden zunehmend auch als Electronic-Services (**E-Services**) bezeichnet. Nach *Bruhn* existiert keine einheitliche Definition des Begriffs E-Services; er definiert diese als „selbstständige, marktfähige Leistungen, die durch die Bereitstellung von elektronischen Leistungsfähigkeiten des Anbieters (Potenzialdimension) und durch die Integration eines externen Faktors mit Hilfe eines elektronischen Datenaustausches

(Prozessdimension) an den externen Faktoren auf eine nutzenstiftende Wirkung (Ergebnisdimension) abzielen" (*Bruhn* 2002, S. 6). Innerhalb der neuen E-Services können verschiedene Kategorien von elektronischen Dienstleistungen unterschieden werden (vgl. *Fließ/Völker-Albert* 2002, S. 268; eine Zusammenstellung möglicher **Anwendungsformen** von E-Services findet sich bei *Bruhn* 2002, S. 14):

- E-Services als „**Virtualisierungs-Dienstleistungen**": Dabei handelt es sich vor allem um elektronische Dienstleistungen, die zum Betreiben des Internets unabdingbar oder für die optimale Nutzung dieses Mediums sinnvoll sind (z.B. Access-Providing, Suchmaschinen etc.) (vgl. dazu ausführlich *Hünerberg/Mann* 2002, S. 47 ff.).

- E-Services, die sich eng an bereits in der realen Welt vorhandene **Kaufprozesse anlehnen** und diese nur auf Online-Systeme übertragen, z.B. die Bestellung von Produkten und das Herunterladen digitaler Produkte (Software, Musik etc.).

- E-Services, die auf Dienstleistungen der realen Welt basieren und die durch die **Digitalisierung von Prozessschritten** und externen Faktoren auf Online-Systeme übertragen werden, z.B. E-Cards anstelle von Grußkarten.

2.3.1 Abgrenzung zu digitalen Produkten

Elektronisch erstellte Dienstleistungen werden - wie bereits im letzten Kapitel erwähnt - vielfach mit digitalen Produkten gleichgesetzt. So z.B. auch *Stelzer*: Digitale Güter sind „...Produkte oder Dienstleistungen, die in Form von Binärdaten dargestellt, übertragen und verarbeitet werden können ... , ... die klare Trennung zwischen Produkten und Dienstleistungen verschwimmt" (*Stelzer* 2000, S. 836; ähnlich auch *Wirtz* 2000, S. 119; *Choi et al.* 1997, S. 64). Zu digitalen Produkten zählen hierbei sowohl die Abfrage von Datenbanken als auch das Herunterladen von digitalen Produkten aller Art. Zwar zeichnen sich elektronisch erbrachte Dienstleistungen auch durch die Digitalisierung der einzelnen Informationselemente und Prozessschritte aus, dennoch benötigen sie im Gegensatz zu digitalen Produkten bei der Leistungserstellung stets die Integration eines externen Faktors, „...der allerdings - abweichend von realen Leistungserstellungsprozessen - nicht persönlich als Mensch-Mensch-Integration vollzogen wird, sondern in einer Mensch-Maschine-Interaktion stattfindet" (*Fließ/Völker-Albert* 2002, S. 270). Durch die genannten Merkmale von (elektronischen) Dienstleistungen - wie z.B. „mangelnde Standardisierbarkeit", „Nicht-Lagerfähigkeit" bzw. „Nicht-Transportfähigkeit" - werden zudem Management und Marketing vor besondere Herausforderungen, Probleme und Aufgaben bei der **Dienstleistungsproduktion und –vermarktung** gestellt (vgl. *Meyer/Blümelhuber* 2002, S. 73; *Brown/Fern* 1981, S. 205 ff.; *Enis/Roering* 1981; *Langeard* 1981). So gehören Entscheidungen über die Intensität der Kundenbeteiligung innerhalb der Dienstleistungsproduktion zu den wesentlichen marketingstrategischen Entscheidungen innerhalb des Dienstleistungsbereiches. Hinzu kommen die besonderen Merkmale von Dienstleistungen der Medienindustrie, die insbesondere Fragen hinsichtlich der Gestaltung des Leistungsumfeldes, des Zusatzservices oder des Managements der Interaktivität betreffen (vgl. *Blümelhuber* 2002, S. 412).

Um aus den genannten Gründen eine Gleichstellung von elektronischen Dienstleistungen und digitalen Produkten zu vermeiden, werden an dieser Stelle digitale Produkte anhand der **Art der Übertragung** in **Lieferprodukte und interaktive Produkte** unterschieden: „The first criterion we can use to classify digital products is the transfer mode. Products that are **downloaded at once** or in piecemeal fashion [...] can be called delivered products. Interactive products, on the other hand, are products or services, such as remote-diagnosis, interactive games, and tele-education" (*Choi et al.* 1997, S. 76). Eine ähnliche Formulierung findet sich bei *Koppius*: "Delivered products are downloaded (either push or pull) at once and after delivery there is no more need to interact, whereas interactive products require more or less continuous interaction" (*Koppius* 1999, S. 5). Bei interaktiven digitalen Produkten handelt es sich demnach um **Echtzeit-Anwendungen** im Sinne der oben genannten Kategorien von E-Services, die bei der Leistungserstellung eine fortwährende Interaktion mit dem Nachfrager voraussetzen (vgl. auch *Fließ/Völker-Albert* 2002, S. 270). Das bedeutet, dass durch die **Integration des Nutzers in den Leistungserstellungsprozess** der eigentliche Unterschied zwischen digitalen Produkten und Dienstleistungen in der Prozessdimension zu sehen ist (vgl. auch *Breithaupt* 2002, S. 184).

Bei **digitalen Produkten** wird der Leistungserstellungsprozess durch externe Faktoren nur angestoßen, alle weiteren Prozesse vollziehen sich automatisch und damit weitestgehend autonom (vgl. *Fließ/Völker-Albert* 2002, S. 270; *Bieberbach/Hermann* 1999, S. 73). Digitale Produkte werden damit als **bereits produzierte Leistungen** vom Nutzer entweder einzeln oder als Produktbündel abgerufen und als Ganzes oder stückweise transferiert. Beispielsweise ist die Speicherung einer Musik- oder Videodatei auf die Festplatte des Nutzers ein geliefertes digitales Produkt. Zwar wird das Herunterladen durch den Nutzer anhand eines „**Klicks**" auf ein grafisches oder textliches Element (z.B. „Button") angestoßen, das Produkt als solches ist aber bereits eine fertige Leistung, die weitestgehend autonom übertragen wird. Als Beispiele für interaktive Produkte gelten **elektronische Dienstleistungen** wie interaktive Spiele, Finanzdienstleistungen, Anwendungen der Telemedizin, E-Learningsysteme und auch E-Services des digitalen interaktiven Fernsehens, innerhalb dessen zahlreiche Einkaufs- und Informationsserviceleistungen angeboten werden.

2.3.2 Elektronische Dienstleistungen im mobilen Internet

Wie bereits erwähnt, handelt es sich bei elektronischen Dienstleistungen um Leistungsangebote, die im Gegensatz zu digitalen Produkten durch Interaktionen und damit durch die Integration eines externen Faktors erstellt werden. Bei Dienstleistungen im mobilen Internet werden diese Integrationsprozesse noch verstärkt: Der Anwender wird als externer Faktor in Abhängigkeit von Zeit und Ort vollständig in die Leistungserstellung integriert. Dadurch, dass sämtliche Daten digital verfügbar sind, wird die Integration im Gegensatz zum stationären Internet auf den gesamten unternehmensinternen Wertschöpfungsprozess ausgedehnt (vgl. *Meier* 2001, S. 7). Die Anwender werden mit Hilfe **mobiler Multifunktionsgeräte** – wie z.B. eines Electronic Mobile Assistant (EMA) (zu den Funktionselementen und den Einsatzmöglichkeiten eines EMA vgl. *Link* 2001) oder auch eines in den Raum projizierten virtuellen Mitarbeiters – mit dem Anbieter interagieren; die Interaktion zwischen Mensch und Maschine wird damit weiter zunehmen (vgl. *Fließ/Völker-Albert* 2002, S. 271).

Als **mobile Dienstleistungen** lassen sich Angebote identifizieren, die sich durch eine besondere Zeit- und Ortsabhängigkeit auszeichnen (vgl. auch *Rawolle/Kirchfeld/Hess* 2002, S. 342). Als Beispiel dafür können **Telematikdienste** in Form von Ferndiagnosen am Fahrzeug genannt werden (vgl. *Reichwald/Meier* 2002, S. 25). Das Fahrzeug wird dabei ständig anhand einer Maschine/Maschine-Interaktion überwacht. Treten Fehler auf, können diese frühzeitig erkannt und gegebenenfalls gleich beseitigt werden. Im Zusammenhang mit mobilen Dienstleistungen können auch andere auf einer Lokalisierung basierende Angebote wie bspw. Notfall- und Orientierungshilfen genannt werden (vgl. weiterführend *Link* 2001, S. 26 f.).

Von **Nutzen** sind mobile Online-Systeme auch für das Hotel- und Gaststättengewerbe: Leistungsnehmer können beim Betreten einer Lokalität automatisch anhand einer Chipkarte identifiziert werden. Gleichzeitig werden dem Anbieter der Chipkarte alle kundenindividuellen Daten übermittelt, die er für die anschließende Ausrichtung der Serviceleistung benötigt. Beispielsweise werden im Hotelgewerbe anhand der Chipkarte die persönlichen Präferenzen der Zimmerzuteilung und aller anderen Serviceleistungen automatisch erkannt (vgl. ausführlich *Siering* 2002). Die Zuteilung sowie die Ausstattung des Hotelzimmers wird damit personalisiert und kann auch während des Aufenthaltes den Bedürfnissen des Gastes ständig angepasst werden.

Neben **orts- und zeitabhängigen Dienstleistungen**, die vor allem durch die Integration des externen Faktors entstehen, existieren nach *Reichwald/Meier* im mobilen Internet weitere Leistungsangebote, sog. **mobile Intermediärleistungen** (vgl. *Reichwald/Meier* 2002, S. 23). Innerhalb derer fungiert der Informationsintermediär als eine Art Händler von Informationsprodukten, „...indem er auf bereits produzierte Informationsprodukte zugreift, dem Kunden ein möglichst passendes Sortiment an Informationen zusammenstellt und dieses dem Kunden standortabhängig auf sein mobiles Endgerät überträgt" (*Reichwald/Meier* 2002, S. 23). Hierbei wird deutlich, dass es sich im Kern um digitale Informationsprodukte handelt, die als Transaktionsobjekte an ein mobiles Endgerät übertragen werden.

3 Portale – die Startseiten im Internet

Entstanden sind Portale vor allem durch die steigende Anzahl von Web-Seiten, die das Angebot im Internet für Anwender zunehmend unübersichtlich werden lassen: „The ... explosive growth of URLs on the Internet creates a major problem for the users who would like to get directly at the set of web pages mostly relevant to their needs and interests without having to go through an excessive number of irrelevant pages" (*Dewan/Freimer/Seidmann* 1999). Die ersten Portale bestanden deshalb aus **reinen Such- und Katalogfunktionen** (z.B. www.google.de), die das Auffinden von Inhalten aus dem Internet vereinfachen sollten. Inzwischen haben sich Portale allerdings weiter zu **umfangreichen Einstiegs- und Navigationspunkten** entwickelt, die dem Anwender sowohl im stationären als auch im mobilen Internet einen Zugang zu einem virtuellen Angebotsraum ermöglichen und ihn auf weiterführende Informations-, Kommunikations- und Transaktionsangebote – entsprechend seiner jeweiligen Interessen – lenken (vgl. auch *Hess/Herwig* 1999, S. 551; *Fricke* 2001, S. 371).

Portale sind typische Ausprägungen von **Intermediären**, die als Aggregatoren und Makler Informationen systematisch klassifizieren, strukturieren und präsentieren und damit das Angebot innerhalb von Online-Systemen gebündelt zur Verfügung stellen. Neben den Funktionen „Aggregation" und „Information" übernehmen Portale vermehrt auch distributorische Aufgaben. Im Zuge dessen entwickeln sich Portale zunehmend zu **elektronischen Marktplätzen** (vgl. *Skiera/Spann* 2001, S. 701), was vor allem auch den Verkauf digitaler Leistungsangebote mit einschließt. Dabei unterstützen diese alle **Phasen der Geschäftstransaktionen**: Der Interessent kann sich innerhalb eines Portals über das digitale Leistungsangebot sowie deren Preise, Lieferbedingungen etc. vor dem Kauf informieren (Transaktionsanbahnung), Konditionen aushandeln (Verhandlungsphase) sowie anschließend den Kauf durch eine direkte elektronische Auslieferung abwickeln (Abwicklungsphase). Zudem eignen sich Portale auch für die gezieltere Ausrichtung des Informationsangebotes auf den einzelnen Nutzer, was letztendlich zu einer **Personalisierung** und zu einer stärkeren Bindung der gewonnenen Kunden an das Leistungsangebot führen kann.

3.1 Horizontale und vertikale Portale

Portale können hinsichtlich ihres Angebotes in horizontale und vertikale Portale unterteilt werden, wobei horizontale Portale zu den - gemessen an der Reichweite - am häufigsten frequentierten Angeboten im Internet zählen (vgl. *Henning* 2001, S. 375; *Koenemann/Lindner/Thomas* 2000, S. 327 f.). **Horizontale Portale** bieten ein **breit gefächertes Informationsangebot** quer über alle Interessengebiete, Branchen und geographische Regionen (vgl. *Wirtz/Lihotzky* 2001, S. 293) und werden auch als neutral bzw. als branchen- und produktunabhängig bezeichnet (vgl. *Fricke* 2001, S. 372). Zu horizontalen Portalen zählen z.b. Online-Dienste wie AOL (www.aol.com), T-Online (www.t-online.de) oder auch Suchmaschinen wie *Yahoo!* (www.yahoo.com) und Web.de (www.web.de). Beispielsweise hat in Deutschland T-Online eine Reichweite von 55 %, gefolgt von Google (44 %) und Ebay (44 %) und ist damit das am stärksten frequentierte Angebot im Internet (Stand: Januar 2003) (vgl. zu den Daten o.V. (2003) nach Nielsen-Netratings/MMXI).

Im Gegensatz zu horizontalen Portalen beinhalten **vertikale Portale** eine **Segmentierung**, d.h. eine branchen- oder themenspezifische Differenzierung und Spezialisierung des Informationsangebotes auf bestimmte Zielgruppen oder auch auf Interessengemeinschaften (Communities) (vgl. *Koenemann/Lindner/Thomas* 2000, S. 328). In Folge dessen lassen sich vertikale Portale in **kategoriespezifische** sowie in **zielgruppenspezifische Portale** unterteilen (vgl. *Paschelke/Roselieb* 2002, S. 276) und bieten dabei den Nutzern durch das Merkmal der Spezialisierung einen Zusatznutzen in Form einer größeren Informationstiefe (vgl. *Wirtz/Lihotzky* 2001, S. 293). Durch die zielgruppenspezifische Ausrichtung der Inhalte erlangen vertikale Portale einen **Community-Charakter**, der bspw. Angebote wie Diskussionsforen, themenspezifische Nachrichten etc. beinhaltet (vgl. *Paschelke/Roselieb* 2002, S. 277). Im Zusammenhang mit vertikalen Portalen können z.B. Branchenportale im Finanz- bzw. Bankenbereich (z.B. www.deutsche-bank-24.de) oder im Medien- und Computerbereich (z.B. www.spiegel.de) genannt werden. Zum Einsatz kommen horizontale und vertikale Portale nicht nur im Business-to-Consumer-Bereich, sondern auch zwischen (Business-to-Business) und innerhalb von Unternehmen (Business-to-Employee).

3.2 Geschäftsmodelle und Portalarten

Wie bereits angesprochen, unterstützen Portale als Konzentrations- und Aggregationspunkte alle Phasen von Geschäftstransaktionen, wobei durch die Möglichkeiten der elektronischen Auslieferung nur bei digitalen Produkten ein vollständiger digitaler Prozess erreicht wird. Entscheidend für einen Erfolg horizontaler und vertikaler Portale ist die Entwicklung **marktfähiger Geschäftsmodelle**, die durch eine Sicherstellung der Qualität des Leistungsangebotes eine stetige Erhöhung der Informationsnachfrage und damit der Reichweite des Angebotes garantieren. Das Leistungsangebot der Portalanbieter wird entweder vom Anbieter selbst generiert und bereitgestellt oder durch Kooperationen in das entsprechende Angebot eingebunden bzw. damit verlinkt.

Portale können nach ihren Aufgaben mit Hilfe der **Geschäftsmodellsystematik** von *Wirtz* wie folgt klassifiziert werden (siehe Abb. 2 auf der nächsten Seite; zu Geschäftsmodellen im mobilen Internet vgl. auch den ersten Beitrag von *Link* in diesem Sammelband).

Wie aus Abbildung 2 ersichtlich, lassen sich innerhalb der Geschäftsmodellsystematik nach den **Aufgabengebieten Content, Commerce, Context und Connection** verschiedene Portalarten unterscheiden. Dabei muss erwähnt werden, dass die Abgrenzung von Portalen hinsichtlich ihrer Aufgabengebiete nur noch eingeschränkt möglich ist. Dies liegt darin begründet, dass der Trend schon länger in Richtung einer Integration der verschiedenen Aufgabengebiete innerhalb eines Portals geht. Beispiele dafür sind die Suchmaschine Yahoo! (vgl. ausführlich *Strauß/Schoder* 2002, S. 60) oder auch Online Service-Portale wie AOL (vgl. ausführlich *Wirtz/Lihotzky* 2001, S. 295 ff.). Portale, die in einem direkten Zusammenhang mit dem Vertrieb von digitalen Produkten und Dienstleistungen im stationären und mobilen Internet stehen, sind E-Commerce-Portale sowie die in Zukunft verstärkt durch die Entwicklung des M-Commerce entstehenden **mobilen Online-Portale**. Im Folgenden werden die einzelnen Portalarten kurz dargestellt (vgl. zu der folgenden Systematisierung insbesondere *Fink/Wamser* 1999, S. 653 f.; *Wimmer* 2001, S. 204 ff.):

Inhalte-Portale (Content-Portale): Diese Art von Portalen wird vor allem von Verlagen, Fernsehsendern und anderen Medienunternehmen betrieben. Die zentrale Aufgabe besteht in der **Sammlung, Selektion** und in der systematischen **Bereitstellung von redaktionell erstellten Inhalten**, die zum größten Teil unentgeltlich zur Verfügung gestellt werden.

Such-Portale (Search-Portale): Diese Art von Portalen **aggregiert, katalogisiert** und **systematisiert Informationen aus verschiedenen Quellen** und stellt diese teilweise redaktionell überarbeitet (z.B. über Kataloge) zur Verfügung. Innerhalb dieses Rahmens haben sie die Aufgabe, den Nutzer anhand von Verlinkungen auf weitere Inhalte- und Serviceangebote zu führen. Anbieter von „Search-Portals" füllen demnach als Informationsanbieter und Aggregator innerhalb der Geschäftsmodellsystematik das Aufgabengebiet „Context" aus.

Online-Service-Portale: Online-Service-Portale **kontrollieren** und **regeln den Zugang zu elektronischen Netzwerken** und lassen sich in das Aufgabengebiet „Connection" einordnen. Entstanden sind diese vor allem durch das erweiterte Aufgabenspektrum kommerzieller Online-Dienste (z.B. AOL, T-Online), die ursprünglich nur gegen eine Abonnementgebühr zugänglich waren (geschlossene Benutzergruppe) und mittlerweile auch Angebote für Nicht-Mitglieder bzw. für offene Benutzergruppen beinhalten. Zudem integrieren sie durch einen strukturierten Zugang zu Webinhalten verstärkt auch das Internet in den jeweiligen Online-Dienst und erweitern damit ihr Engagement in Richtung eines Internet-Portals (vgl. *Peters/Clement* 2001, S. 25 sowie zu Online-Diensten auch *Gerpott/Heil* 1998).

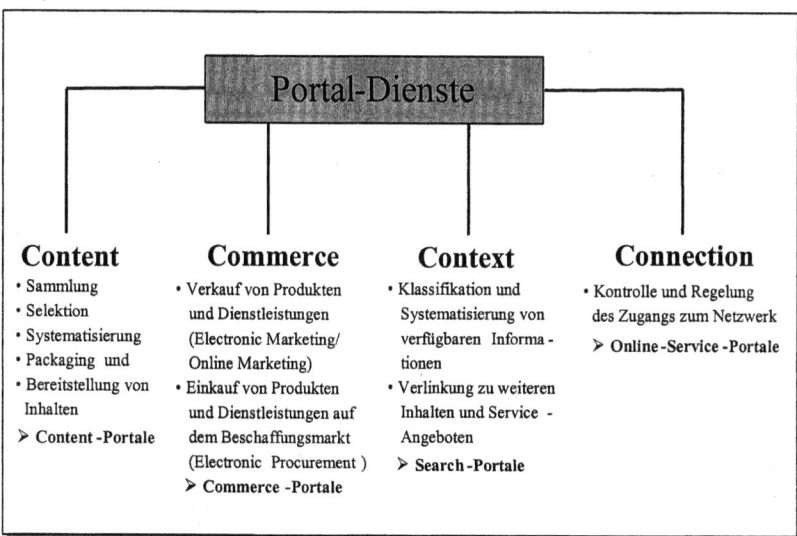

Abb. 2: Geschäftsmodelle der Portalanbieter
Quelle: In Anlehnung an *Wirtz* 2000, S. 193

Unternehmens- und Mitarbeiterportale (Enterprise-Information-Portale): Unternehmensportale **unterstützen die Kommunikation zwischen Unternehmen und Mitarbeitern** (business-to-employee) sowie zwischen Mitarbeitern untereinander (vgl. *Schildhauer/Michelis* 2003, S. 245). Über ein Unternehmensportal können auf der Grundlage des **Wissensmanagements** verschiedene unternehmensinterne und -externe Anwendungssysteme, Dienste und Informationen über eine einheitliche Benutzeroberfläche integriert und zugänglich gemacht werden (vgl. auch *Liautaud* 2001, S. 354). Sie sind eine Weiterentwicklung der unternehmenseigenen **Intranets** und ermöglichen eine individuelle und integrierte Nutzung der im Unternehmen vorhandenen Informationssysteme (z.B. bekommt ein Mitarbeiter im Marketing/Vertrieb über das Portal und die daran angeschlossenen Informationssysteme nur die Informationen präsentiert, die er für seine tägliche Arbeit benötigt) (zu den verschiedenen Arten von Unternehmensportalen vgl. *Koenemann/Lindner/Thomas* 2000, S. 329 f.).

Handels- und Verkaufsportale (E-Commerce-Portale): E-Commerce-Portale haben den **netzbasierten Einkauf und Verkauf** von Produkten und Dienstleistungen sowohl **zwischen Unternehmen** (business-to-business) als auch **zwischen Unternehmen und Endkunden** (business-to-consumer) zur Aufgabe. In diesem Zusammenhang unterstützen sie auf dem Beschaffungs- und Absatzmarkt die vorhandenen Geschäftsprozesse von der Anbahnung bis zur Abwicklung. Eine Form derartiger E-Commerce-Portale ist das „Shopping-Portal", das ergänzt durch typische Portal-Funktionen wie Suchfunktionen sowie zielgruppenspezifische Inhalte und Funktionalitäten „...die anvisierte Zielgruppe beim Auffinden, bei der Auswahl und bei der Bestellung unterschiedlichster Waren aus einem umfangreichen Sortiment..." (*Fink/Wamser* 1999, S. 654) unterstützt. Vorreiter der Shopping-Portale waren virtuelle Handelsformen wie der Online-Shop - eine auf dem Prinzip eines Ladengeschäftes basierende Web Site - oder Online-Malls, d.h. virtuelle Einkaufszentren, die das Angebot mehrerer Shops unter einer Netzadresse bündeln. Zudem existieren bereits E-Commerce-Portale, die den Handel mit digitalen Leistungen unterstützen. Die Anbieter fungieren dabei nicht mehr nur als virtuelle Absatzmittler, sondern durch die Möglichkeit der elektronischen Auslieferung auch als Distributoren. Die Markttransaktionsprozesse werden demnach von der Phase der Anbahnung über die Vereinbarung bis hin zur Erfüllung, d.h. bis zur vollständigen Abwicklung (Kommissionierung, Transport, Zahlung etc.) über ein Portal abgewickelt.

Ein Beispiel für ein **vertikales E-Commerce-Portal** für digitale Produkte ist das Breitbandportal von „T-Online Vision" (vgl. zu den weiteren Ausführungen auch *www.vision.t-online.de*). Das Portal ist ein Online Dienst von T-Online, das speziell auf Nutzer mit einem breitbandigen Internetzugang (T-DSL) ausgerichtet ist. Das Geschäftsmodell besteht aus dem Angebot kostenfreier und kostenpflichtiger digitaler Inhalte, wobei letzteres als Premium-Angebot sowie mit einer Freischaltung für spezielle Inhalte und Services nutzbar ist (Premium-Angebote zeichnen sich generell durch qualitativ hochwertige Inhalte aus, die meist auch zu höheren Preisen abgegeben werden). Innerhalb des Portals werden anhand von „Channels" digitale Inhalte aus den Kategorien Nachrichten, Sport, Spiele, Filme (z.B. Trailer, Kurzfilme) und Musik (z.B. Video, Webradio) bereitgestellt.

Ein **horizontales Portal**, das themenspezifische digitale Inhalte anbietet, ist das Arcor-Portal „**Video on demand**" (Arcor VoD) (vgl. zu den weiteren Ausführungen auch *www.arcor.de/vod*). Das Portal ist ebenfalls auf Nutzer mit einem schnellen Internetzugang - möglichst DSL - ausgerichtet. Das Geschäftsmodell besteht im Wesentlichen aus dem Verleih von Filmen, die sich der Nutzer nach dem Herunterladen und erstmaligem Abspielen innerhalb von 24 Stunden (Verleihfrist) beliebig oft anschauen kann. Nach Ablauf der Verleihfrist erlischt die Abspielberechtigung und der Nutzer kann nur über den Erwerb einer zusätzlichen Lizenz diese wieder aktivieren.

3.3 Mobile Online-Portale

Auch im Zusammenhang mit dem M-Commerce entstehen zunehmend Portale, innerhalb derer der Zugriff auf Produkte und Dienstleistungen über mobile Endgeräte erfolgen kann. Innerhalb der neuen mobilen Online-Portale existieren sowohl **horizontale** als auch **vertikale Portale**, die als zentrale Startseite für die Nutzer mobiler Endgeräte (vgl. *Zobel* 2001, S. 134) Leistungsangebote, die teilweise bereits im stationären Internet vorhanden sind, systematisch klassifizieren, strukturieren und präsentieren. **Mobile Online-Portale** als Weiterentwicklung herkömmlicher „E-Commerce-Portale" werden auch als „TransPortale" (vgl. *Wimmer* 2001, S. 207) oder als „Multi-Access-Portale" (vgl. *Scheer et al.* 2002, S. 94) bezeichnet und entwickeln sich für Marktteilnehmer des M-Commerce zunehmend zu einem Erfolgsfaktor. Neben Geräteherstellern und Content-Anbietern versuchen auch Mobilfunkbetreiber ihre Geschäftsmodelle und Wertschöpfungsketten durch den Aufbau eines zusätzlichen mobilen Vertriebskanals zu erweitern und sich damit als Marktakteure durch die Ausweitung ihres Kerngeschäftes strategisch zu positionieren (vgl. auch den Abschnitt 3.3.2). Damit werden mobile Online-Portale zu einem integrativen Bestandteil **mobiler Wertschöpfungsketten**, innerhalb derer sie, sowohl den Zugang zu den Angeboten als auch die Inhalte als solches, den Nutzern zur Verfügung stellen (siehe Abb. 4):

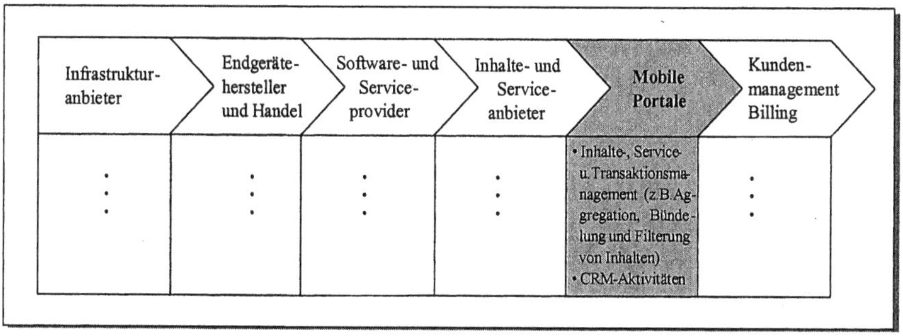

Infrastrukturanbieter	Endgerätehersteller und Handel	Software- und Serviceprovider	Inhalte- und Serviceanbieter	Mobile Portale	Kundenmanagement Billing
· · ·	· · ·	· · ·	· · ·	• Inhalte-, Service- u. Transaktionsmanagement (z.B. Aggregation, Bündelung und Filterung von Inhalten) • CRM-Aktivitäten	· · ·

Abb. 3: Online Portale als Bestandteil mobiler Wertschöpfungsketten
Quelle: In Anlehnung an *Petersmann/Nicolai* 2001, S. 20

Von zentraler Bedeutung ist auch im mobilen Internet die **Entwicklung marktfähiger Geschäftsmodelle**, innerhalb derer die Anbieter neben den klassischen Angeboten der o.g. Aufgabengebiete „Content", „Commerce", „Context" und „Connection" personalisierte ortsbezogene Dienste aufbauen und vermarkten. Die angebotenen Produkte und Dienstleistungen sollten im Gegensatz zu Angebotsleistungen im stationären Internet einen **lokalen Bezug** mit einer stärkeren Berücksichtigung der Mobilität und damit der **orts- und situationsspezifischen Situation** beinhalten (siehe dazu auch den folgenden Abschnitt) (vgl. ähnlich *Böhner/Mustafa/Oberweis* 2001, S. 180 f.).

3.3.1 Aufgaben mobiler Portale

Zu den zentralen Aufgaben von Portalen des mobilen Internet gehören neben dem „**Bündeln**" und der „**Personalisierung**" von Inhalten der Aufbau von ortsbezogenen Leistungsangeboten (**Location-Based-Services**) sowie einheitlichen Abrechnungssystemen. Die Bündelung und die Personalisierung der Inhalte unter einer einheitlichen Navigation bewirken eine Komplexitätsreduktion der Inhalte und tragen unmittelbar zur Leistungssteigerung mobiler Systeme bei. Dies liegt vor allem darin begründet, dass aufgrund der noch meist zu geringen Leistungsfähigkeit der Netztechnologien (z.B. zu geringen Übertragungsraten) und der noch fehlenden Leistungsmerkmale mobiler Endgeräte (z.B. zu geringe Prozessorleistung, zu kleine Displays) (vgl. weiterführend auch *Rawolle/Kirchfeld/Hess* 2002, S. 339) sowie der in Relation zu dem stationären Internet hohen Verbindungskosten, gerade im mobilen Internet, die Bereitschaft der Nutzer, durch das „Navigieren" nach Angeboten zu suchen, gering ist (vgl. *Zobel* 2001, S. 134; *Böhner/Mustafa/Oberweis* 2001, S. 181). Benötigt werden deshalb zentrale Navigationspunkte, die das Angebot zielgruppen- und bedarfsgerecht für mobile Endgeräte vorselektieren.

Bezogen auf den Aufbau mobiler Online-Portale haben die **etablierten Mobilfunkanbieter** die beste Ausgangslage: Nur sie sind in der Lage, Mobilfunkteilnehmer durch die Zuordnung der Mobilfunknummer – und zwar auch in Abhängigkeit vom Standort – eindeutig zu identifizieren (vgl. *Silberer/Wohlfahrt/Wilhelm* 2001, S. 220; *Wohlfahrt* 2002, S. 248; *Steiner* 2002, S. 79; *Petersmann/Nicolai* 2001, S. 19). Anhand dessen können personenbezogene **Nutzer- und Nutzungsprofile**, die zum Angebot von ortsbezogenen Diensten sowie zur Abrechnung der erbrachten Leistung nötig sind, aufgebaut und zur Verfügung gestellt werden. Aus dieser Situation heraus werden bereits etablierte Anbieter mobiler Online-Portale, die personalisierte und ortsbezogene Leistungsangebote über mobile Endgeräte vermarkten wollen, in Zukunft verstärkt mit den am Markt etablierten Mobilfunkanbietern kooperieren (vgl. auch *Böhner/Mustafa/Oberweis* 2001, S. 190 ff.). Des Weiteren soll es in Zukunft den Portal-Betreibern möglich sein, hinsichtlich der Vereinfachung von Abrechungsverfahren bei mobilen elektronischen Zahlungsverfahren, weitere sog. „**Payment Agenten**" (Banken, Kreditkartengesellschaften) mit einzubeziehen, die eine kostengünstigere Zahlungsabwicklung der getätigten Transaktionen sicherstellen (vgl. *Böhner/Mustafa/Oberweis* 2001, S. 192). Als Sicherheitsmerkmal für die getätigten Bestell- und Bezahlvorgänge gelten zukünftig die Kombination aus einer PIN (Persönliche Identifikationsnummer) und einer TAN (Transaktionsnummer), wobei die PIN die

Identifikation der Person sicherstellt und die TAN den Mobilfunkteilnehmer zur Durchführung der Bestell- und Bezahlvorgänge berechtigt (vgl. *eco* 2002).

Aus technischer Sicht wurde, um Leistungsangebote aus dem stationären Internet für mobile Endgeräte und damit für das mobile Internet nutzbar zu machen, das aus verschiedenen Komponenten bestehende „Wireless Application Protocol" (WAP) entwickelt (vgl. *Link/Schmidt* 2002, S. 140). WAP funktioniert auf der Basis der Client-Server-Architektur und ist daher dem WWW-Modell sehr ähnlich (vgl. *Steimer/Maier/Spinner* 2001, S. 42 ff.; *Schiller* 2000, S. 450). Die derzeitigen und zukünftigen **technischen Herausforderungen** bestehen im Wesentlichen darin, die Inhalte für die verschiedenen mobilen Endgeräte (Handys, PDAs, Notebooks etc.) mit ihren Bildschirm- und Geräteeigenschaften sowie verschiedenen Netzen (GSM, GPRS, UMTS etc.) so zu gestalten, dass eine geräteunabhängige Darstellung der Inhalte möglich ist. Die geräteunabhängige Darstellung ermöglicht zudem auch ein erfolgreiches **Multi-Channel-Management**, bei dem der Kunde über verschiedene Online-Kanäle mit dem Anbieter in Kontakt treten kann. Digitale Inhalte werden dabei unter dem Aspekt der „Mehrfachverwertung" mit bestehenden Angeboten des stationären Internet vernetzt.

3.3.2 Anwendungsformen mobiler Portale

Wie die Praxis zeigt, sind im Zusammenhang mit dem mobilen Internet bereits zahlreiche horizontale und vertikale Portale entstanden, die als Geschäftsmodell den Vertrieb digitaler Produkte und Dienstleistungen über den **mobilen Vertriebskanal** zum Inhalt haben. Zum einen lassen sich Anbieter nennen, die ihre Geschäftsmodelle auf das mobile Internet erweitert haben und die Inhalte, die bereits im stationären Internet angeboten wurden, jetzt auch - soweit es die technischen Möglichkeiten zulassen - über mobile Endgeräte zur Verfügung stellen (z.B. Yahoo!, Web.de, T-Online). Darüber hinaus existieren bereits mobile Online-Portale, die ihren Teilnehmern digitale Angebote (z.B. Informationsdienste, Handy-Logos und Klingeltöne, SMS- und MMS-Dienste) ausschließlich über mobile Endgeräte zur Verfügung stellen. Dies sind zum einen die etablierten **Mobilfunkanbieter** (z.B. D2 Vodafone, T-Mobil, E-Plus) als horizontale Portale. Zum anderen existieren bereits **Content-Anbieter** wie z.B. Jamba.de, Handy.de oder zed.de, die als vertikale Portale spezielle Angebote für Nutzer mobiler Endgeräte generieren.

3.4 Portale für digitale Musik

Innerhalb des **Online-Musikvertriebs** haben sich im stationären Internet bereits Portale etabliert, die durch das Internet-Engagement der größten Unternehmen der Musikindustrie (Labels) entstanden sind und den kommerziellen Vertrieb digitaler Musik zum Inhalt haben. Insbesondere die illegale Verbreitung von Musik über Online-Tauschbörsen (Peer-To-Peer-Netzwerke) wie bspw. Gnutella, Morpheus etc. und die damit zusammenhängenden Einnahmeausfälle - der Umsatz in Deutschland verringerte sich gegenüber 2000 um 10,2 % auf 2,235 Milliarden Euro (vgl. *Bundesverband der phonographischen Wirtschaft* 2002) - haben die Musikindustrie dazu bewegt, ihre Vertriebsstrategien zu Gunsten eines stärkeren Engagements im Online-Bereich zu ändern. Die Musikindustrie erkennt in dem kostenlosen Download von Musikdateien aus dem Internet (**Musikpiraterie**) und dem anschließenden Verteilen und/oder dem Brennen der digitalen Inhalte auf CD-ROM (private Vervielfältigung) eine Bedrohung für die ganze Musikbranche.

Ein Beispiel für ein Portal, welches das Herunterladen digitaler Musik ermöglicht, ist die Online-Musikvertriebsplattform „**Pressplay**" (www.pressplay.com), die von Sony Music Entertainment (www.sonymusic.de) und Vivendi Universal (www.vivendi-universal.com) betrieben wird. Demgegenüber engagieren sich im Internet die Bertelsmann Music Group BMG (www.bmg.de), EMI (www.emimusic.de) und AOL Time Warner (www.aoltimewarner.com) über das Musikportal „**MusicNet**" (www.musicnet.com), das als Gemeinschaftsunternehmen den Musikvertrieb im Internet vorantreiben soll und dabei die Rechte an Musikstücken von vertraglich gebundenen Künstlern in einem Katalog bündelt (vgl. *o.V.* 2001b, S. 23). Weitere Portale für digitale Musik sind bspw. „**eMusik**" (www.eMusik.com) sowie das von der deutschen Telekom betriebene Portal „**MoD**" (www.mod.de) und „**Popfile.de**" (www.popfile.de), das in Kooperation mit Universal Music entstanden ist. Vorstellbar ist auch, dass zukünftig die bereits im stationären Internet vorhandenen digitalen Musikangebote für das mobile Internet zugänglich gemacht werden. Der Nutzer kann dann anhand eines mobilen Endgerätes auf seine persönliche Musikdatenbank unabhängig von Ort und Zeit zugreifen. Der dafür benötigte MP3-Player wäre dann bspw. in einen Electronic Mobile Assistant (EMA) integriert.

4 Ausblick

Der Beitrag hat gezeigt, dass Portale als **zentrale Startseiten** sowohl im stationären als auch im mobilen Internet zunehmend an Bedeutung gewinnen. Neben der Möglichkeit, Informationen komprimiert und strukturiert zur Verfügung zu stellen, übernehmen diese auch Funktionen elektronischer Märkte, indem sie digitale Inhalte **vermarkten und distribuieren**. Die Vermarktung digitaler Inhalte wird vor allem durch das mobile Internet weiter zunehmen: Innerhalb mobiler Internet-Portale können digitale Leistungsangebote über verschiedene Endgeräte individualisiert aufbereitet sowie unabhängig von Ort und Zeit verteilt werden.

Damit verbunden sind für die betreffenden Unternehmen der Medien- und Unterhaltungsindustrie sowie des Informations- und Kommunikationssektors **gravierende Veränderungen hinsichtlich ökonomischer, rechtlicher und technischer Rahmenbedingungen**: Digitale Inhalte werden über Online-Systeme verteilt, die Wertschöpfungsketten werden damit vollständig digitalisiert und in Zukunft immer stärker miteinander vernetzt. Darüber hinaus bringt die Verbreitung derartiger Inhalte für die betreffenden Unternehmen auch Risiken mit sich. Zu nennen ist insbesondere das Problem der unerlaubten Vervielfältigung und Verbreitung der Leistungen über das Internet, dem Unternehmen bereits mit Kopierschutzverfahren und **„Digital Rights Management Systemen"** (DRM-Systeme) zu begegnen versuchen. Die strategische Herausforderung wird in Zukunft darin bestehen, geeignete Geschäftsmodelle zu entwickeln, die sowohl vorhandene Risiken als auch mögliche Chancen eines Online-Engagements mit digitalen Inhalten hinreichend berücksichtigen.

5 Literaturverzeichnis

Albers, S. (1999): Was verkauft sich im Internet? – Produkte und Leistungen, in: Albers, S./Clement, M./Peters, K./Skiera, B. (Hrsg.): eCommerce: Einstieg, Strategien und Umsetzung im Unternehmen, Frankfurt am Main 1999, S. 21-36.

Alpar, P. (1996): Kommerzielle Nutzung des Internet, Berlin/Heidelberg/New York, 1996.

Bakos, Y./Brynjolfsson, E. (2000): Bundling and Competition on the Internet, in: Marketing Science, Vol. 19, No. 1/2000, S. 63-82.

Bieberbach, F./Hermann, M. (1999): Die Substitution von Dienstleistungen durch Informationsprodukte auf elektronischen Märkten, in: Scheer, A.W./Nüttgens, M. (Hrsg.): Electronic Business Engineering, 4. Internationale Tagung Wirtschaftsinformatik, Heidelberg 1999, S. 67-81.

Blümelhuber, C. (2002): Entertainment und Marketing, in: Diller, H. (Hrsg.): Vahlens großes Marketing Lexikon, 2. völlig überarb. und erw. Aufl., München 2002, S. 411-413.

Böhner, G./Mustafa, N./Oberweis, A. (2001): Strategische Positionierung von Finanzdienstleistern im Mobile Commerce, in: Nicolai, A.T./Petersmann, T. (Hrsg.): Strategien im M-Commerce: Grundlagen, Management, Geschäftsmodelle, Stuttgart 2001, S. 177-201.

Booz Allen & Hamilton (Hrsg.) (1997): Zukunft Multimedia: Grundlagen, Märkte und Perspektiven in Deutschland, 4. erw. aktualisierte Aufl., Frankfurt 1997.

Brandtweiner, R. (2000): Differenzierung und elektronischer Vertrieb von Informationsgüter, Düsseldorf 2000.

Breithaupt, H.-F. (2002): Dienstleistungsqualität im Internet am Beispiel von Intermediären, in: Bruhn, M./Stauss, B. (Hrsg.): Electronic Services: Dienstleitungsmanagement Jahrbuch 2002, Wiesbaden 2002, S. 177-207.

Brown, J.R./Fern, E.F. (1981): GOODS VS. SERVICES MARKETING: A DIVERGENT PERSPECTIVE, in: Donelly, J.H./George, W.R. (Hrsg.): Marketing of Services, Chicago 1981, S. 205-207.

Bruhn, M. (2002): Electronic Services – eine Einführung in den Sammelband, in: Bruhn, M./Stauss, B. (Hrsg.): Electronic Services: Dienstleistungsmanagement Jahrbuch 2002, Wiesbaden 2002, S. 3-41.

Bundesverband der phonographischen Wirtschaft (2002): Jahreswirtschaftsbericht 2001, Download: http://www.ifpi.de/ (Datum: 07.10.2002).

Choi, S.-Y./Stahl, D.O./Whinston, S.B. (1997): The Economics of Electronic Commerce, Indianapolis 1997.

Clarke, R. (1997): Electronic Publishing: A Specialised Form of Electronic Commerce, presented at the 10th International Electronic Commerce Conference, Bled, Slovenia June 1997, Download: http://www.anu.au/people/Roger.Clarke/EC/Bled 97.html (02.09.2002).

Corsten, H. (1994): Produktivitätsmanagement bilateraler personenbezogener Dienstleistungen, in: Corsten, H./Hilke, W. (Hrsg.): Dienstleistungsproduktion, Schriften zur Unternehmensführung, Band 52, Wiesbaden 1994, S. 43-78.

Dewan, R./Freimer, M./Seidmann, A. (1999): Portal Kombat: The Battle between Web Pages to become the Point of Entry to the World Wide Web, Proceedings of the 32nd Hawaii International Conference on System Sciences, 1999.

eco (2002): eco-Analyse nennt Sicherheitsrisiken beim Mobile Commerce, Pressemitteilung eco Electronic Commerce Forum – Verband der deutschen Internetwirtschaft e.V., Download: http://www.eco.de (Datum 16.10.2002).

Engelhardt, W.H./Kleinaltenkamp, M./Reckenfelderbäumer, M. (1993): Leistungsbündel als Absatzobjekte: Ein Ansatz zur Überwindung der Dichotomie von Sach- und Dienstleistungen, in: zfbf 5/1993, S. 395-426.

Enis, B.M./Roering, K.J. (1981): Service Marketing: Different Products, Similar Strategy, in: Donelly, J.H./George, W.R. (Hrsg.): Marketing of Services, Chicago 1981, S. 1-4.

Europäische Kommission (1998): Inhalt- und handelsgetriebene Strategien in globalen Netzwerken - Aufbau der Network Economy in Europa, Studie der Europäischen Kommission, Luxemburg 1998.

Fink, D.H./Wamser, Ch. (1999): Entwicklungslinien des Handels im Zeichen multimedialer Telekommunikation, in: Fink, D./Wilfert, A. (Hrsg.): Handbuch Telekommunikation und Wirtschaft, München 1999, S. 645-664.

Fließ, S./Völker-Albert, J.-H. (2002): Going Virtual – Blueprinting als Basis des Prozessmanagements von E-Service-Anbietern, in: Bruhn, M./Stauss, B. (Hrsg.): Electronic Services: Dienstleitungsmanagement Jahrbuch 2002, Wiesbaden, S. 263-291.

Fluckinger, F. (1996): Multimedia im Netzwerk, München et al. 1996

Fricke, M. (2001): Portal, in: Mertens, P. (Hrsg.): Lexikon der Wirtschaftsinformatik, 4. vollst. neu bearb. und erw. Aufl., Berlin et al. 2001, S. 371-372.

Fritz, W. (2001): Internet-Marketing und Electronic Commerce: Grundlagen, Rahmenbedingungen und Instrumente, 2. überarb. und erw. Aufl., Wiesbaden 2001.

Gerpott, T.J. (1998): Wettbewerbsstrategien im Telekommunikationsmarkt, 3. überarb. und erw. Aufl., Stuttgart 1998.

Gerpott, T.J./Heil, B. (1998): Wettbewerbssituationsanalyse von Online-Diensteanbietern, in: zfbf 50, 7/8/1998, S. 725-747.

Gerth, N. (1999): Online-Absatz: strategische Bedeutung, strukturelle Implikationen, Erfolgswirkungen; eine Analyse des Einsatzes von Online-Medien als Absatzkanal, Ettlingen 1999.

Gongolsky, M. (2002): Datenpakete aus Absurdistan?, Download: www.spiegel.de (Datum: 24. September 2002).

Harris, L.E. (1998): Digital Property: currency of the 21st century, Toronto et al., 1998.

Heil, B. (1999): Online-Dienste, Portal Sites und elektronische Einkaufszentren, Wiesbaden 1999.

Hess, T. (1999): Das Internet als Distributionskanal für die Medienindustrie – Entwicklungstendenzen im deutschen Markt, in: Wirtschaftsinformatik 41 (1999) 1, S. 77-82.

Hess, T./Herwig, V. (1999): Portale im Internet, in: Wirtschaftsinformatik 41 (1999) 6, S. 551-553.

Henning, P. (2001): Gestaltung von Internet-Portalen, in: Hermanns, A./Sauter, M. (Hrsg.): Management Handbuch Electronic Commerce: Grundlagen, Strategien, Praxisbeispiele, 2. völlig überarb. und erw. Aufl., München 2001.

Hünerberg, R./Mann, A. (2002): Das Dienstleistungspotential des Internet, in: Bruhn, M./Stauss, B. (Hrsg.): Electronic Services: Dienstleitungsmanagement Jahrbuch 2002, Wiesbaden, S. 43-66.

Illik, A. (1998): Electronic Commerce - eine systematische Bestandsaufnahme, in: HMD, Heft 199, Februar 1998, S. 10-24.

Keuper, F. (2002): Convergence-based View – ein strategie-strukturationstheoretischer Ansatz zum Management der Konvergenz digitaler Erlebniswelten, in: Keuper, F. (Hrsg.): Electronic Business und Mobile Business, Wiesbaden 2002, S. 604-653.

Köhler, T.R. (2000): Aufbau des digitalen Vertrieb, in: Thome, R./Schinzer, H. (Hrsg.): Electronic Commerce: Anwendungsbereiche und Potentiale der digitalen Geschäftsabwicklung, 2. völlig überarb. u. erw. Aufl., München 2000, S.107-123.

Koenemann, J./Lindner, H.-G./Thomas, Ch. (2000): Unternehmensportale: Von Suchmaschinen zum Wissensmanagement, in: nfd, 51. Jahrgang, Nr. 6, S. 325-334.

Kolb, H.-P. (1999): Multimedia: Einsatzmöglichkeiten, Marktchancen und gesellschaftliche Implikationen, Frankfurt et al.1999.

Koppius, O. (1999): Dimensions of Intangible Goods, in: Sprague, R.H. (Hrsg): Proccedings of the 32nd Hawaii International Conference on Systems Sciences – 1999. Download unter: http://computer.org/proceedings (27.05.2002).

Kosiol, E. (1966): Die Unternehmung als wirtschaftliches Aktionszentrum, Hamburg 1966.

Kosiol, E. (1972): Die Unternehmung als wirtschaftliches Aktionszentrum, neubearb. und erw. Ausg., Hamburg 1972.

Kotler, P. (2001): Marketing-Management, 10. überarb. und aktualisierte Aufl., Stuttgart 2001.

Künkel, T. (2001): Streaming Media: Technologien, Standards, Anwendungen, München/Bosten 2001.

Langeard, E. (1981): Grundfragen des Dienstleistungsmarketing, in: Marketing ZFP, Heft 4, November 1981, S. 233-240.

Langner, P. (2001): Kompressionsverfahren, in: Mertens, P. (Hrsg.): Lexikon der Wirtschaftsinformatik, 4., vollst. neu bearb. und erw. Aufl., Berlin et al. 2001, S. 272-273.

Liautaud, B. (2001): E-Business Intelligence: so verwandeln Sie Informationen in Wissen und Wissen in Profit. Landsberg/Lech 2001.

Link, J. (2000): Zur zukünftigen Entwicklung des Online Marketing, in: Link, J. (Hrsg.): Wettbewerbsvorteile durch Online Marketing, Berlin et al. 2000, S. 1-34.

Link, J. (2001): Grundlagen und Perspektiven des Customer Relationship Management, in: Link, J. (Hrsg.): Customer Relationship Management: Erfolgreiche Kundenbeziehungen durch integrierte Informationssysteme, Berlin et al. 2001, S. 1-34.

Link, J./Schmidt, S. (2002): Erfolgsplanung und -kontrolle im Mobile Commerce, in: Silberer, G./Wohlfahrt, J./Wilhelm, Th. (Hrsg.): Mobile Commerce, Wiesbaden 2002, S. 131-152.

Loebbecke, C. (1999): Electronic Traiding in Lo-Line Delivered Content, in: Sprague, R.H. (Hrsg.): Proccedings of the 32nd Hawaii International Conference on Systems Sciences – 1999. Download unter: http://computer.org/proceedings (27.05.2002).

Luxem, R. (2000): Digital Commerce: Electronic Commerce mit digitalen Produkten, Münster 2000.

Meier, R. (2001): Die Mobile Ökonomie und ihre Wirtschaftsgüter, München 2001, Download: www.competence-site.de (Datum: 07.08.2002).

Meyer, A./Blümelhuber, Ch. (2002): Informationsdienstleistungen, dienstleistungsbasierte Informationsprodukte, informationsbasierte Dienstleistungen – Grundlagen und Herausforderungen im Zeitalter des „E-*.*", in: Bruhn, M./Stauss, B. (Hrsg.): Electronic Services: Dienstleistungsmanagement Jahrbuch 2002, S. 67-91.

Mittal, V./Sawhney, M. (2001): Learning and using electronic information products and services: a field study, in: Journal of interactive Marketing, Volume 15, Number 1 2001, S. 2-12.

o.V. (2001a): digital, in: Duden Herkunftswörterbuch, 3. völlig neu bearb. und erw. Aufl., Mannheim et al. 2001, S. 146 f.

o.V. (2001b): Abonnement-Plattform für Musikvertrieb im Internet gegründet, in: FAZ, Dienstag, 3. April 2001, Nr. 79, S. 23.

o.V. (2003): Ebay und Google bedrängen Marktführer T-Online, in: FAZ, Montag, 20. Januar 2003, S. 16.

Ortwein, E./Kurz, E./Mörsdorf, Th. (1997): Virtuelle Produkte im multimedialen Netzwerk-Computing, in: Wamser, Ch./Fink, D.H. (Hrsg.): Marketing-Management mit Multimedia, Wiesbaden 1997, S. 131-145.

Paschelke, B./Roselieb, A. (2002): Online-Distribution: Implikationen elektronischer Märkte für Strukturen, Produkteignung und Strategien im funktionalen Handel, Berlin 2002.

Pennebaker, W.B./Mitchell, J.L. (1993): JPEG Still Image Data Compression, New York 1993.

Peters, K./Clement, M. (2001): Online-Dienste, in: Albers, S./Clement, M./Peters, K./Skiera, B. (Hg.): Marketing mit interaktiven Medien, 3. komplett überarb. und erw. Aufl., Frankfurt am Main, S. 25-40.

Petersmann, T./Nicolai, A.T. (2001): Der Möglichkeitenraum des Mobile Business – eine qualitative Betrachtung, in: Nicolai, A.T./Petersmann, Th. (Hrsg.): Strategien im M-Commerce: Grundlagen, Management, Geschäftsmodelle, Stuttgart 2001, S. 11-26.

Pispers, R./Riehl, S. (1997): Digital Marketing: Funktionsweisen, Einsatzmöglichkeiten und Erfolgsfaktoren multimedialer Systeme, Bonn 1997.

Rawolle, J./Ade, J./Schumann, M. (2002): XML als Integrationstechnologie bei Informationsanbietern im Internet, in: Wirtschaftsinformatik 44, (2002) 1, S. 19-28.

Rawolle, J./Kirchfeld, S./Hess, Th. (2002): Zur Integration mobiler und stationärer Online-Dienste der Medienindustrie, in: Reichwald, R. (Hrsg.): Mobile Kommunikation: Wertschöpfung, Technologien, neue Dienste, Wiesbaden 2002, S. 335-351.

Reichwald, R./Meier, R. (2002): Wertschöpfungsmodelle und Wirtschaftsgüter in der mobilen Ökonomie, in: Reichwald, R. (Hrsg.): Mobile Kommunikation: Wertschöpfung, Technologien, neue Dienste, Wiesbaden 2002, S. 19-36.

Scheer, A.-W./Feld, T./Göbl, M./Hoffmann, M. (2002): Das mobile Unternehmen, in: Silberer, G./Wohlfahrt, J./Wilhelm, T. (Hrsg.): Mobile Commerce: Grundlagen, Geschäftsmodelle, Erfolgsfaktoren, Wiesbaden 2002, S. 91-110.

Schilcher, M./Deking, I. (2002): Geoinformationen als Basisbausteine mobiler Services, in: Reichwald, R. (Hrsg.): Mobile Kommunikation: Wertschöpfung, Technologien, neue Dienste, Wiesbaden 2002, S. 381-398.

Schildhauer, T./Michelis, D. (2003): Portale, in: Schildhauer, T. (Hrsg.): Lexikon Electronic Commerce, München et al. 2003, S. 244-249.

Schiller, J. (2000): Mobilkommunikation, München 2000.

Schmidt, S. (2001): Möglichkeiten der Erfolgskontrolle im eCRM, in: Link, J. (Hrsg.): Customer Relationship Management: Erfolgreiche Kundenbeziehungen durch integrierte Informationssysteme, Berlin et al. 2001, S. 235-251.

Shapiro, C./Varian, H.R. (1998): Information Rules: A Strategic Guide to the Network Economy, Boston 1999.

Siering, F. (2002): Per Chip zum Traumhotel, in: W&V 39/2002.

Silberer, G./Wohlfahrt, J./Wilhelm, T. (2001): Beziehungsmanagement im Mobile Commerce, in: Eggert, A./Fassott, G. (Hrsg.): eCRM – Electronic Customer Relationship Management, Stuttgart 2001, S. 213-227.

Skiera, B./Spann, M. (2001): Internet-Portale, in: Diller, H. (Hrsg.): Vahlens großes Marketinglexikon, 2. völlig überarb. und erw. Auflage, München 2001, S. 701.

Steckler, B. (2002): Werbung und Urheberrechtsschutz im Internet, in: Conrady, R./Jaspersen, T./Pepels, W. (Hrsg.): Online-Marketing-Strategien: Konzeption, Technologie, Prozesse, Recht, Neuwied und Kriftel 2002, S. 399-420.

Steimer, F.L./Maier, I./Spinner, M. (2001): mCommerce, München 2001.

Steiner, F. (2002): M-Business – Chancenpotentiale eines Mobilfunkbetreibers, in: Reichwald, R. (Hrsg.): Mobile Kommunikation: Wertschöpfung, Technologien, neue Dienste, Wiesbaden 2002, S. 71-84.

Steinmetz, R. (2000): Multimedia-Technologie: Grundlagen, Komponenten und Systeme, 3. überarb. Aufl., Berlin et al. 2000.

Stelzer, D. (2000): Digitale Güter und ihre Bedeutung in der Internet-Ökonomie, in: WISU, 6/00, S. 835-842.

Strauß, R./Schoder, D. (2002): eRality, Frankfurt am Main 2002.

Tanenbaum, A.S. (2000): Computernetzwerke, 3. revidierte Auflage, München et al. 2000.

Wimmer, E. (2001): Dem mobilen Nutzer ein Zuhause schaffen – Überlegungen zu mobilen Portalen, in: Nicolai, A.T./Petersmann, Th. (Hrsg.): Strategien im M-Commerce: Grundlagen, Management, Geschäftsmodelle, Stuttgart 2001, S. 203-219.

Wirtz, B.W. (2000): Medien- und Internetmanagement, Wiesbaden 2000.

Wirtz, B.W. (2001): Electronic Business, 2. vollständig überarb. und erw. Aufl., Wiesbaden 2001.

Wirtz, B.W. (2002): Multi-Channel-Management – Struktur und Gestaltung multipler Distribution, in: WISU, 5/02, S. 676-682.

Wirtz, B.W./Lihotzky, N. (2001): Internetökonomie, Kundenbindung und Portalstrategien, in: DBW 61 (2001) 3, S. 285-305.

Wohlfahrt, J. (2002): Wireless Advertising, in: Silberer, G./Wohlfahrt, J./Wilhelm, Th. (Hrsg.): Mobile Commerce, Wiesbaden 2002, S. 245-263.

Zerdick, A. et al. (2001): Die Internet-Ökonomie: Strategien für die digitale Wirtschaft, 3. überarb. und erw. Aufl., Berlin et al., 2001.

Zobel, J. (2001): Mobile Business und M-Commerce, München/Wien 2001.

Quellen aus dem Internet

http://www.aol.com

http://www.aoltimewarner.com

http://www.arcor.de/vod

http://www.bmg.de/

http://www.deutsche-bank-24.de/
http://www.eco.de/
http://www.emimusic.de/
http://www.eMusik.com/
http://www.google.de/
http://www.handy.de/
http://www.jamba.de/
http://www.mod.de/
http://www.musicnet.com/
http://www.popfile.de/
http://www.pressplay.com/
http://www.sonymusic.de/
http://www.spiegel.de/
http://www.t-online.de/
http://www.vision.t-online.de/
http://www.vivendiuniversal.com
http://www.web.de
http://www.yahoo.com
http://www.zed.de/

Personalisierung im M-Commerce

Daniela Tiedtke

1 Databased Online Marketing – personalisierte Kundenansprache über elektronische Netzwerke... 216

    1.1 Databased Online Marketing – Diskurs existierender Definitionen und Abgrenzungen der internationalen Literatur................................. 217

    1.2 Mobile Online-Dienste per WAP und PDA 221

2 Funktionen und Funktionsausprägungen des Databased Online Marketings im Mobile Commerce.. 223

3 Analyse der Auswirkungen des Databased Online Marketings auf die Wettbewerbssituation von Unternehmen... 228

    3.1 Wettbewerbsvorteile durch Individualisierung 229

    3.2 Wettbewerbsvorteile durch Convenience.. 229

    3.3 Wettbewerbsvorteile durch Schnelligkeit 230

    3.4 Wettbewerbsvorteile durch Vertrauenswürdigkeit.............................. 233

    3.5 Wettbewerbsvorteile durch organisationales Lernen 234

    3.6 Wettbewerbsvorteile durch Innovationsfähigkeit................................ 235

    3.7 Kosten-/Preisvorteile durch Databased Online Marketing................. 236

4 Fazit.. 238

5 Literaturverzeichnis.. 238

1 Databased Online Marketing – personalisierte Kundenansprache über elektronische Netzwerke

Seit 1999 hat sich auch bei deutschen Unternehmen eine Entwicklung eingestellt, die aus den Tendenzen zu einer individuelleren Kundenansprache, einer verstärkten Kundenbindung und einer stärkeren Hinwendung zum Relationship Management resultiert. Hintergrund ist das Bestreben und die Notwendigkeit, sich im Rahmen eines differenzierten Angebotes mit Hilfe des Online Marketings einen Wettbewerbsvorteil vor der Konkurrenz zu verschaffen. Diesen Trend gilt es auch und insbesondere für den Mobile Commerce zu analysieren.

Diese neuesten Entwicklungen gehen in Richtung eines **Databased Online Marketings**. Zunächst lässt sich darunter allgemein der Einsatz personalisierter Websites, deren Inhalt und Darbietungsstruktur ganz auf die spezifischen Wünsche und Bedürfnisse der einzelnen Kunden abgestellt sind, beschreiben (vgl. *Link/Tiedtke* 1999, S. 7 ff.). Dabei beinhaltet eine Website alle relevanten, aktuellen und evtl. aufbereiteten Informationen in Bezug auf die Benutzerwünsche oder -präferenzen. Möglich wird ein derartiges Databased Online Marketing durch die Verknüpfung von Database Marketing und Online Marketing.

Database Marketing ist definiert als „Marketing auf Basis individueller Kundendaten". Dabei bildet es die zentrale Voraussetzung für die kundenspezifische Allokation des Marketingbudgets.

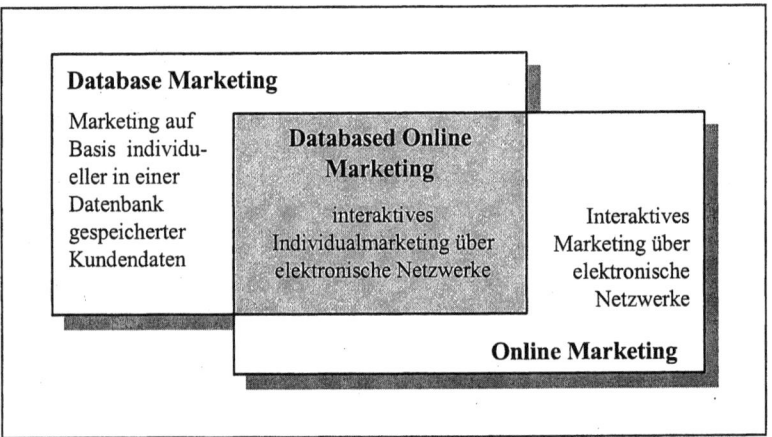

Abb. 1: Schnittstelle Databased Online Marketing

Der Begriff **Online Marketing** ist belegt mit einem „interaktiven Marketing über elektronische Netzwerke". Demzufolge konkretisieren wir den Begriff Databased Online Marketing als ein auf individuellen Kundendaten basierendes, interaktives Individualmarketing über elektronische Netzwerke (vgl. Abb. 1).

In jüngster Vergangenheit beschäftigen sich Wirtschaft und Wissenschaft verstärkt mit zum Beziehungsmanagement individualisierten Websites. Im Zentrum stehen zur Kundenbindung entworfene Internet-Auftritte, die dem einzelnen Kunden ein persönlich auf ihn zugeschnittenes Internet-Angebot offerieren. *Cataldo* ist diesbezüglich der Meinung: „[...] personalization is the key to online success" (*Cataldo* 2000, nach *o. V.* 2000, S. 44).

Im Folgenden werden wir Definition, Funktionen und Wirkung des von *Link/Tiedtke* geprägten Begriffs Databased Online Marketing vorstellen (vgl. *Link/Tiedtke* 1999, S. 10). Die folgenden Ausführungen basieren dabei weitestgehend auf einer wissenschaftlichen Untersuchung der Autorin zum Thema und sollen darauf aufbauend einen ersten Eindruck vermitteln, die Erkenntnisse aus diesen Untersuchungen in die Welt des M-Commerce zu übertragen. Dabei werden wir im Folgenden den Begriff mobile Online-Dienste für diejenigen Informations-/ Transaktionsangebote verwenden, die dem Nutzer auf mobilen Endgeräten zur Verfügung gestellt werden.

1.1 Databased Online Marketing – Diskurs existierender Definitionen und Abgrenzungen der internationalen Literatur

In der anglo-amerikanischen Literatur wird das Konzept des **Databased Online Marketings** mit dem Begriff „Web(site) Personalization" belegt. Vereinzelt sprechen die Autoren auch von „databased and interactive communication". (*Briones* 1999, S. 28).

Quellette definiert diesen Prozess der **Personalisierung** wie folgt: „Web Personalization involves tailoring Web content directly to a specific user" (*Quellette* 1999, S. 60). Hinsichtlich der notwendigen Datenbankunterstützung fügt er hinzu: „This can be accomplished by having the user provide information to the Web site directly, or through tracking of the user's behaviour on the site. The software on the site then can modify the content to the user's needs". Die Bedeutung, die dem Database Marketing in diesem Zusammenhang zukommt, belegt auch der amerikanische TrendWatch Creative Survey, eine Umfrage unter professionellen Kreativen der Werbebranche, die verstärkt der Meinung sind, „The concept of database marketing is the driver for the process of ... personalization ..." (*o. V.* 1999, S. 22).

Deutlicher wird *Wonnacott*, Vizepräsidentin der InfoWorld.com, die den fehlgeschlagenen Launch der InfoWorld Website folgendermaßen kommentiert: „One of the biggest Web trends in 1999 appealed to us – dynamic content delivery and personalization" (*Wonnacott* 2000, S. 75) und damit die Notwendigkeit einer Verknüpfung des Online Marketings mit dem Database Marketing erkennt.

Suprenant/Solomon sehen zunächst in einem personalisierten Service grundsätzlich die Nutzung jener Verhaltensweisen „occurring in the interaction [between customer and company – Anm. d. V.] intended to contribute to the individuation of the customer" (*Suprenant/Solomon* 1987, S. 87).

Einen etwas pragmatischeren Ansatz hat das amerikanische Unternehmen *Accelerating1to1*. Hier heißt es: „[By the possibilities of personalization] enlightened companies remember information **for** their customers, not **about** them [Herv. d. d. V.]" (vgl. *accelerating1to1.com*).

In Tab. 1 haben wir weitere Definitionen aus der internationalen Literatur zusammengestellt, die das heutige **Begriffsverständnis** eines Databased Online Marketings verdeutlichen. Die genauere Analyse legt dabei offen, dass die Website Personalisierung lediglich ein im Rahmen des Databased Online Marketings verwendbares Instrumentarium ist.

Autor	Bedeutung	Aufgabe
Peppers/Rogers/ Dorf 1998, S. 304	"To build up a Web site that truly lives up to its 1to1 potential ... is hard work, but if you do it right, your Web site can drive your entire enterprise toward 1to1 marketing."	"... remembering the customer and adapting your behavior to the customer's needs."
Allen/Kania/ Yaeckel 1998, S. 85/92	"One-to-one Web marketers will receive several benefits from providing personalization on their sites, including customer loyalty, competitive advantage, lower marketing costs, ability to identify the most profitable customer relationships, additional revenue from premium services, and the ability to adapt and improve their sites, products, and services."	"Website personalization provides your online customers with benefits that include choice, significant time savings and personalized service."
Hof/Green/ Himelstein 1998	"If personalization pops up all over the Net, it could usher in a new era in electronic commerce – one that threatens to shake the foundations of conventional mass marketing and mass production."	"... the ability to tailor itself (the Net – Anm. d. V.) to everyone of its 100 million users ... to reach the masses individually yet economically."
Sonntag 1998	• Zielgerichtete Werbung • Erhöhte Kundenbindung • Benutzerüberwachung • Reduktion des Datenflusses • Speziell abgestimmte Informationen für den Nutzer • Schnelle, zielsichere Verteilung von Informationen in Unternehmen	„Anpassung von auf Webseiten angebotenen Informationen an die Interessen des jeweiligen Betrachters durch Auswahl und Darstellung interessanter und Ausscheiden und Weglassen uninteressanter Daten."

Rubin 1998, S. 6	"Strengthen customer relationships"	"... deliver targeted, relevant, and timely marketing messages and product information to consumers via their Web sites."
Jud 1999, S. 17	„Mit der Individualisierung der Website ... lassen sich intensivere Kundenbeziehungen durch gezielte Kundenansprache aufbauen."	„Die Möglichkeiten der Individualisierung reichen von einfachen Standard-Dialogelementen wie zum Beispiel E-Mail-Formularen bis hin zu individuellen, dynamisch generierten Seiten und sogar individueller Bannerwerbung."
Bachem/Stein/ Rieke 1999, S. 63 f.	Suchoption zur Erhöhung der Kaufwahrscheinlichkeit	„Grundidee der Personalisierung ist, dass die Kunden auf einer Site „Geschmacksprofile" hinterlassen und ihnen dann Vorschläge unterbreitet werden, die auf diesen Profilen basieren."
Bradley/Nolan 1998 nach Klein/ Güler/ Lederbogen 2000, S. 89	„Personalisierung von E-Mails, Individualisierung von Informationsangeboten und Kundenschnittstellen werden als Erfolgsrezepte für die Gestaltung erfolgreicher EC-Angebote präsentiert."	Reintegration der personalen Dimension in den Electronic Commerce
Nash 2000, S. 66	"Personalization ... has become one of the most critical ways of generating online sales."	"... the ability of e-commerce companies to modify content to match individual customer preferences ..."
Schida/Busch/ Diederichs 2000, S. 252	„So ist die Personalisierung von Angeboten und Inhalten als der kritische Erfolgsfaktor im Internet auszumachen."	„... dem Kunden gemäß seiner spezifischen Situation und Bedürfnisse eine persönliche Ansprache und ein individualisiertes Angebot zu offerieren."
Stolpmann 2000, S. 216	„Neben perfekt konzipierten kostenlosen Zusatzdiensten haben personalisierte Angebote vielleicht das größte Potential für die Kundenbindung."	„... die Bereitstellung optimierter Dienstleistungen und Informationen zum Nutzen des einzelnen Nutzers."
Schubert 2000, S. 38 f.	Personalisierung „ermöglicht eine höhere Kundenbindung und eine erfolgreichere Neu- und Weiterentwicklung des Angebots."	„...die Möglichkeit, dass der Nutzer die digitalen ökonomischen Güter seinen Bedürfnissen entsprechend selektieren und auswählen kann."

Tab. 1: Bedeutung und Aufgaben der Personalisierung im Online Marketing

Im Rahmen des Databased Online Marketings werden die im Unternehmen traditionell eigenständigen Prozesse der Sammlung/Verarbeitung von Informationen über den Kunden und der Informationserstellung/-bereitstellung für den Kunden aneinander gekoppelt und zu einem eigenständigen, integrativen Ansatz verknüpft. Kundendatenbank und Prozess der Informationserstellung verschmelzen zu einem

dynamischen Kreislauf gegenseitiger Interdependenz. Wesentlich hierbei ist, dass die Website nicht wie bisher durch die Vorgaben der anbietenden Unternehmung – in Form bereits vollständig gestalteter und ausformulierter, auf dem Server vorgehaltener Seiten – bestimmt wird, sondern dass deren Inhalt sich dynamisch an die persönlich vom Kunden explizit oder implizit bestimmten Vorgaben anpasst. Die Seiten werden teilweise oder vollständig durch den Benutzer generiert, indem definierte Stellen erst zum Anforderungszeitpunkt mit Inhalt gefüllt werden oder eine Seite aus verschiedenen angeforderten Elementen (Informationspaketen) zusammengesetzt wird. Wir sprechen in diesem Zusammenhang auch von einer **Echtzeit-Personalisierung**. *Rosen* formuliert hierzu: „Because personalization is database driven, you don't have to write a different message to each person; computers do it for you. Content becomes real-time and data-driven"(*Rosen* 1999, S. 47).

Die Database wiederum kann im Rahmen des Online Marketings mit Daten angereichert werden, die einerseits durch Art und Umfang des Such- und Nutzungsverhaltens der Kunden im elektronischen Netzwerk (vgl. *Link/Schleuning* 1999, S. 170), andererseits durch von Nutzerseite angegebenen Informationen – bspw. durch das Ausfüllen von Fragebögen – gewonnen werden. Aufgrund dieser Daten, in Verbindung mit u. U. bereits in der Database gespeicherten Informationen, kann das System Möglichkeiten analysieren, dem Nutzer ein individuelles Informations- und auch Leistungsangebot zu offerieren. Dies wird in Abb. 1 allgemein durch den mit „Aktionsdaten" bezeichneten Informationsfluss zum Ausdruck gebracht (vgl. *Link/Schleuning* 1999, S. 171).

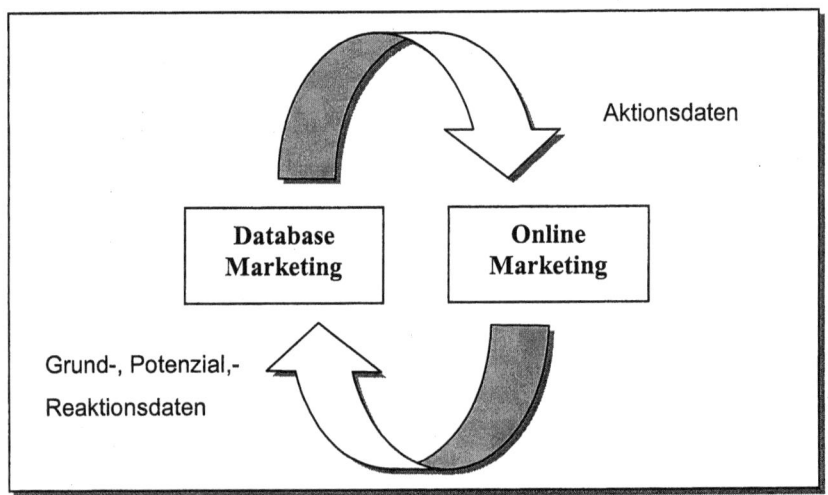

Abb. 2: Kreislauf des Databased Online Marketings
Quelle: In Anlehnung an *Link/Schleuning* 1999, S. 171

Die Dynamik des Seitenaufbaus, in Verbindung mit einer leistungsfähigen Datenbank, spielt die entscheidende Rolle beim Übergang vom Online Marketing zum Databased Online Marketing. Dynamische Online-Angebote sind dadurch gekennzeichnet, dass **Website-Management** und Inhalt nicht mehr unmittelbar voneinander abhängig sind. Struktur und primäre Seitengestaltung (Seitenskelett) werden vom Unternehmen bereitgestellt, sekundäre Seitengestaltung sowie inhaltliche Vorgaben werden aktiv (bewusst) oder passiv (unbewusst) vom Nutzer determiniert. Die als Datenquelle dienende Datenbank kann sich dabei aus verschiedenen Primär- und Sekundärquellen zusammensetzen.

Abschließend definieren wir zusammenfassend: Unter **Databased Online Marketing** verstehen wir die durch ein Informationssystem verwaltete, auf soziodemographischen und psychographischen Informationen der bisherigen Transaktions-Historie und den durch elektronische Spuren gewonnenen Informationen basierende Generierung über elektronische Netzwerke kommunizierter Inhalte.[1]

1.2 Mobile Online-Dienste per WAP und PDA

Die Euphorie, die Ende der 90er Jahre zu Aufstieg und Fall des **Wireless Application Protocoll (WAP)** führte, ist abgeklungen und realistischeren Einschätzungen und Ansätzen gewichen.[2] Heutige **WAP-Anwendungen** ermöglichen eine ganze Reihe interessanter Dienste aus den Bereichen Information (Nachrichten, Sport, ...), Kommunikation (E-Mail, SMS/MMS, Chat, ...), Transaktion (M-Commerce) und Unterhaltung (Spiel, Musik, Video...). Zu den beliebtesten Diensten im Bereich M-Commerce gehören dabei der Handel mit Eintrittskarten, Bankgeschäfte, Audio/Video, Bücher, Reisen und Aktien (*Pecher/Vill* 2000, S. 69). Mit geschätzten 89 % der Bevölkerung in Deutschland in Benutzung eines (WAP-fähigen) Mobilfunkgerätes bis 2010 wird das Potenzial dieser Dienste im Konsumentenbereich deutlich (vgl. *Pecher/Vill* 2000, S. 68).

Neben den WAP-Handys haben auch Palmtops, Notebooks und Personal Digital Assistants (PDA) den Konsumenten die Welt der **mobilen Online-Dienste** und des M-Commerce eröffnet und die limitierte Benutzerfreundlichkeit der ersteren durch die verbesserten Darstellungsmöglichkeiten in neue Dimensionen geführt. Qualität und Downloadgeschwindigkeit von PDA-Seiten bieten den Nutzern bereits heute eine in vieler Hinsicht dem Internet ähnliche ‚User Experience'.

Vor diesem Hintergrund zeugt die milliardenschwere Versteigerung der UMTS-Lizenzen (Universal Mobile Telekommunications System) von der Bedeutung, die Wirtschaft und Mobilfunkindustrie dem Mobile Commerce beimessen.[3]

---

[1] Vgl. zum auf das Internet bezogenen Begriff Webtracking auch *Bachem* 1997, S. 189 ff.
[2] WAP ist eine Weiterentwicklung des Internet Protocolls (IP) und speziell ausgerichtet auf die Darstellung von Inhalten auf den limitierten Displays der WAP-fähigen Handys.
[3] Schätzungen zufolge steigt das Umsatzvolumen bis 2004 auf rund 12,5 Milliarden Euro, vgl. *Pecher/Vill*, 2000, S. 66.

Der beträchtliche Forschungs- und Kapitaleinsatz und die damit einhergehende Verschmelzung des Datenraums mit leistungsfähigeren Breitband- und Funknetzen überzeugt Experten davon, dass aktuelle Forschung und Testphasen in wenigen Jahren zu einer um ein Vielfaches schnelleren, billigeren und mobileren Kommunikationsstruktur führen (vgl. *Freyermuth* 2001, S. 158 ff.).[4]

Derzeit (noch) existente **technologische Barrieren** können zu großer Unzufriedenheit unter den Kunden führen, wenn der Zugang/Ladevorgang zum Problem wird oder ein technisches Problem zum Abbruch der Transaktion führt. Die Verfügbarkeit hochleistungsfähiger Netze kann diesem Missstand Abhilfe verschaffen. ADSL, Satellitenübertragung und Datenübertragung über das Stromnetz sind nur einige Stichworte in diesem Zusammenhang (vgl. *Link* 2000, S. 24 ff.; *Tiedtke* 2000, S. 103).

Unter dem Stichwort „dritte Generation der Mobilkommunikation" konzentriert sich die Diskussion zunehmend auf moderne, mobile Endgeräte (Mobiltelefone, Palmtops, PDAs) und deren **Potenzial zur Geschäftsabwicklung** auf Basis der Informationsübertragung über Mobilfunknetze (vgl. *Borchers* 2000, S. 104).[5] Die technische Grundlage von M-Commerce ist eine Plattform, die eine drahtlose Kommunikation und Interaktion unterstützt (bereits 50 % der bundesdeutschen Bevölkerung waren zu Beginn 2001 im Besitz eines Mobiltelefons). Dabei stehen mit jeder neu eingeführten Netzwerktechnik neue Anwendungen, verbesserte Datenraten und neue Endgeräte zur Verfügung.[6]

So haben bspw. T-Mobil und Viag Interkom Anfang 2001 den GPRS-Betrieb aufgenommen (vgl. *Endres* 2001, S. 121). Der General Packet Radio Service ist ein paketorientiertes Verfahren mit einer angestrebten maximalen Übertragungsrate von 115 kBits/s. Handys können hier permanent online bleiben und **Push-Dienste** empfangen. Die Bezahlung erfolgt nach übertragenen Datenmengen und nicht auf Basis der online verbrachten Zeiteinheiten. Die Tatsache, dass mobile Geräte im GPRS-Betrieb Teil eines öffentlichen Netzes sind, wirkt sich aufgrund mangelnder Sicherheit noch nachteilig auf die Nutzung für Geschäftsanwendungen aus. Mit HSCSD (High Speed Circuit Switched Data) steht diesbezüglich bereits eine sichere Technik zur Verfügung (vgl. *Zivadinovic* 2000, S. 214).

---

[4] Vgl. zu den Plänen der Deutschen Telekom bspw. zur Ausweitung der T-DSL (Telekom Digital Subscriber Line) auf 2,5 Mio. Anschlüsse bis Ende 2001 sowie zur Einschätzung der Entwicklung des Mobilfunkstandards UMTS *Warlimont* 2001, S. 4.

[5] Zu einer Übersicht zu Stand und Potenzial mobiler Internet-Anwendungen *Bager* 2001, S. 122 ff. sowie *Rink* 2001, S. 124 ff.

[6] Aktuell ist insbesondere Bluetooth in das Zentrum des Interesses gerückt, eine Kurzstrecken-Funktechnik zur Daten- und Sprachübertragung, die auf eine Entfernung von bis zu 100 Metern Endgeräte drahtlos und ohne notwendigen „Sichtkontakt" wie bei der Infrarot-Technologie miteinander vernetzt, so dass über diesen globalen Standard auch Laptops in der Umgebung eines Einwahlpunktes bspw. drahtlos im Internet surfen können oder Handys mit Druckern kommunizieren können. Zum Stand der Entwicklung von Bluetooth vgl. *Virtel* 2001, S. 6.

Von Bedeutung für den M-Commerce ist weiterhin: Innerhalb der GSM-, wie auch der ISDN-, GPRS- und HSCSD-Netze können Standorte von Handys/PDAs **lokalisiert** werden. Die GSM-Netze bspw. werden hierzu in einzelne Funkzellen aufgeteilt. Jedes eingeschaltete Gerät meldet sich dann automatisch bei der Basistation der nächstgelegenen Funkzelle an, um Verbindungen herstellen zu können.[7] Die in den primären Merkmalen mobiler Endgeräte begründeten **Erfolgsfaktoren** der Verfügbarkeit (durch Mobilität), Erreichbarkeit, Lokalisierbarkeit und Convenience eröffnen in Kombination mit den dargestellten Personalisierungsmöglichkeiten Chancenpotenziale, die im Sinne eines Databased M-Commerce die vorgestellten Wirkungen potenzieren könnten.[8] Unternehmen wie GeePS.com und AirFlash.com haben bereits damit begonnen, standort-sensitive **personalisierte Werbenachrichten** zu testen. So kann die Werbung, die nach dem Bezahlen der Restaurantrechnung per Handy auf dem Display erscheint, von der Bar auf der anderen Straßenseite und nicht am anderen Ende der Stadt sein (vgl. *Johnson* 2000). T-Mobile hat Dienste mit automatischer Lokalisierung sowohl in ihrem WAP- als auch in ihrem PDA-Angebot.

Kurze Innovationszyklen in Verbindung mit einer Konvergenz von Electronic Commerce und Mobile Computing zum „Mobile Commerce" werden folglich weiterhin zu einem stetigen Abbau der technologischen Barrieren und zu einer ständigen Verbesserung der aktuellen Situation beitragen. In Ergänzung gewährleistet die Schaffung von Standards zur Informationsübermittlung auch die bis dato vielfach inkompatiblen Systeme miteinander zu vernetzen.[9]

2 Funktionen und Funktionsausprägungen des Databased Online Marketings im Mobile Commerce

Anhand der bisherigen Ausführungen zur **Personalisierung** der Kundenkommunikation lassen sich die Primärfunktionen des Databased Online Marketing und

---

[7] Derzeit wird diese Form der Lokalisierbarkeit erfolgreich bei Anbietern von Handyspielen wie Botfighters der schwedischen Firma Alive genutzt, vgl. *Deissner* 2001, S. 10; zu den Möglichkeiten der Ortung innerhalb anderer Netze vgl. *Endres* 2001, S. 121.
[8] Vgl. zu den Chancen, Anwendungspotenzialen und Restriktionen des M-Commerce *Wiedmann/Buckler/Buxel* 2000, S. 85 ff.; zu einer Einschätzung des Personalisierungspotenzials mobiler Plattformen vgl. *Binder* 2001, S. 86 f.
[9] Vgl. zu den durch fehlende Standards ausgelösten Problemen bei der Bezahlung per Handy *Schlesinger* 2001, S. 6; auch die Bluetooth-Technik, als globaler Standard angekündigt, kämpft mit Problemen der Inkompatibilität verschiedener Hersteller.

deren Ausprägungen sowohl für Anbieter- als auch für Kundenseite darstellen (Tab. 2).[10]

Funktionen	Einzelfunktionen
Ansprache-/ Rezeptionsfunktion	Automatisierter, individueller Interaktionskanal zwischen Anbieter und Nachfrager
Komplexitätsreduktion/ Habitualisierung	Bequemlichkeit/Erleichterung für Marktteilnehmer; Automatisierung von Transaktionen; Beherrschbarkeit von Prozessen und Daten
Prozessoptimierung	Suche und Bewertung von Kunden; Bereitstellung von Kundeninformationen; effizientere Registrierungsprozesse; Individualisierung von (Werbe-)Inhalten; Angebot von Mehrwerten
Vertrauensbildung	Vertrauensaufbau durch „persönliche Beziehung"; Gewährleistung von Schutz und Wahrung der Privatsphäre; sichere Zahlungsabwicklung
Standardisierung	Benutzerfreundliches, ergonomisches Frontend; Kostenreduktion
Unterhaltung	Aktivierung; Zusatznutzen durch Aufmerksamkeit und Unterhaltung

Tab. 2: Die Funktionsmerkmale des Databased Online Marketings

- Ein Databased Online Marketing übernimmt in erster Linie die Funktion des **automatisierten Dialogkanals** zwischen Anbieter und Nachfrager. Dabei spielt angesichts der bilateralen Kommunikationssituation die Möglichkeit der wechselseitigen Rollenverteilung zwischen Kommunikator und Rezipient eine wesentliche Rolle. Das Databased Online Marketing ermöglicht eine effektive und effiziente automatisierte Dialogkommunikation zwischen Unternehmen und individuellem Nutzer, in der beide Seiten jeweils die Rolle des Informationslieferanten und -empfängers einnehmen. Hier wird deutlich, dass das Databased Online Marketing die beiden fundamentalen Forderungen der

---

[10] Ähnlich stellt *Schubert* 2000, S. 138 die Funktionsausprägungen von Portal Sites dar.

Dialogkommunikation auf sich vereint. Einerseits bezieht sich die Dialogkommunikation auf die individuelle Kundenansprache von Unternehmensseite aus, andererseits auf die Möglichkeit des Kunden, seinerseits individuell mit dem Unternehmen in Kontakt zu treten.

- Personalisiertes Online Marketing dient der **Komplexitätsreduktion**. Ziehen wir in Betracht, dass z.b. der Umfang von Websites vieler Unternehmen ständig wächst, so dass viele große Finanzdienstleister über 5000 einzelne Seiten (Pages) ins Internet stellen (vgl. *Reichardt* 1999, S. 11)[11], wird die Notwendigkeit eines persönlichen Supports deutlich (vgl. *West/Huff/Turocy* 2000, S. 50). Untersuchungen der British Telecom zufolge führen 39 % potenzieller Internet-Shopper den begonnenen Vorgang aufgrund zu hoher Komplexität nicht bis zu Ende durch (vgl. *Cochrane* 2000; *Ernst & Young* 2000, S. 160; *Wendeln-Münchow* 2001, S. 18; *Bachem* 2000, S. 102). Der hierdurch entstehende geschätzte Verlust beläuft sich auf 24 Mrd. US$ jährlich. Eine ähnliche Entwicklung ist für den Bereich mobile Online-Dienste zu erwarten. **Personalisierungsmaßnahmen** können die komplexen Strukturen für den Nutzer zugänglicher und leichter handhabbar machen. Durch Aggregation von Informationen und inhaltlich individuell zugeschnittene Informationspakete werden für den Nutzer redundante Informationen gefiltert. Transaktionen werden durch das Einspielen gespeicherter Daten (bspw. Liefer-, Rechnungsadressen) automatisiert. Auf Unternehmensseite führt eine Zunahme der Komplexität der technologischen, rechtlich-politischen, ökonomischen, ökologischen sowie sozio-kulturellen Umsysteme (vgl. *Link* 1996, S. 41) zu verstärktem **Handlungs- und Anpassungsbedarf**. Ein Databased Online Marketing kann helfen, der Vielschichtigkeit insbesondere hinsichtlich der Anspruchsgruppe der Kunden gerecht zu werden. Speziell im Rahmen der kundenindividuellen Dialogkommunikation ist der Komplexitätsgrad wie wir darstellen konnten äußerst hoch (vgl. *Lischka* 2000, S. 51 f.). Erfahrungen im Produktbereich haben diesbezüglich bereits gezeigt, dass eine zunehmende Leistungsindividualisierung durch steigende Variantenzahlen eine überproportionale Erhöhung der Komplexitätskosten verursachen und sich somit negativ auf das Unternehmensergebnis auswirken kann (vgl. *Keller/Teichert* 1991, S. 237; *Coenenberg/Fischer* 1991, S. 32). Die automatisierte Erfassung, Verarbeitung und Auswertung der Kundendaten sowie die Automatisierung der Aktionen machen durch Individualisierungstendenzen verursachte komplexe Umgebungen zunehmend beherrsch- und effizient gestaltbar. Die einmal festgelegten und programmierten Routinen werden bei einer Vielzahl von Kunden automatisiert angewendet, ohne dass von verantwortlicher Seite in diesen Prozess eingegriffen werden muss.

- Databased Online Marketing dient in der Folge der **Prozessoptimierung**. Durch die Möglichkeiten der Generierung, Analyse und Bewertung werden vom Unternehmen Kundeninformationen erhoben und kundenspezifische

---

[11] Vgl. zum Anwachsen des Seitenumfangs im Internet auch *West/Huff/Turocy* 2000, S. 50.

Marketing-/Kommunikationsmaßnahmen generiert, die den Prozess der Kundenansprache optimieren. Darüber hinaus können produktions-, distributions- sowie preispolitische Entscheidungen auf Basis einer qualitativ besseren Entscheidungsgrundlage getroffen werden. Für den Kunden wird der Prozess der Informationsaufnahme und -aufbereitung in Zeiten begrenzter Aufnahme- und Zeitkapazitäten weitestgehend optimiert. Darüber hinaus werden geforderte Registrierungsvorgänge für ihn durch die Eingabe eines Passwortes oder einer Nutzer-ID vereinfacht und unnötiger Eingabeaufwand reduziert.

- Databased Online Marketing dient der **Vertrauensbildung**. Vertrauenswürdigkeit ist insbesondere auf elektronischen Märkten notwendig, da sie die zuverlässige Abwicklung der Transaktionen zwischen Anbieter und Nachfrager ermöglicht (vgl. *Bailey* 1996, S. 393). So muss Vertrauen zugleich Voraussetzung für und Folge des Databased Online Marketings sein. „The only way personalization will succeed is if Web sites have trusting relationships with their customers"(*Lowell* nach *Vijayan* 2000, S. 71). Die personalisierte Ansprache vermittelt dem Kunden durch Integration vieler dieser Eigenschaften ein Gefühl des Vertrauens. Die personalisierte Ansprache signalisiert bspw. höhere Datensicherheit und verantwortungsbewussteren Umgang mit den persönlichen Daten des Kunden als dies bei anderen Angeboten im Internet der Fall ist. Die direkt auf den Kunden zugeschnittenen zweckorientierten Informationen vermitteln ebenfalls eine Umgebung des Vertrauens. Darüber hinaus wächst durch den angemessenen, sequentiellen Prozess der Informationsgewinnung das Vertrauen in den Anbieter. Der Umfang der zur Verfügung gestellten Informationen signalisiert Kompetenz, was wiederum zu einer Steigerung des Vertrauens führen kann. Grundvoraussetzung dabei ist, dass die Verfügbarkeit und die Zuverlässigkeit des Netzwerkes sowie der Zugang zu den personalisierten Informationen gewährleistet ist (vgl. *Bauer/Grether/Leach* 1998, S. 124). Eine hohe Verfügbarkeit im Sinne eines funktionsfähigen und den anfallenden Datenmengen gewachsenen Servers wirkt sich in hohem Maße positiv auf das Vertrauen aus, dass die Kunden in die Geschäftsbeziehung einbringen. Zudem steigert ein technisch zuverlässiger Informationszugang das Commitment der Kunden.

- Databased Online Marketing dient der **Standardisierung**.[12] Zur Ermittlung des optimalen Individualisierungsgrades befinden sich Unternehmen grundsätzlich in dem Dilemma, einerseits zum Aufbau individueller Kundenbeziehungen die Interaktion mit den Kunden an deren individuellen Informations- und Kommunikationsbedürfnissen auszurichten, andererseits führt eine übermäßige Individualisierung der Kundenkommunikation bei sämtlichen Kunden zunächst einmal zu Effizienzverlusten. Diese gilt es durch Standardisierungsmöglichkeiten zu kompensieren. Der Pool grundsätzlich standardisierter Inhalte eines Unternehmens dient hierzu als Basis. Durch das Databased Online Marketing werden aus diesem Pool **personalisierte Informa-**

---

[12] Vgl. zum Begriff der Standardisierung *Reese* 1993, Sp. 3941; *Steinbuch/Olfert* 1993, S. 170.

tionspakete für eine Vielzahl von Kunden verfügbar und preiswert. Die durch moderne Technologien ohnehin gesunkenen Kosten der Generierung und Verbreitung von Informationen werden durch die Personalisierung von Informationsquellen weiter reduziert. Durch „**Information on Stock**" und „**Information on Delivery**" erspart sich das Unternehmen die wiederholte Beantwortung ähnlicher Fragen und dadurch Zeit und Kosten. Ausgehend von einer bestimmten Basis an Nutzern, tendieren die für ein Unternehmen entstehenden zusätzlichen Kosten durch jeden weiteren Nutzer personalisierter Informationen (Grenzkosten) gegen Null. Hiermit vereint das Database Online Marketing die Vorteile von Individualisierung und Standardisierung in der Kundenkommunikation. Weiterhin kann mit Hilfe der, durch ein Database based Online Marketing erhobenen standardisierten Profilinformationen, unter Zuhilfenahme des standardmäßig am Markt erhältlichen Instrumentariums, oftmals auf aufwendige Analysen und Bewertungen durch vom Unternehmen selbst entwickelte Methoden verzichtet werden (vgl. *Merz* 1999, S. 236, 254 ff.). Das Database Online Marketing standardisiert die **Informationsgewinnung** der Unternehmen somit für die interne und externe Weiterverarbeitung. Die generierten Informationen werden einheitlich gespeichert, weiterverarbeitet und der weiteren internen Analyse zugeführt. Diese Daten liegen damit von Beginn an in strukturierter, leicht zu verarbeitender Form vor. Auch die Standardisierung der ergonomischen Aspekte, der Darstellung sowie der Sicherheitsaspekte der personalisierten Kundenkommunikation unterstützt auf Anbieterseite die effektive und effiziente Individualkommunikation auf Massenmärkten. Da viele Nutzer immer noch keine Experten sind, ist eine umständliche, nicht im erwünschten Zweck resultierende Navigation für diese eher abschreckend (vgl. *Mundorf/Zwick/Dholakia* 1999, S. 97 f.). Im Rahmen einer Erhebung der *NFO* im Finanzsektor gehört die „Simple, intuitive site navigation" zu den wichtigsten Attributen, die Nutzer erwarten (*http://www.nfow.com/nfointeractive/nfoi_sites.asp*). Die unkomplizierte, übersichtliche, auf den Nutzer zugeschnittene oder dessen Konfiguration entsprechende Navigation wird dadurch zum wichtigen Merkmal, einen Nutzer zu halten. Durch Standardisierung wird dies für eine große Zahl an Kunden ökonomisch sinnvoll realisierbar.

- Ein Database Online Marketing hat ebenso einen **Unterhaltungsfaktor**. Der Konsument erwartet bspw. von guter Werbung stets ein Minimum an Unterhaltung oder angenehmem Zeitvertreib.[13] Insbesondere aufgrund geänderter Wertvorstellungen und hedonistischer Entwicklungen werden an den Unterhaltungswert der Werbung steigende Anforderungen gestellt. Der Kampf um die Aufmerksamkeit der Kunden entwickelt sich zu einem entscheidenden Wettbewerbsfaktor. Auch Einkaufen beinhaltet neben der funktionalen Komponente (Versorgungsfunktion) eine emotionale Komponente. Der Konsument verbindet Einkaufen zum Teil mit Lebenslust, Freizeit, Unterhaltung

---

[13] Zur Unterhaltungsfunktion der Werbung *Felser* 1997, S. 6 ff.

und hohem Erlebniswert. Langeweile ist ein beim Einkaufsbummel unerwünschtes Phänomen (vgl. *Opaschowski* 1994, S. 17). Bis auf wenige Ausnahmen sind bspw. detaillierte Produktinformationen demnach i.d.R. solange als Werbung ungeeignet, bis sie ein Mindestmaß an Unterhaltungswert beinhalten (vgl. *Felser* 1997, S. 9). So führen denn auch *Huly/Raake* generalisierend an, „Entertainment ist ein Marketing-Instrument, das für alle Branchen erfolgreich eingesetzt werden kann" (*Huly/Raake* 1995, S. 250 f.) und sehen im Konstrukt Spannung den **Key-Erfolgsfaktor** im Bereich Werbung, noch deutlich vor der Informationsbereitstellung (vgl. *Huly/Raake* 1995, S. 250 f.).[14] Über die den formalen Ansprüchen genügenden qualitativen Inhalte und einen gewissen Unterhaltungswert der personalisierten Angebote hinaus beinhaltet das Medium Internet/mobile Internet an sich einen zusätzlichen Unterhaltungsfaktor. Insbesondere für die in der Nutzerschaft überproportional stark vertretene jüngere Generation hat das Medium offensichtlich einen starken Unterhaltungswert und ist zum Freizeitvergnügen geworden (vgl. *Krause/Somm* 1998, S. 74).

3 Analyse der Auswirkungen des Databased Online Marketings auf die Wettbewerbssituation von Unternehmen

Das Databased Online Marketing erfüllt die Kriterien jener technologischer Entwicklungen, die eine unmittelbare Auswirkung auf die wettbewerbsstrategische Situation eines Unternehmens haben können.[15] Wir schreiben dem Databased Online Marketing Potenziale zu, die ihm strategischen Charakter verleihen. Dahinter verbergen sich Möglichkeit und Notwendigkeit eines Unternehmens durch den Einsatz des Databased Online Marketings Wettbewerbsvorteile aufzubauen und zu erhalten.

Im Folgenden werden wir die Auswirkungen des Databased Online Marketing auf ausgewählte **strategische Wettbewerbsvorteile** untersuchen (vgl. *Tiedtke* 2001).

---

[14] Zum Element der Spannung als wahrgenommener Nutzengewinn durch das Lesen (nichtpersonalisierter) Online-Zeitungen vgl. *Mings* 1999.
[15] Vgl. zu den Grundprinzipien der auf *Porter* basierenden Strategiekonzepten *ders.* 1989 + 1990.

3.1 Wettbewerbsvorteile durch Individualisierung

Durch die Verknüpfung von Database Marketing und Online Marketing entstehen ideale Voraussetzungen im M-Commerce, die **individuellen Informations- und Kommunikationsbedürfnisse** der (potenziellen) Kunden zu bedienen. Durch die umfangreichen, integrierten Datenbasen, die im Hintergrund des Systems vorgehalten werden, sowie durch Verknüpfung (Links) und Kooperation, steht den Nutzern eine im Vergleich zu traditionellen Kommunikationssituationen unendlich größere Anzahl von Informationsquellen zur Verfügung.

Auch die **Qualität der Informationen** kann durch ein Databased Online Marketing erheblich verbessert werden. Inhalt, Relevanz und Aktualität der Informationen können entsprechend der individuellen Ansprüche angepasst werden. Vollständigkeit und Korrektheit der Informationen werden vorausgesetzt. Die im Data Warehouse vorgehaltenen Grund-, Potenzial-, Aktions- und Reaktionsdaten in Verbindung mit den vielfältigen Analysemöglichkeiten des Data Minings ermöglichen qualitativ einzigartige, individualisierte Kundeninformationen. Individuelle Informationsbedürfnisse können genauer, flexibler und umfangreicher bedient werden. Die Nutzer profitieren zusätzlich auch dadurch, dass ihnen völlig unbekannte oder schwer zugängliche Informationen, nach denen im Rahmen eines Suchprozesses aus mangelnder Kenntnis u. U. nicht aktiv gesucht würde, zur Verfügung gestellt werden können.

Darüber hinaus bildet das Databased Online Marketing mit der Generierung, Speicherung und Analyse kundenindividueller Daten auch die Basis für eine Angebotsindividualisierung im Sinne des **Customized Marketings**. Die Möglichkeit der Integration individualisierter Angebotserstellung ist allerdings ebenfalls von Branche zu Branche zu analysieren.

3.2 Wettbewerbsvorteile durch Convenience

Der Begriff Convenience steht im Englischen für Bequemlichkeit/Annehmlichkeit. Die **Bequemlichkeitsvorteile** des Databased Online Marketings basieren zunächst auf den aus dem Internet bekannten Vorteilen. Der „anywhere-anybody-anytime"-Charakter mobiler Endgeräte als automatisiertem, individuellem Interaktionskanal, ermöglicht jedem User den zeitlich und örtlich unbegrenzten Zugriff auf ein zeitlich und örtlich unbegrenztes Angebot an Informationen (vgl. *Link/Tiedtke* 1999, S. 2; *Busch* 2000, S. 37). Vor allem die (geographische) Distanz zum Kunden hat eine hohe Aussagekraft für die Wahl einer Einkaufsstätte (vgl. *Arnold/Oum/Tigert* 1983). Der Point of Information wie auch der Point of Purchase werden an das Display der Nutzer verlagert, so dass einfach, bequem, günstig und unabhängig von Ladenschlusszeiten von zu Hause aus Informationen abgefragt und Käufe getätigt werden können (vgl. *Janal* nach *Kotler* 1997, S. 504). Informations- und Kaufsituation sind mit einem geforderten „Mindestmaß an Aufwand" verbunden.

Merkmale wie bequem (93 %), praktisch (93 %) und angenehm (79 %) zählen zu den häufigsten Nennungen im Rahmen einer unlängst durchgeführten Studie bezüglich der Vorteile des Online Marketings (vgl. *RMS* 2000; *AOL* 2000).[16] Zudem müssen sich die Kunden nicht dem psychologischen Druck einer realen Informations- und Kaufsituation aussetzen und können einem „aufdringlichen" Verkäufer aus dem Wege gehen (vgl. *Janal* nach *Kotler* 1997, S. 504).

Personalisierte Websites beinhalten einen zusätzlichen Bequemlichkeitsfaktor. Der Nutzer muss nach den spezifischen Inhalten nicht mehr aktiv suchen, sondern bekommt diese unter Minimierung seines persönlichen Suchaufwandes automatisiert zur Verfügung gestellt. Dies stellt einen zusätzlichen Vorteil gegenüber der heute verbreiteten Form des Online Marketings, die sich in Informationsfülle und mangelnder Struktur äußert, dar. Personalisierte Short Messages oder E-mails auf das mobile Empfangsgerät erhöhen dabei den Bequemlichkeitsfaktor insofern, als dass der Nutzer nicht örtlich an bestimmte Voraussetzungen gebunden ist.

Weiterhin vermittelt der **personalisierte Kontakt** zu einem Unternehmen, welches einen Kunden nicht vollständig anonym behandelt, einen angenehmen psychologischen Zusatzeffekt. „There's something comforting about doing business with someone who knows your name and something about you – the mom-and-pop corner-store phenomenon"(*Rosen* 1999, S. 47; vgl. *Lindquist* 1999, S. 75). Angebote oder Services können auf über den Kunden Gelerntem aufbauen und selbstverständlich und zu seiner Bequemlichkeit automatisch offeriert werden (ähnlich dem Stammtisch und dem Lieblingswein im Stammrestaurant an der Ecke).

3.3 Wettbewerbsvorteile durch Schnelligkeit

Hinsichtlich einer Reduktion der Produktentwicklungszeiten leistet das Databased Online Marketing einen Beitrag durch den permanenten Kontakt zum Kunden. Durch das „Ohr am Markt", so nah wie im traditionellen Marketing nur selten, kann Impulsen und Trends sofort nachgegangen werden. In diesem Sinne dient das Databased Online Marketing der **Früherkennung von Marktchancen**. Kunden können sich in die Ideenfindung und das Produktdesign einbringen (vgl. *Hoffmann/Nowak* 1997, S. 42). Speziell auch im Rahmen der Reaktionsdaten elektronisch eingehende Beschwerden können der Produktverbesserung dienen. Solche Beschwerden können sofort in das Dokumentationssystem des Unternehmens aufgenommen und anschließend – an die entsprechenden zuständigen Stellen im Unternehmen weitergeleitet – umgehend bearbeitet werden (vgl. *Hünerberg/Heise/Mann* 1997, S. 19 f.).

---

[16] Die erhöhte Kundenzufriedenheit durch Convenience im Internet bestätigt auch *Mooney* 2000, S. 24.

Bedeutende **Schnelligkeitspotenziale** des Databased Online Marketings offenbaren sich augenscheinlich in der Phase der Angebotserstellung. Die Schnelligkeit, mit der ein Unternehmen auf explizite oder implizite Bedarfe mit der Erstellung eines individuellen Angebotes reagieren kann, ist beispiellos. Individuelle Besonderheiten des Produktes, des Preises sowie der Lieferkonditionen bspw. können umgehend in ein Angebot einfließen.

Ein wichtiger Indikator für die Leistungsfähigkeit eines Unternehmens gegenüber dem Markt ist die Auftragsdurchlaufzeit (vgl. *Eidenmüller* 1991, S. 58; *Tress* 1986, S. 181). Sie wird determiniert durch die Zeitspanne zwischen Auftragseingang und Versand eines Produktes (vgl. *Singer* 1990, S. 42).[17] Die wesentlichen Potenziale des Databased Online Marketings liegen hier in der **Beschleunigung des Informationsflusses**. Voraussetzung dabei sind die integrierte Informationsverarbeitung und einheitliche Datenbasen. Durch den beschleunigten Informationsfluss, die Integration aller beteiligten Informationssysteme und die Synchronisation von Wert-, Mengen- und Informationsflüssen kann die Auftragsdurchlaufzeit beachtlich verkürzt werden.

Insbesondere an der **Schnittstelle zum Kunden** werden Schnelligkeitspotenziale des Databased Online Marketings deutlich. Umfragen zufolge empfindet die große Mehrheit der Nutzer (85 % der Befragten) die Zeitersparnis als wesentlichen Vorteil im Internet (vgl. *RMS* 2000). Insbesondere bei versierten Internet-Nutzern spielt speziell die Schnelligkeit beim Seitenaufbau eine erhebliche Rolle (vgl. *Theuner* 2000, S. 70; *Mevenkamp/Kerner* 1999, S. 247).[18] Die beschleunigte Produktinformation, mit der der Kunde sofort über die ihn interessierenden Leistungen und Leistungseigenschaften informiert wird, kann entscheidende Zeitvorteile generieren. So kann durch das Databased Online Marketing auch im M-Commerce in erster Linie der zeitliche Suchaufwand für Kunden minimiert werden. Umfassende Informationen zu speziellen Leistungen/Themengebieten zusammengetragen, reduzieren den zeitlichen Aufwand, den der Kunde selbst in die Suche investieren muss. Insbesondere scheint dies z.B. in den Bereichen der Fall zu sein, in denen die Zielgruppe wenig oder gar nicht involviert ist. Hier besteht bei den Nachfragern keine Notwendigkeit/Bereitschaft, Alternativangebote des „evoked set" zu überprüfen.[19] Es ist prinzipiell unwesentlich, welches Angebot letztendlich akzeptiert wird. Daher erscheint es naheliegend, dass sich in einer solchen Situation der Nachfrager jenem Angebot zuwendet, welches zuerst präsent

---

[17] Vgl. beispielhaft die einzelnen Schritte der Prozesskette nach dem Bestellvorgang in *Krause/Somm* 1998, S. 133 f.; im Falle der Auftrags- oder Einzelfertigung gehört auch die Konstruktions-/Entwicklungsphase zur Auftragsdurchlaufzeit.

[18] *Niebrügge/Aragonés/Kahsmann* 2000, S. 46 sehen in einer Verbesserung der Übertragungsgeschwindigkeiten den dringendsten Bedarf; zur technischen Unzuverlässigkeit als Grund für Unzufriedenheit mit interaktiven Medien vgl. *Meuter et al.* 2000, S. 50 ff.

[19] Zum *evoked set* gehören jene miteinander konkurrierenden Produkte, die dem Käufer als echte Alternativen erscheinen, vgl. *Nieschlag/Dichtl/Hörschgen* 1994, S. 335.

ist. Sofortige Rückmeldung über Parameter wie Verfügbarkeit, Lieferzeit und Preis einer Leistung können daher entscheidende Zeitvorteile bieten.

Die **umgehende Übermittlung** von Bestelldaten, der Auftragsbestätigung und der für den Bezahlvorgang notwendigen Schritte kann durch die Speicherung der entsprechenden Informationen in der Database in Kombination mit der Eingabe direkt in das auf der Website vorbereitete Formular ohne zeitliche Verzögerung durchgeführt werden.

Die **Auslieferung** wird durch die Art der Leistung determiniert. Bei digitalisierbaren Informationsprodukten können diese dem Kunden unmittelbar zur Verfügung gestellt werden und ihm einen enormen Zeitvorteil bescheren.[20] Auch bei nicht-digitalisierbaren Produkten kann ein wesentlicher Vorteil darin bestehen, „dass die Ware in überschaubarer Zeit beim Kunden ist. ... der Internetkunde ist viel ungeduldiger als der Versandkäufer ..." (*Diekhof* 2001, S. 19). Allerdings scheint ein Großteil der Internet-Shops aufgrund fehlender Logistiksysteme gerade mit der Auslieferung Probleme zu haben (vgl. *Diekhof* 2001, S. 19).

Weiterhin können **periodisch bezogene Leistungen** im Rahmen des Databased Online Marketings zu definierten Zeitpunkten zur Lieferung angestoßen werden. Dem Kunden kann zur Erinnerung eine persönliche Mitteilung (E-mail, SMS) zugesandt werden. In der Database kontrollierte Lagerbestände des Kunden können bei Erreichen einer Mindestmenge einen Bestellvorgang anregen. Umgehende Benachrichtigung bei Auslieferung und die Möglichkeit der Sendeverfolgung sind ebenso ohne zusätzlichen Aufwand in Echtzeit – z. B. auch per Mitteilung auf das Handy des Kunden – realisierbar.

Ähnlich verhält sich dies bei im Rahmen des **Nachkaufmarketings** angebotenen Services. Die Übermittlung von Börsenkursen auf ein mobiles Empfangsgerät kann dem Kunden auch hier enorme Zeitvorteile verschaffen. Im Falle eines technischen Mangels können auch komplexe Diagnosevorgänge mobil per Anschluss eines WAP-fähigen Handys vor Ort durchgeführt und Konfigurationen (z.B. Drehzahlmessung und -einstellung bei Fahrzeugen) umgehend ausgeführt werden.[21]

Darüber hinaus wird durch ein Databased Online Marketing zusätzliche Bedarfsweckung durch Cross Selling-Angebote ohne zeitliche Verzögerung und im passenden situativen Kontext ermöglicht.

---

[20] Es wird teilweise davon ausgegangen, dass sich Vertriebsabläufe insgesamt bis zum Faktor 100 beschleunigen können, vgl. *o. V.* 1998, S. 100.
[21] Planungen in diese Richtung existieren bspw. bei den sich neu in Produktion befindlichen Motorrädern der Firma Münch.

3.4 Wettbewerbsvorteile durch Vertrauenswürdigkeit

1997 wurde in einer Studie der Universität St. Gallen das Vertrauen als wichtigstes Kriterium für die Abwicklung von Transaktionen über das Internet von den Befragten genannt (vgl. *Gräf/Tomczak* 1997, S. 49). *Reichheld/Schefter* stellen fest: „Für Kunden im Internet ist nicht der Preis ausschlaggebend, sondern Vertrauen" (*Reichheld/Schefter* 2001, S. 73). Auch die *Deutsche Post* kam im Rahmen ihrer Studie zu der Auffassung, dass ein „konsequenter Aufbau von Vertrauen durch Kommunikation, sichere Datenübermittlung, Einhaltung von Datenschutzanforderungen, Risikoreduzierung durch Garantiezusagen sowie Service- und Supportmaßnahmen" die probaten Mittel sind, Wettbewerbsvorteile im Online Marketing zu erzielen (*Deutsche Post* 2000).

In Verbindung mit der Feststellung, dass das Vertrauen, welches ein Nachfrager einem Anbieter entgegenbringt, nachhaltig auf die Dauer und Beständigkeit der Kundenbeziehung wirkt (vgl. *Bliemel/Eggert* 1998), wird die Bedeutung der **bilateralen Vertrauenswürdigkeit** auch und gerade im Mobile Commerce deutlich. Dieser Anforderung wird jedoch in den Augen der Nutzer und der Literatur nicht entsprochen. *Winand/Pohl* stellen fest: „Die multimediale Kommunikations- und Informationstechnik hat sich diesem Trend in den Augen der Nutzer und Kunden bislang weitgehend entzogen und damit trotz bereits vorhandener Komponenten, wie ... Electronic Customer Care-Systeme ..., die unmittelbar zur Gewinnung von Vertrauen re-interpretiert und vermittelt werden können, Akzeptanz- und Erfolgspotential vergeben" (*Winand/Pohl* 2000, S. 262 f.).

Die gemeinsame Zielverfolgung zwischen Unternehmen und Kunde und das hieraus resultierende Vertrauen haben wir als Voraussetzungen für eine **erfolgreiche Kundenbeziehung** eingestuft (vgl. *Tjosvold/Choy* 1994). Der Zuschnitt der Informationen auf die individuelle Kundensituation, das Angebot von individualisierten Leistungs-/Informationsbündeln und Problemlösungen suggeriert derartige gemeinsame Zielsysteme bzw. ähnliche Interessenlagen. Durch die in der Database zugrunde gelegte Informationsbasis kann der Dialog in einer Atmosphäre der Vertrautheit geführt werden, was wiederum Auswirkungen auf das Vertrauen des Kunden in die Leistungsfähigkeit und Zuverlässigkeit des Unternehmens haben dürfte (vgl. *Gerth* 2000, S. 180). Im Sinne des Aufbaus „persönlicher Bande" zum Unternehmen fungiert die individualisierte Website als Signal für Offenheit, Kompetenz und Commitment gegenüber dem Kunden.

Kaufunsicherheiten auf Seiten der Kunden können durch die qualitativ und quantitativ hochwertigen individualisierten Informationen reduziert werden. Mit integrierten, unabhängigen Untersuchungsergebnissen, Testberichten und Beurteilungen kann bei Bedarf zusätzlich Vertrauen aufgebaut werden.

Letztlich wird bei all den genannten Aspekten erst das Vertrauen, das ein Nutzer Online-Angeboten (einem Unternehmen) entgegenbringt, ihn dazu veranlassen, persönliche Daten preiszugeben.

3.5 Wettbewerbsvorteile durch organisationales Lernen

Permanente Lernbereitschaft und Lernfähigkeit sind als Voraussetzungen für die Anpassungsfähigkeit einer Unternehmung an seine Kontextbedingungen zu sehen (vgl. *Gerth* 1999, S. 185).[22] Organisationales Lernen wird nach *Castiglioni* als „ein **kontinuierlicher Prozess** der zur Verfügungstellung, Aktualisierung, Aussortierung und Weiterentwicklung von organisatorischem Wissen" verstanden (vgl. *Castiglioni* 1994, S. 36 f.). In unserem Falle steht diesbezüglich insbesondere das **akkumulierte Wissen** über die Kunden im Mittelpunkt.

Das Lernen resultiert beim Databased Online Marketing aus dem kontinuierlichen, aufgezeichneten Dialog mit dem Kunden. Durch die über die Dauer der Kundenbeziehungen, durch Kundenreaktionen und –beobachtungen, gewonnenen Erfahrungen vollzieht sich der Lernprozess im Unternehmen. Databased Online Marketing führt dabei zu einem im Laufe der Zeit immer weiter wachsenden, verbesserten Wissen über Kundenmerkmale, -präferenzen und -verhalten. Es entstehen zunehmend genauere Bilder jedes einzelnen Kunden und ermöglichen eine immer bessere Kundenorientierung (vgl. *Link/Hildebrand* 1997, S. 387 f.; *Muther* 2000, S. 75). Der **Informationsnutzen** des Databased Online Marketings basiert auf der Kundendatenbank, dem Data Warehouse und den Methoden des Data Minings und bezieht sich konkret auf jene Informationen, mit deren Hilfe ein Unternehmen die Beziehung zu seinen Kunden individueller gestalten kann (vgl. *Lischka* 2000, S. 136 f.). Da der Informationsnutzen mit zunehmendem Umfang der Kenntnis der Kunden wächst, sind für dessen Bewertung in erster Linie die Reaktions- und Potenzialdaten von Bedeutung. Die Grunddaten hingegen sind i.d.R. eine sehr elementare Informationsbasis.

Das **Lernpotenzial**, welches mit den Möglichkeiten des Databased Online Marketings verbunden ist, wird deutlich, wenn man sich am Beispiel der Automobilindustrie mit dem dort üblichen indirekten Vertriebsweg die verbesserte Position der Hersteller vor Augen führt. Bei Subaru stellt man dem Kunden mit „MySubaru" eine personalisierte Website zur Verfügung, die den Wartungs- und Reparaturservice eines Wagens verwaltet und den Kunden entsprechend seiner Kaufhistorie individualisierte Angebote unterbreitet (vgl. *Kemp* 2000, S. 18). Mit der speziellen „vehicle identification number" (VIN) erhält der Kunde Zugang zur zentralen Subaru-Datenbank, zum aktuellen Servicestatus und den aktuellen Serviceberichten der Händler vor Ort. Derzeit werden lediglich Daten von Servicearbeiten im Zusammenhang mit Garantieansprüchen von den Händlern an die Subaru-Datenbank überspielt. Künftig sollen auch jene Daten überspielt werden, die nicht mit einem Anspruch der Werkstatt gegenüber Subaru verbunden sind. Beim Autohersteller stellte man denn auch diesbezüglich fest: "This [Web site] is a lifetime tool for us, and we can't have [vendors] here for life... We wanted a knowledge transfer, and we wanted to be self-sufficient"(*Kemp* 2000, S. 18).

---

[22] Zur lernenden Organisation vgl. bspw. *Schreyögg/Nöss* 1995; *Sommerlatte* 1991, S. 4 f.

Auch für produktbezogene Marktforschungsaktivitäten ergibt sich ein enormes "learning potential" (vgl. *Gräf* 1999, S. 268). So lassen sich bspw. über virtuelle Testmärkte neue Produkte oder das Feedback auf eine Werbeaktion testen.

Ein „Lernen aus Fehlern" wird hier insoweit ermöglicht, als dass durch die kontinuierliche Auswertung der erfassten Daten Schwachstellen erkannt und beseitigt werden können. Dies bezieht sich sowohl auf die Internet-Aktivitäten direkt als auch auf alle anderen marketingpolitischen Instrumentalbereiche.[23]

3.6 Wettbewerbsvorteile durch Innovationsfähigkeit

Grundsätzlich besteht in der Literatur größtenteils ein Konsens über die Eignung elektronischer Netzwerke als Quelle innovativer Leistungsideen: "... the internet ... is also a platform for innovation. It is a way to produce and distribute new combinations of digital information – or to create new transaction models and services – without incurring the traditional costs of complexity that exist in the physical world"(*Gosh* 1998, S. 131).

Der elektronische Dialog im Rahmen des Databased Online Marketings kann als **Informationssystem** für Produkt-/Serviceverbesserungen wie auch für ein generelles Leistungsmonitoring verstanden werden (vgl. *Mann* 1996; *Hildebrand* 2000, S. 70). Neben einer impulsgebenden Funktion durch die Weitergabe tagesaktueller Kunden-/Informationsstrukturdaten an das Produktmanagement und den hiervon ausgehenden produkt-/sortimentspolitischen Hilfestellungen (z.B. Differenzierung, Variation, Positionierung), können Reaktionen auf produktpolitische Entscheidungen auf demselben Weg überprüft werden (vgl. *Tegethoff* 1994, S. 154 f.).

Bei Microsoft geht man davon aus, dass 80% der dort entwickelten Produktinnovationen auf Kundenfeedback und -dialoge zurückzuführen sind (vgl. *McKenna* 1997). Es liegt nahe, zu vermuten, dass die Interaktivität, die jederzeitige und unmittelbare Erreichbarkeit sowie die permanente Verarbeitung von Kundeninformationen des Databased Online Marketings zu diesem Potenzial in erhöhtem Maße beitragen können: „personalization tools can help corporations develop more useful products and product configurations" (*Paone* 2000, S. 78). Kundenwünsche und -anregungen können frühzeitig in den **Prozess der Produktinnovation** einbezogen werden (vgl. *Raffée/Fritz/Jugel* 1988, S. 248 f.). Das registrierte Nutzerverhalten gibt zusätzlich Aufschluss darüber, ob die Interessen der Zielgruppe getroffen wurden, was wertvolle Hinweise für den Entwicklungs- und Innovationsprozess liefern kann.

---

[23] Zu den Einsatzmöglichkeiten des Database Marketing zur Lost-Order- bzw. Schwachstellen-Analyse vgl. ausführlicher *Link/Hildebrand* 1997, S. 388.

Allerdings ist auch Skepsis hinsichtlich des Innovationspotenzials des Online Marketings zu konstatieren. *Fritz/Kerner/Könnecke* schätzen den Nutzen des Internets durch im Kundendialog generierte Anregungen für Produktinnovationen, eher gering bis mittelmäßig ein (vgl. *Fritz/Kerner/Könnecke* 1998, S. 155).

Wenn nicht zur Generierung von Produktideen, kann ein Unternehmen die ausführlichen Kundeninformationen nutzen, um Innovationen auf einem ausgewählten Testmarkt einführen und testen zu können.[24] Zudem können Neuprodukte denjenigen Kunden/Interessenten präsentiert werden, die aufgrund ihrer Profile ein hohes Produktinteresse aufweisen.

Die Präsentation von neuen, noch nicht existenten aber dennoch medial präsenten Produkten im dreidimensionalen Raum (**Virtual Prototyping**) in einer frühen Phase kann durch die gleichzeitige Einbeziehung (potenzieller) Verwender das Risiko einer Fehlentwicklung senken (vgl. *Silberer* 2000, S. 82).

3.7 Kosten-/Preisvorteile durch Databased Online Marketing

Arnold/Oum/Tigert belegen 1983 in einer länderübergreifenden Studie die hohe Bedeutung der Preise bei der Wahl einer Einkaufsstätte (vgl. *Arnold/Oum/Tigert* 1983).

Niedrigere Preise stellen jedoch zunächst einmal einen **Konkurrenzvorteil** dar, der durch die Wettbewerber oftmals relativ einfach nachvollzogen werden kann (vgl. *Schütze* 1992, S. 11). Wettbewerbsvorteile durch die viel diskutierten Kostensenkungspotenziale des Online Marketings und damit verbundenen niedrigeren Preise relativieren sich vor diesem Hintergrund in dem Maße, in dem die Anzahl solcher Applikationen innerhalb einer Branche steigt. Um demnach einen **strategischen Wettbewerbsvorteil** zu erlangen, muss der Kostenvorsprung behauptbar sein, d.h. seine Quellen dürfen für die Konkurrenz nur schwer erschließ- und kopierbar sein (vgl. *Porter* 1989, S. 137).[25] Die Erfahrung auf wettbewerbsintensiven Märkten lehrt darüber hinaus ohnehin, dass der einseitige Fokus auf die Strategie der Kostenführerschaft in den seltensten Fällen eine nachhaltige Verbesserung der Wettbewerbsposition mit sich führt (vgl. *Vidal* 1996). Insbesondere im Online Marketing drängen immer weitere (auch internationale) Wettbewerber in den Markt und können einen weitaus intensiveren Wettbewerb initiieren. Sinnvoll erscheint in dieser Situation eine Hybridstrategie, eine Kombination aus Kostenvorteilen und Differenzierung, anzustreben (vgl. *Piller* 1997; *Wagner* 1997; *UUNET* 1999, S. 15).

---

[24] Zum Einsatz spezieller Nutzergruppen zu Testzwecken vgl. *Atzwanger* 1997, S. 203 ff.
[25] *Ghemawat* 1987, S. 104 merkt in Bezug auf produktionstechnologisch begründete Kostenvorteile an, dass deren Schutz äußerst schwierig sei; 60-90% aller Lerneffekte dringen an die Konkurrenz durch.

Grundsätzlich reichen die **Einsparmöglichkeiten** im Online Marketing von geringeren Aufwendungen für Werbe- und Verkaufsmaterialien (Kataloge/ Prospekte) über Rationalisierungsmöglichkeiten, durch verkürzte Durchlaufzeiten und dadurch bedingt geringere Lagerbestände bis hin zur **Senkung der Opportunitätskosten** durch Berücksichtigung der Investitionswürdigkeit individueller Kunden (vgl. *Gerth* 1999, S. 188; *Kossel/Kuri* 2000, S. 62).[26] Generell kommen den im Beziehungsmarketing begründeten Rationalisierungspotenzialen, die insbesondere aus der Reduktion von Streuverlusten, der zielgerichteten Kundenansprache, einer verringerten Dringlichkeit der Neukundenakquisition und generellen Auswirkungen relationaler Transaktionen auf die Transaktionskosten resultieren, eine besondere Bedeutung zu (vgl. *Hildebrand* 1997). Weitere Einsparpotenziale bieten der **Wegfall von Reisetätigkeiten** (Außendienst) sowie die **Einsparung personeller Dienstleistungen** (vgl. *Link* 2000, S. 18; *o.V.* 1998, S. 100). Geringere Preise im Internet werden von Experten weiterhin vor allem erwartet aufgrund[27]

- einer stärkeren Konkurrenz zwischen Anbietern,
- der Ausschaltung von Intermediären und der damit verbundenen möglichen Einsparung von Margen,
- Einsparungspotenzialen in der übergreifenden elektronischen Integration von Geschäftsprozessen und immer wieder in
- der Senkung der Transaktionskosten.

Über die finale Entwicklung der Preise im Bereich E-/M-Commerce herrscht jedoch auch Uneinigkeit. Kritiker nämlich halten die unbegrenzte Markttransparenz im Internet für eine wenig realistische Einschätzung (vgl. *Schoder/Strauß* 1998, S. 62 f.). Die Realität der Durchführung von Preisvergleichen im Internet verstärkt zur Zeit diesen Eindruck und entspricht nicht den gezeichneten Bildern nahezu vollkommener Information (vgl. *Zeisel* 2000, S. 139 f.). Darüber hinaus wirken die anderen Determinanten des **Preisrisikos** (wie die Informationsbasis und die Macht der Nachfrager) und steigern die Unsicherheit der Anbieter bei der Gestaltung des preispolitischen Instrumentariums.[28]

Zusätzlich gibt *Hünerberg* zu bedenken, „Potentielle Kosteneinsparungen auf Anbieterseite können unter Umständen dazu dienen, Online-Angebote preislich attraktiv zu gestalten. Letztendlich wird es jedoch von stationären Wettbewerbsangeboten, Art der Produkte, Nutzerschicht, Zusatznutzen und weiteren situativen Faktoren abhängen, ob Online-Käufe ... stattfinden" (*Hünerberg* 2000, S. 137).[29]

---

[26] Zu einer durch Befragung bezifferten Einsparung durch Electronic Commerce vgl. auch *KPMG Consulting* 1999.
[27] Vgl. zu den Kostensenkungspotenzialen des E-Commerce *Schoder/Strauß* 1998, S. 59; *Carr* 2000, S. 47; *Rao/Bergen/Davis* 2000, S. 110; *Riemer* 2001; *Schulte-Huermann* 2001, S. 111; *Zeller* 2001, S. 292.
[28] Vgl. zu Preisrisiken im Marketing *Ivens* 2000
[29] Zum Einbezug der Kontextfaktoren bei der Preisgestaltung im Internet auch *Desmet* 2000, S. 50 ff.

So werden mit zunehmender **Preistransparenz** vermutlich jene Anbieter im Preiskampf unterlegen sein, die nicht profitabel genug arbeiten und deren Skaleneffekte zu gering sind, um in die Gewinnzone zu kommen (vgl. *Zeisel* 2000, S. 142). Auf eine dann notwendige Preiserhöhung können Kunden sehr unelastisch reagieren (vgl. *Balzer/Hirn/Wilhelm* 2000, S. 81).

4 Fazit

Abschließend lässt sich festhalten, dass die beschriebenen Potenziale eines Databased Online Marketing basierend auf den Erkenntnissen im Bereich Internet in vielerlei Hinsicht wertvolle Erkenntnisse auch für den M-Commerce liefern. Eine **kundenindividuelle Ansprache** über ein Medium, zu dem der Nutzer ein sehr persönliches, in Teilen emotionales Verhältnis hat und das per se den Aspekt des „anytime and anywhere" verkörpert, scheint aufgrund der vorstehenden Ausführungen die logische Schlussfolgerung aus gegebener Technologie und Nutzerverhalten.

5 Literaturverzeichnis

accelerating1to1.com: http://www.accelerating1to1.com, Abfragedatum: 18.11.2000.

http://www.nfow.com/nfointeractive/nfoi_sites.asp, Abfragedatum: 19.08.2000.

Allen, C./Kania, D./Yaeckel, B. (1998): Guide to One-To-One Web Marketing, New York 1998.

AOL (2000): Virtuell versus reell, Studie der Firma AOL in Zusammenarbeit mit dem Emnid Forschungsinstitut, o. O., November 2000, unter: http://www.wuv-studien.de/wuv/studien/112000/155/441.htm, Abfragedatum: 16.12.2000.

Arnold, S. J./Oum, T. H./Tigert, D. J. (1983): Determinant Attributes in Retail Patronage: Seasonal, Temporal, and International Comparisons, in: Journal of Marketing Research, 5/1983, S. 149-157.

Atzwanger, C. (1997): Virtuelle Testmärkte, in: Wamser, C./Fink, D. (Hrsg.): Marketing-Management mit Multimedia: Neue Medien, neue Märkte, neue Chancen, Wiesbaden 1997, S. 203-209.

Bachem, C. (1997): Webtracking – Werbeerfolgskontrolle im Netz, in: Wamser, C./Fink, D. (Hrsg.): Marketing-Management mit Multimedia: Neue Medien, neue Märkte, neue Chancen, Wiesbaden 1997, S. 189-198.

Bachem, C. (2000): Erfolgskontrolle und Marketing-Controlling im E-Commerce, in: Kostenrechnungspraxis, Sonderheft 3/2000, S. 101-108.

Bachem, C./Stein, I./Rieke, H.-J. (1999): Erfolgsfaktoren von Internet-Sites, in: asw, 6/1999, S. 60-66.

Bager, J. (2001): Drahtlos daheim, in: c't - magazin für computertechnik, 4/2001, S. 122-123.

Bailey, J. P. (1996): The Emergence of Electronic Market Intermediaries, in: Proceedings of the 17th International Conference of Information Systems, Cleveland 1996, S. 391-399.

Balzer, A./Hirn, W./Wilhelm, W. (2000): Gefährliche Spirale, in: manager magazin, 30. Jg., 03/2000, S. 77-91.

Bauer, H. H./Grether, M./Leach, M. (1998): Kundenbeziehungen über das Internet, in: der markt, 37. Jg., 3+4/1998, S. 119-128.

Binder, L. (2001): Personalisierung ist Trumpf, in: Computerwoche, 8/2001, 23.02.2001, S. 86-87.

Bliemel, F./Eggert, A. (1998): Kundenbindung – die neue Sollstrategie? in: Marketing ZFP, 20. Jg., 1/1998, S. 37-46.

Borchers, D. (2000): Heinzelmännchen drahtlos, in: c't - magazin für computertechnik, 3/2000, S. 104-109.

Briones, M. G. (1999): Web future will revolve around individual users, in: Marketing News, 26.04.1999, S. 28.

Busch, C. (2000): Die Zukunft der Informations- und Kommunikationstechnologie in privaten Haushalten: eine Delphi-Studie, Frankfurt u. a. 2000.

Carr, N. G. (2000): Hypermediation: Commerce as Clickstream, in: Harvard Business Review, Vol. 78, 1+2/2000, S. 46-47.

Castiglioni, E. (1994): Organisatorisches Lernen in Produktinnovationsprozessen: eine empirische Untersuchung, Wiesbaden 1994.

Cochrane, P. (2000): An Exponential Market of One: Customers Don't Want Choice.They Want What They Want! Vortrag im Rahmen des Personalization Summit, 10.-12.09.2000 in London.

Coenenberg, A. G./Fischer, T. (1991): Prozesskostenrechnung – Strategische Neuorientierung in der Kostenrechnung, in: Die Betriebswirtschaft, 51. Jg. 4/1991, S. 21-38.

Deissner, K.-U. (2001): Räuber und Gendarm per Handy, in: Financial Times Deutschland, o. Jg., 14.03.2001, S. 10.

Desmet, P. (2000): Politiques de prix sur internet, in: Revue Francaise du Marketing, Nr. 177/178, 2+3/2000, S. 49-68.

Deutsche Post (2000): eCommerce Facts 2.0, Studie der Deutschen Post AG, Bonn 2000.

Diekhof, R. (2001): Triumph der pünktlichen Lieferung, in: Financial Times Deutschland, 20.03.2001, S. 19.

Eidenmüller, B. (1991): Die Produktion als Wettbewerbsfaktor: Herausforderungen an das Produktionsmanagement, Zürich, Köln 1991.

Endres, J. (2001): Surfer on the Road, in: c't - magazin für computertechnik, 4/2001, S. 116-121.

Ernst & Young (2000): Global Online Retailing, Special Report, Januar 2000, unter: http://www.ernst-young.de/pdf/Global_Online_Retailing.pdf.

Felser, G. (1997): Werbe- und Konsumentenpsychologie: eine Einführung, Stuttgart u.a. 1997.

Freyermuth, G. S. (2001): Die Besteigung des Mount Evernet, in: c't-magazin für computertechnik, 6/2001, S. 158-168.

Fritz, W./Kerner, M./Könnecke, S. (1998): Online-Marketing in der Computerbranche – Eine empirische Bestandsaufnahme, in: JAV, 2/1998, S. 151-162.

Gerth, N. (1999): Online Absatz. Strategische Bedeutung – Strukturelle Implikationen – Erfolgswirkungen, Ettlingen 1999.

Gerth, N. (2000): Die Bedeutung des Online Marketing für die Distributionspolitik, in: Link, J. (Hrsg.): Wettbewerbsvorteile durch Online Marketing, Berlin 2000, S. 149-195.

Ghemawat, P. (1987): Dauerhafte Wettbewerbsvorteile aufbauen, in: Harvardmanager, 9. Jg., 7/1987, S. 104-108.

Gosh, S. (1998): Making Business Sense of the Internet, in: Harvard Business Review, Vol. 76, March-April/1998, S. 126-135.

Gräf, H. (1999): Online-Marketing: Endkundenbearbeitung auf elektronischen Märkten, Wiesbaden 1999.

Gräf, H./Tomczak, T. (1997): Online Marketing: Chancen und Risiken der Nutzung elektronischer Märkte für Kunden und Unternehmungen am Beispiel der Electronic Mall Bodensee, in: Thexis – Fachbericht für Marketing, 2/1997.

Hildebrand, V. G. (1997): Individualisierung als strategische Option der Marktbearbeitung, Wiesbaden 1997.

Hildebrand, V. G. (2000): Kundenbindung mit Online Marketing, in: Link, J. (Hrsg.): Wettbewerbsvorteile durch Online Marketing, Heidelberg 2000, S. 53-73.

Hof, R. D./Green, H./Himelstein, L. (1998): Now It's Your Web, in: Business week, 05.10.1998, o. S.

Hoffman, D. L./Novak, T. P. (1997): Ein neues Marketing-Paradigma für den elektronischen Handel, in: Thexis, 1/1997, S. 39-43.

Huly, H.-R./Raake, S. (1995): Marketing online: Gewinnchancen auf der Datenautobahn, Frankfurt, New York 1995.

Hünerberg, R. (2000): Bedeutung von Online-Medien für das Direktmarketing, in: Link, J. (Hrsg.): Wettbewerbsvorteile durch Online Marketing, Heidelberg 2000, S. 122-147.

Hünerberg, R./Heise, G./Mann, A. (1997): Was Online-Kommunikation für das Marketing bedeutet, in: Thexis, 1/1997, S. 16-21.

Ivens, B. S. (2000): Preisrisiken im Marketing, in: JAV, 46. Jg., 3/2000, S. 315-328.

Johnson, C. (2000): Permission Marketing in the Wireless World, in: Inside 1to1, Newsletter der Peppers and Rogers Group, 11.05.2000.

Jud, A. (1999): Individualisierte Kundenansprache durch digitalen Direktkontakt, in: Office Management, 5/1999, S. 16-18.

Keller, W./Teichert, K. (1991): Kennen Sie die Wirtschaftlichkeit Ihrer Produktvarianten?, in: Kostenrechnungspraxis, 35. Jg., 5/1991, S. 231-238.

Kemp, T. (2000): Car Maintenance Gets Personal – Subaru personalization app lets customers track repair history and requirements online, in: Internetweek, 11.12.2000, S. 18.

Klein, S./Güler, S./Lederbogen, K. (2000): Personalisierung im elektronischen Handel, in: WISU, 1/2000, S. 88-94.

Kossel, A./Kuri, J. (2000): Virtuelle Großmärkte – E-Commerce verändert die Wirtschaft, in: c't – magazin für computertechnik, 6/2000, S. 62.

Kotler, P. (1997): Managing Direct and Online Marketing, in: Link, J. u.a. (Hrsg.): Handbuch Database Marketing, Ettlingen 1997, S. 491-511.

KPMG Consulting (1999): Electronic Commerce – Research Report 1999, o.O. 1999.

Krause, J./Somm, F. (1998): Online-Marketing – Die perfekte Strategie für Ihren Internet-Auftritt, München, Wien 1998.

Lindquist, C. (1999): Personalization in E-Commerce, in: Computerworld, Vol. 33, 22.03.1999, S. 74-77.

Link, J. (1996): Führungssysteme: strategische Herausforderung für Organisation, Controlling und Personalwesen, München 1996.

Link, J. (2000): Zur zukünftigen Entwicklung des Online Marketing, in: Link, J. (Hrsg.): Wettbewerbsvorteile durch Online Marketing, 2. Aufl., Berlin u.a. 2000, S. 1-35.

Link, J./Hildebrand, V. (1997): Strategische Aspekte des Database Marketing, in: Link, J. u.a. (Hrsg.): Handbuch Database Marketing, Ettlingen 1997, S. 377-394.

Link, J./Schleuning, C. (1999): Das neue interaktive Direktmarketing, Ettlingen 1999.

Link, J./Tiedtke, D. (1999): Von der Corporate Site zum Databased Online Marketing, in: Link, J./Tiedtke, D. (Hrsg.): Erfolgreiche Praxisbeispiele im Online Marketing, Berlin u.a. 1999, S. 1-22.

Lischka, A. (2000): Dialogkommunikation im Relationship Marketing, Wiesbaden 2000.

Mann, A. (1996): Online-Service, in: Hünerberg, R./Heise, G./Mann, A.: Handbuch Online Marketing: Wettbewerbsvorteile durch weltweite Datennetze, Landsberg 1996, S. 157-179.

McKenna, R. (1997): Real Time. Preparing for the age of the never satisfied customer, Boston 1997.

Merz, M. (1999): Electronic Commerce – Marktmodelle, Anwendungen und Technologien, Heidelberg 1999.

Meuter, M. L. et al. (2000): Self-Service Technologies: Understanding Customer Satisfaction with Technology-Based Service Encounters, in: Journal of Marketing, Vol. 64, July/2000, S. 50-64.

Mevenkamp, A./Kerner, M. (1999): Akzeptanzorientierte Gestaltung von WWW-Informationsangeboten, in: Fritz, W. (Hrsg.): Internet-Marketing: Perspektiven und Erfahrungen aus Deutschland und den USA, Stuttgart 1999.

Mings, S. M. (1999): Uses and Gratifications of Online Newspapers: An Audience-Centered Study, Dissertation am Rensselaer Polytechnic Institute 1999.

Mooney, K. (2000): A Multichannel Christmas, in: Brandweek, 04.09.2000, S. 24-26.

Mundorf, N./Zwick, D./Dholakia, N. (1999): Die Web-Präsenz führender deutscher Industrieunternehmen, in: Fritz, W. (Hrsg.): Internet-Marketing, Stuttgart 1999, S. 81-106.

Muther, A. (2000): Electronic customer care: die Anbieter-Kundenbeziehung im Informationszeitalter, 2. überarb. Aufl., Berlin u.a. 2000.

Nash, K. S. (2000): Clah of the Killer Ps: Can online personalization be profitable and privacy-conscious?, in: Computerworld, Vol. 34, 19.06.2000, S. 66-68.

Niebrügge, S./Aragonés, T./Kahsmann, R. (2000): Internet-Needs und Trends, in: planung & analyse, o. Jg., 1/2000, S. 42-48.

Nieschlag, R./Dichtl, E./Hörschgen, H. (1994): Marketing, 17. neu bearb. Aufl., Berlin 1994.

o.V. (1998): Herausforderung und Chance, in: asw, 41. Jg., 2/1998, S. 100.

o.V. (1999): Database Marketing Starts to Pique Interest, in: Graphic Arts Monthly, 3/1999, S. 22.

o.V. (2000): Data Mining, in: Discount Merchandiser, Januar 2000, S. 44.

Opaschowski, H. W. (1994): Schöne, neue Freizeitwelt?, Projektstudie zur Freizeitforschung des BAT-Freizeit-Forschungsinstituts, Hamburg 1994.

Paone, J. (2000): I-commerce aims for the personal touch, in: Infoworld, 09.10.2000, S. 78.

Pecher, U./Vill, A. (2000): Die Wirtschaft macht mobil, in: Business 2.0, Oktober 2000, 66-72.

Peppers, D./Rogers, M./Dorf, B. (1998): The One to One Fieldbook, New York u.a. 1998.

Piller, F. (1997): Kundenindividuelle Produkte – von der Stange, in: Harvard Business manager, 19. Jg., 3/1997, S. 15-26.

Porter, M. E. (1989): Wettbewerbsvorteile: Spitzenleistungen erreichen und behaupten, Sonderausgabe, Frankfurt 1989.

Porter, M. E. (1990): Wettbewerbsstrategie: Methoden zur Analyse von Branchen und Konkurrenten, 6. Aufl., Frankfurt, New York 1990.

Quellette, T. (1999): Web Personalization, in: Computerworld, 06.12.1999, Vol. 33, S. 60.

Raffée, H./Fritz, W./Jugel, S. (1988): Neue Medien und Konsumentenverhalten, in: JAV, 3/1988, S. 235-262.

Rao, A. R./Bergen, M. E./Davis, S. (2000): How to Fight a Price War, in: Harvard Business Review, Vol. 78, 4/2000, S. 107-116.

Reese, J. (1993): Standardisierung, Typisierung, Normung, in: Wittmann u.a. (Hrsg.): HWB, 5. Aufl., Stuttgart 1993, Sp. 3940-3949.

Reichardt, C. (1999): Eine Bank nach den persönlichen Wünschen, in: Bank Magazin, Nr. 12/1999, S. 10-16.

Reichheld, F. F./Schefter, P. (2001): Warum Kundentreue auch im Internet zählt, in: Harvard Business manager, Vol. 23, 1/2001, S. 70-80.

Riemer, O. (2001): Online-Aktivitäten der VICTORIA-Versicherungen, in: Link, J./Tiedtke, D. (Hrsg.): Erfolgreiche Praxisbeispiele im Online Marketing, 2. überarb. und erw. Aufl., Heidelberg 2001, S. 197-235.

Rink, J. (2001): Mobile Internet überall, in: c't - magazin für computertechnik, 4/2001, S. 124-138.

RMS (2000): Satisfied-eConsumer.de/2.Welle, Studie des Institut EARSand EYES im Auftrag der RMS Radio Marketing Services, Hamburg 2000, unter: http://www.wuv-studien.de/wuv/studien/082000/75/index.htm.

Rosen, S. (1999): Say Please, in: Communication World, 8+9/1999, S. 47.

Rubin, I. (1998): Personalizing the Internet, in: Banking Strategies, 9+10/1998, S. 6-12.

Schlesinger, C. (2001): System-Dschungel bei der Bezahlung per Handy, in: Financial Times Deutschland, 28.03.2001, S. 6.

Schida, R./Busch, V./Diederichs, M. (2000): Internet-Erfolg auf Basis von Data Warehouse-Konzepten planen, steuern und analysieren, in: Controlling, 4+5/2000, S. 251-257.

Schoder, D./Strauß, R. E. (1998): Electronic Commerce, in: Hippner, H./Meyer, M./Wilde, K. D. (Hrsg.): Computer Based Marketing. Das Handbuch zur Marketinginformatik, Braunschweig, Wiesbaden 1998, S. 55-64.

Schreyögg, G./Nöss, C. (1995): Organisatorischer Wandel: Von der Organisationsentwicklung zur lernenden Organisation, in: DBW, 2/1995, S. 169-185.

Schubert, C. (2000): Cybermediaries als neue Geschäftsform im Internet, Wiesbaden 2000.

Schulte-Huermann, T. (2001): Primus-Online – Vermarktung von Waren und Dienstleistungen über das Internet, in: Link, J./Tiedtke, D. (Hrsg.): Erfolgreiche Praxisbeispiele im Online Marketing, 2. überarb. und erw. Aufl., Berlin u.a. 2001, S. 99-121.

Schütze, R. (1992): Kundenzufriedenheit – After-Sales-Marketing auf industriellen Märkten, Wiesbaden 1992.

Silberer, G. (2000): Interaktives Marketing mit elektronischen Medien, in: HMD, 37. Jg., 215/2000, S. 99-122.

Singer, U. (1990): Die Beurteilung der Wirtschaftlichkeit von Investitionen in Neue Produktionstechnologien, Bamberg 1990.

Sommerlatte, T. (1991): Warum Hochleistungsorganisationen und wie weit sind wir davon entfernt?, in: Arthur, D. Little (Hrsg.): Management der Hochleistungsorganisation, 2. Aufl., Wiesbaden 1991, S. 1-22.

Sonntag, M. (1998): Untersuchungen zu Personalisierung, Arbeitspapier des Instituts für Informationsverarbeitung und Mikroprozessortechnik (FIM) an der Johannes Kepler Universität Linz, 1998.

Steinbuch, P. A./Olfert, K. (1993): Fertigungswirtschaft, Ludwigshafen 1993.

Stolpmann, M. (2000): Kundenbindung im E-Business, Bonn 2000.

Suprenant, C. F./Solomon, M. R. (1987): Predictability and Personalization in the Service Encounter, in: Journal of Marketing, Vol. 51, 2/1987, S. 86-96.

Tegethoff, M. (1994): Electronic Commerce – Effiziente Gestaltung von Geschäftsabläufen in: Becker, L./Lukas, A. (Hrsg.): Effizient im Marketing, München 1994.

Theuner, G. (2000): Erfolgsfaktoren User-orientierter Webseiten-Gestaltung, in: HMD, 37. Jg., 211/2000, S. 79-105.

Tiedtke, D. (2000): Bedeutung des Online Marketing für die Kommunikationspolitik, in: Link, J. (Hrsg.): Wettbewerbsvorteile durch Online Marketing, 2. Aufl., Berlin u.a. 2000, S. 77-119.

Tiedtke, D. (2001): Databased Online Marketing - Personalisierte Marketingkommunikation im Internet als Instrument des Customer Relationship Managements, Dissertation am Lehrstuhl f. Controlling und Organisation der Universität Kassel, Kassel 2001.

Tjosvold, D./ Choy, W. (1994): Working with Customers: Cooperation and Competition in Relational Marketing, in: Journal of Marketing Management, 10/1994, S. 297-310.

Tress, D. W. (1986): Kleine Einheiten in der Produktion, in: zfo, 55. Jg., 3/1986, S. 181-186.

UUNET (1999): Tomorrow's e-conomy, Cambridge 1999, unter: http://www.e-conomy.uk.uu.net.

Vidal, M. (1996): Erfahrungskurve und Technologiediffusion, in: WiSt, 1/1996, S. 43-46.

Vijayan, J. (2000): Caught in the Middle, in: Computerworld, Vol. 34, 04.07.2000, S. 70-71.

Virtel, M. (2001): Funktechnik Bluetooth droht zu scheitern, in: Financial Times Deutschland, 28.03.2001, S. 6.

Wagner, M. (1997): Service key to online business success, in: Computerworld, 31. Jg., 7/1997, S. 14.

Warlimont, G. (2001): T-Online wählt ZDF als Nachrichtenpartner, in: Financial Times Deutschland, 21.03.2001, S. 4.

Wendeln-Münchow, D. (2001): Online bezahlen bleibt vorerst riskant, in: Financial Times Deutschland, 20.03.2001, S. 18.

West, K./Huff, R./Turocy, P. (2000): Managing Content on the Web, in: Network Computing, 30.10.2000, S. 50-56.

Wiedmann, K.P./Buckler, F./Buxel, H. (2000): Chancenpotentiale und Gestaltungsperspektiven des M-Commerce, in: der markt, 39. Jg., Nr. 153, 2/2000, S. 84-96.

Winand, U./Pohl, W. (2000): Die Vertrauensproblematik in elektronischen Netzwerken, in: Link, J. (Hrsg.): Wettbewerbsvorteile durch Online Marketing, Berlin 2000, S. 261-277.

Wonnacott, L. (2000): Most promising new Web-site technologies: Dynamic content and personalization, in: Info World, 17.01.2000, S. 75.

Zeisel, S. (2000): Private Sourcing – E-Pricing als revolutionäre Einkaufsoptimierung, in: der markt, 39. Jg., 3/2000, S. 137-144.

Zeller, T. (2001): Elektronische Marktplätze im B2B-Bereich – die Zukunft?, in: Link, J./Tiedtke, D. (Hrsg.): Erfolgreiche Praxisbeispiele im Online Marketing, Heidelberg 2000, S. 291-300.

Zivadinovic, D. (2000): Drahtlose Mehrspur-Infobahn - schneller Funksurfen per HSCSD-Technik, in: c't - magazin für computertechnik, 22/2000, S. 214.

Die Suche nach geeigneten Zahlungsverfahren für den M-Commerce

Klaus Fochler

1	Ausgangslage, Problemstellung, Vorgehensweise	248
2	Anforderungen an Zahlungsverfahren	249
3	Klassische Zahlungsverfahren im Fernabsatz	251
4	Zahlungsverfahren im E-Commerce	252
	4.1 Überweisungsaufträge	252
	4.2 Kreditkartenzahlungen	254
	4.3 Cyber-Geld und Chip-Karten	257
	4.4 Bilanz bezüglich der Zahlungsverfahren im E-Commerce	260
5	Zahlungsverfahren in der mobilen Telekommunikation	261
	5.1 Abrechnung von Diensten über Servicerufnummern	262
	5.2 Transferred Account Procedure	263
	5.3 Zahlung per Mobile Phone Verification (MPV)	264
6	Zukünftige Zahlungsverfahren im M-Commerce	265
7	Literaturverzeichnis	267

1 Ausgangslage, Problemstellung, Vorgehensweise

Aufgrund eines Wandels in der Telekommunikationstechnologie ist es seit einigen Jahren möglich Sprach- und Datenkommunikation über dieselbe technologische Infrastruktur zu betreiben. Davon profitiert der M-Commerce, der die Konvergenz von Sprach- und Datenkommunikation nutzt, um Dienste aus beiden Welten in integrierter Form auf mobilen Endgeräten anzubieten. Aus technologischer Sicht wird dies durch paketorientierte Übertragungsprotokolle ermöglicht, die zur Kommunikation in drahtlosen Kommunikationsnetzen eingesetzt werden. Ein Beispiel eines solchen paketorientierten Übertragungsprotokolls ist der General Packet Radio Service (GPRS).

Protokolle wie GPRS ermöglichen Dienstleistern aus den Bereichen der Telekommunikation (z.B. Mobilfunkbetreiber) und der Datenkommunikation (z.B. Internet-Händlern) ihre Dienstleistung auf einem und zudem mobilen Endgerät anzubieten. Diese **mobilen Endgeräte** werden auch als sog. Wireless Devices (WDs) bezeichnet. Die WDs aktueller Bauart sind eine Kombination aus Mobiltelefon und Kleincomputer. Sie entstanden aus Mobiltelefonen, die durch Funktionen aus dem Bereich der Datenkommunikation erweitert wurden oder aus Kleincomputern, sog. Personal Digital Assistants (PDAs), die mit Sprachkommunikationsfunktionen ausgestattet wurden (vgl. *Zohar* 1999, S.7).

Die Problemstellung besteht darin, die durch WDs genutzten Dienste zu fakturieren. Die **Vertrauensproblematik** spielt bei diesen Zahlungsvorgängen eine herausragende Rolle. Dies gilt um so mehr im sog. Business to Consumer-Markt (B2C), in dem eine große Zahl wenig untereinander bekannter Konsumenten und Firmen Markttransaktionen durchführen. Im Business to Business-Markt (B2B) hingegen sind die Marktteilnehmer untereinander meist bekannt und die Geschäftsbeziehungen meist von langfristiger Natur.

Sowohl in der Welt der Sprachkommunikation als auch in der Welt der Datenkommunikation existieren heute bereits unterschiedliche **Zahlungsverfahren**. Diese lassen sich anhand folgender Merkmale klassifizieren (vgl. *Crameri* 2000, S. 95; *Henzi* 2002, S. 23):

- Zahlungszeitpunkt, z.B. Vorauszahlung (z.B. Prepaid-Karten für Mobiltelefone), zeitgleiche oder zeitverzögerte Bezahlung relativ zur Waren- bzw. Leistungsübergabe,

- Zahlungsinstrument, z.B. Kredit-/EC-Karte oder elektronisches Geld,

- Autorisierungsart, z.B. online oder offline,

- Transaktionssumme, z.B. Mikro- oder Makro-Payments,
- Beteiligte Institutionen, z.B. Kreditkartenunternehmen, Netzbetreiber.

Es ist unklar, inwieweit sich bestehende Verfahren des E-Commerce oder der mobilen Telekommunikation für den Einsatz im zukünftigen M-Commerce eignen. Dies gilt es zu bewerten. Im Rahmen dieser Ausarbeitung wird dazu wie folgt verfahren: Im ersten Schritt werden Anforderungen an Zahlungsverfahren für den M-Commerce gelistet. Dann werden wesentliche Zahlungsverfahren des E-Commerce und der mobilen Telekommunikation beschrieben und schließlich anhand der anfangs gelisteten Anforderungen bewertet. Letztendlich wird eine Einschätzung über die zukünftige Entwicklung abgegeben.

2 Anforderungen an Zahlungsverfahren

Die Anforderungen an **elektronische Zahlungssysteme** und für den M-Commerce im Besonderen sind vielfältig. Zum einen sind die Hardware-Ressourcen (z.B. Rechnerleistung) eines WD begrenzt, zum anderen folgen auch die Zahlungssysteme des M-Commerce der allgemeinen Gradwanderung zwischen Nutzerfreundlichkeit (Anwendbarkeit, Bequemlichkeit) und Sicherheit. Beides sind eher entgegengesetzte Pole eines Kontinuums, denn komplementäre Eigenschaften.

Im Folgenden werden **wesentliche Anforderungen** an ein geeignetes Zahlungssystem für den M-Commerce gelistet. Sie werden im Anschluss an die Darstellung verfügbarer Zahlungssysteme zur Bewertung herangezogen (vgl. *Trautmann* 2002, S. 341 f.; *Weber* 1999, S. 51).

Totalität	Es muss sichergestellt sein, dass eine Zahlungstransaktion entweder komplett oder gar nicht abgewickelt wird. Dies gilt insbesondere bei der Unterbrechung einer Transaktion.
Konsistenz	Alle an einer Zahlungstransaktion beteiligten Parteien müssen übereinstimmende Informationen über die Transaktion besitzen.
Unabhängigkeit	Parallele Zahlungstransaktionen dürfen sich nicht untereinander beeinflussen.
Dauerhaftigkeit	Abgeschlossene Zahlungstransaktionen bleiben dauerhaft gültig. Dies gilt auch, wenn ein elektronisches Zahlungssystem einen Stromausfall erfährt.

Reputation und Verlässlichkeit	Zahlungstransaktionen müssen zuverlässig und fehlerfrei abgewickelt werden.
Internationalität	Das Zahlungssystem muss im grenzüberschreitenden Zahlungsverkehr einsetzbar sein.
Fälschungssicherheit	Das Zahlungsverfahren darf nicht der Gefahr von Fälschungen unterliegen (z.B. gefälschtes elektronisches Geld oder Kreditkarten).
Integrität	Zahlungsinformationen müssen während der Übertragung gegen Veränderungen geschützt werden.
Authentizität	Die Identität der Geschäftspartner muss - falls vom Kunden und Händler so vereinbart - eindeutig bestimmbar sein.
Anonymität	Die Identität der Teilnehmer am Zahlungsverfahren muss - falls vom Kunden und Händler so vereinbart - geschützt sein, so dass ohne Einverständnis des Kunden Kaufgewohnheiten nicht überwacht werden können.
Autorisierung	Der Zugang zum Zahlungssystem darf nur berechtigten Nutzern möglich sein.
Non-Repudiation	Abgegebene Willenserklärungen dürfen nicht bestreitbar sein.
Vertraulichkeit	Einzelheiten einer Zahlungstransaktion dürfen nur authorisierten Personen zugänglich sein.
Niedrige Nutzungskosten	Die Nutzungs- und Transaktionskosten müssen möglichst gering sein. Es wird hierbei nach Kosten für Kunden und Händler unterschieden.
Benutzerfreundlichkeit	Das System muss leicht und intuitiv bedienbar sein.
Zahlung von Kleinstbeträgen	Die Abrechnung von Kleinstbeträgen muss möglich sein.
Technologische Portabilität	Das Zahlungssystem muss auf allen verfügbaren Hardware-Systemen einsetzbar sein.
Lauffähigkeit mit minimaler Hardware-Leistung	Das Zahlungssystem muss auf Hardware-Systemen mit geringer Verarbeitungskapazität einsetzbar sein.

Tab. 1: Anforderungen an Zahlungsverfahren.

3 Klassische Zahlungsverfahren im Fernabsatz

E- und M-Commerce können als eine Form des Fernabsatzes klassifiziert werden (vgl. *Forschungszentrum Karlsruhe 2001, S. 7*). „Fernabsatzverträge sind Verträge über die Lieferung von Waren oder über die Erbringung von Dienstleistungen, die zwischen einem Unternehmer und einem Verbraucher unter ausschließlicher Verwendung von Fernkommunikationsmitteln abgeschlossen werden, es sei denn, dass der Vertragsschluss nicht im Rahmen eines für den Fernabsatz organisierten Vertriebs- oder Dienstleistungssystems erfolgt" (§ 312b,1 FernAG). Als **Fernkommunikationsmittel** werden dabei weit mehr als nur Telefonanrufe oder E-Mails angesehen, sondern grundsätzlich auch Briefe, Kataloge, Telekopien sowie Rundfunk, Tele- und Mediendienste.

Die spezifische Herausforderung des Fernabsatzes besteht darin, dass die Bestellung, Auslieferung und Zahlung zeitlich und räumlich entkoppelt erfolgen. Wenn auch das Merkmal der **zeitlichen Entkopplung** im M-Commerce nicht unbedingt gegeben ist, so ist dennoch das Merkmal der **räumlichen Entkopplung** häufig gegeben.

Im **stationären Handel** wird die Ware bei **Barzahlung** unmittelbar gegen Geld getauscht. Der Händler braucht die Identität seines Gegenübers nicht zu kennen. Dies ist im Fernabsatz – wie auch bei unbaren, elektronischen Zahlungsverfahren im stationären Handel – anders. Die persönlichen Daten des Käufers werden als Auslieferadresse und als Sicherheit für die Zahlungsforderungen des Händlers benötigt.

Lange vor den Zeiten des E- und M-Commerce wurden für den Fernabsatz Zahlungsverfahren etabliert, die sich dieser Problematik annehmen: Ein Zahlungsverfahren ist die **Zahlung per Nachnahme**. Dabei wird der Austausch „Ware gegen Geld" an die Haustür des Kunden verlegt. Der Händler übergibt das Inkasso an den Briefträger bzw. Auslieferer, z.B. die Deutsche Post.

Ein weiteres Zahlungsverfahren ist die **Zahlung per Kreditkarte**, bei der häufig auf die im Verfahren geforderte Unterschrift als Bestätigung des Zahlungsauftrages verzichtet wird und zudem ein Widerrufsrecht durch den Zahlenden besteht (§ 312 f BGB). Um dem Missbrauch von Kreditkarten vorzubeugen, wenden Händler in Kooperation mit den Kreditkartenunternehmen Prüfroutinen an. Dennoch sind zahlreiche Betrugsversuche leider erfolgreich. Das Risiko eines Kreditkartenmissbrauches tragen die Kreditkartenunternehmen (vgl. BGH 2002). Betrugsversuche werden erleichtert, wenn auf eine Unterschrift als Zahlungsautorisierung verzichtet wird und keine Auslieferungsadresse erforderlich ist, über die sich die Identität des Empfängers nachvollziehen lässt.

Ein der Kreditkartenzahlung ähnliches Verfahren ist das **elektronische Lastschriftverfahren** (ELV). Es ist ein vom Electronic Cash-Verfahren (EC) abgewandeltes Verfahren, das durch die Kreditwirtschaft nicht legitimiert ist. Im Vergleich zum EC-Verfahren erhält der Händler keine Zahlungsgarantie. Beim ELV wird auf die Eingabe einer PIN (Personal Identification Number) verzichtet. Es findet **keine Online-Autorisierung** der Zahlung statt. Damit entfallen die Gebühren an die Kreditwirtschaft. Der Handel muss das Zahlungsrisiko selbst tragen bzw. Dienstleister einschalten, die dieses Zahlungsrisiko übernehmen. Beim EC-Verfahren wird vom kartenausgebenden Kreditinstitut eine Zahlungsgarantie für den angefragten Betrag abgegeben und für diese Garantieleistung ein Entgelt prozentual auf den Gesamtbetrag berechnet (vgl. *Klein* 1993, S. 293 f.).

Beim **ELV-Verfahren** wird das Kartenterminal nur dazu verwendet, Kontoinformationen von der Karte zu lesen und gemeinsam mit den Zahlungsdaten auf einen Lastschriftbeleg auszugeben. Dieser wird vom Kunden unterschrieben. In der Praxis des Handels spielt ELV eine größere Rolle als das EC-Verfahren mit PIN (vgl. *Böhle/Riehm* 1998, S. 19).

Der Handel schreckt oftmals davor zurück, seinen Kunden aufwendige Zahlungsverfahren zuzumuten, selbst wenn diese sicherer sind. Ähnlich wie bei der Nachnahme könnten **zusätzliche Sicherheitserfordernisse** (z.B. die Vorlage eines digitalen Zertifikats) ggf. als Misstrauen den Kunden gegenüber aufgefasst werden. Zudem bedingen diese zusätzlichen Administrationsaufwand – auch für den Kunden.

4 Zahlungsverfahren im E-Commerce

E-Commerce als eine Variante des Fernabsatzes kann im engeren Sinn definiert werden als Verkauf und Bezahlung von Waren und Dienstleistungen über Telekommunikationsnetze, insbesondere dem Internet. Im weiteren Sinn können darunter alle Aktivitäten verstanden werden, die der betrieblichen Leistungserstellung dienen und über Telekommunikationsnetze abgewickelt werden (vgl. *Griese/Sieber* 1999, S. 112).

Seit dem Internet-Boom Mitte der 90er Jahre wurden **unterschiedliche Zahlungsverfahren** getestet. Diese Zahlungsverfahren haben unterschiedliche Akzeptanz gefunden und sind dementsprechend verbreitet. Im Folgenden werden wesentliche Zahlungsverfahren im E-Commerce vorgestellt. Aus Sicht des Autors zählen dazu Überweisungsaufträge im Internet-Banking und Kreditkartenzahlungen. Es wird auch auf die Zahlung mit sog. Chip-Karten (z.B. Geldkarte) eingegangen, da diesem Zahlungsverfahren zukünftig eine hohe Bedeutung beigemessen wird.

4.1 Überweisungsaufträge

Zahlungen können im E-Commerce über das sog. **Internet-Banking** abgewickelt werden. Es handelt sich dabei um eine Form des konventionellen, kontengebundenen Zahlungsverkehrs über das Medium eines Computernetzwerkes.

Wie beim Banking per Telefon erschöpft sich der Zahlungsverkehr im Internet-Banking üblicherweise darin, dass der Bankkunde nur mit seiner Hausbank und nicht mit einem anderen Netzteilnehmer oder einer anderen Bank kommuniziert. Hier besteht offensichtliches **Entwicklungspotenzial**. Bislang wird lediglich der Hausbank per Internet eine Anweisung zur Ausführung einer Banktätigkeit, z.B. eines Überweisungsauftrages erteilt.

Internet-Banking ist rechtlich wie der bereits Anfang der achtziger Jahre erteilte Zahlungsauftrag im Bildschirmtext zu sehen: Für Bildschirmtextanwendungen im Bankbereich einigten sich die Spitzenverbände des Kreditgewerbes und die Deutsche Bundespost bereits 1984 in einem Abkommen über Bildschirmtext. Bankrechtlich wurde daher mit dem **Online-Banking** kein Neuland beschritten. Das Internet wird in diesen Fällen schlicht als Übermittlungsmedium verwendet, mit dem der Bankkunde seiner Bank online einen bestimmten Auftrag erteilt. Die Bank erfüllt den per Internet erteilten Überweisungsauftrag konventionell dadurch, dass sie die Bank des Zahlungsempfängers zu einer Gutschrift auf dessen Bankkonto veranlasst (vgl. *Fischer/Klanten* 1996, S. 327).

Eine Variante des Online-Bankings, das erhöhte Transaktionssicherheit bietet, ist das erstmals 1997 vorgestellte Verfahren auf Basis des **Home Banking Computer Interface** (HBCI). *HBCI* verwendet eine Kombination von **symmetrischen und asymmetrischen Verschlüsselungsverfahren**, um Online-Banking-Transaktionen sicherer zu gestalten (vgl. *HBCI* 1997).

Rechtlich handelt es sich bei Überweisungsaufträgen via Internet um eine Weisung im Rahmen des Girovertrages, der als **Geschäftsbesorgungsvertrag** mit Dienstleistungscharakter anzusehen ist (§§ 611, 675 BGB). Die Hausbank verpflichtet sich hier nur, den Überweisungsauftrag an eine andere Bank weiterzugeben. Die Hausbank schuldet keinen Gutschriftserfolg bei der Empfängerbank, sondern nur die ordnungsgemäße Weitergabe des Auftrages.

Interessant erscheint eine bisher nicht existierende, institutsübergreifende Weiterführung dieses Konzeptes. Es ist denkbar, dass ein Überweisungsauftrag aus einer E-Commerce-Transaktion (z.B. dem Erwerb eines elektronischen Flugtickets) heraus initiiert wird. Dies bedingt jedoch, dass Internet-Händler Schnittstellen zu den Geschäftsbanken aufbauen. Dies lässt sich nur dann effizient durchsetzen, wenn die Geschäftsbanken einen Standard für derartige Überweisungsaufträge generieren oder wenn eigens geschaffene **Clearing-Stellen** die Vielfalt der unterschiedlichen Verfahren einzelner Geschäftsbanken für den Konsumenten transparent gestalten. Anderenfalls führt die Zahl der notwendigen, unterschiedlichen Schnittstellen zu hohen Betriebskosten für dieses Verfahren. Dennoch: Auch dann übernimmt die Bank keine Garantie für den Gutschriftserfolg bei der Empfängerbank. Zumindest kann aber bestätigt werden, dass der Überweisungsauftrag erteilt wurde.

4.2 Kreditkartenzahlungen

Am weitesten verbreitet sind im E-Commerce gegenwärtig Kreditkartenzahlungen. Es existieren derzeit **unterschiedliche Verfahrensarten**. Zum einen werden Kreditkarteninformationen auf Basis des sog. **Secure Socket Layer Protokolls** (SSL) übertragen und zum anderen wird das **Secure Electronic Transaction Verfahren** (SET) eingesetzt (vgl. *Kyas* 1996, S. 171; *Visa* 1997, S. 6).

Das Risiko des Händlers liegt darin, dass beim Benutzen der Kreditkarte im Internet wichtige Aspekte entfallen, die beim Bezahlen mit Kreditkarte in der realen Welt existieren. Zunächst ist es für den Händler nicht möglich zu überprüfen, ob der Kunde wirklich im Besitz der Kreditkarte ist. Auch eine Unterschrift zur **Autorisierung des Geldtransfers** ist durch herkömmliche Methoden nicht möglich, da sich bis heute weder auf nationaler noch internationaler Ebene trotz Signaturgesetz (SigG 2001) kompatible, elektronische Signaturen durchgesetzt haben.

Das Zahlungsverfahren mit Kreditkarte im E-Commerce erfolgt daher meist so, dass der Kunde seine Kreditkartennummer und Validierungsdaten angibt (Gültigkeitsdatum der Karte und Adresse des Besitzers). Durch Abgleich dieser Daten mit dem Kreditkarteninstitut kann der Händler überprüfen, ob diese Kreditkarte existiert, also ob die Kreditkartennummer gültig ist und mit den angegebenen Daten übereinstimmt. Missbrauch ist damit aber nur bedingt zu verhindern.

Aber nicht nur die Händler, sondern auch die Kunden tragen ein **Risiko**. Dies ist darin zu sehen, dass die Kreditkartennummer auf den Rechnern der Händler gespeichert werden und dort eventuell in die Hände unberechtigter Personen geraten (vgl. *www.chip.de/news_stories/news_stories_136639.html*).

Um eine **sichere Übertragung** der Kreditkarteninformationen zu ermöglichen wird SSL angewendet. SSL wurde 1993 von der Firma Netscape (www.netscape.com) entwickelt. 1999 wurde SSL 3.0 durch eine Arbeitsgruppe der Internet Engineering Task Force (IETF, vgl. *www.ietf.org*) geringfügig modifiziert und als Transport Layer Security (TLS) genormt. Die Unterschiede zwischen SSL 3.0 und TLS sind im Rahmen der Anwendung vernachlässigbar (vgl. *www.ietf.org/rfc/rfc2246.txt*).

SSL baut eine **verschlüsselte Verbindung** zwischen zwei Computern auf. Hierzu wird ein symmetrischer Verschlüsselungsalgorithmus benutzt (z.B. 3DES). Für die **Authentifizierung** und für den Schlüsselaustausch wird ein asymmetrischer Verschlüsselungsalgorithmus eingesetzt (z.B. RSA). Eine Authentifizierung des Servers gegenüber dem Client findet stets statt, optional kann sich auch der Client gegenüber dem Server identifizieren. Dies wird jedoch seltener angewendet. Die mittels SSL übermittelten Daten werden signiert, um Veränderungen während des Transports entdecken zu können. SSL unterteilt sich in zwei Protokolle:

- SSL Record Protocol: Es definiert die Formate, in denen die verschlüsselten Daten übertragen werden.

- SSL Handshake Protocol: Es übernimmt Schlüsselgenerierung/-austausch und regelt die Authentifizierung.

Kreditkartenmissbrauch belastet insbesondere die Kreditkartenunternehmen, der Kunde trägt im Allgemeinen kein Risiko, denn ein Belastungsbeleg ist nur mit Unterschrift oder nach Eingabe der PIN gültig (vgl. § 676h BGB). Unterschrift oder PIN liegen aber bei einem Missbrauch meist nicht vor. Interessanterweise wird vermutet, dass die aktuelle Rechtssprechung neben den Missbrauchsfällen auch zunehmend von Kunden ausgenutzt wird, um Zahlungen trotz Leistungsbezug abzuwenden.

Aufgrund der Unsicherheit beim Bezahlen mittels Kreditkarte wurde 1996 im Auftrag von Visa (www.visa.com) und Mastercard (www.mastercardintl.com) das **SET-Protokoll** entwickelt. An der Entwicklung waren große internationale Software-Firmen beteiligt, u.a. IBM (www.ibm.com), Netscape und Microsoft (www.microsoft.com). Im Gegensatz zu SSL handelt es sich bei SET nicht nur um ein Protokoll zur Verschlüsselung der Kommunikation. Das SET-Verfahren beruht auf dem **System der anonymen Bezahlung**, d.h. der Händler erhält keine sensiblen Informationen über den Kunden (wie z.B. Namen oder Kreditkartennummer). SET ermöglicht folgendes:

- Authentifizierung von Händler und Kunde durch Zertifikate.
- Restriktiver Zugang zu Zahlungsinformationen nur für berechtigte Personen.
- Bindung einer Zahlung an eine Bestellung.
- Bindung des Kunden an die Zahlung.

Damit das SET-Protokoll verwendet werden kann, müssen Kunde und Händler eine spezielle SET-Software installieren. Händler müssen sich zudem einmalig von den Kreditkartenunternehmen registrieren lassen.

Zentraler Baustein des SET-Protokolls sind **digitale Zertifikate**. Jeder Teilnehmer am SET-Zahlungsverkehr erhält ein digitales Zertifikat, das von einer Zertifizierungsstelle (Certification Authority, CA) ausgegeben wird, z.B. Verisign (www.verisign.com). Mittels dieser Zertifikate können mehrere Ziele erreicht werden: Händler als auch Kunden können authentifiziert, Informationen können elektronisch signiert und Informationen verschlüsselt übertragen werden.

Ein weiterer Bestandteil des SET-Verfahrens ist das sog. **Payment Gateway**. Es handelt sich dabei um einen Internet-Server, der vom Kreditkartenunternehmen oder einer von dieser autorisierten, unabhängigen Instanz betrieben wird. Das Payment Gateway regelt den Transfer der Zahlungsinformationen zwischen Händler und Banken. Es stellt dabei sicher, dass der Händler die Zahlungsinformationen (z.B. Kreditkartennummer) nicht erfährt, wenngleich er diese vom Kunden in verschlüsselter Form erhält und an das Payment Gateway weiterleitet.

SET verwendet sowohl das symmetrische als auch das asymmetrische Verschlüsselungsverfahren. Beide werden in Kombination eingesetzt:

Bei der **asymmetrischen Verschlüsselung** wird jedem Teilnehmer ein Schlüsselpaar ausgestellt (Private Key und Public Key). Der Public Key wird allgemein veröffentlicht, während der Private Key streng geheim gehalten wird und nur dem Besitzer selbst bekannt ist. Beide Schlüssel gehören zusammen. Was mit einem der beiden Schlüssel codiert wird, kann nur noch mit Hilfe des anderen Schlüssels decodiert werden.

Das **symmetrische Verschlüsselungsverfahren** ist einfacher. Hierbei wird sowohl für die Codierung als auch für die Decodierung nur ein Schlüssel verwendet. Dies bedingt, dass jeder berechtigte Kommunikationsteilnehmer diesen Schlüssel erhalten muss. Das birgt die Gefahr, dass auch nicht berechtigte Kommunikationsteilnehmer bei der Übertragung Kenntnis von diesem Schlüssel erlangen.

Das **SET-Verfahren** stellt sich im Detail wie folgt dar (vgl. *www.visa.de /technologie/technologie_set_info.htm*):

1. Der Kunde schickt eine **Initiierungsanforderung** einer Zahlungstransaktion an den Händler. Der Händler weist dem Vorgang eine eindeutige Transaktionsnummer zu, welche er signiert zusammen mit seinem Zertifikat und dem Zertifikat des Payment Gateways an den Kunden zurückschickt.

2. Der Kunde überprüft die **Gültigkeit der beiden Zertifikate**. Danach erstellt der Rechner eine **Bestellinformation** (Order Information, OI) und eine **Zahlungsanweisung** (Payment Information, PI). Die OI enthält das Zertifikat des Kunden, die Transaktionsnummer und die im Vorfeld vereinbarten Bestelldaten. Die PI bestimmt die Zahlungsmodalitäten und enthält ebenfalls Zertifikat und Transaktionsnummer. Aus beiden Dokumenten wird ein gemeinsamer Digest erstellt und signiert. Das Payment Gateway kann OI und PI mit Hilfe der Transaktionsnummer einander zuordnen und mit Hilfe des Digest prüfen, dass beide vom Kunden signiert wurden und dass keines (z.B. vom Händler) verändert wurde. Danach wird die PI mit dem Public Key des Payment Gateways verschlüsselt. Schließlich wird aus OI und verschlüsselter PI ein Paket geschnürt, dieses mit dem Public Key des Händlers verschlüsselt und an den Händler gesendet.

3. Der Kaufmann überprüft zunächst das Zertifikat des Kunden und die Unversehrtheit der Nachricht. Danach erstellt er eine **Autorisierungs-Anfrage**, in der u.a. der Betrag und die Transaktionsnummer enthalten sind. Er hängt sein Zertifikat an, verschlüsselt die Nachricht mit dem Public Key des Payment Gateways und schickt sie zusammen mit der PI des Kunden an das Gateway.

4. Das **Payment Gateway** entschlüsselt die Botschaften, prüft die Zertifikate sowohl des Kunden als auch des Händlers und ob beide Nachrichten unversehrt sind. Außerdem prüft das Payment Gateway, ob OI und PI zusammen gehören. Dann sendet das Payment Gateway eine Anfrage an den Emittenten der Kundenkreditkarte, der anhand der Kontonummer identifiziert wird. Wenn dieser die Transaktion billigt, versendet das Payment Gateway eine Bestätigung und schickt diese zusammen mit seinem eigenen Zertifikat an den Kaufmann.

5. Nachdem der Kaufmann das Zertifikat des Payment Gateways geprüft hat, kann die Bestellung abgewickelt werden. Der Kaufmann versendet eine **signierte Bestätigung** an den Kunden. Der Kunde entschlüsselt die Nachricht des Kaufmanns und hat so die Bestätigung, dass sein Auftrag akzeptiert wurde und ausgeführt wird.

SET kann als **sicheres Zahlungsverfahren** beurteilt werden. Es ermöglicht die Identifizierung von Kunden und Händlern. Die Händler erfahren keine Zahlungsdetails. Dies schützt die Kunden. Auf der anderen Seite kann sich der Händler vergewissern, dass die vom Kunden bereitgestellten Zahlungsinformation valide sind und eine Zahlung auch tatsächlich erfolgen kann.

Dennoch verlief die Verbreitung des SET-Verfahrens im E-Commerce bisher schleppend. Dies bewegte die Kreditkartenfirmen das Verfahrens weiter zu entwickeln. Bei der Firma Mastercard International trägt es die Bezeichnung UCAF/SPA.

UCAF steht für Universal Cardholder Authentication Field. Dabei wird ein 32 Zeichen langes Feld im Bestellformular des Händlers eingeführt, über **das kundenspezifische Informationen** übermittelt werden. Diese Informationen sollen dazu dienen den Kunden zu identifizieren und ihn verbindlich an einen Bestellvorgang zu binden. Informationen, die mittels UCAF übermittelt werden sind z.B. Passworte oder Informationen, die mittels Lesegerät von der Kreditkarte ausgelesen werden. UCAF benötigt zudem ein Plugin im Browser des Anwenders, das online geladen und lokal installiert wird.

SPA steht für Secure Payment Application. Es ist das Gegenstück zu dem client-seitigen UCAF. SPA übernimmt die sichere Übermittlung der **Bestell- und Zahlungsinformationen**. UCAF/SPA soll Ende 2002 eingeführt werden.

4.3 Cyber-Geld und Chip-Karten

Ein weiteres Zahlungsverfahren, das sog. elektronische Geld oder Cyber-Geld konnte sich bisher nicht durchsetzen. Es wurde Mitte der 90er Jahre stark diskutiert, insbesondere deshalb, weil damit sog. **Mikropayments** (Kleinstbeträge) mit geringer Kostenbelastung abgerechnet werden können, wozu sich Kreditkartenzahlungen nicht eignen.

Beim Cyber-Geld werden **digitalisierte Banknoten** entweder auf der Festplatte des Internet-Teilnehmers oder auf am PC verwendbaren Chipkarten (z.B. Smartcard) gespeichert und mit besonderen Kartenlesern in das Internet eingegeben.

Ziel dabei ist es, konstitutive Eigenschaften des Bargeldes (Tauschmittel, Wertmaßstab, Recheneinheit und Wertaufbewahrungsmittel) auf das Cyber-Geld zu übertragen. Es soll eine vergleichbare Flexibilität, Fälschungssicherheit und Anonymität wie Bargeld aufweisen. Cyber-Geld lässt sich als Bitfolge, stellvertretend für einen bestimmten Geldwert repräsentieren. Die Bitfolge kann auf **elektro-**

nischen **Speichermedien** (z.B. Festplatte) abgelegt und elektronisch an einen Empfänger geschickt werden. Eigenschaften dieser Dateien bestehen in einer Seriennummer, einem Nennwert und einer elektronischen Signatur der emittierenden Institution (vgl. *Pernul/Röhm* 1997, S. 349; *Bachem/Heesen/Pfennig* 1996, S. 705). Aus struktureller Sicht kann Cyber-Geld als eine Form Inhaberschuldverschreibung (§ 793 BGB) charakterisiert werden.

Die Einführung von Cyber-Geld erwies sich als komplex und scheiterte, ebenso wie die meisten Anbieter: Digicash, Cybercash und First Virtual (vgl. *news.com.com/2100-1001-217527.html?legacy=cnet*).

In ähnlicher Form wie das Zahlungsverfahren auf Basis von Cyber-Geld funktioniert die Zahlung auf Basis von **Chipkarten**. Bei einer Chipkarte, wie bspw. einer Telefonkarte, Multifunktionskarte, Kaufhauskarte, Kantinenkarte oder die von der deutschen Kreditwirtschaft institutsübergreifend verwendete sog. Geldkarte, wird auf einem Chip eine im voraus zu bezahlende Zahlungseinheit gespeichert, mit der Waren und Dienstleistungen vom Chip bezahlt werden können (vgl. *Escher* 1997, S. 1179).

Die **Chiptechnologie** hat sich im Laufe der letzten Jahre von einem einfachen Speichermedium, das meistens von Anbietern geschlossener elektronischer Geldbörsen benutzt wurde, zur jetzigen Mikroprozessorkarte mit kryptographischem Chip entwickelt (vgl. *Beutelspacher/Hueske/Pfau* 1993, S. 100). Die Chipkarte eignet sich in herausragender Weise als sicherer und flexibler Träger von personenbezogenen und geldwerten Daten. Neben der Speicherung und Verwaltung sensibler Daten können Chipkarten mathematische Operationen unterschiedlichster Art durchführen. Dazu gehören arithmetische Funktionen wie das Inkrementieren und Dekrementieren von Beträgen zur Unterstützung **elektronischer Geldbörsen** oder Funktionen für Währungsumrechnungen sowie kryptographische Funktionen wie das Ver- und Entschlüsseln von Daten oder die Erzeugung und Prüfung digitaler Signaturen (vgl. *Struif* 1995, S. 47).

Von Bedeutung für den E-Commerce werden zukünftig insbesondere **wiederaufladbare Wertkarten** sein. Das Grundprinzip dieser wertbegrenzenden Karte (value-stored card) ist einfach. Unter Benutzung der Geheimzahl, einmal am Bankterminal online aufgeladen, erfolgt die Bezahlung anschließend offline, anonym und ohne PIN-Prüfung. Die Übertragung des elektronischen Geldes ist also nicht mehr an Handlungen der Banken gebunden, wohl aber an die Verfügbarkeit des Datenträgers.

Das **elektronische Bezahlen** geschieht weitestgehend so, wie es auch mit Bargeld der Fall ist. Auf der Wertkarte ist jedoch nicht das elektronische Äquivalent gespeichert, sondern lediglich der aktuelle Wertbestand. Von elektronischem Geld kann streng genommen erst dann gesprochen werden, wenn die gespeicherten Datensätze in ihrer Stückelung einen bestimmten Geldwert repräsentieren und beim Bezahlvorgang dem Zahlungsempfänger übertragen werden (vgl. *Sietmann* 1977, S. 60).

Chipkarten können als Zahlungsmedium sowohl offline als auch online eingesetzt werden. Chipkarten sind für die **Verrechnung von Micropayments** geeignet. Die Authentisierung der Chipkarte und des Terminals geschieht durch ein Challenge-Response-Verfahren (vgl. *Meyer* 1997, S. 131). Der Chipkarte wird eine zufällige Zeichenkette übermittelt (Challenge) mit der Aufforderung, diese zu verschlüsseln und das Verschlüsselungsergebnis an das Terminal zurückzusenden (Response) - und umgekehrt. Der Einsatz der Zufallszahl garantiert, dass der Vorgang einmalig ist und insbesondere nicht durch Dritte, die die Kommunikation abhören, wiederholt werden kann.

Der **Verlust einer Chipkarte** mit gespeicherten Wertinformationen kommt dem Verlust von Bargeld gleich. Das Risiko trägt der Karteninhaber. Bei einer Beschädigung oder Fehlfunktion wird der aktuell gespeicherte Verfügungsbetrag von der Bank erstattet. Um den Wert einer beschädigten Karte zu rekonstruieren, das Verlustrisiko des Kunden zu reduzieren und potenzielle Falschgeldquellen aufzudecken, verwalten und speichern Börsenevidenzstellen die Informationen über die getätigten Kartentransaktionen auf sog. Schattenkonten.

Chipkarten werden heute bereits in zahlreichen unterschiedlichen Ansätzen verwendet. In den letzten Jahren wurden vor allem in Europa zahlreiche **Feldversuche** mit elektronischen Geldbörsen auf dem Trägermedium Chipkarte lanciert. Beispiele sind die Geldkarte des deutschen Kreditgewerbes, die Paycard der Deutschen Telekom (www.telekom.de) und das System der Firma Mondex (www.mondex.com). Das Projekt Quick in Österreich ist bereits landesweit eingeführt und Kreditkartenorganisationen wie Visa und Mastercard planen die Integration der elektronischen Geldbörse auf ihren Kreditkarten (vgl. *Pexa* 1997, S. 1 f.).

Der Nutzer einer Chipkarte bezahlt den Wert, der auf die Karte geladen wird, im Voraus. Nach Verbrauch des Wertes können weitere Werteinheiten auf die Karte nachgeladen werden. Der **Ladevorgang** kann durchaus über das Internet erfolgen, wobei hier ähnliche Verfahren wie beim Online-Banking anwendbar sind. Beim Erwerb von Waren oder Dienstleistungen transferiert der Kunde den Bezahlbetrag an den jeweiligen Händler. Dieser überweist täglich die Transaktionsnachweise seiner Einnahmen über ein elektronisches Netz an die Bank, die eine Gutschrift auf dem Händlerkonto vornimmt.

Ähnlich wie beim Konzept der Bezahlung mit Cyber-Geld erfolgt auch bei Chipkarten der Zahlungsvorgang weitgehend anonym. Bei **kontengebundenen Chipkarten** ist die Anonymität jedoch beschränkt. Die Rechnungseinheiten werden bei kontengebundenen Chipkarten zwar im Voraus gebündelt erworben. Anschließend können die Zahlungsvorgänge und die beteiligten Personen nicht mehr festgestellt werden. Es werden jedoch für die einzelnen Bankkunden Schattensalden geführt, mit denen sich feststellen lässt, ob ein Karteninhaber seine gespeicherten Werteinheiten schon verbraucht hat. Weitgehender anonym sind Zahlungen mit kontounabhängigen Chipkarten (sog. White Cards).

Eine Abwandlung des Zahlungsverfahrens per **Prepaid-Chipkarte** ist das Verfahren der Paysafecard (vgl. *www.paysafecard.com*). Hierbei wird vollkommen auf den Chip verzichtet. Konzipiert ist die Paysafecard als Prepaid-Karte für das Online-Shopping. Das System kann Kleinstbeträge bis zu einem Euro-Cent abrechnen und ist daher für Micropayments geeignet.

Nach Erwerb einer Paysafecard durch den Kunden muss auf der Rückseite der Karte ein **16-stelliger PIN-Code** freigelegt werden. Mit diesem kann der Kunde bei Online-Händlern einkaufen, die Paysafecard als Zahlungsverfahren akzeptieren. Zum weiteren Schutz kann der Kunde ein **Passwort** auf den PIN-Code vergeben. Dies geschieht online, ist optional und bietet Sicherheit beim Verlust der Karte.

Jede Karte entspricht einem Wertbetrag, der auf den Internet-Servern der Firma Paysafecard Wertkarten AG hinterlegt ist. Jede Karte wird dort als Konto geführt. Ein Kunde erlangt mit dem Erwerb einer Paysafecard das Anrecht zur Verwendung des Kontoguthabens. Beim Erwerb von Dienstleistungen und Waren im Internet wird der Preis des Einkaufskorbes vom Kontoguthaben auf dem Paysafecard-Server abgezogen und dem Betreiber des Online-Shops gutgeschrieben (vgl. *Benninghaus* 2002, S. 46f.).

4.4 Bilanz bezüglich der Zahlungsverfahren im E-Commerce

Unter den bisher verfügbaren Verfahren haben sich Einzelne unterschiedlich stark etabliert. Am erfolgreichsten ist wahrscheinlich die **Bezahlung via Kreditkarte**. Dies liegt auch an der weiten Verbreitung der Kreditkarten in den USA. Kreditkarten wurden jedoch nicht für das Internet entworfen und das durch sie verkörperte Zahlungskonzept kann für den Handel im Internet noch verbessert werden. Es besteht derzeit eine Diskrepanz zwischen der sekundenschnellen Übermittelung von Zahlungsinformation und der stark zeitverzögerten Durchführung der eigentlichen Zahlungstransaktion.

Das von den Kreditkartenorganisationen favorisierte **SET-Verfahren** wird als sicher, aber auch als komplex bewertet. SET geht mit der Etablierung digitaler Zertifikate und der korrespondierenden Public/Private Key Infrastruktur einher. SET ist deshalb allgemeiner als verfahrensübergreifende Infrastrukturkomponente zu verstehen, über die z.B. auch Lastschriften abgewickelt werden könnten.

Online-Banking und Überweisungen könnten im E-Commerce eine größere Rolle spielen als meistens angenommen wird: Perspektiven bieten die Verknüpfung von Online-Banking und elektronischer Rechnungsabwicklung, die Einbindung der Überweisung in Online-Shopping-Prozeduren und das Laden von Zahlungskarten über die Online-Banking-Software.

Die Möglichkeit, **Kleinbetragszahlungen** unbar abzuwickeln, steckt noch in den Anfängen. Der Einsatz von Cyber-Cash, das auf der Festplatte des PC gehalten wird, konnte sich nicht durchsetzen. Vielversprechender stellt sich hingegen die

Nutzung von Chipkarten als Trägermedium für Electronic Cash dar. Der Vorteil dieser Karten liegt u.a. darin, dass sie auch an Akzeptanzstellen außerhalb des Internet eingesetzt werden können. Negativ muss derzeit noch die geringe Verbreitung von Chipkartenlesern in heutigen PCs angesehen werden.

Der Erfolg im Internet wird aber insbesondere davon abhängen, inwieweit die Verfahren ihre augenblicklichen regionalen und nationalen Grenzen überwinden und grenzüberschreitend einsetzbar werden. In den USA haben aufladbare Chipkarten z.B. kaum Verbreitung.

5 Zahlungsverfahren in der mobilen Telekommunikation

Die mobile Telekommunikation zeichnet sich durch die **Nutzung drahtloser Endgeräte** aus. Die mobile Telekommunikation wie die Telekommunikation (TK) im Allgemeinen definiert einen bilateralen distanzüberbrückenden Informationsaustausch, der durch eine exklusive Verbindung gekennzeichnet ist. Dies umschließt Sprachtelefonie und Datentransfer (vgl. *Paterna* 1996, S.47).

Das **Abrechnungsverfahren** der TK-Welt basiert auf einer monatlichen Telefonrechnung, die dem Kunden präsentiert wird. Diese Rechnung enthält Kosten für unterschiedliche Arten der Sprachkommunikation (zeitbezogen, distanzbezogen, inhaltsbezogen). Die zeit- und distanzbezogene Abrechnung existiert bereits seit den Anfängen der TK im Festnetz. Mit der aufkommenden mobilen TK wurde das Kriterium der Distanz relativiert. Statt der bloßen Unterscheidung nach Ferngesprächen und Ortsgesprächen wird nun zusätzlich auch nach dem Zielnetz unterschieden, das angewählt wird (eigenes Mobilfunknetz, fremdes Mobilfunknetz, Festnetz). Die Distanz ist weiterhin von Bedeutung, insbesondere wenn Anrufe ins Ausland geführt werden. Das Inhaltskriterium stellt sich dar in unterschiedlichen Diensten, die auf Basis von TK-Verbindungen angeboten werden. Die **inhaltsbezogene Verrechnung** nahm ihre Anfänge in Zeit- oder Wetteransagen und wird heute in einer Palette unterschiedlicher Service-Rufnummern für Sprach- und Datendienste fortgesetzt.

Charakteristisch für die Abrechnung in der TK-Welt ist, dass der Kunde alle von ihm genutzten Dienste in einer Abrechnung erhält. Der **TK-Netzbetreiber** des Kunden übernimmt damit die Rolle eines **zentralen Konsolidierers**, der auch Dienste von Drittunternehmen abrechnet.

Das Verfahren, um Dienste unterschiedlicher Anbieter über einen Konsolidierer abzurechnen, nennt sich **Roaming**. Es kann zukünftig auch für die Abrechnung von Leistungen im M-Commerce verwendet werden.

5.1 Abrechnung von Diensten über Servicerufnummern

Der Preisverfall bei Inlandsgesprächen seit 1998 hat dazu geführt, dass die Preise für Inlandsferngespräche im Festnetz um 90 % gesunken sind. Zusätzliche Dienste und Einnahmequellen sind für TK-Anbieter daher von hoher Bedeutung. Seit Mitte der 90er Jahre wurden verstärkt **Dienste über Servicerufnummern** (SRN) angeboten und beworben. SRN dienen zur Abrechnung von TK-Mehrwertdiensten. Das Einsatzspektrum ist vielfältig und kann in Kombination mit anderen Technologien wie z.B. der Spracherkennung (Interactive Voice Recognition, IVR) erfolgen. Es ist dann z.B. denkbar, dass Kunden, die eine defekte Ware reklamieren, zunächst kostenfrei bedient werden. Wenn sich dann nach Angabe der Warenkennung (z.B. Gerätenummer) herausstellt, dass die Garantie bereits abgelaufen ist, kann dem Kunden automatisiert eine weitergehende kostenpflichtige Beratung angeboten werden (vgl. *Gutsfeld* 2002, S. 42f.).

Interessanterweise werden SRN seit einiger Zeit auch dafür genutzt, um im Internet dargebotene Dienste abzurechnen. Dabei werden Waren bzw. Leistungen im Internet beworben. Wenn diese dann erworben werden sollen, wird eine Modemverbindung zu einer SRN aufgebaut und zu entsprechenden Tarifen abgerechnet.

Der Anrufer einer SRN bezahlt ein **erhöhtes Verbindungsentgelt** für die Dienstleistungen des Anbieters. Ein Teil des Verbindungsentgeltes wird als Anbietervergütung ausgeschüttet und ermöglicht es, verschiedene Dienstleistungen nicht nur am Telefon zu erbringen, sondern auch bequem über die Telefonrechnung abzurechnen. Typische Anwendungen sind:

- Informationsdienstleistungen: Börse, Aktien und Kapitalanlagen, Steuern etc.,
- Beratungsdienstleistungen, z.B. EDV-Hotline, Ernährungsberatung,
- Unterhaltungsdienstleistungen: Partnervermittlung, Erotik, Esoterik, Astrologie,
- Gewinnspiele,
- Versand von Logos und Klingeltönen für Mobiltelefone.

SRN gibt es in **vier Tarifgassen**, die von der Regulierungsbehörde für Telekommunikation und Post vorgegeben sind und sich anhand der ersten Ziffer nach der Vorwahl unterscheiden lassen:

Die Vorwahl 0190-0 ermöglicht es dem Anbieter einen individuellen Tarif festzulegen. Blocktarife, Kosten je Gespräch und sogar ein Wechsel des Tarifs während des Gespräches werden damit möglich.

SRN-Vorwahlen in Deutschland	Minutenpreise
0190-4 und 6	0,41 €
0190-1, 2, 3 und 5	0,62 €
0190-7 und 9	1,24 €
0190-8	1,86 €
0190-0	Flexible Tarifierung

Tab. 2: Tarifgassen der Telekommunikation

5.2 Transferred Account Procedure

Der Roaming Begriff ist ein zentraler Bestandteil der mobilen TK. Roaming ermöglicht den Kunden eines TK-Netzbetreibers ihren WD auch zu verwenden, wenn sie sich in Gegenden aufhalten, in denen ihr TK-Netzbetreiber keinen Dienst anbietet, wohl aber andere TK-Netzbetreiber. Die Netzbetreiber unterhalten dazu **gegenseitige Roaming-Abkommen**, die es ihnen ermöglichen die Dienstleistung für Kunden fremder TK-Netzbetreiber untereinander abzurechnen. Es sind heute ca. 20.000 Roaming-Abkommen zwischen TK-Netzbetreibern etabliert. Die Anforderungen des M-Commerce und die Einbindung weiterer Dienstleister könnte diese Zahl deutlich steigern. Hinter der recht einfachen Idee des Roaming verbirgt sich ein komplexer Prozess, bei dem Detailinformationen über jeden Anruf und jeden genutzten Dienst gesammelt werden.

Roaming zwischen verschiedenen TK-Netzbetreibern wird heute derart wahrgenommen, dass das WD des Kunden ein verfügbares Netzwerk erkennt und sich dort anmeldet (sog. Log-In). Der Kunde kann anschließend die angebotenen Netzdienste verwenden, so wie bei dem TK-Netzbetreiber bei dem er seinen Vertrag hält (Heimnetz).

Wenn sich der Anwender im Fremdnetz anmelden will, wird er dort zunächst **authentifiziert**. Dabei greift der Betreiber des Fremdnetzes auf das Heimnetz des Anwenders zu. Wenn der Anwender im Fremdnetz authentifiziert ist, sind weitere Rückgriffe auf das Heimnetz zunächst nicht notwendig, es sei denn der Anwender will genau dort einen Kommunikationspartner erreichen.

Die Abrechnung der genutzten Dienste des Fremdnetzes erfolgt über die Dokumentation in sog. **Call-Detail-Records** (CDR). Die CDRs werden von einem Clearinghouse gesammelt und von dort an den Betreiber des Heimnetzes gesendet. Dieser fakturiert die Leistung gegenüber dem Anwender (vgl. *Almgren* 2002).

Der Gesamtrahmen, in dem das Roaming abgewickelt wird, ist in der **Transferred Account Procedure** (TAP) geregelt. Darin sind auch die Formate für die

CDRs definiert. Die Roaming Tarife (sog. interoperator tarifs, IOT) werden zwischen den Netzbetreibern verhandelt. Die IOTs sind für definierte Zeiträume gültig. Das Verfahren lässt sich gut an folgendem Beispiel erläutern:

Ein Fremdnetzbetreiber hat einen IOT von $ 2/Minute. Der Heimnetzbetreiber und der Fremdnetzbetreiber haben ein Abkommen, dass der Heimnetzbetreiber 20 % Rabatt erhält. Der Heimnetzbetreiber zahlt also nur $ 1,6/Minute an den Fremdnetzbetreiber. Zudem hat der Heimnetzbetreiber mit seinen Kunden eine Vereinbarung, bei der 10 % auf den IOT des Fremdnetzbetreibers aufgeschlagen werden. Der Kunde zahlt also $ 2.2/Minute an den Heimnetzbetreiber. Der Bruttoertrag des Heimnetzbetreibers ist demnach $ 0.6/Minute.

Die Herausforderung für den M-Commerce liegt nun darin, das Roaming-Verfahren TAP auf die Abrechnung weiterer Dienste (z.B. Nutzung von Informationen, die auf Internet-Server bereitgestellt werden) anzupassen (vgl. *Witzki* 2002, S. 48 f.). Dazu wurde der TAP Standard nun mit der Version 3 erweitert. Mit TAP 3 ist es möglich, Dienste abzurechnen, die über **paketvermittelte Kommunikationsprotokolle** (z.B. GPRS) angeboten werden. Mittels TAP 3 können die Dienste von Application und Internet Service Providern in die Abrechnung der TK-Netzbetreiber integriert werden bzw. werden diese selbst zum Konsolidierer und Rechnungssteller für den Kunden (vgl. *Gullstrand* 2002).

5.3 Zahlung per Mobile Phone Verification (MPV)

Systeme zur Mobile Phone Verification (MPV) basieren auf der Nutzung eines WD (z.B. eines Mobiltelefons) als **Authentifizierungshilfe**. Anbieter dieser Systeme sind z.B. Paybox (www.paybox.net) und Mastercard.

Kunden bestätigen Zahlungsaufträge mit ihrem WD, indem sie vom Händler auf ihrem **WD kontaktiert** werden und dort die **PIN des WD eingeben**. Ein Kunde muss also in Besitz seines WD sein und zudem die PIN des WD kennen, um eine Zahlung zu autorisieren.

Das Spektrum der Händler ist nicht auf E- oder M-Commerce-Händler beschränkt, sondern dieses Zahlungsverfahren bietet sich für **jegliche Form des Handels** an. Als Beispiel wird häufig die Bezahlung von Taxi-Rechnungen angeführt: Zur Bezahlung einer Taxifahrt teilt der Taxifahrer dem MPV-Serviceprovider (z.B. Paybox) mit, dass er einen Kunden zur Zahlung bitten will. Der Serviceprovider kontaktiert den Kunden auf seinem WD und bittet ihn um die Autorisierung der Zahlung. Der Kunde tätigt diese durch Eingabe seiner PIN auf dem WD. Im E- oder M-Commerce kann die Benachrichtigung des MPV-Providers derart integriert werden, dass sie automatisiert vom Internet-Server des Händlers erfolgt.

6 Zukünftige Zahlungsverfahren im M-Commerce

Zur Beantwortung der Frage, welches Zahlungsverfahren sich zukünftig im M-Commerce durchsetzen wird, werden die eingangs gelisteten Anforderungen verwendet und die beschriebenen Verfahren anhand dieser tabellarisch bewertet. Es werden **folgende Verfahren** bewertet:

- Kreditkartenzahlung (via SSL und SET-Verfahren),
- Chipkartenzahlung,
- Zahlungen auf Basis der Transferred Accounts Procedure,
- Zahlung mittels MPV-Verfahren.

Überweisungen im Rahmen des **Intenet-Banking** werden nicht bewertet, da bisher keine etablierte Integration mit den Händlern aufgezeigt werden kann.

Zur Bewertung wird folgendes Schema verwendet:

++ → Zahlungsverfahren erfüllt die Anforderung ohne Einschränkung.

+ → Zahlungsverfahren erfüllt die Anforderung mit Einschränkungen.

- → Zahlungsverfahren erfüllt die Anforderung nicht.

Diese subjektive Bewertung des Autors verdeutlicht, dass insbesondere zwei der hier beschriebenen Zahlungsverfahren die anderen Verfahren in Bezug auf die Erfüllung der gestellten Anforderungen schlagen:

Zum einen handelt es sich um das Zahlungsverfahren auf Basis von **Chipkarten** und zum anderen um die Abrechnung auf Basis der **Transferred Account Procedure** (TAP).

Ob diese beiden Verfahren sich tatsächlich durchsetzen, ist jedoch auch von anderen hier nicht gelisteten Parametern abhängig, so z.B. der Bedeutung bzw. Gewichtung der einzelnen **Anforderungen** und der **Marktmacht der Unternehmen**, die diese Zahlungsverfahren anbieten.

Chipkarten werden über **Lesegeräte** in den WDs verwendet. Bereits heute werden entsprechende WDs mit mehreren Steckplätzen für Chipkarten hergestellt. Der Zugriff auf das WD wird durch einen Pin-Code geschützt.

Im Bereich der **Mikropayments** wird sich insbesondere das TAP-basierte Zahlungsverfahren durchsetzen. Leistungen und Waren mit geringem Wert können ohne Abfrage des PINs und erweiterter Sicherheitsanforderungen gehandelt werden. Für Mikropayements wird das im Vergleich dazu aufwendige Chipkarten-Verfahren, bei dem ein PIN eingegeben und die Karte eingelesen werden muss, wahrscheinlich wenig Akzpetanz finden. Die TK-Netzprovider haben mit dem TAP-Verfahren bereits umfassende Erfahrungen gesammelt und können es effizient anbieten. Dritte Service-Provider werden von diesen über TAP eingebunden werden.

Zahlungs-verfahren / Anforderung	Kredit-karte SSL	Kredit-karte SET	Chip-karte	TAP	MPV-Verfahren
Totalität	-	+	+	++	++
Konsistenz	+	++	++	++	++
Unabhängigkeit	+	++	++	++	++
Dauerhaftigkeit	++	++	++	++	++
Reputation und Verlässlichkeit	-	++	+	+	++
Internationalität	++	++	+	+	+
Fälschungssicherheit, Konvertierbarkeit	-	++	++	++	++
Integrität	++	++	++	+	++
Authentizität	-	++	-	+	+
Anonymität	-	-	+	-	-
Autorisierung	-	++	-	++	++
Non-Repudiation	-	++	+	++	++
Vertraulichkeit	++	++	++	+	++
Niedrige Nutzungskosten für Händler	+	-	++	-	-
Niedrige Nutzungskosten für Kunden	-	+	++	++	-
Benutzerfreundlichkeit	+	-	++	++	+
Zahlung von Kleinstbeträgen	-	-	++	++	+
Technologische Portabilität	++	-	++	++	++
Lauffähigkeit mit minimaler Hardware-Leistung	++	-	+	++	++

Tab. 3: Bewertung von Zahlungsverfahren im M-Commerce

Das **Kreditkartenzahlungsverfahren** wird weiterhin bestehen, jedoch im M-Commerce wenig Bedeutung gewinnen. Dass sich dieses Zahlungsverfahren im M-Commerce überhaupt etabliert, lässt sich lediglich durch die weite Verbreitung von Kreditkarten im internationalen Markt (insbesondere USA) erklären, wo der **Chipkarten-Einsatz** weit hinter der europäischen Entwicklung liegt. Der Einsatz von Kreditkarten im M-Commerce wird weiterhin durch umständliche Autorisierungsverfahren (insbesondere durch die Eingabe langer Zeichenketten und Adressinformationen auf einer kleinen WD-Tastatur) und dem weiterhin bestehenden Sicherheitsrisiko geprägt sein. Sichere Zahlungsverfahren auf Basis von Kreditkarten wie z.B. SET oder UCAF/SPA existieren bislang noch nicht für WD oder haben für diese Geräte keine Verbreitung gefunden.

7 Literaturverzeichnis

Almgren, G. (2002): Roaming between Wireless ISPs, Whitepaper der Fa. Service Factory, Stockholm 2002.

Bachem, A./Heesen, R./Pfennig, J.-T. (1996): Digitales Geld für das Internet, in: ZfB, 6/1996, S. 697-713.

Benninghaus, T. (2002): Sicherheitsmerkmale von elektronischen Zahlungssystemen, in: HMD – Praxis der Wirtschaftsinformatik, 224/2002, Heidelberg 2002, S. 43-53.

Beutelspacher, A./Hueske, T./Pfau, A. (1993): Kann man mit Bits bezahlen?, in: Informatik Spektrum, Heft 16/1993, S. 99-106.

BGH (2002), Bundesgerichtshof: Urteil zu Risikoverteilung bei missbräuchlicher Verwendung der Kreditkarte, XI ZR 375/00, Karlsruhe 16.04.2002.

Böhle, K./Riehm, U. (1998): Blütenträume – Über Zahlungssysteminnovationen und Internet-Handel in Deutschland, Forschungszentrum Technik und Umwelt, wissenschaftliche Berichte, FZKA 6161, Karlsruhe 1998.

Crameri, M. (2000): Effiziente Verrechnung von Kleinsttransaktionen im Internet Commerce, Zürich 2000.

Escher, M. (1997): Bankrechtsfragen des elektronischen Geldes im Internet, Zeitschrift für Wirtschafts- und Bankrecht, 25/1997.

Fischer, R/Klanten, T. (1996): Bankrecht, 2. Aufl., Köln 1996.

Forschungszentrum Karlsruhe (2001): Technik und Umwelt, Institut für Technikfolgenabschätzung und Systemanalyse (ITAS), TA-Datenbank-Nachrichten, Nr. 4/10. Jahrgang - Dezember 2001, S. 3-10; siehe auch www.itas. fzk.de/deu/tadn/tadn014/rior01a.htm.

Griese, J./Sieber, P. (Hrsg.) (1999): Electronic Commerce - aus Beispielen lernen, Zürich 1999.

Gullstrand, C. (2002): Tapping the Future of Raoming, Internet-Publikation der GSM Organization, Transferred Account Data Interchange Group, Dublin 2002, www.gsmworld.com/using/billing/potential.shtml.

Gutsfeld, H. (2002): Erfolgsfaktor Servicerufnummern, Funkschau, 9/2002, S. 42-43.

HBCI (1997): Homebanking-Standard HBCI mit erweitertem Funktionsumfang; HBCI-Pressemitteilung des ZKA vom 24.07.1997.

Henzi, M. (2002): Paymentsysteme im E-Commerce. Erfolgsfaktoren und Stand 2002. Lizentiatsarbeit am Institut für Wirtschaftsinformatik, Wirtschafts- und Sozialwissenschaftlichen Fakultät der Universität Bern, Bern 2002.

Klein, S. (1993): Hürdenlauf Electronic Cash. Die Entstehung eines elektronischen kartengestützten Zahlungssystems als sozialer Prozess, in: Wolff, M. (Hrsg.), Hamburg 1993.

Kyas, O. (1996): Sicherheit im Internet: Risikoanalyse - Strategien - Firewalls, 1. Aufl., Bergheim 1996.

Meyer, C. (1997): Gold und Plastik, in: c't report: Geld online, 3/1997, S. 130-132.

Paterna, M. (1996): Globalisierung der Telekommunikationsmärkte – Internationalisierungsstrategien der Netzbetreiber am Beispiel der Deutschen Telekom AG, Universität St. Gallen, Hochschule für Wirtschafts-, Rechts- und Sozialwissenschaften, Dissertation Nr. 1904, St. Gallen 1996.

Pernul, G./Röhm, A. W. (1997): Neuer Markt - neues Geld? in: Wirtschaftsinformatik, 39/1997, S. 345-355.

Pexa, R. (1997): Einkaufen und Bezahlen im Internet, Austrian Smart Card Association - Österreichische Chipkarten Vereinigung, Wien, 6/1997, S. 1-4.

Sietmann, R. (1977): Electronic Cash: der Zahlungsverkehr im Internet, 1. Aufl., Stuttgart 1977.

Struif, B. (1995): Die Chipkarte als Träger persönlicher Daten und Dokumente, in: Der GMD-Spiegel, 2/1995, S. 45-49.

Trautmann, R. (2002): Bezahlen im Netz: Kritischer Erfolgsfaktor ePayment, in: Ketterer, K. H., Stroborn, K. (Hrsg.), Handbuch ePayment – Zahlungssysteme im Internet: Systeme, Trends, Perspektiven, Köln 2002, S. 338-350.

Visa (1997): SET Business Description, Book 1, 1997.

Weber, R. H. (1999): Elektronisches Geld: Erscheinungsformen und rechtlicher Problemaufriss, Zürich 1999.

Witzki, A. (2002): Erfolgsfaktor Next Generation Billing, Funkschau, 2/2002, S. 48-50.

Zohar, M. (1999): The Dawn of Mobile E-Commerce, Forrester Research, Cambridge 1999.

Die Autoren

Dipl. Wirt.-Inf. Parsis Dastani
ist Vorstand und Gründer der Dastani AG, einer Unternehmensberatung für Database Marketing, Data Mining und Customer Relationship Management. Im Rahmen seiner Consultingtätigkeit berät Herr Dastani insbesondere Großunternehmen aus den Branchen Telefonie, Elektrotechnik, Logistik, Versandhandel, Versicherungen, Automobil und Pharmazie. Darüber hinaus promoviert er über die Auswahl von Hardware- und Software-Komponenten für Kundenorientierte Informationssysteme sowie den Aufbau von Database Marketing Systemen bei Prof. Dr. Jörg Link an der Universität Kassel. Nach Abschluss des Wirtschaftsinformatikstudiums an der Universität in Mannheim war er mehr als zwei Jahre als Berater bei einer international agierenden Unternehmensberatung tätig. (dastani@dastani.de)

Dipl.-Kfm. Klaus Fochler
ist Mitbegründer der ENTERPRISE Gruppe, einem Verbund aus 5 einzelnen auf IT Dienstleistungen spezialisierten Unternehmen mit Sitz in Bad Homburg. Er leitet derzeit Enterprise Integration LLC, eine US-Tochtergesellschaft der ENTERPRISE Gruppe in Irvine CA, USA. Klaus Fochler ist zudem externer Doktorand am Lehrstuhl von Prof. Dr. Link und arbeitet in diesem Zusammenhang an einer Promotion zum Thema Computer Integrated Business. Er freut sich über Feedback zu seinem Beitrag unter klaus.fochler@enterprise-integration.com.

Dipl.-Oec. Thorsten Grandjot
studierte nach seiner Ausbildung zum Bankkaufmann und beruflicher Tätigkeit bei einer Regionalbank und einem großen Versicherungskonzern Wirtschaftswissenschaften an der Universität Kassel. Seit Mai 2000 ist Herr Grandjot Wissenschaftlicher Mitarbeiter am Lehrstuhl für Controlling und Organisation von Prof. Dr. Jörg Link, Universität Kassel. Seine Forschungsschwerpunkte liegen im Bereich Mobile Commerce, Electronic Commerce und Customer Relationship Management; des Weiteren beschäftigt er sich mit ausgewählten Themen des Marketing-Controlling. (grandjot@wirtschaft.uni-kassel.de)

Dipl.-Oec. Monika Kriewald
war nach ihrer Ausbildung als Hotelkauffrau international tätig. Seit Beendigung ihres wirtschaftswissenschaftlichen Studiums an der Universität Kassel ist sie Wissenschaftliche Mitarbeiterin am Lehrstuhl für Controlling und Organisation von Prof. Dr. Link, Universität Kassel sowie Lehrbeauftragte für BWL II des Studienganges Pflegemanagement der Hamburger Fern-Hochschule im Studienzentrum Kassel. Innerhalb ihrer Tätigkeit als Wissenschaftliche Mitarbeiterin beschäf-

tigt sie sich mit dem mobilen Customer Relationship Management sowie dem Geomarketing. (kriewald@wirtschaft.uni-kassel.de)

Prof. Dr. Jörg Link
lehrt Betriebswirtschaftslehre, insbesondere Controlling an der Universität Kassel. Seine Forschungsschwerpunkte liegen im Marketing-Controlling, insbesondere im Bereich der Kundenorientierten Systeme des Customer Relationship Management (Database Marketing, Computer Aided Selling, Online Marketing). Von ihm ist in den letzen Jahren eine Reihe von Buchpublikationen zu diesem Themenkreis erschienen; seine letzten Werke zum Online Marketing waren die Sammelbände „Wettbewerbsvorteile durch Online Marketing" und „Erfolgreiche Praxisbeispiele im Online Marketing". Er hat in den letzten Jahren eine Reihe von Kongressen und Workshops zum Database Marketing und Online Marketing geleitet.

Prof. Link verfügt über umfangreiche Praxiserfahrungen; er war mehrere Jahre als Marketing-Controller in einem Großunternehmen der Markenartikelindustrie tätig und bis heute an zahlreichen Forschungs- und Beratungsprojekten in der betrieblichen Praxis beteiligt. Dies schließt auch mehrere Projekte in den USA, Großbritannien und Japan ein. (link@wirtschaft.uni-kassel.de)

Prof. Dr. Detlef Schoder
übernahm zum 1. Januar 2001 den neu geschaffenen Lehrstuhl für Electronic Business an der Wissenschaftlichen Hochschule für Unternehmensführung (WHU), Vallendar bei Koblenz. Seit Anfang der 90er Jahre beschäftigt er sich mit Fragen des elektronisch gestützten Geschäftsverkehrs auf der Basis von Praxiserfahrungen in den USA und Japan. Erst kürzlich wurde er in Sachen Electronic Commerce zum Gutachter für die Bundesrepublik Deutschland, vertreten durch den Deutschen Bundestag berufen. Zu seinen Forschungsschwerpunkten im Kontext des Electronic Commerce / Electronic Business zählen: Empirische Erfolgsfaktorenforschung, Individualisierung von Kommunikations- und Leistungserstellungsprozessen (Mass Customization), Ubiquitous Computing, Peer-to-Peer-Communication und Medienmanagement.

Dipl.-Oec. Sebastian Schmidt
ist Wissenschaftlicher Mitarbeiter am Lehrstuhl für Controlling und Organisation von Prof. Dr. Link, Universität Kassel und war Projektmanager im Bereich Neue Medien bei einem der größten privaten Anbieter von Telekommunikations- und Internetleistungen. Innerhalb seiner Tätigkeit als Wissenschaftlicher Mitarbeiter liegen seine Schwerpunkte in den Bereichen E-Commerce (einschließlich M-Commerce), Online Marketing und Marketing-Controlling. (Sebast.Schmidt@web.de)

Dr. habil Torsten Schwarz
promovierte und habilitierte an der TU Berlin. Er ist Inhaber der ABSOLIT Dr. Schwarz Consulting und als Trainer, Buchautor und freier Berater tätig. Herr Dr. Schwarz führt seit 1985 Seminare zu Datenverarbeitungsthemen durch. Er ist Privatdozent an der TU Berlin und Lehrbeauftragter an den Fachhochschulen Worms, Darmstadt und Pforzheim. Weiterhin ist er Dozent an der Deutschen Direkmarketing Akademie (DDA), der Verwaltungs- und Wirtschafts-Akademie Berlin (VWA) und bei der Deutschen Verkaufsleiter-Schule. Als Autor zahlreicher Fachpublikationen beschäftigt er sich insbesondere mit dem Permission Marketing. (schwarz@absolit.de)

Dr. Daniela Tiedtke
war nach ihrer Ausbildung zur Industriekauffrau und Studium der Betriebswirtschaftslehre lange Jahre im Bereich Desktop Publishing freiberuflich tätig. Zeitgleich promovierte sie an der Universität Kassel im Fachbereich Wirtschaftswissenschaften am Lehrstuhl von Herrn Prof. Link zum Thema Personalisierung im Online Marketing. Seit Mai 2000 ist Frau Tiedtke im Bereich mobile Online-Dienste bei T-Mobile beschäftigt, derzeit im Produktmarketing T-Mobile MCS als verantwortliche Marketing-Managerin. (*dtiedtke@web.de*)

Dipl.-Kfm. Christian Vollmann
studierte Betriebswirtschaft mit den Schwerpunkten Electronic Business und Technologie- und Innovationsmanagement an der Wissenschaftlichen Hochschule für Unternehmensführung (WHU) in Koblenz. Im Rahmen eines Auslandsstudiums besuchte er MBA Programme in Buenos Aires, Argentinien und an der Emory University in Atlanta, USA. Erfahrung mit den Neuen Medien sammelte er bei alando.de (heute Ebay Deutschland) und der Mundwerk AG. Christian Vollmann ist Mitgründer des online Buchmachers Gamebookers.com. Derzeit leitet Herr Vollmann den Vertrieb der Spirit Link GmbH, Erlangen. Er ist per E-mail zu erreichen unter: christian.vollmann@spiritlink.de.

Prof. Christoph Wamser
vertritt das Fach Betriebswirtschaftslehre, insbesondere E-Business an der Fachhochschule Bonn-Rhein-Sieg, University of Applied Sciences und lehrt zudem an der Nimbas Graduate School of Management (The Associate Institute of the University of Bradford, UK) in Utrecht, Niederlande. Seine Forschungs- und Beratungsschwerpunkte liegen in den Bereichen E-Business, M-Business und (Corporate) Venture Management. Vor seiner Tätigkeit an der Hochschule war Prof. Wamser für ein Medienunternehmen und die amerikanische Managementberatung Arthur D. Little tätig.

Abkürzungsverzeichnis

2G	Second Generation [Mobilfunkdienste der zweiten Generation]
3DES	Tripple Data Encryption Standard
ADS	Asymmetrical Digital Subscriber Line
AOL	America OnLine
ARIB	Association of Radio Industries and Businesses
ARPU	Average Revenue per User
b2b	Business to Business
b2c	Business to Consumer
b2e	Business to Employee
BGB	Bürgerliches Gesetzbuch
BGH	Bundesgerichtshof
BMG	Bertelsmann Music Group
c2c	Consumer to Consumer
CA	Certification Authority
CAS	Computer Aided Selling
CDR	Call-Detail-Records
CEO	Chief Executive Officer
CHS	Computer Handled Selling
cHTML	Compact Hyper Text Markup Language
CIB	Computer Integrated Business
CRM	Customer Relationship Management
DBM	Database Maketing
DFÜ	Datenfernübertragung
DHTML	Dynamic Hypertext Markup Language
DoCoMo	japanisch für „überall" (Namensbestandteil Mobilfunkgesellschaft)
DRM-Systeme	Digital Rights Management Systeme
EAA	Electronic Aided Acting
E-Business	Electronic Business
EC	Electronic Commerce
E-Card	Electronic-Card

E-Commerce	Electronic Commerce
eCRM	Electronic Customer Relationship Management
EDI	Electronic Data Interchange (Elektronischer Datenaustausch)
ELV	Elektronisches Lastschriftverfahren
EMA	Electronic Mobile Assistant
E-Services	Electronic Services
GPRS	General Packet Radio Service
GSM	Global System for Mobile Communication
HBCI	Home Banking Computer Interface
HDML	Handheld Devices Markup Language
HSCSD	High Speed Circuit Switched Data
HTML	Hyper Text Markup Language
HTTP	Hyper Text Transfer Protocol
i-appli	Initial Applications
i-area	i-mode area [Location Based Services]
IETF	Internet Engineering Task Force
iHTML	i-mode compatible Hyper Text Markup Language
IKS	Informations- und Kommunikationssysteme
IOT	Interoperator Tariffs
IP	Internet Protocol
ISP	Internet Service Provider
IT	Informationstechnologie
IuK-System	Informations- und Kommunikations-System
IVR	Interactive Voice Recognition
J2ME	Java 2.0 Micro Edition
JPEG	Joint Photographic Experts Group
KIS	Kundenorientierte Informationssysteme
LAN	Local Area Network
M-Business	Mobile Business
M-Commerce	Mobile Commerce
MMJV	Mobile Multimedia Joint Venture
MML	Mobile Markup Language
MMS	Multimedia Messaging Service
MP3	Moving Picture Expert Group 1.0 Layer 3
MPEG	Motion Pictures Expert Group
MPV	Mobile Phone Verification

NTT	Nippon Telegraph and Telephone Corporation
OI	Order Information
OM	Online Marketing
PDA	Personal Digital Assistant
PDC	Personal Digital Cellular
PDC-P	Personal Digital Cellular - Packet-based
PDF	Portable Document Format
PI	Payment Information
PIN	Persönliche Identifikationsnummer
RAM	Random Access Memory
RSA	Rivest, Skamir, Adleman, Erfinder eines Verschlüsselungsverfahren
S-Commerce	stationärer E-Commerce
SET	Secure Electronic Transaction
SigG	Signaturgesetz
SMS	Short Message Service
SPA	Secure Payment Applipication
SRN	Servicerufnummern
SSL	Secure Socket Layer
TAN	Transaktionsnummer
TAP	Tansferred Account Procedure
TDDSG	Teledienstdatenschutzgesetz
TDMA	Time Division Multiple Access
T-DSL	Telekom Digital Subscriber Line
TIM	Telecom Italia Mobile
TK	Telekommunikation
TLS	Transport Layer Security
UCAF	Universal Cardholder Authentication Field
UMTS	Universal Mobile Telecommunication System
UPS	United Parcel Service
URL	Uniform Resource Locator
VIN	Vehicle Identification Number
W3C	World Wide Web Consortium
WAP	Wireless Application Protocol
W-CDMA	Wideband Code Division Multiple Access
WD	Wireless Device
WML	Wireless Markup Language

WWW	World-Wide-Web
XHTML	Extensible Hyper Text Markup Language
XHTMLMP	Extensible Hyper Text Markup Language Mobile Profile
TIME-Industrien	Telekommunikation, Informationstechnologie, Medien, Elektronik

Schlagwortverzeichnis

A
Abwicklungskosten 85f.
Affiliate Networks 159
Airtimepreis 97
Akquisitionsbesuch 173
always on 50, 76, 131
Anbahnungskosten 85f.
Applikation 70, 96f., 101, 119f., 128, 133f., 136, 166ff., 177ff., 236
- Java- 128, 133, 137
- Killer~ 7, 23, 30, 96, 126, 141, 158
- mobile ~ 96
Architektur 167ff., 177f., 205
- für CAS-Systeme 167ff.
ARPU (s. Average Revenue per User)
asynchrone Kommunikation 6, 70, 81
Auktion 51, 72ff., 99, 154
Außendienst 10, 21, 68, 146f., **164ff.**, 237
- mitarbeiter 4, 20ff., 28f., 72, 159, 167ff.
- klassischer ~ 166
Authentifizierung 254f.
Average Revenue per User 105, 109f., 130, 133

B
b2b (s. Business to Business)
b2c (s. Business to Consumer)
b2e (s.Business to Employee)
Back Office 5, 11ff., 21
Bandbreite 34, 50, 67, 71, 81, 160f.
Bannerwerbung 47ff.
Basisstrategie 35
Bedienungsfreundlichkeit 14
Benutzerfreundlichkeit 34, 221
Beratungsdienstleistung 262
Bestandskundenhistorie 175
Betriebssystem 134, 136f.
Bildschirmdisplay 14
biometrische Identitätsprüfung 14
Bluetooth 14, 158, 161, 222
Books on Demand 8, 25, 192
Börsen
- kurs 30, 32, 58, 133, 232
- schwankung 32
- wert 32
Branchenstrukturanalyse 56
Browser 34, 131, 134, 137
- technologie 169f.
Business to Business 6, 8f., 19, 23f., 28, 31
Business to Consumer 6, 8f., 19, 23f., 28, 31
Business to Employee 6, 8f., 28, 31

C
c2c (s. Consumer to Consumer)
Call Center 166
- Agent 167
Call-Detail-Records 263
CAS (s. Computer Aided Selling)
Cash
- Cyber- 258
- Digi- 258
- Flow 57
Channel **42ff.**, 60, 202
- Modell 43, 45, 60
Chat 9, 18
Chipkarten 197, 258f., 265f.
- kontengebundene ~ 259
- Einsatz 267
- zahlung 265
- Prepaid- 248, 259
CHS (s. Computer Handled Selling)
CHTML 131, 135
Cinema on Demand 192
Computer Aided Selling (CAS) 3f., 10, **19ff.**, 60ff., 164ff.
- Anwendungssoftware 166
- Architektur für ~-Systeme 167ff.
- mobile Privatkunden 23
- mobile Unternehmenskunden 23
- mobiles ~ 20f., 23
- mobiles ~-System 19ff., 21, 60, 177
- Regelkreis 21
- Stand alone ~ 20
- System 10, 60, **164ff.**
- vernetztes ~ 20
Computer Handled Selling (CHS) 3,

20f., **23f.**, 60, 62
- mobile Privatkunden 23
- mobile Unternehmenskunden 23
- mobiles ~ 20f., 23
- mobiles ~-System 23ff.
- Stand alone ~ 20
- vernetztes ~ 20

Computer
- Integrated Business (CIB) 2, 11
- technologie 168, 177

Concerts on Demand 192
Consumer to Consumer 6, 8f., **17**, 24, 31
Convenience 14f., 18, 43, 46, 87, 223
- als Wettbewerbsvorteil 229f.
CRM 2, 10ff., 22, 31ff., 164, 166, 194
- Electronic ~ 194
- internetbasiertes ~ 32ff.
- mobiles ~-System 165
- System 32ff., 60f., 165f.
Cross Selling 61, 173, 175
- Möglichkeit 175

Customer
- Care 166, 176, 233
- Care-Besuch 173
- Relationship Management (s. CRM)

Customized Marketing 229

Cyber
- Cash 258
- Geld 257ff.

D

D2 Vodafone 67ff., 205

Data
- Mining 31, 229, 234
- Mining-Erlös 47f.
- Warehouse 8, 28, 57, 229, 234

Database(d) 220, 232
- Marketing (DBM) **3f.**, 10ff., 60f., 220, 216ff., 229
- Online Marketing 13, 216ff., 223f., 228, 236, 256

Daten
- inkonsistenz 167, 170
- Lost-Order- 19
- mangelnde ~qualität 177
- Potenzial~ 173ff., 229, 234
- replikation 165ff.
- Response~ 175

- topf 166
- übermittlung 12, 190, 233
- verkehr 100, 119

Datenbank 159, 165ff., 188, 217, 221
- individuelle ~ 165

Desktop
- E-Business 3
- E-Commerce 4

Deutsche Telekom 42, 99, 147
DFÜ-Verbindung 166ff.

Differenzierungs
- potenzial 74f., 82, 87f.
- strategie 74f.

Digi-Cash 258
digitaler Inhalt 183, 185ff., 202
digitales
- Gut 184f., 195
- Informationsprodukt 185, 192, 198
- Produkt 78, 85f., **183ff.**, 190, 196
- Zertifikat 255

digitalisierte Waren und Dienstleistungen 185
Digitalisierung 172, **183ff.**, 195
Digitalkamera, integrierte 105

Direct Mail 159

Direkt(e)
- Erlösgenerierung 47f., **50ff.**
- marketing 10, 146ff., 159
- marketingkampagne 146, 168

Dispatching 174, 176
Diversität 46, 77

E

E-Business **2ff.**, 42f., 52ff., 67
- Desktop- 3
- Mobile ~ 3ff.
- stationäres ~ 2ff.

Echtzeit 165
- Personalisierung 220
- Zusammenspiel 174

E-Commerce **3f.**, 30, 43f., 48, 50ff., 182, 252
- Desktop- 4
- Hype 96
- i.e.S. 4
- i.w.S. 4
- Portal 200, **202f.**

Economies

- of Attention 80
- of Speed 75

Effizienz 20, 60, 74, 84, 165, 169ff.
Effizienzkriterien
- interne ~ 60f.
- externe ~ 60f.

Einnahme
- quelle 130f., 162
- verzicht 48

Einrichtungsgebühr 47, 50
Einzahlungen, Zurechenbarkeit 42ff.
Electronic
- Aided Acting **17ff.**, 20f., 28f.
- Commerce (s. E-Commerce)
- CRM (eCRM)194
- Mobile Assistant (EMA) 14, 197, 206
- Service (s. E-Services)

Elektronische(r/s)
- Dienstleistung 194ff., 197
- Marktplatz 196
- Netzwerk 33, 200, 216f.
- Produkt 185
- Rechnung 154f.
- Lastschriftverfahren 251f.

E-Mail 18f., 24, 43, 71, 105f., 132, 140, **146ff.**, 221, 251
- funktion 105f., 115
- Marketing 151
- Newsletter 156

Enhanced Messaging System (EMS) 102, 105
Entertainment-Product 185
Entscheidungsrelevanz 58
E-Plus 97ff., 206
Erfolgs
- faktor 15, 126, 223
- position 54
- potenzial 54, 73, 78, **89**

Erlösgenerierung
- direkte ~ 47f., **50ff.**
- indirekte ~ 47ff.

Erlösmodell 7, 47ff.
- systematik 47

E-Services 194ff.
- Anwendungsformen von ~ 195

Euphorie 30f., 42, 221
Externe Effizienzkriterien 60f.

F

Farbdisplay 102, 130, 133
Faxfunktion 105
Fernabsatz 251f.
Fernkommunikationsmittel 251
Fernsehen 114, 119, 158, 192, 196
Flatrate 51
Flexibilität 22, 164, 169, 177f., 257
Freisprecheinrichtung 105
Frequenzspektrum 98
Front Office 4f., **11ff.**
Früherkennung von Marktchancen 230

G

Geldkarte 252, 258f.
Geo
- information 193
- marketing 160

Geräte
- hersteller 15f., 96, 132, 136f., 203
- penetration 101f.

Geschäftsabschluss 171, 173f.
Geschäftsmodell 30, 45, 128f., 199ff., 203
- Commerce 200f., 203
- Connection 200f., 203
- Content 185, 200f., 205, 217
- Context 200f., 203
- des M-Commerce 6ff.
- i-mode ~ 128ff.
- typen 8

Gewinn **59ff.**
- potenzial 59, 62, **88**, 96
- situation 47
- zone 61, 238

Globalisierung 46
GPRS 67, 158, 160, 169, 205, 222f., 248, 264
Grundgebühr 47, 50f., 119, 130, 140
GSM 96f., 100, 119, 135, 158ff., 205, 223

H

H.261 und H.263-Standard 192
Handheld (s. PDA)
Hardware-Infrastruktur 170
Home Banking Computer Interface (HBCI) 253

horizontale
- Preisdifferenzierung 51
- Portale 199f.
Hybridstrategie 74f., 236

I
IKS (s. Informations- und Kommunikationssystem)
i-mode
- fähiges Endgerät 128, 132, 136
- Geschäftsmodell 128ff.
- in Japan 117f., 127ff.
- Marktanteil 128
- Service 138
indirekte Erlösgenerierung 47ff.
Individualisierung 15, 46, 61, 78f., 194, 219, 225
- als Wettbewerbsvorteil 10, 43, 229
- Angebots~ 229
- Bedeutung der ~ 79
- spotenzial **77ff.**, 83, 88, 194
- strend 149
individuelle Datenbank 165
Informations- und Kommunikationssystem (IKS) 20
- mobiles ~ 20f.
- Stand alone ~ 20
- vernetztes ~ 20
Informations
- dienstleistung 262
- digitales ~produkt 185, 192, 198
- lücke 164, 175
- sphäre 138ff.
- technologie 164f., 171, 176, 184
Inhalte-Portal (Content-Portal) 200
Innovationsfähigkeit 46, 235
- als Wettbewerbsvorteil 235f.
Integrations
- grad 22, 57
- mobile ~anwendung **70ff.**, 76, 79, 83, 85
- modell 12
interaktives Produkt 196
Intermediär 51, 198, 237
- mobile ~leistung 197
interne Effzienzkriterien 60f.
Internet
- Banking 252f.

- basiertes CRM 32ff.
- Enabled Phone (IEP) 115
- entwicklung 96
- mobiles ~ 27, 114, 130f., 182f., 197f., 203ff., 228f.
- Ökonomie 182
- penetration 96
Intranet 22, 28, 169f., **201**
Investitions
- kalkül 58
- rechnung **53ff.**, 96
Istkosten 59
IuK-Technologie, neue 18, 30, 66, 78, 84, 188

J
Japan 14, 17, 115, 117ff., **126ff.**
Java-Applikation 128, 133, 137
Jobdispatching 176f.
JPEG-Standard 191

K
Kalkulation 21, 58
- szinsfuß 42
Kapital
- bindungsdauer 57
- wert 59
- wertmethode 43
Katalog 147, 159, 200
- Kriterien~ 139
- Such- und ~funktion 198
Kaufkriterien bei Mobilfunkgeräten 103f.
Keyplayer 97, 99
Killerapplikation 7, 23, 30, 96, 126, 141, 158
- SMS 110f., 159f.
KIS (s. Kundenorientierte Informationssysteme)
Klingel
- ton 129, 192, 205, 262
- zeichen 104f.
Kommunikation 6, 18ff., **24**, 28, 70, 80, 133, 201, 221
- asynchrone ~ 6, 70, 81
- synchrone ~ 6, 70, 81
Kommunikations
- kanal 4, 10f., 45, **146f.**

- mobile ~anwendung 70f., 76ff, 85f.
- protokoll 159, 264
Komplexität 44, 54, 79, 225
- sreduktion 204, 224f.
Kompressionsverfahren 191f.
Konkurrenz
- druck 164
- intensität 45f.
- produkt 171, 175
Kosten
- /Nutzenoptimum 22
- /Preisvorteil 74, 236ff.
- Abwicklungs~ 85f.
- Anbahnungs~ 85f.
- einsparungspotenzial 165, 169, 174, 178
- faktor 108ff.
- Ist~ 59
- Lizenz~ 57ff., 170, 178
- Vereinbarungs~ 85f.
- vorteil 46, 70, 84, 87, 146, 178, 236
Kostenführerschafts
- potenzial 84, 88
- strategie 74
Kreditkarten
- missbrauch 251, 255
- zahlung 254ff., 265, 267
Kriterienkatalog 139
Kunden
- akquisition 175
- bestand 174
- Bestands~historie 175
- bindung 10, 44, 164, 216ff.
- nachhaltige ~kommunikation 149
- präferenz 175
- zeitung 159
- zufriedenheit 165, 173, 178
Kundenbindungs- und -gewinnungsmaßnahme 166
Kundenoriente Informationssyteme (KIS) **3ff.**, 10f.

L
Lagerbestand 171ff., 232, 237
Laptop 101, 165f.
LBS (s. Location Based Sercices)
Leerzeiten-Situation 24
Leistungsangebot 6, 33, 51f., 78, 183, 197, 207
Lernfähigkeit 46, 234
Liefer
- produkt 196
- zeit 22, 171ff.
Lizenzkosten 57ff., 170, 178
Location Based Services (LBS) 106, 108, 116, **173ff.**, 193, 204
Lock-In 44, 50, 126
Logo 111, 129, 137, 159, 193, 262
Lokalisierung 82, 160, 193, 197, 223
- sfunktion 29
- stechnologie 13, 26, 193
Lost-Order-Daten 19
Loyalität 164f., 173, 178

M
Mailbox 104, 149
Management
- MCN ~ 100
- Mobile Supply Chain ~ 28
- Multi-Channel ~- 205
- Value Scope ~ 17, 118, 126f., **133ff.**, 140f.
- Website- 221
- Wissens~ 28, 201
- Yield- 22, 51
Market Study UMTS 101
Marketing 3, 168, 195, **216ff.**
- Customized ~ 229
- Database ~ 3f., 10ff., 60f., 220, 216ff., 229
- Databased Online ~ 13, 216ff., 223f., 228, 236, 256
- Direkt~ 10, 146ff., 159
- Direkt~kampagne 146, 168
- E-Mail- 151
- Geo~ 160
- Mikro~ 160
- Mobile ~ 68, 158, 160
- Nachkauf~ 232
- Online ~ **3f.**, 10, 60, 216ff., 219f.
- Permission ~ 13, 146, **149ff.**, 159ff.
- planung und -kontrolle 55
- strategisches ~-Controlling 7, **54f.**
- und Vertriebsstrategie 164f.
Marktforschungsaufgabe 45
Massen

- fertigung 78
- medien 80, 159
M-Business **3ff.**, 67
- interorganisationales ~ 67f.
- intraorganisationales ~ 68
MCN Management 100
M-Commerce **4ff.**, 59, 66ff., 95ff., 126, 182, 215ff., 221ff., 247ff.
- absatzseitiger ~ 68
- beschaffungsseitiger ~ 68
- Geschäftsmodell des ~ 6ff.
- Wirtschaftlichkeit von ~ 41ff.
Medienintegration 80f.
- spotenzial 75, 79ff.
Mehrstufigkeit der Prognoserechnung 56ff.
Micropayment 257ff., 265
Mikromarketing 160
Miniaturisierung 16, 46
MMS (s. Multimedia Messaging Service)
Mobil
- kommunikation 67, 222
- telefon 222, 248, 262, 264
Mobile
- Banking 25, 129
- Business (s. M-Business)
- Client 169ff.
- Commerce (s. M-Commerce)
- E-Business 3ff.
- Economy 67, 70, 74f., 77, 82, 84, 89
- Enduser Price Index 109
- E-Procurement 28
- Marketing 68, 158, 160
- Office 22, 29
- Phone Verification (MPV) 264
- Streaming 193
- Supply Chain Management 28
mobile
- Applikation 96
- Datenübertragung 108, 114, 117
- Datenübertragungstechnik 159, 169
- Dienstleistung 197
- Informationsanwendung 70f., 76, 81, 83, 85
- Integrationsanwendung **70ff.**, 76, 79, 83, 85
- Intermediärleistung 197

- Kommunikationsanwendung 70f., 76ff., 85f.
- Privatkunden – CAS 23
- Privatkunden – CHS 23
- Selektions- und Konfigurationsanwendung **70ff.**, 76, 81ff.
- Transaktionsanwendung 70ff.
- Unternehmenskunden – CAS 23
- Unternehmenskunden – CHS 23
- Wertschöpfungskette 134, 183, 203
- Vertriebskanäle 203, 205
mobiles
- CAS 20f., 23
- CAS-System **19ff.**, 21, 60, 177
- CHS 20f., 23
- CHS-System 23ff.
- CRM-System 165
- Empfangsgerät 230, 232
- Endgerät 5, 17ff., 25ff.,104ff., 132ff., 158, 182, 203ff.
- IKS 20f.
- Internet 27, 114, 130f., 182f., 197f., 203ff., 228f.
- Multifunktionsgerät 197
- Online-Portal 183, 200, **203ff.**
Mobilfunk
- betreiber 15f., 48, 96, 101, 128, 136, 140, 203, 248
- gerätemarkt 101, 119
- index 109f.
- indexstudie 108
- netz 34, 184, 192, 222, 261
- Weltmarkt 112
Mobilfunkmarkt 96f., 101f., 109f., 114, 118f., 127
- Entwicklungsmodell 32
- Entwicklungsprognose 30, 34
Mobilität 46, 164, 178, 190, 196, 203, 223
Mobinet-Studie 114
Monatsgebühr 101, 119
MPEG-Standard 191, 194
MPV-Verfahren 265f.
Multi-Channel
- Ansatz (Multikanal-Ansatz) 10ff.
- Konzept **11ff.**, 27, 42, 45
- Management 205
Multimedia

- Messaging Service (MMS) 18f., 102, 105, 111, 193, 205
- Datendienst 111
- Dienst 106
- le Beeindruckungsmöglichkeit 21
- Product 186
Multimedialität 15f.
Music on Demand 8, 192
Musikpiraterie 206

N
Nachkaufmarketing 232
Netz
- aufbaukosten 58f.
- infrastruktur **57f.**, 71, 189
- werkprotokoll 135f.
Neugründung ("Start-Up") 52
Nichtkunden
- bestand 174
- historie 175
Nokia 101, 119, 131f.
Notebook 21, 101, 119, 205, 221
NTT DoCoMo 17, 117ff., **126ff.**
Nutzen 43ff., 59ff.
- analyse 46
- angebot 6, 44
- bündel 13
- kategorie 45f., 60
- Kosten-/~optimum 22
Nutzer- und Nutzungsprofil 204
Nutzungsgebühr 43, 47, 50, 190
Nutzwertanalyse 53, 60f.

O
O_2 97ff.
Omnipräsenz 15, 190
- global 46
- mobil 46
on Demand 25, 185, 190ff., 202, 225, 230, 236
- Books ~ 8, 25, 192
- Cinema ~ 192
- Concerts ~ 192
- Music ~ 8, 192
- Video ~ 8, 192
Online
- Musikvertrieb 205f.
- Banking 187f., 253, 259

- Service 156
- Service-Portal 200
Online-Marketing (OM) **3f.**, 10, 60, 216ff., 219f.
- Einsparungsmöglichkeiten im ~ 237
Opt-In 150f., 156
Opt-Out 150

P
Payment
- Agent 205
- Gateway 255f.
PDA/Handheld 5, 14, 101, 119, 136, 158, 165, 205, **221ff.**, 248
- Gerät 176f.
Penetrationsstrategie 48
Permission Marketing 13, 146, **149ff.**, 159ff.
personalisierte(s)
- Ansprache 216, 226
- Informationspaket 226
- Website 13, 216, 218, 230, 234
Personalisierung 13, 25, 198, 204, 217, 223ff.
- Echtzeit- 220
- smöglichkeiten der Konditionen 50
Pflege- und Wartungsaufwand 169f.
Portal 129, 139f., 160, 183, **198ff.**
- arten 199f.
- Dienst 201
- E-Commerce- 200, 202f.
- horizontales ~ 199f.
- Inhalte- (Content-Portal) 200
- mobiles Online- 183, 200, **203ff.**
- Online-Service- 200
- Service- 200
- Shopping- 202
- Such- (Search-Portal) 129, 200
- Unternehmens- und Mitarbeiter- (Enterprise-Information-Portal) 201
- vertikales E-Commerce- 202
- vertikales ~ **199f.**, 202f., 205
positiver Netzwerkeffekt 129f.
Postpaidvertrag 108
Potenzialdaten 173ff., 229, 234
Preis
- /Absatzfunktion 52
- /Nutzenverhältnis 6, 44, 46

- Airtime~ 97
- bewusstsein 46
- bildungsmodell, variables 51
- Kosten-/~vorteil 74, 236ff.
- spielraum 54
- transparenz 238
Premium Services 100, 218
Prepaid
- Chipkarte 248, 259
- subventionierte ~Produkte 108
- vertrag 108
Produkt
- affinität 175
- bündel 193f.
- digitales ~ 78, 85f., **183ff.**, 190, 196
- elektronisches ~ 185
- interaktives ~ 196
- loyalität 165
- nicht-materielles ~ 185
- parität 164, 178
- und Anbieterloyalität 164
- virtuelles ~ 186f.
Produktivität 165, 169, 171, 178
Professionalitätsproblem 52
Prognose
- horizont 49, 57
- problem 43f.
- problem auf der Einzahlungsseite 47ff.
Provision 47ff.
Prozess
- ablauf 172
- kette 167, 171,
- optimierung 224f.
Push-Dienst 106, 222

Q
quasi-stationäre Situation 24, 27

R
Rationalisierung 61
- spotenzial 72
Regulierungsbehörde für Telekommunikation und Post (RegTP) 98, 262
Reklamation 19, 24, 43
Replikation 166ff., 170
- Daten~ 165ff.

- skonflikt 177
Reputation
- Bedeutung der ~ 84
- spotenzial 75, 81ff., 88
- stransfer 83f.
Responsedaten 175
Restriktion 34, 120, 139
Rich Call 106
Roaming 261, 263f.
- Abkommen 263
Rogers-Kriterien 44
Rückkopplung 174

S
Schnelligkeit 10ff., 43, 45, 156, 165
- als Wettbwerbsvorteil 46, 61, 156, 230ff.
- spotenzial 75ff., 231
Secure Electronic Transaction (SET) 254ff., 260, 265f.
- Protokoll 255
Secure Socket Layer (SSL) 128, 133, 254f., 265f.
Service
- firmeninterner ~ 28
- historie 173
- i-mode ~ 138
- mitarbeiter 29, 164, 166, 169, **173ff.**
- Premium ~s 100, 218
- provider 109, 264
- rufnummer 262f.
SET (s. Secure Electronic Transaction)
Shopping-Portal 202
Short Message Service (SMS)17f., **110ff.**, 117, 158, 205, 221
- Funktion 104
- Killerapplikation ~ 110f., 159f.
Smartphone 101, 119
SMS (s. Short Message Service)
Spam-Filter 148
Sponsorship 47f.
Sprach
- kommunikation 9, 22, 159, 248, 261
- telefonie 9, 67, 70, 108, 114, 261
- verkehr 101, 119
SSL (s. Secure Socket Layer)
Stand alone
- CAS 20

- CHS 20
- IKS 20
Standardisierung 225ff.
Standortidentifikation 13
stationäres E-Business 2ff.
Statusmeldung 155
stille Revolution 28, 110f.
Strategische(r/s)
- Planungsrechnung 53ff.
- Stoßrichtung 73f.
- Wettbewerbsvorteil 10, 84f., 228, 236
- Marketing-Controlling 7, **54f.**
Streaming
- Mobile- 193
- Technologie 190
Such- und Katalogfunktion 198
Such-Portal (Search-Portal) 129, 200
Sunk Costs 57ff.
symmetrisches Verschlüsselungsverfahren 253ff.
synchrone Kommunikation 6, 70, 81

T
TAP (s. Transferred Account Procedure)
Teilnehmer
- entwicklung 102f., 109
- identifikation 13
Telekommunikation 183, 248f., **261ff.**, 263
Telematikdienst 197
Time
- killing Services 160
- lag 165, 174
TIME-Industrie 66
T-Mobile 71, 97f., 223
Touchpoints **11ff.**, 146
Transaktions
- abhängiges Erlösmodell 50
- erlöse 47, 50
- mobile ~anwendung 70ff.
- phase 68
- unabhängiges Erlösmodell 50
Transaktionskostensenkungspotenzial
- abnehmerspezifisches ~ 84, 86
- anbieterspezifisches ~ 84f.
Transferred Account Procedure (TAP) 263ff.

U
Übertragungs
- leistung 176
- rate 46, 191, 204, 222
- standard **131**, 159
Überweisung 260, 265
- sauftrag 252f.
Umsatz- und Gewinnpotenzial 96
UMTS 96f., 205, 221
- Kunde 99ff.
- Lizenz 44, 57f., 98ff., 221
- Lizenzgebühr 30, 42, **57ff.**, 96
- Market Study ~ 101
- Netzbetreiber 98ff.
- Umsatz 101
Universalität **14ff.**, 46
Unterhaltungs
- dienstleistung 262
- faktor 227f.
Unternehmens- und Mitarbeiterportal (Enterprise-Information-Portal) 201
Unternehmenswert 58
Update 167, 192

V
Value Scope Management 17, 118, 126f., **133ff.**, 140f.
Variabilität 45f.
Veränderungsrechnung 58f.
Verbindungs
- gebühr 47, 50
- kosten 204
Vereinbarungskosten 85f.
Verkaufspotenzial 175
vernetztes
- CAS 20
- CHS 20
- IKS 20
vertikales
- E-Commerce-Portal 202
- Portal **199f.**, 202f., 205
Vertrauens
- barriere 14
- bildendes Instrument 83
- bildung 224, 226
- problematik 248
- würdigkeit 83, 226, 233

- würdigkeit als Wettbewersvorteil 46, 233
Vertriebs
- und Servicemitarbeiter 164
- innendienst 21, 166
- mobile ~ und Angebotsunterstützung 171ff.
- niederlassung 166, 168
- prozesskette 164ff., 178
Vibrations
- alarm 104
- signal 104
Video on Demand 8, 192
virtuelles Produkt 186f.
Voice-Mail 107
Voicestream 42, 59
Vorteilhaftigkeit
- relative ~ 60
- absolute ~ 59f.

W
WAP 105, 128, 131f., 158, 205, 221ff., 232
Website-Management 221
Werbefinanzierung 48
Wertkarte 258, 260
Wertschöpfungskette 53, 56, 96f., 118, 133f., 140f., 183, 194, 203, 207
- Beherrschung der ~ 118, 130
- mobile ~ 134, 183, 203
Wettbewerbs
- potenzial 69f., **73ff.**, 88f.
- verzerrung 99
wettbewerbsstrategische
- Innovation 69
- s Instrument 70ff.
Wettbewerbsvorteil 10, 13ff., 35, 45f., 61, **73ff.**, 216, **228ff.**, 236
- Convenience 229f.
- Individualisierung 10, 43, 229
- Innovationsfähigkeit 235f.
- organisationales Lernen als ~ 234f.
- Schnelligkeit 156, 230ff.
- Vertrauenswürdigkeit 46, 233
Wireless
- Application Protocol (s.WAP)
- Device 248
- LAN 158, 160

Wissensmanagement 28, 201

X
XHTMLMP 131

Y
Yield-Management 22, 51

Z
Zahlung
- Bar~ 251
- Chipkarten~ 265
- per Kreditkarte 140, 251f., **254ff.**, 260, 267
- per Nachnahme 251
- sbereitschaft **44f.**, 46, 130
Zahlungsverfahren 248ff., 265ff.
- Anforderungen an ~ 249ff.
- sicheres ~ 257, 267
Zeit
- ökonomie 46
- verzögerung 168, 170, 182
zentrale Datenbank 166f., 170, 174, 177
Zugangsrecht 138ff.
Zurechenbarkeit von Einzahlungen 42ff.

J. Link,
Universität-GH Kassel (Hrsg.)

Customer Relationship Management

Erfolgreiche Kundenbeziehungen durch integrierte Informationssysteme

Durch die Kundenorientierten Informationssysteme (Database Marketing, Computer Aided Selling, Online Marketing) können Kundenwünsche individueller, wirkungsvoller, schneller und kostengünstiger erfasst, und Kunden langfristig gebunden werden. Führungskräfte aus internationalen Großunternehmen und auf dem CRM-Gebiet forschende Wissenschaftler schildern ihre Erkenntnisse und Erfahrungen.

2001. VIII, 325 S. 84 Abb., 9 Tab. Geb. € **44,95**; sFr 72,00
ISBN 3-540-42444-X

J. Link,
Universität GH Kassel (Hrsg.)

Wettbewerbsvorteile durch Online Marketing

Die strategischen Perspektiven elektronischer Märkte

Wettbewerbsvorteile durch Online Marketing untersucht grundlegende Einflußgrößen, die den Erfolg und die längerfristige Entwicklung elektronischer Märkte bestimmen. Es zeigt, wie der Abbau technologischer, ökonomischer und verhaltensmäßiger Restriktionen neue Möglichkeiten der interaktiven Kundengewinnung und Kundenbindung sowie des virtuellen Einkaufs in Form von Teleshopping, Telebooking usw. beeinflußt.

2., überarb. u. erw. Aufl. 2000. IX, 330 S. 66 Abb., 5 Tab. Geb.
€ **44,95**; sFr 72,00
ISBN 3-540-67072-6

J. Link; D. Tiedtke,
Universität-GH Kassel (Hrsg.)

Erfolgreiche Praxisbeispiele im Online Marketing

Strategien und Erfahrungen aus unterschiedlichen Branchen

In Unternehmen herrscht Unsicherheit bezüglich Wirtschaftlichkeit und Konzeption eines eigenen Internet-Auftritts. Erfahrungsberichte und Musterbeispiele, die eine Orientierungsfunktion im Sinne eines Benchmarking bieten können, sind gesucht. Unternehmen wie DELL, Lufthansa oder UPS schildern, welche Marktsituation, Ziele, Strategien und Gestaltungsmerkmale ihrem Internet-Auftritt zugrundeliegen, und welche Erfahrungen und Erfolge bislang vorliegen.

2., überarb. u. erw. Aufl. 2001. VIII, 330 S. 112 Abb. Geb.
€ **44,95**; sFr 72,00
ISBN 3-540-41338-3

**Springer · Kundenservice
Haberstr. 7 · 69126 Heidelberg
Tel.: (0 62 21) 345 - 0
Fax: (0 62 21) 345 - 4229
e-mail: orders@springer.de**

Die €-Preise für Bücher sind gültig in Deutschland und enthalten 7% MwSt.
Preisänderungen und Irrtümer vorbehalten. d&p · BA 00024/1

Überzeugende Konzepte für die Praxis

R. Teichmann, Deutscher Manager-Verband, Berlin; **F. Lehner,** Universität Regensburg (Hrsg.)

Mobile Commerce

Strategien, Geschäftsmodelle, Fallstudien

2002. VIII, 261 S. 54 Abb. Geb. € **39,95**; sFr 64,- ISBN 3-540-42740-6

Mobile Commerce ist die Nutzung mobiler Technologie, um bestehende Geschäftsprozesse zu verbessern und zu erweitern, oder um neue Geschäftsfelder zu erschließen. Der Praxis-Leitfaden beschreibt den dynamischen Markt des Mobile Commerce und zeigt wichtige Erfolgsfaktoren auf, um im Wettbewerb zu bestehen. Das Hauptaugenmerk richtet sich auf die strategische Bedeutung der eingesetzten Technologien und Produktportfolios. Eine Vielzahl von Fallbeispielen macht das Buch zu einem wertvollen Kompendium.

R. Teichmann, Deutscher Manager-Verband e.V., Berlin (Hrsg.)

Customer und Shareholder Relationship Management

Erfolgreiche Kunden- und Aktionärsbindung in der Praxis

2002. VIII, 279 S. 98 Abb., 3 Tab. Geb. € **44,95**; sFr 72,- ISBN 3-540-43571-9

Dauerhafte Kundenbeziehungen sind Voraussetzung für den Unternehmenserfolg. Das Buch bietet Grundlagen und Instrumente für die Entwicklung und Erhaltung erfolgreicher und dauerhafter Kundenbeziehungen und stellt CRM-Konzepte für eine Neuausrichtung sämtlicher Geschäftsprozesse auf den Kunden vor. Daneben werden auch die Beziehungen zu den Aktionären behandelt (Shareholder Relationship Management). Neun Fallstudien aus teilweise weltbekannten Unternehmen zeigen die erfolgreiche Umsetzung der Konzepte und bieten praktische Lösungen.

R. Lackes, C. Tillmanns, Universität Dortmund

Data Mining für die Unternehmenspraxis

Entscheidungshilfen und Fallstudien mit führenden Softwarelösungen

2002. Etwa 300 S. Geb. € **39,95**; sFr 64,- ISBN 3-540-43390-2

Ein echtes How-to-do-Buch für Praktiker in Unternehmen, die sich mit der Analyse von großen Datenbeständen beschäftigen. Im Mittelpunkt stehen vier Fallstudien aus dem Customer Relationship Management eines Versandhändlers. Die Fallstudien mit acht führenden Softwarelösungen machen die Stärken und Schwächen der einzelnen Lösungen transparent und verdeutlichen die methodisch-korrekte Vorgehensweise beim Data Mining. Beides liefert wertvolle Entscheidungshilfen für die Auswahl von Standardsoftware zum Data Mining und für die praktische Datenanalyse.

Besuchen Sie uns im Internet:
www.springer.de/economics

Bitte bestellen Sie bei Ihrem Buchhändler!

All Euro and GBP prices are net-prices subject to local VAT, e.g. in Germany 7% VAT for books.
Prices and other details are subject to change without notice. d&p · BA 43991/2

MIX
Papier aus verantwortungsvollen Quellen
Paper from responsible sources
FSC® C105338

If you have any concerns about our products,
you can contact us on
ProductSafety@springernature.com

In case Publisher is established outside the EU,
the EU authorized representative is:
**Springer Nature Customer Service Center GmbH
Europaplatz 3, 69115 Heidelberg, Germany**

Printed by Libri Plureos GmbH
in Hamburg, Germany